"十一五"国家科技支撑计划重点项目（2006BAB06B06）资助

黄河水资源管理关键技术研究

贾仰文 安新代 王 浩等 著

U0252428

科学出版社

北京

内 容 简 介

　　本书针对黄河流域水资源管理中存在的科学与实践问题，以实现黄河水资源高效利用和一体化调度管理为目标，在揭示流域水资源形成和转化机理及用耗水规律的基础上，提出了支流水资源调度模式；基于流域水资源利用效率和效益分析，提出了黄河流域节水型社会建设的目的与措施；研究了黄河干支流水量在各地市间的分配方案、水权转让机制及一体化管理机制，为黄河流域水资源一体化管理模式的建立提供支撑。

　　本书可供水文水资源及环境等相关领域的科研人员、大学教师和研究生，以及从事流域水资源规划与管理工作的技术人员参考。

图书在版编目(CIP)数据

黄河水资源管理关键技术研究 / 贾仰文等著 . —北京：科学出版社，2017. 6

ISBN 978-7-03-052834-6

Ⅰ. ①黄… Ⅱ. ①贾… Ⅲ. ①黄河–水资源管理–研究 Ⅳ. ①TV213. 4

中国版本图书馆 CIP 数据核字（2017）第 110741 号

责任编辑：李　敏　张　菊　吕彩霞 / 责任校对：张凤琴
责任印制：张　伟 / 封面设计：铭轩堂

科学出版社 出版

北京东黄城根北街 16 号
邮政编码：100717
http://www.sciencep.com

北京京华虎彩印刷有限公司 印刷

科学出版社发行　各地新华书店经销

*

2017 年 6 月第　一　版　开本：720×1000　B5
2017 年 6 月第一次印刷　印张：22 7/8
字数：470 000

定价：158.00 元
（如有印装质量问题，我社负责调换）

主要撰写人员

贾仰文	安新代	王　浩	周祖昊	仇亚琴
雷晓辉	杨贵羽	牛存稳	郝春沣	彭　辉
陈永奇	可素娟	裴　勇	李福生	彭少明
龚　华	侯红雨	张文鸽	何宏谋	张学成
李　东	殷会娟	陈连军	苏　青	贾冬梅
章　博	薛建国	胡玉荣	龚家国	罗翔宇
罗尧增	李晓春	刘铁龙	韩宇平	汪顺生

前　　言

　　黄河是中华民族的摇篮，是我们的母亲河，世代滋养着华夏儿女。但是自20世纪80年代以来，流域经济社会的快速发展、气候条件的变化，使得地处干旱半干旱地区的黄河流域水资源供需矛盾日益凸显，水环境与水生态问题日益突出，缺水已经成为制约沿黄地区经济社会可持续发展的瓶颈。黄河流域水少沙多、水污染严重、供用水矛盾尖锐的水资源现状特点，要求对黄河水资源进行系统研究和管理。为解决黄河水资源短缺及由此引发的相关问题，国家投入了大量的人力和物力，从实践到理论，从技术到管理，从小流域治理到全流域综合管理，都进行了大量的研究。在此背景下，"维持黄河健康生命"的理念得以提出，流域水资源研究和管理得到逐步加强。

　　经过十多年的黄河水资源统一管理与调度实践，黄河水资源管理的基础研究和应用研究有较大进展，一体化管理的模式和机制方面的实践与探索也积累了一定的经验。《取水许可和水资源费征收管理条例》及《黄河水量调度条例》分别于2006年4月和8月实施，为黄河水资源一体化管理提供了良好的法律保障。但是，管理的实际进程和效果，还远远落后于流域经济和社会可持续发展的客观需求，致使黄河流域水资源管理还存在一些问题亟待解决，如支流用水还没有很好地控制，没有形成全流域干支流统一调度机制，节水型社会建设力度不足，水权制度不够完善，水务一体化管理模式和机制不完善等，而根本原因就在于黄河流域水资源一体化管理中的关键技术问题还没有解决。

　　基于上述背景，"十一五"国家科技支撑计划在"黄河健康修复关键技术研究"重点项目中批准设立了"黄河水资源管理关键技术研究"课题（编号：2006BAB06B06）。课题承担单位为中国水利水电科学研究院，参加单位包括黄河水利委员会水资源管理与调度局、黄河水文水资源科学研究院、黄河勘测规划设计有限公司、黄河水利科学研究院、华北水利水电大学等。本课题的主要目的是针对黄河流域水资源管理中存在的科学与实践问题，以国家需求为导向，以实现黄河水资源一体化调度管理为目标，在揭示流域水资源形成和转化本质及用耗水规律的基础上，提出支流水资源调度模式，支撑全流域水资源一体化调度体系的建立；在黄河流域水资源一体化管理的框架内，基于流域水资源利用效率和效益分析，提出黄河流域节水型社会建设的目的与措施；研究黄河干支流水量在各地市间的分配方案、水权转让机制和一体化管理机制，为黄河流域水资源一体化管理模式的建立提供支撑，同时也为其他流域的管理提供参考。课题按照任务书要求，通过详细分解课题各项任务指标，经过各单位三年多的联合攻关，达到了预期目标，于2010年5月17日通过了水利部国际合作与科技司在北京主持的课题验收。课题取得的主要成果如下：①以流域二元水循环模型为工具，揭示了气候变化和人类活动作用下湟水、渭河和汾河三个重点支流的水资源演变五大规律；提出了基于水循环全过程的支流用水评估方法和监测体系，以及湟水、渭河和汾河三个重点支流用耗水评价成果；②按照"预测—评价—调度—反馈"的模式，设计开发了支流与干流调度模型相嵌套、年月旬多时间尺度的渭河流域水资源调度系统；③提出了黄河流域农业和七个重点工业部门的用水定额细化指标、2030年黄河流域节水规划推荐目标；④提出了黄河流域各省（区）地表水量分配到地市（盟）和干支流的细化方案，以及各省（区）地市（盟）地下水量分配方案；⑤提出了黄河流域三级水权市场运行管理及监测机制，以及黄河流域干支流一体化管理机制研究成果。

　　本书是对上述"十一五"国家科技支撑计划课题研究成果的总结。全书共分8章。第1章以黄河流域自然特点为基础，评价黄河流域水资源本底条件、开发利用现状以及水资源供需形势，分析水资源利用与管理中面临的主要问题。本章主要撰写人为贾仰文、仇亚琴、牛存稳、龚家国、李晓春等。第2章以"二元"水循环模拟为基础，采用传统评价方法和基于"二元"水循环理论的评价方法对黄河重点支流用水过程进行评价分析，并以"二元"水循环理论为基础进行用水监测体系设计和实施方案的编制。本章主要撰写人为周祖昊、贾仰文、张学成、李东、刘铁龙、韩宇平、汪顺生等。第3章介绍了"二元"水循环理论指导下的黄河重点支流水资源调度模型、调度管理系统的设计、开发与应用。本章主要撰写人为贾仰文、周祖昊、雷晓辉、仇亚琴、杨贵羽、郝春沣、彭辉、罗翔宇等。第4章以用水定额研究为基础，通过厘清节水内涵，分析了黄河流域节水潜力，并以此为基础设定科学的节水型社会建设目标，进行了节水型社会的建设措施和管理体制研究。本章主要撰写人为侯红雨、龚华、贾冬梅、张文鸽、杨贵羽等。第5章综合论述了国内外水权分配研究进展、黄河水权管理发展过程，提出了黄河水资源开发利用战略建议，开发了黄河水资源多目标分配模型，提出了黄河流域水资源分配方案，包括干支流一体化管理的地表水与地下水分配方案。本章主要撰写人为彭少明、李福生、胡玉荣、安新代、龚华、侯红雨、仇亚琴等。第6章对黄河流域可转换水权进行了研究，提出了黄河流域水权转换三级水市场的建立构架和组织体系，设计了黄河流域水市场运行机制，提出了黄河流域水权转换监测体系建设内容。本章主要撰写人为张文鸽、何宏谋、殷会娟、章博、陈连军、苏青等。第 7 章分析了黄河水资源管理与调度的现状、体制和法规制度及存在的问题，从宏观管理、水资源配置、水资源节约与保护、水量调度管理四个方面研究了黄河水资源一体化管理机制。本章主要撰写人为安新代、陈永奇、可素娟、裴勇、薛建国、苏青、罗尧增等。第 8 章总结了技术成果和主要创新，并给出深化研究建议。本章主要撰写人为贾仰文、安新代、王浩、周祖昊等。全书由贾仰文统稿。

本研究的完成与本书的出版得到了科学技术部、水利部、黄河水利委员会、陕西省渭河流域管理局和科学出版社等单位的大力支持，在此表示衷心的谢意。同时需要说明的是，由于变化环境对水循环过程的影响和经济社会发展对水资源管理不断提出的新需求，以及作者水平的限制，书中不妥之处在所难免，恳请读者批评指正。

作　者

2017 年 5 月于北京

目　　录

前言

第1章　黄河流域水资源状况及主要问题 ……………………………………………… 1

  1.1　黄河流域概况及特点 ……………………………………………………………… 1

  1.2　黄河流域水资源本底条件 ………………………………………………………… 2

  1.3　黄河水资源开发利用状况 ……………………………………………………… 10

  1.4　黄河流域水资源供需形势分析 ………………………………………………… 14

  1.5　黄河流域水资源管理面临的主要问题 ………………………………………… 21

第2章　黄河重点支流水循环模拟与用水评价及监测体系研究 ………………… 24

  2.1　黄河重点支流水循环理论与模型 ……………………………………………… 24

  2.2　黄河重点支流水循环模拟 ……………………………………………………… 32

  2.3　三支流传统方法用水评价 ……………………………………………………… 48

  2.4　三支流基于流域水循环全过程的用水评价 …………………………………… 57

  2.5　基于二元理论的用水监测体系框架 …………………………………………… 69

  2.6　小结 ……………………………………………………………………………… 80

第3章　支流水资源调度方法与渭河水资源调度模型系统 ……………………… 83

  3.1　基于流域二元水循环机制的水资源调度方法 ………………………………… 83

  3.2　渭河水资源调度模型系统 ……………………………………………………… 88

  3.3　渭河水资源调度管理系统总体设计与开发 ………………………………… 110

  3.4　渭河水资源调度管理系统应用 ……………………………………………… 117

  3.5　小结 …………………………………………………………………………… 127

第4章　黄河流域节水型社会建设目标与措施研究 ……………………………… 129

  4.1　概述 …………………………………………………………………………… 129

4.2　用水定额研究　···　134

4.3　节水内涵及节水潜力评价　·····································　143

4.4　黄河流域节水型社会建设目标　·································　153

4.5　节水型社会建设措施研究　·····································　157

4.6　黄河流域节水型社会建设管理体制研究　·····················　164

4.7　黄河流域节水型社会建设展望　·································　169

第5章　黄河流域干支流地表水权和地下水权分配　··················　173

5.1　国内外水权分配概况、研究进展及黄河水权管理　·············　173

5.2　水资源开发利用战略　···　180

5.3　水资源多目标分配理论与模型研究　···························　195

5.4　黄河水资源分配方案研究　·····································　214

5.5　基于干支流一体化管理的地表地下水水权分配　···············　221

5.6　小结　···　229

第6章　黄河流域水权转让机制研究　······························　230

6.1　国内外水权交易现状　···　230

6.2　黄河流域可转换水权研究　·····································　241

6.3　黄河流域水市场的建立研究　···································　263

6.4　黄河流域分级水市场运行机制研究　···························　269

6.5　黄河流域水权转换监测体系建设　·····························　277

6.6　小结　···　282

第7章　黄河水资源一体化管理机制研究　··························　285

7.1　水资源一体化管理的内涵和经验　·····························　285

7.2　黄河水资源管理与调度现状及存在问题　·····················　289

7.3　黄河水资源管理与调度体制现状及存在问题　·················　301

7.4　黄河水资源管理与调度法规制度现状及存在问题　·············　303

7.5　黄河水资源一体化管理制度与机制研究　·····················　307

7.6　黄河水资源一体化管理机制支持系统研究　···················　315

7.7　河流代言人和流域生态水权代理人研究　·····················　321

7.8　小结　···　326

第8章　总结与建议 ································· 328

　8.1　主要技术成果 ····························· 328

　8.2　创新总结 ······························· 334

　8.3　深化研究建议 ····························· 336

参考文献 ···································· 339

第1章
黄河流域水资源状况及主要问题

1.1 黄河流域概况及特点

1.1.1 流域概况

1.1.1.1 自然地理

黄河自西向东，流经青海、四川、甘肃、宁夏、内蒙古、山西、陕西、河南和山东九个省区，注入渤海，全长 5464km，其中河源到托克托河段为上游，托克托到桃花峪河段为中游，桃花峪以下为下游。全流域位于 $96°E \sim 119°E$，$32°N \sim 42°N$，总流域面积 794 712km²，其中鄂尔多斯闭流区面积 42 269km²。

黄河流域的地形自西向东呈由高到低三大巨型阶梯。其中西部最高一级为青藏高原，海拔超过4000m；第二阶梯大致以太行山为东界，包括河套平原、鄂尔多斯高原、黄土高原和汾渭平原等大型地貌单元，海拔 $1000 \sim 2000m$；第三阶梯范围自太行山、邙山往东直到海滨，是黄河冲积大平原区，地面高程一般低于100m。三大地形阶梯对于黄河流域的气候和自然景观格局有着决定性作用。

黄河流域横跨南温带、中温带和高原气候区三个气候带，年日照时数 $1900 \sim 3400h$，上游平均气温为 $-4.0 \sim 9.3℃$，中游平均气温 $9.4 \sim 14.6℃$，下游平均气温 $14.2℃$。20世纪以来，受温室效应影响，流域有增温趋势。黄河流域有集水面积超过 1000km² 的入黄支流 76 条，其中上游 43 条，中游 30 条，下游 3 条，最大支流为渭河。黄河流域河网密度不均，中游黄土高原区河网密度较高，最高达到 3.89km/km²，加速了水土流失。

1.1.1.2 社会经济

2000 年黄河流域总人口 1.09 亿，其中城镇人口 0.31 亿，城镇化率为 28.4%。2000 年流域 GDP 为 6216 亿元，农业总产值为 1486 亿元，工业总产值 7566 亿元（其中火核电工业产值 206 亿元），工业增加值为 2447 亿元（其中火核电工业增加值 91 亿元）。2000 年黄河流域耕地面积 24 362 万亩[①]，播种面积 23 097 万亩，有效灌溉面积 7625 万亩，当年实际灌溉面积为 6599 万亩，粮食产量 3531 万 t，牲畜 8867 万头（其中大牲畜 1563 万头）。

1.1.2 主要特点

"水少沙多、水沙异源"是黄河最为显著的特点。黄河流域的多年平均降水量为 466mm，多年平均地表水资源量 580 亿 m^3，不重复的地下水资源量 148 亿 m^3，流域人均与亩均水资源占有量分别为 633m^3 和 277m^3，在全国九大流域片中列倒数第二位。此外，下游两岸外海河和淮河流域每年引黄量约为 100 亿 m^3，加上特有的输沙用水需求，更加加剧了流域"水少"的状况。黄河三门峡站的多年平均输沙量约为 16 亿 t，最大年输沙量达 39.1 亿 t，在全世界的大江大河中位列第一。

黄河水、沙的来源不同。水量的 56% 来自兰州以上，其余主要来自秦岭北麓及洛河、沁河支流；泥沙主要源自黄土高原的水土流失区，其中 56% 的泥沙来自河口镇至龙门区间，34% 来自泾河、北洛河、渭河上游等地区。

水资源先天不足而泥沙含量为世界之最，这一自然特点决定了黄河的治理与开发具有不同于其他河流的特殊性。

1.2 黄河流域水资源本底条件

1.2.1 基于二元水循环的黄河水资源评价结果

1.2.1.1 降水结构解析

在以降水为输入通量的全口径水资源评价中，降水为流域水循环的全口径输入

---

① 1 亩 $=\frac{1}{15}hm^2=\frac{1000}{15}m^2≈666.7m^2$。

通量，依据流域水量平衡，流域水分的输入与输出关系简要表示如式（1-1）所示：

$$P = R + E + \Delta V \tag{1-1}$$

式中，P 为降水通量；R 为河川径流通量；E 为蒸散发通量；ΔV 为存量蓄变量（蓄积为正值，损耗为负值）。

大气降水的垂向系统结构由上而下大致可以分为四层（图1-1）。

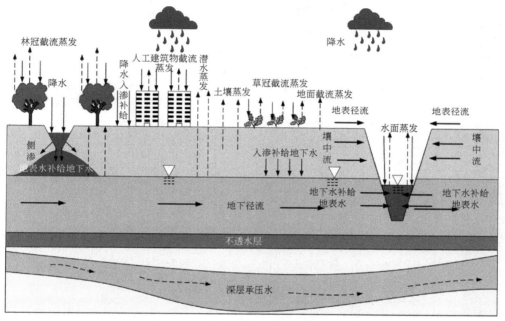

图 1-1　大气降水的垂向系统结构示意

1）冠层截流。包括林冠截流、草冠截流、人工建筑物截流等，截流的水分一部分受重力作用下至地面，一部分被直接蒸发返回大气。

2）地面截流。地面是大气层与地下层的界面，到达地面的降水有三大去向：一是下渗至土壤；二是形成地表径流（包括直接降在水面上）；三是被直接蒸发返回大气。

3）土壤入渗。土壤入渗量也有三类去向：一是继续下渗补给地下水；二是形成壤中流补给地表径流；三是通过蒸腾蒸发重新返回大气。

4）地下水补给。地下水分为浅层地下水和深层地下水两类，地下水补给量去向也包括三种：一是通过潜水蒸发返回大气；二是通过地下径流补给地表水；三是人工开采消耗量。

根据水资源二元演化模型模拟结果（贾仰文等，2006a），列出黄河流域 1956～2000 年系列降水资源结构如表 1-1 所示。

表 1-1　现状条件下黄河流域降水结构解析

分区	降水量/亿 m³	径流		蒸发		蓄变	
		总量/亿 m³	占降水量比例/%	总量/亿 m³	占降水量比例/%	总量/亿 m³	占降水量比例/%
黄河区	3563.0	548.7	15.4	3014.7	84.6	-0.4	-0.01
龙羊峡以上	632.3	210.1	33.2	419.5	66.3	2.7	0.42
龙羊峡至兰州	433.0	112.8	26.1	321.3	74.2	-1.1	-0.26
兰州至河口镇	427.6	18.5	4.3	409.6	95.8	-0.5	-0.12
河口镇至龙门	480.2	42.3	8.8	439.6	91.5	-1.7	-0.35
龙门至三门峡	1038.9	104.5	10.1	937.1	90.2	-2.7	-0.26
三门峡至花园口	274.7	39.2	14.2	234.2	85.3	1.3	0.47
花园口以下	157.8	18.0	11.4	138.5	87.8	1.3	0.82
内流区	118.6	3.3	2.8	114.9	96.9	0.4	0.34

从表 1-1 可以看出，黄河流域 1956～2000 年系列平均降水量为 3563 亿 m³，其中 84.6% 直接蒸发返回大气，15.4% 形成了天然河川径流量。

1.2.1.2　狭义水资源评价

狭义水资源总量由两部分组成：第一部分为河川径流量，即地表水资源量；第二部分为降雨入渗补给地下水而未通过河川基流排泄的水量，即地下水资源量中与地表水资源量计算之间的不重复量。

分别对黄河流域的"片水"资源和主要水文断面的水资源进行评价，其中分区以所划分的 8485 个子流域为单元，"片水"资源指的是 8485 小片产流汇入各自河流的总水量和各子流域不重复的地下水资源量；水文断面水资源量也包括两部分，其中不重复的地下水资源量与分片口径一致，而地表水资源量则是指无人类用水消耗情况下，流经该水文断面的天然年径流量。

在 2000 年下垫面及用水水平条件下，黄河流域多年平均（1956～2000 年气象系列）各二级区狭义水资源评价结果见表 1-2。从表 1-2 结果可以看出，黄河流域多年平均传统的狭义水资源总量为 676.4 亿 m³，其中地表水资源量为 548.7 亿 m³，地下水资源量为 404.2 亿 m³，与地表水不重复的地下水资源量为 127.7 亿 m³。

表 1-2 　2000 年条件下黄河流域分片狭义水资源评价 （单位：亿 m³）

水资源分区	地表水资源量	地下水资源量		狭义水资源总量
		资源总量	不重复量	
黄河区	548.7	404.2	127.7	676.4
龙羊峡以上	210.1	65.3	1.9	212.1
龙羊峡至兰州	112.8	37.0	3.4	116.1
兰州至河口镇	18.5	58.6	35.2	53.7
河口镇至龙门	42.3	40.0	6.9	49.2
龙门至三门峡	104.5	125.1	39.0	143.5
三门峡至花园口	39.2	35.1	11.0	50.3
花园口以下	18.0	23.6	14.0	32.0
内流区	3.3	19.5	16.2	19.5

黄河流域多年平均各主要断面水资源评价结果见表 1-3。

表 1-3 　现状条件下的黄河流域断面水资源评价结果 （单位：亿 m³）

主要断面	贵德	兰州	头道拐	龙门	三门峡	花园口	利津
地表水资源量	201.7	308.0	313.6	351.5	448.9	485.4	491.7

从表 1-3 结果可以看出，多年平均黄河花园口断面天然年径流量为 485.4 亿 m³，利津断面天然年径流量为 491.7 亿 m³。

1.2.1.3 　广义水资源评价

广义水资源量，指流域水循环中由当地降水形成的，对生态环境和人类社会具有效用的水量。主要包括两部分：一部分是地表地下产水量，和现有水资源量的概念一致，也可称为狭义水资源量；另一部分是天然和人工生态及环境系统对降水的有效利用量，包括直接利用和间接利用两种方式，直接利用是对降水的截留蒸发，间接利用是将降水转为土壤水后的就地利用。

与狭义水资源定义的径流性水资源不同，广义水资源是在降水通量下定义水资源量的。长系列气象条件下的水量平衡方程式 （贾仰文等，2006b） 为

$$1/N\sum_{i=1}^{i=N} P_i = 1/N\sum_{i=1}^{i=N} \mathrm{Rs}_i + 1/N\sum_{i=1}^{i=N} \mathrm{Rg}_i + 1/N\sum_{i=1,j=1}^{i=N,j=M} \mathrm{EI}_{ij} + 1/N\sum_{i=1,j=1}^{i=N,j=M} \mathrm{ET}_{ij}$$

$$+ 1/N\sum_{i=1,j=1}^{i=N,j=M} \mathrm{ES}_{ij} + 1/N\sum_{i=1}^{i=N} \mathrm{ED}_i + 1/N\sum_{i=1}^{i=N} \Delta S_i \qquad (1\text{-}2)$$

式中，i 为计算年；N 为长系列总年数；j 为生态系统类型（如农田、林地、草地、居民与工业用地等）；M 为生态系统总分类数；P 为降水量；Rs 为地表水资源量；Rg 为与地表水不重复的地下水资源量（即降水入渗补给地下水量扣除地下水出流，或潜水蒸发与地下水开采净消耗量之和）；EI 为冠层及地表截流蒸发量；ET 为蒸腾量；ES 为棵间土壤蒸发量；ED 为未利用土地（如沙漠、裸地、裸岩等）及稀疏植被中大片裸地上的蒸发量；ΔS 为地表水、土壤水和地下水的总蓄变量。

在多年平均条件下，方程式右边最后一项可近似取为零，右边第一、二项之和为传统的狭义水资源量，右边第三、四、五项之和为有效蒸散发量（即生态系统对降水的有效利用量），右边第六项为无效蒸发量，右边第一至五项之和为广义水资源量。

黄河流域多年平均广义水资源评价结果见表 1-4。

表 1-4 黄河流域广义水资源评价 （单位：亿 m³）

水资源分区	降水	广义水资源				
		狭义水资源	有效蒸散发			总量
			农田	居工地	林草地	
黄河区	3563.0	676.4	890.9	15.9	1173.3	2756.6
龙羊峡以上	632.3	212.1	5.5	0.1	227.2	444.8
龙羊峡至兰州	433.0	116.1	48.5	1.0	182.8	348.4
兰州至河口镇	427.6	53.7	119.6	2.8	116.7	292.9
河口镇至龙门	480.2	49.2	144.6	0.6	143.0	337.4
龙门至三门峡	1038.9	143.5	386.8	6.7	330.1	867.1
三门峡至花园口	274.7	50.3	89.6	1.6	118.5	260.0
花园口以下	157.8	32.0	85.8	2.9	20.8	141.5
内流区	118.6	19.5	10.5	0.1	34.1	64.3

从表 1-4 可以看出，黄河流域 1956~2000 年系列年均广义水资源量为 2756.6 亿 m³，占降水总量的 77.4%。广义水资源当中，狭义的径流性水资源占 24.5%，有效蒸散发占 75.5%。

1.2.1.4 下垫面变化对于流域水资源演变的影响

为对比下垫面变化对于流域水资源演变影响，本书在考虑 2000 年人工取用水条件下，分别对历史实际系列下垫面情景和 2000 年现状下垫面情景下的水资源评价结果进行评价，对比结果见表 1-5。

表 1-5　历史系列下垫面和现状下垫面水资源评价结果对比 （单位：亿 m³）

水资源分区	历史下垫面					2000 年现状下垫面				
	地表水资源	地下水总量	不重复地下水	水资源总量	有效蒸散发	地表水资源	地下水总量	不重复地下水	水资源总量	有效蒸散发
龙羊峡以上	223.3	67.7	1.8	225.1	207.3	210.1	65.3	1.9	212.1	232.8
龙羊峡至兰州	123.5	37.7	2.3	125.9	218.9	112.8	37.0	3.4	116.1	232.3
兰州至河口镇	19.9	58.3	33.7	53.5	233.1	18.5	58.6	35.2	53.7	239.2
河口镇至龙门	41.1	37.0	5.3	46.4	275.4	42.3	40.0	6.9	49.2	288.2
龙门至三门峡	114.8	116.2	29.3	144.2	699.9	104.5	125.1	39.0	143.5	723.6
三门峡至花园口	42.3	35.4	7.8	50.1	176.2	39.2	35.1	11.0	50.3	209.8
花园口以下	21.4	19.8	11.6	33.0	108.4	18.0	23.6	14.0	32.0	109.5
内流区	3.1	18.6	14.9	18.0	46.8	3.3	19.5	16.2	19.5	44.8
总计	589.4	390.6	106.7	696.2	1966.2	548.7	404.2	127.7	676.4	2080.1

从表中结果可以看出，下垫面变化在一定程度上影响着黄河流域水资源演变规律，主要表现在以下几个方面。

1）狭义水资源的总量减少了 19.8 亿 m³，其中地表水减少了 40.7 亿 m³，不重复地下水增加了 21.0 亿 m³。这主要是因为水土保持、田间整治、梯田建设等各项人工措施的实施，不利于地表水产流，从而增加了垂向的下渗量，使得地下水和土壤水增加，而地表水径流量较大幅度地衰减。

2）有效降水利用量增加。随着农业、生态的发展，地表生态对有效降水的就地利用增加 113.9 亿 m³，不仅利用了就地拦蓄下来的径流性水资源，而且还增加了原有一部分无效的土壤水和地表截流。

3）广义水资源总量增加 94.1 亿 m³。在狭义水资源衰减，其他形式有效水分增加的共同作用下，流域广义水资源量仍有较大幅度增加，表明现状条件下，经济系统和生态系统总有效水量增加。

1.2.2 黄河流域水资源综合规划评价结果

1.2.2.1 水资源评价结果

研究采用实测加还原的方法，对黄河实测径流资料进行水量还原计算，评价黄河流域水资源量，进行对比分析验证。同时，鉴于黄河流域 20 世纪 80 年代以来人类活动——如水土保持工程建设、地下水的开发利用、水库的水面蒸发等——的影响，一些地区的产汇流关系与 20 世纪 80 年代以前相比发生了较大变化，为了保持径流系列成果的一致性，采用降水径流关系方法，结合水土保持建设、地下水开采对地表水影响、水利工程建设引起的水面蒸发附加损失等因素的成因分析方法，对天然径流量系列进行了一致性处理。

经一致性处理后，黄河流域多年平均分区地表水资源量为 607.2 亿 m^3，不包括内流区则为 604.6 亿 m^3。黄河流域地表水资源量分布情况见表 1-6。

表 1-6　黄河流域多年平均分区地表水资源量基本特征值

分区	面积/万 km^2	地表水资源量/亿 m^3	径流深/mm	Cv	Cs/Cv	不同频率地表水资源量/亿 m^3			
						20%	50%	75%	95%
龙羊峡以上	13.13	208.8	159.0	0.25	3.0	248.9	202.7	172.0	137.0
龙羊峡至兰州	9.11	132.8	145.8	0.24	3.0	157.8	129.0	109.9	87.9
兰州至河口镇	16.36	17.69	10.8	0.28	3.0	21.7	17.2	14.1	10.3
河口镇至龙门	11.13	44.08	39.6	0.28	2.5	54.5	42.0	34.2	25.9
龙门至三门峡	19.11	123.7	64.7	0.31	2.5	152.8	117.9	96.0	72.6
三门峡至花园口	4.17	55.08	132.1	0.50	3.0	73.4	49.1	35.9	24.8
花园口以下	2.26	22.45	99.3	0.75	2.0	31.3	18.3	12.3	8.5
黄河流域	79.50	607.2	76.4	0.22	3.0	711.1	590.4	508.8	413.2

分区水资源总量为当地降水形成的地表和地下产水量，即地表径流量与降水入渗补给地下水量之和。根据水量平衡公式，水资源总量由两部分组成：第一部分为河川径流量，即地表水资源量；第二部分为降雨入渗补给地下水而未通过河川基流排泄的水量，即地下水资源量中与地表水资源量计算之间的不重复量。

1956~2000 年黄河流域多年平均分区水资源总量为 719.6 亿 m^3，其中分区地表水资源量为 607.3 亿 m^3，分区地表水与地下水之间不重复计算量为 112.2 亿 m^3。

黄河流域水资源总量分布情况见表1-7。

表1-7　黄河流域水资源总量组成

分区	面积 /万 km²	降水总量 /亿 m³	地表水资源量/亿 m³	山丘区 P/亿 m³	山丘区 Rg/亿 m³	平原区 P/亿 m³	平原区 Rg/亿 m³	水资源总量/亿 m³	产水模数 /(万 m³/km²)
龙羊峡以上	13.13	628	208.8	80.4	80.2	0.6	0.3	209.3	15.9
龙羊峡至兰州	9.11	436	132.8	54.9	53.6	0.5	0.2	134.4	14.8
兰州至河口镇	16.36	428	17.7	16.0	4.7	11.8	0.5	40.4	2.5
河口镇至龙门	11.13	482	44.1	20.0	14.0	17.4	4.8	62.8	5.6
龙门至三门峡	19.11	1033	123.7	52.8	42.5	29.4	3.1	160.3	8.4
三门峡至花园口	4.17	275	55.1	31.1	26.2	3.3	0.2	63.1	15.1
花园口以下	2.26	146	22.5	12.6	7.1	10.1	0.2	37.9	16.8
内流区	4.23	115	2.6	0.2	0.1	8.6	0.0	11.4	2.7
黄河流域	79.5	3543.0	607.3	268.0	228.4	81.7	9.3	719.6	9.1

1.2.2.2　黄河水资源演变趋势

（1）水资源量近20年来明显减少

近20年来，由于气候变化和人类活动对下垫面的影响，黄河流域水资源情势发生了变化，黄河中游变化尤其显著，水资源量明显减少。比较1980~2000年和1956~1979年两个时段水文系列，黄河流域平均降水总量减少了7.2%，而天然径流量和水资源总量分别减少了18.1%和12.4%。引起黄河水资源量明显减少的原因有二：一是降水偏枯，二是流域下垫面条件变化导致降雨径流关系变化。以人类活动较小的黄河源区为例，地表水资源量减少主要是降水量减少引起的。黄河中下游地区由于农业生产发展、水土保持生态环境建设，雨水集蓄利用以及地下水开发利用等活动，改变了下垫面条件，使得降水径流关系发生明显改变，且在黄河中游尤其突出，在同等降水条件下，河川径流量比以前有所减少。

随着水土保持作用的发挥和近20年降水量尤其是暴雨次数的减少，进入黄河下游的沙量也相应减少。黄河三门峡站1956~1979年实测输沙量14.2亿t，1980~2000年实测输沙量7.8亿t，减少了45%。

（2）黄河流域水资源量未来变化趋势

黄河流域水资源量主要受降水量和下垫面条件的影响。对于未来30年的降水量，目前尚不能确定是否有趋势性变化。下垫面条件的变化直接影响产汇流关系，在未来30年内，黄土高原水土保持工程的建设、地下水的开发利用都将使产汇流关系向产流不利的方向变化，即使在降水量不变的情况下，天然径流量也将进一步地减少。此外，水利工程建设引起的水面蒸发量的增加也将使天然径流量减少。预测结果揭示 2020 年将减少约 15 亿 m³，2030 年将减少约 20 亿 m³。

1.2.3 比较与讨论

将基于二元水循环模型的黄河流域水资源评价成果表 1-2 与黄河流域水资源综合规划评价结果表 1-7 对比，两种方法评价的黄河流域狭义水资源量分别为 676.4 亿 m³ 和 719.6 亿 m³，二者相差 6.0%。两种方法各有自己的优缺点，但与黄河水资源的真值相比，其结果必然都存在误差与不确定性。考虑到水资源综合规划的现状，水资源评价成果是分 1956～1979 年和 1980～2000 年两个阶段对天然河川径流量进行一致性处理（还现）得出的，而不是逐年还现得出的，因此存在还现不彻底，即评价的水资源量偏大的可能。而基于二元水循环模型的黄河流域水资源评价成果，是以 2000 年下垫面、经济发展水平与用水水平为现状条件，以 1956～2000 年系列气象资料进行模拟评价，是逐年还现，应该说还现是较为彻底的，即充分反映现状条件的径流减少效应，但该结果同时受模型本身以及水文监测资料与用水统计资料不足的限制，也必然存在模拟分析误差问题。

鉴于全国水资源综合规划成果已经国家批准认可，为保持与黄河流域水资源综合规划成果协调一致，本书将采用 719.6 亿 m³ 作为黄河流域的径流性水资源总量。但同时意识到，现状下垫面条件下黄河水资源的实际量可能低于该值，未来也可能进一步衰减，因此需要考虑基于该值的水资源配置与调度的风险与应对措施。

1.3 黄河水资源开发利用状况

1.3.1 供用耗水量构成及变化趋势

黄河流域从 1980～2005 年的 25 年间，流域内总供水量从 342.95 亿 m³ 增加到 405.08 亿 m³，增加了 62.13 亿 m³。工业生活用水增长较快、农业用水量有所减少。1980～2005 年黄河流域供、用水量变化情况见表 1-8 和表 1-9。

表 1-8　1980～2005 年黄河流域供水量表　　（单位：亿 m³）

年份	流域内供水量				向流域外供水量	供水量合计
	地表水	地下水	其他供水	合计		
1980	249.16	93.27	0.52	342.95	103.36	446.3
1985	245.19	87.16	0.71	333.06	82.74	415.8
1990	271.75	108.71	0.66	381.12	103.99	485.11
1995	266.22	137.64	0.75	404.61	99.05	503.66
2000	272.22	145.47	1.07	418.76	87.58	506.34
2005	268.30	135.11	1.67	405.08	64.71	469.79

表 1-9　1980～2005 年黄河流域内各部门用水量表　　（单位：亿 m³）

年份	城镇居民	农村居民	工业	建筑业、第三产业	农田灌溉	林牧渔	牲畜	城镇生态	合计
1980	3.86	7.86	27.16	1.22	290.57	7.71	3.88	0.68	342.94
1985	5.51	8.57	32.03	1.69	266.22	14.35	3.91	0.79	333.06
1990	6.77	9.71	42.85	2.61	294.71	18.25	4.78	1.45	381.12
1995	9.06	10.74	54.08	3.37	299.15	20.76	5.82	1.63	404.61
2000	11.46	11.20	59.49	4.97	296.50	27.71	5.79	1.64	418.77
2005	14.38	10.12	60.57	6.29	276.84	27.77	6.27	2.85	405.08

黄河流域不同年份耗水量呈增加趋势，从 1980 年的 329.87 亿 m³ 增加到 2005 年的 363.52 亿 m³，见表 1-10。

表 1-10　黄河流域 2005 年耗水量表　　（单位：亿 m³）

省（区）	地表水			地下水	总量
	流域内	流域外	合计		
青海	14.24		14.24	1.33	15.57
四川	0.18		0.18	0.00	0.18
甘肃	27.27		27.27	2.99	30.26
宁夏	45.73		45.73	2.32	48.05
内蒙古	60.28		60.28	18.79	79.07

省（区）	地表水			地下水	总量
	流域内	流域外	合计		
陕西	25.21		25.21	22.25	47.46
山西	12.73		12.73	17.10	29.84
河南	16.47		16.47	22.34	38.81
山东	3.01		3.01	6.57	9.58
黄河流域	205.13	64.71	269.84	93.68	363.52

1.3.2 水资源开发利用程度分析评价

水资源的适度开发利用，应该保持水资源在自然界的水文循环中得到再生和补充，而不致影响到水资源的形成和赋存条件，保持水资源的可持续开发利用。水资源开发利用程度是评价流域水资源开发与利用水平的特征指标，涉及水资源量、开采量、供水量与消耗量四个与之紧密关联的因素，本节采用水资源开发率、开采率和水资源利用消耗率三个指标进行分析评价。

黄河流域 2005 年地表水供水量为 333.01 亿 m^3，按多年平均天然径流量 534.79 亿 m^3 计，地表水开发率为 62.3%，地表水消耗率为 50.5%；若按 1991~2000 年黄河流域平均天然径流量 437.00 亿 m^3 计，地表水开发率达 76.2%，地表水消耗率达 61.7%，以 1991~2000 年为计算时段，对黄河流域干、支流地表水资源开发率、平原区浅层地下水开采率和水资源利用消耗率进行分析计算，以反映近 10 年水资源开发利用程度。详见表 1-11。

表 1-11 黄河及其主要支流水资源开发利用程度分析

独立水系或一级支流	地表水			平原区浅层地下水			水资源总量		
	供水量 /亿 m^3	地表水资源量 /亿 m^3	开发率	开采量 /亿 m^3	水资源量 /亿 m^3	开采率	用水消耗总量 /亿 m^3	水资源总量 /亿 m^3	水资源利用消耗率
项目编号	（1）	（2）	（3）	（4）	（5）	（6）	（7）	（8）	（9）
黄河	333.01	498.26	0.67	97.43	154.60	0.63	363.52	610.92	0.60
湟水	11.41	20.53	0.56	4.14	3.54	1.17	10.86	21.63	0.50
汾河	10.24	15.77	0.65	15.97	13.35	1.20	20.03	28.67	0.70

续表

独立水系或一级支流	地表水			平原区浅层地下水			水资源总量		
	供水量/亿 m³	地表水资源量/亿 m³	开发率	开采量/亿 m³	水资源量/亿 m³	开采率	用水消耗总量/亿 m³	水资源总量/亿 m³	水资源利用消耗率
渭河	31.46	69.20	0.45	23.83	32.70	0.73	47.92	86.65	0.55
沁丹河	3.62	10.62	0.34	3.50	1.61	2.18	5.95	14.01	0.42
伊洛河	5.39	21.27	0.25	6.44	4.26	1.51	11.15	25.05	0.45
大汶河	3.07	15.40	0.20	4.67	2.04	2.29	8.72	22.14	0.39

注：表中（1）、（4）、（7）项目为 2005 年数值；表中（2）、（8）项目为 1991~2000 年的平均值；（5）项目为浅层地下水资源量（矿化度<2g/L）多年平均值。

对黄河流域干、支流地表水资源开发率，平原区浅层地下水开采率和水资源利用消耗率进行分析计算的结果表明，黄河流域水资源利用消耗率达到 60%，湟水、沁丹河、伊洛河水资源开发利用程度分别为 50%、42% 和 45%，而渭河和汾河开发利用程度较高，分别达到 55% 和 70%。水资源的过度开发利用，已导致入黄水量减少甚至断流、水污染严重、地下水过量超采等一系列问题。1995 年供水量为 503.66 亿 m³，2000 年供水量为 506.34 亿 m³。下面以 2000 年的供水代表现状供水水平，分析水资源开发利用程度。

黄河流域 2000 年地表水供水量为 359.81 亿 m³，地表水消耗量为 296.81 亿 m³，按多年平均天然径流量 534.79 亿 m³ 计，地表水开发率为 67.3%，地表水消耗率为 55.5%；若按 1991~2000 年黄河流域平均天然径流量 437.00 亿 m³（相当于中等枯水年）计，地表水开发率达 82.3%，地表水消耗率达 67.9%；若按 2000 年黄河流域天然径流量 354.10 亿 m³（相当于特枯水年）计，地表水开发率达 101.6%，地表水消耗率达 83.8%。黄河主要支流汾河、沁河、汶河等开发利用率也达到较高水平。

2000 年黄河流域地下水开采量为 145.47 亿 m³，其中深层地下水开采为 22.60 亿 m³，山丘区地下水开采量为 33.24 亿 m³，平原区浅层地下水开采量为 88.36 亿 m³，微咸水 1.27 亿 m³。黄河流域平原区多年平均浅层地下水资源量为 154.63 亿 m³，现状地下水开采率为 58.0%。据地下水可开采量评价成果，黄河流域平原区浅层地下水可开采量为 119.39 亿 m³，现状平原区浅层地下水开采量占可开采量的 75.1%。但地区分布不平衡，部分地区地下水已经超采，部分地区尚有一定的开采潜力。

1.4 黄河流域水资源供需形势分析

1.4.1 经济社会发展预测

1.4.1.1 预测方法

预测对象繁多，预测内容广泛，因而预测方法也多种多样，大致可分为以下几种。

1）调查研究预测法。它是对预测对象的未来发展性质的一种主观经验方面的判断估计。预测者采用各种调查方式取得大量实际资料，对这些资料进行加工整理和分析研究，从中找出规律，并结合经验来判断和推算未知事件的发展前景。

2）因果分析预测法。这也称回归分析预测，是指通过因素和预测对象之间的因果关系对其进行估计推算的方法。首先分析研究各种因素和预测对象之间的相关关系，确定回归方程式，然后根据自变量数值的变化，代入回归方程式从而推算预测对象的变化。

3）时间序列预测法。这种方法指将某种统计指标的数值，按时间先后顺序排列所形成的数列。例如，将人口数值、工农业总产值等按年次顺序排列，从而形成相应的数据时间序列。

时间序列由两种因素组成：一种是统计数据所属的时间；另一种是序列水平的统计数据。时间和水平这两个因素，统称为时间序列的成分。时间序列预测法通过编制和分析时间序列，根据时间序列反映出来的发展过程、方向和趋势，进行外推，以预测下一时期或以后若干时期可能达到的水平。

4）系统预测法。近些年来，随着人工神经网络（ANN）、灰色系统等新理论、新方法的不断完善，人们通过探索这些新的理论、新方法在预测中应用的可能性，形成了系统的预测方法。

1.4.1.2 经济社会发展指标预测

A. 经济社会发展分析

改革开放以来，黄河流域经济社会得到快速发展。1980 年国内生产总值为 916.4 亿元，2006 年达到 13 733.0 亿元，年均增长率为 11.0%；人均 GDP 由

1980 年的 1121 元增加到 2006 年的 12 154 元，增长了 9.8 倍；总人口由 1980 年的 8177.0 万人增加到 2006 年的 11 298.8 万人，年增长率为 12.5‰；城镇化率由 17% 增加到 39%；工业增加值从 1980 年的 310.0 亿元，增加到 2006 年的 6684.1 亿元，年增长率为 12.5%；农田有效灌溉面积从 1980 年的 6492.5 万亩，增加到 2006 年的 7764.58 万亩，26 年新增农田有效灌溉面积约 1272 万亩。详见表 1-12。

表 1-12 黄河流域经济社会发展主要指标

年份	总人口/万人	GDP/亿元	人均 GDP/元	工业增加值/亿元	农田有效灌溉面积/万亩
1980	8 177.0	916.4	1 121	310.0	6 492.5
1985	8 771.4	1 515.8	1 728	489.0	6 404.3
1990	9 574.4	2 280.0	2 381	739.5	6 601.2
1995	10 185.5	3 842.8	3 773	1 474.8	7 143.0
2000	10 971.0	6 565.1	5 984	2 559.1	7 562.8
2006	11 298.8	13 733.0	12 154	6 684.1	7 764.58

B. 国民经济发展指标预测

分别采用以上分析方法对黄河流域未来主要经济社会指标进行预测。

（1）人口与城镇化

黄河流域大部分省（区）位于中西部地区，少数民族集中，人口增长较快。2006 年总人口达到 11 298.8 万人，1980～2006 年人口增长率为 12.5‰。2010 年以前，受人口增长惯性作用，人口增长率仍然较高；2010 年以后，人口呈现"低增长率，高增长量"的发展态势。预计 2020 年和 2030 年黄河流域总人口分别达到 12 659 万人和 13 094 万人，2030 年比 2006 年新增人口约 1795 万人，2006～2020 年和 2020～2030 年年均增长率分别为 8.2‰和 3.4‰。

（2）国内生产总值（GDP）预测

黄河流域国内生产总值从 1980 年的 916.4 亿元，增加到 2006 年的 13 733.0 亿元，1980～2006 年年均增长率为 11.0%。人均 GDP 为 12 154 元。预计未来一段时间内，黄河流域经济社会将呈持续、快速和稳定的态势发展。预测到 2020 年和 2030 年黄河流域国内生产总值分别达到 40 968.60 亿元和 76 799.24 亿元，2006～2020 年和 2020～2030 年年均增长率分别为 8.1%和 6.5%，2006～2030 年年均增长率为 7.4%。2020 年和 2030 年黄河流域人均 GDP 将分别达到 3.24 万元和 5.87 万元。2006 年黄河流域三产结构为 8.9∶55.8∶35.3，预计到 2030 年水平，黄河流域三产结构将调整为 4.7∶52.7∶42.6。

（3）工业指标预测

黄河流域资源条件雄厚，拥有"能源流域"美称，经济发展潜力巨大。2006年黄河流域工业增加值为6477.1亿元；到2020年和2030年工业增加值将分别达到18 395.6亿元和35 687.4亿元，2006～2020年、2020～2030年发展速度分别为7.7%和6.9%，24年工业增加值发展速度达到7.4%，2030年与2006年相比增长4.5倍。2030年工业增加值主要分布在龙门至三门峡区间、兰州至河口镇区间和三门峡至花园口区间，占全流域总量的71%。

2006年黄河流域火电装机容量为5641万kW，预计到2020年和2030年黄河流域火电装机容量分别达到14 731万kW和17 631万kW。2030年比2006新增火电装机11 990万kW，80%左右的火电装机集中在兰州至河口镇、河口镇至龙门和龙门至三门峡三个河段。

（4）建筑业及第三产业

2006年黄河流域建筑业增加值为975.3亿元，随着城市化和工业化进程的加快，建筑业增加值的发展速度将提高较快，预计2020年和2030年将分别达到2379.9亿元和4152.7亿元，2030年与2006年相比将增长3.3倍。

2006年黄河流域第三产业增加值为4847.3亿元，占流域GDP的35.3%。随着城市化和工业化进程的加快，第三产业增加值以高于GDP的发展速度增长，预计2020年和2030年增加值将分别达到17 247.8亿元和32 730.3亿元。

（5）农林牧有效灌溉面积

黄河流域的农业生产具有悠久的历史，是我国农业经济开发最早的地区，流域内的小麦、棉花、油料等主要农产品在全国占有重要地位。2006年黄河流域农田有效灌溉面积为7764.6万亩，预计2020年达到8382.5万亩，2030年达到8697.0万亩，24年新增农田有效灌溉面积932.3万亩。2006年黄河流域林牧灌溉面积为789.7万亩，根据林牧发展思路，预计到2020年和2030年分别发展为958.3万亩和1182.5万亩，2030年与2006年相比新增林牧灌溉面积392.8万亩。

（6）牲畜

黄河流域牲畜总头数由2006年的9953.2万头（只），发展到2030年的13 286.4万头（只），其中大牲畜发展到2122.9万头；小牲畜发展到11 163.5万头（只）。

（7）河道外生态环境

黄河流域河道外生态环境包括城镇生态环境和农村生态环境两部分，其中城镇生态环境指标包括城镇绿化、河湖补水和环境卫生等；农村生态环境指标主要包括人工湖泊和湿地补水、人工生态林草建设、人工地下水回补三部分。2006

年黄河流域城镇绿化面积为 31.0 万亩,河湖补水面积为 5.2 万亩,环境卫生面积为 24.7 万亩。预计 2020 年和 2030 年水平黄河流域城镇生态环境绿化面积分别为 79.9 万亩和 111.1 万亩,河湖面积分别为 14.4 万亩和 20.2 万亩,环境卫生面积分别为 62.3 万亩和 83.5 万亩。

黄河流域各主要经济社会指标发展预测成果见表 1-13。

表 1-13 黄河流域主要经济社会指标发展预测成果

主要指标预测	2006 年	2020 年	2030 年
总人口/万人	11 298.77	12 658.37	13 093.85
城镇人口/万人	4 423.51	6 373.52	7 703.92
城镇化率/%	39.15	50.35	58.84
国内生产总值 GDP/亿元	13 733	40 968.6	76 799.24
工业增加值/亿元	6 477.09	18 395.58	35 687.44
建筑业增加值/亿元	975.3	2 379.91	4 152.66
第三产业增加值/亿元	4 847.26	17 247.8	32 730.26
农田有效灌溉面积/万亩	7 764.64	8 382.49	8 696.98
林牧灌溉面积/万亩	789.68	958.33	1 182.54
大牲畜/万头	1 692.7	1 940.5	2 122.9
小牲畜/万头(只)	8 260.5	10 071.5	11 163.5
城镇绿化+河湖+环卫面积/万亩	60.9	156.6	214.8

1.4.2 经济社会对水资源的需求预测

1.4.2.1 需水预测方法

不同的用水户,其需水预测方法不同,同一用水户,也存在着多种预测方法。目前普遍采用的方法为发展指标与用水定额法,一般简称为定额法。其他方法包括趋势分析法、机理预测法、人均用水量预测法、弹性系数法等。

1)发展指标与定额法。例如,工业需水预测采用万元产值(或增加值)法、生活需水预测采用人均日用水量法、灌溉需水预测采用灌溉定额法等。该方法是目前我国最为广泛采用的方法。

2)机理预测法。该方法从需水机理入手,基于水量平衡而提出,如灌溉需水量预测所采用的彭曼公式法。

3）趋势预测法。该方法基于历史统计数据的分析，选取一定长度的、具有可靠性、一致性和代表性的统计数据作为样本，进行回归分析，并以相关性显著的回归方程进行趋势外延。

4）人均需水量法。用水或需水归根结底为人的需水，因而采用人均需水量方法，也不失为一种简单而实用的方法。人均需水量指标主要基于国内外、区内外的比较分析后综合判定。

5）弹性预测法。需水弹性系数，即为需水增长率与其考虑对象的增长率的比值。如工业需水弹性系数可以描述为工业需水量的增长率与工业产值的增长率的比值。

1.4.2.2 需水量预测

水资源需求预测按各类用水户分为生活、生产和生态三部分。

本节对国民经济需水量进行了多种用水（节水）模式下的需水方案研究，体现在根据不同的节水措施组合和节水力度的大小，估算出多个方案的节水量，进而产生多个方案的需水量来进行水资源的供需平衡分析，由供需平衡结果、水资源承载能力和投资规模来决定需水方案的采用。根据各种用水（节水）模式下的需水方案的比选分析，特别是经过水资源供需平衡分析成果的多次协调平衡后，推荐的方案符合"资源节约、环境友好型"社会建设的要求，即水资源利用效率总体达到同期国际较先进水平，基本保障了河流和地下水生态系统的用水要求，并退还了现状国民经济挤占的生态环境用水量。

（1）黄河流域经济社会需水量预测

黄河流域多年平均河道外总需水量由基准年的485.79亿 m³，增加到2030年的547.33亿 m³，24年净增了61.54亿 m³，年增长率为0.5%。24年增长最多的省（区）是陕西、山西和甘肃，分别为19.9亿 m³、12.7亿 m³ 和 10.65亿 m³，内蒙古增长了1.76亿 m³，宁夏下降了0.08亿 m³，见表1-14。

表 1-14 黄河流域河道外总需水量预测 （单位：亿 m³）

二级区、省（区）	2020 年	2030 年
青海	25.05	26.76
四川	0.14	0.16
甘肃	58.37	60.53
宁夏	85.67	90.27

二级区、省（区）	2020 年	2030 年
内蒙古	105.48	106.90
陕西	88.40	95.65
山西	65.01	68.99
河南	59.52	62.09
山东	23.90	24.72
黄河流域	521.13	547.33

黄河流域多年平均河道外生活需水量由基准年的 29.5 亿 m³，增加到 2030 年的 48.9 亿 m³，24 年净增了 19.4 亿 m³，年增长率为 2.13%；生产需水量基准年为 452.9 亿 m³，到 2030 年增加到 491.0 亿 m³，24 年增加了 38.1 亿 m³，年增长率为 0.34%；生态需水量基准年为 3.5 亿 m³，增加到 2030 年的 7.5 亿 m³，24 年增加了 4.0 亿 m³，见表 1-15。

表 1-15　黄河流域河道外生活、生产和生态需水量预测　（单位：亿 m³）

需水项目	2006 年	2020 年	2030 年
城镇居民	16.66	26.74	34.78
农村居民	12.79	14.46	14.11
非火电工业	60.30	85.80	94.90
火电工业	9.40	14.10	15.50
建筑及第三产业	7.00	12.20	16.30
农田灌溉	336.80	317.80	312.50
林牧灌溉	27.00	28.20	34.00
鱼塘	5.63	6.19	6.45
牲畜需水量	6.84	9.59	11.25
河道外生态环境	3.45	5.94	7.46

黄河流域万元 GDP 用水量由基准年的 354m³，下降到 2030 年的 71 m³，年递减率为 6.5%；工业万元增加值用水量由基准年的 104 m³，减少到 30 m³，年递减率为 5.0%。2030 年万元 GDP 用水量与基准年相比减少了 80%，工业增加值用水量与基准年相比减少了 71%，接近全国平均水平。未来 30 年，黄河流域人均需水量基本稳定在 420m³ 左右，详见表 1-16。

表 1-16　黄河流域用水水平分析表

项目	基准年	2020 年	2030 年
万元 GDP 用水量/m³	354	127	71
人均用水量/m³	430	412	418
工业万元增加值用水量/m³	104	53	30

此外，随着未来黄河流域产业结构的调整以及节水水平的提高，非火电工业万元增加值用水量下降显著，由基准年的 93.1m³ 下降到 2030 年的 26.6m³，定额下降了 71%；火电工业用水定额由基准年的 16.7 万 m³/万 kW 降低到 2030 年的 8.8 万 m³/万 kW，定额降低了 47%。农田灌溉水利用系数由基准年的 0.49 提高到 2030 年的 0.59；农田灌溉定额由基准年的 434m³/亩降低到 2030 年的 359m³/亩，定额下降了 75 m³/亩。

（2）黄河流域外供水区需水预测

据 1980～2000 年统计，黄河 21 年平均向流域外供水量 108 亿 m³，预测未来经济发展水平下流域外需水见表 1-17。

表 1-17　黄河流域外需水预测　　　　　　　　　（单位：亿 m³）

流域外供水项目	2020 年	2030 年
向石羊河供水	2.00	6.00
向山西大同等地区	5.60	5.60
向河南规划供水	20.72	20.72
向山东规划供水	65.00	60.00
向河北规划供水	6.20	5.00
合计	99.52	97.32

1.4.3　黄河流域供需形势

根据黄河流域水资源本底条件评价，黄河流域水资源总量为 719.6 亿 m³，现状国民经济水资源可利用总量仅为 416.33 亿～396.33 亿 m³，相应的可供水量为 465.5 亿～511.6 亿 m³。根据黄河流域内外水资源需求预测，2020 年和 2030 年水资源需求量将分别达到 600.4 亿 m³ 和 632.5 亿 m³。因此，黄河供需形势十分严峻，2020 年和 2030 年水平黄河流域将分别缺水 90.3 亿～130.3 亿 m³ 和 120.3 亿～140.3 亿 m³。

1.5 黄河流域水资源管理面临的主要问题

1.5.1 水资源本底条件差、利用效率不高、生态环境问题突出

黄河流域现状人均水资源占有量为 633m³，亩均水资源占有量为 277m³，在我国九大流域中位居倒数第二，仅高于海河流域，但黄河流域的 3/4 面积地处干旱半干旱地区，农业生产对于灌溉的依赖性大，因此水资源本底条件比较差。黄河流域用水竞争相当突出，具体体现在三个层面：社会经济用水和生态环境用水竞争激烈、流域内外用水竞争激烈以及上下游地区经济用水竞争激烈。黄河流域的强侵蚀特性，以及黄河高含沙水流的特性决定了黄河流域生态用水不仅要满足一般河流的基流用水需求，还要满足专门河道输沙用水和面上水土保持用水需求。其中仅输沙需水一项就在 150 亿 m³ 以上，因此生态环境用水需求较大，与快速增长的社会经济用水需求形成激烈的竞争。黄河不仅是流域内生产生活用水的来源，还是海河和淮河流域相邻地区的重要水源，每年黄河向外流域调出水量近 100 亿 m³，这进一步加剧了流域内的用水紧张局势。黄河流域流经九省区，在总量不足的条件下，上游用水直接影响下游可用水，上下游地区经济用水竞争激烈。

尽管黄河流域水资源本底条件较差，但流域水资源整体利用效率并不高，主要用水效率指标与国内先进水平和发达国家尚有较大差距。2004 年黄河流域平均万元 GDP 用水量 377m³，略低于全国平均万元 GDP 用水量 402 m³，但比北京市和天津市万元 GDP 用水量 200 m³ 高出 177 m³。农业灌溉用水定额 459m³/亩，略高于全国平均水平。城镇供水管网综合损失率为 18.5%。

由于社会对于黄河关注的焦点更多地集中于其断流、泥沙和防洪等问题上，加上黄河含沙水流的特征，一定程度上掩盖了其突出的水环境问题。事实上，受黄河流域"灌溉农业、资源工业"经济特征的影响，现状点源和面源污染物排放量均较大，而黄河水环境容量较低，全流域污染状况相当严重。据《黄河水资源公报》，2004 年黄河流域废污水排放总量为 42.7 亿 m³，其中工业废污水 29.0 亿 m³。在所评价的 7497km 干支流河长中，Ⅱ、Ⅲ类水质河长占评价河长的 26.5%，Ⅳ类水质河长占 28.2%，而Ⅴ类和劣Ⅴ类水质河长占总评价河长

的 45.3%。

黄河中游流经世界上水土流失面积最大，侵蚀度最强的黄土高原，水土流失面积占全流域的 70% 以上，目前尽管水土保持工作取得较大成绩，但投入与需求缺口巨大、治理保存率低、边治理边破坏等相关问题依然严重。黄河流域生态建设任务相当艰巨。

1.5.2　水资源管理中存在的主要问题

黄河水资源管理中存在以下主要问题。

（1）支流水资源管理薄弱

黄河水利委员会从 2006 ~ 2007 年度开始实施黄河重要支流水量调度，由于调度时间短，目前支流水资源调度管理中还存在支流水资源管理基础薄弱、地方水行政主管部门管理机制和管理程序不健全、用水测量设施不全和落后、水流演进规律及径流预报等基础研究滞后等问题，影响了黄河干支流水量一体化管理的有效实施。

（2）地下水管理薄弱

地下水管理方面，一是尚未对地下水进行分配，缺乏地下水开发利用总量控制的依据；二是近年来地下水开采一直呈上升趋势。1980 年以来黄河流域地下水开采量迅猛增加，局部地区超采严重，从整体看黄河流域地下水开发利用程度已经到了很高的水平。地下水的过度开采，一方面造成部分地区地下水位持续下降，形成大范围地下水降落漏斗，产生一系列地质环境灾害，另一方面改变了区域产汇流规律，袭夺了黄河地表径流，造成黄河径流的减少。

（3）生产用水挤占生态用水现象仍较为严重

实施黄河水量统一调度以来，虽然实现了近 9 年连续不断流，但是由于水资源紧缺，调度手段薄弱，生活用水、工农业生产用水、生态环境用水协调难度大，经常出现工农业生产用水挤占生态环境用水的现象，生态用水指标难以满足。用水高峰期河道基流较小，来水严重偏枯年份经常面临断流威胁。例如，2000 年 4 月 25 日利津断面流量为 2.5 m³/s，2003 年利津断面近 200 天流量在 50 m³/s 以下；2001 年 7 月 22 日潼关断面流量一度降至 0.95 m³/s；2003 年头道拐断面 48 天流量在 100 m³/s 以下，7 月 1 日一度降至 15 m³/s。尽管从水文学概念上没有断流，但是实际上已处于功能性断流状态。

（4）取用水监控能力弱

2002 年以来，作为"数字黄河"的一期工程，黄河水量调度管理系统开始建设，2005 年全部建成并在水量调度工作中全面投入应用，大幅提升了区域应急反应能力和决策水平。但是，该系统对水资源的监控范围仅限于黄河下游。

目前，黄河上中游和支流部分引水口门取用水计量设施设备不健全或计量不准，有的缺乏计量设施在线监测，造成取用水信息统计不全，精度低，或者获取的时效性差，总量控制管理任务重、难度大，满足不了水资源调度工作需要。

（5）水量水质尚未实现一体化管理

目前，水量调度实行河段耗水总量和断面下泄流量双指标控制原则。水质管理方面，由于入河污染物控制属于环保部门，水利部门职能主要限于断面以及入黄排污口的水质监测，所以无法对各河段入黄污染物总量以及主要断面水质提出指标控制，调度中还不能考虑水功能区对水量的要求，导致部分河段污染严重，影响了供水安全。受水质监测薄弱和水利部门职能所限，不能够对入河污染物浓度进行预估，不能够根据水量大小和各河段水功能区标准提出省界断面水质标准和各河段污染限排量，也不能动态提出各河段达到水功能区水质标准控制断面应保持的流量指标。因此，还未实现水量水质一体化调度管理。

（6）管理与调度的法规制度需要完善

问题主要包括以下方面：节水管理制度不健全，缺乏强制性节水规范；对应国家的法规条例，流域机构与地方的配套制度尚不够完善；流域管理与区域管理相结合的机制不健全；在取水许可统计上报、电调服从水调、水调指令执行上，存在法律法规执行不到位现象；缺少一个利益相关者共同参与的平台，公众参与机制不健全等。

第 2 章
黄河重点支流水循环模拟与用水评价及监测体系研究

2.1 黄河重点支流水循环理论与模型

2.1.1 流域二元水循环理论

2.1.1.1 天然水循环系统

地球上的水主要受太阳辐射和地球引力的两种作用而不停的运动,形成天然水循环,又称自然水循环。地面上的水吸收太阳热能,蒸发形成水汽,水汽上升至高空,随大气运动而散布到各处,在适当的条件和环境下,凝结成降水,再下落到地面。到达地面的雨水,除部分被植物截留并蒸发外,一部分沿地面流动成为地面径流,一部分渗入地下沿含水层流动成为地下径流,最后都流入大海。然后又重新蒸发,继续凝结成降水,运转流动,往复不停。

在地球总水量中,海洋水占96.5%,陆地水占3.5%,其中深层水、地下咸水或咸水湖的水约占1%,地球上的淡水仅占2.5%左右。在这些淡水中,68.6%是冻结了的极地冰盖,30.1%是浅层地下水,只剩下1.3%的地球淡水为水循环中可流动的地表水和大气层中的水汽。

根据水分循环过程的整体性和局部性,可以分为大循环和小循环。本书主要研究陆地上的小循环。

天然状态下的流域水循环,大气降水 P 转化为河川径流 R、蒸发 E 和调蓄量 $\Sigma \Delta S$,见图 2-1。河川径流 R 由地表径流 Rs 和河川基流 Rg 两部分组成。蒸发 E 由水面蒸发 Ew 和陆面蒸发 E_L 两部分组成,而陆面蒸发 E_L 又由裸地蒸发 Eb、人工植被蒸发 Ea 和天然植被 En 蒸发构成。调蓄量 $\Sigma\Delta S$ 由地表调蓄 ΔS_1、土壤调蓄 ΔS_2 和地下调蓄 ΔS_3 组成。

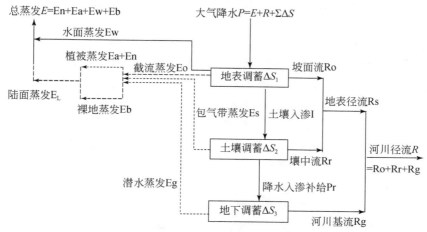

图 2-1 流域水循环过程与水资源生成概念模型示意图

天然状态下的水循环过程十分复杂，包括垂向过程和水平过程。垂向过程分为三层：①地表截留，分冠层截留和地面截留，冠层截留包括林冠、草冠和人工建筑物截留。截留的水分一部分受重力作用流到地面，一部分直接蒸发返回大气；地面截留的水分有三个去向：一是下渗至土壤；二是直接返回大气；三是形成地表径流。②土壤入渗，入渗的水分也有三个去向：一是继续下渗补给地下水；二是通过蒸腾蒸发重新返回大气；三是形成壤中流。③地下水补给，地下水有两个去向：一是通过潜水蒸发返回大气；二是通过河川径流形成地表水。水平过程也分为三层：坡面径流；壤中流；河川基流。三者共同构成地表径流。

2.1.1.2 "天然—人工"二元水循环系统

唯物辩证法认为世界上的事物和现象不仅普遍具有内在的联系，而且始终处于不断的运动变化中。人类社会的不断演变，人类经济活动的日益加强，使水资源在自身演变过程中，受人类活动这一扰动因素的影响逐渐加强，从而使水资源在受天然因素变化所引起的变化之外，也因人类活动影响而产生后天变化。人类对水循环的干扰，打破了原有天然水循环系统的规律和平衡，使原有的水循环系统由单一的受自然主导的循环过程转变成受自然和人工（或社会）共同影响、共同作用的新的水循环系统，这种水循环系统称为"天然—人工"（或"自然—

社会"）二元水循环系统。

人类活动对水文循环的影响主要包括两种情况：一种是人类直接干预引起水文循环的变化；另一种是人类活动引起的局地变化而导致的整个水循环变化。主要可以分为以下几类。

（1）下垫面条件

下垫面是地形、地面覆盖物、土壤、地质构造等多种天然和人工因素的综合体，是影响流域天然水循环过程的重要因子。下垫面变化的水文影响表现为多种形式，存在于不同的时空尺度，最明显的是对流域径流量的直接影响。当下垫面变化范围足够大时，也可能会对气候产生影响。不管是中尺度（局地的）还是全球尺度，气候变化又会对局地和全球的水文产生次生影响。本书只研究下垫面变化对天然水循环的直接的和局地的影响。

自然因素对下垫面的影响是一个长期的、缓慢的过程，从小的时间尺度上看，人类活动对下垫面的影响更为剧烈。人类在利用自然并改造自然的活动中，逐渐改变了流域的下垫面条件，这些活动包括农业活动、水利工程建设、水土保持和城市化建设等。

（2）人工取用水

人工取用水是指将水资源从天然水循环系统中取出到最终回归天然水循环系统当中的一系列过程，包括取水—输水—供水—用水—耗水—排水等过程。人工取用水在循环路径和循环特性两个方面改变了天然状态下的流域水循环特征。人类对地表和地下水的开采改变了天然水循环的流向，从天然主循环圈分离出一个侧支循环，地表水的开发减少了河流水量，地下水的开采改变了包气带和含水层的特性，影响了天然地表地下水量交换特性。用水和耗水改变了主循环圈的蒸发和入渗形式，最后通过排水过程将侧支循环回归到主循环圈中。人工侧支循环和天然主循环相互响应，相互反馈，二者之间存在紧密的水力联系，循环通量此消彼长。

（3）气候变化

影响局地和全球气候变化的因素很多，而随着人类活动的加强，自然气候变化影响因子的研究必须加入人类活动的因子。人类正在以多种方式对自然环境产生扰动，随着全球人口的增长和科学技术的进步，人类活动已成为气候变化的一个基本要素。土地利用的改变使得地表反射率、地表温度、蒸发、土壤持水性和径流都发生变化。这些变化影响局地的能量和水量平衡。自工业革命以来，温室气体的排放导致温室效应的产生，改变了全球气候和局地气候。政府间气候变化专门委员会（IPCC）报告中指出：近100年全球地表温度平均增温 0.3 ~ 0.6℃。目前,全球变暖的初步证据是大气中温室气体含量明显增大。

由于人类活动越来越集中,城市越来越密集,大多数城区的气候和四周郊区有别。这主要是由于城区特殊的地表特征和空气质量。城区的一个显著特征是热岛效应,这使得城市有较高的温度,尤其是在夜间。人类活动引起局地的地表特征(如湖泊和森林萎缩、耕地和城区扩大等)以及空气质量差异,进而影响了气流、云量、温度、甚至降水、地表糙率以及地表的热量和水分平衡。

气候变化直接影响与水循环有关的降水、蒸发及径流过程。需要特别指出的是,由于温室气体浓度变化的预测、气候变化数值模拟和气候变化的影响评价体系三方面存在巨大的不确定性,加上水循环的大气过程和地表过程的时空尺度匹配问题,使得温室效应对流域水循环系统影响的定量描述非常困难,因此气候变化对于流域水循环以及水资源影响的定量分析始终难以纳入到流域规划范畴当中。

2.1.2 二元水循环模型

流域水循环系统包括天然水循环和人工侧支循环两大过程,因而流域二元水循环模拟包括两个方面:天然水循环过程模拟和人工侧支水循环过程模拟,两大过程的模拟既有独立性又相互耦合。

2.1.2.1 天然水循环模拟

水文模型是模拟水文循环最有力的工具,它能够更加客观地对水循环过程进行模拟和再现。特别是近几十年来,随着计算机和 GIS 技术的日益更新,大尺度分布式水文模型模拟水文循环的优势日益凸现,主要表现在它既能够考虑各项水文气象因素信息的时空分异特征,也可以考虑流域下垫面时空变异特性,因而在模拟大尺度的水文过程中具有一定的精度,并能够进行宏观规划研究。

WEP-L(Water and Energy transfer Processes in Large river basins)模型综合了分布式流域水文模型、陆面地表过程模型(SVATS 模型)和传统水资源评价等研究成果,以国家十五攻关重点项目黑河课题中所开发的 IWHR-WEP 模型为基础,根据黄河流域特点进行了改进,特别增加了淤地坝模拟模块。针对黄河流域这样的超大型流域,采用“子流域内的等高带”为基本计算单元,采用“变时间步长”(强降雨入渗产流过程采用 1 小时,坡地与河道汇流过程采用 6 小时,而其余的过程采用 1 天）进行长系列连续模拟计算。WEP-L 模型主要有以下几方面特点：①吸收了分布式流域水文模型和陆面地表过程模型（SVATS 模型）的优点，实现了水循环与能量交换过程的耦合模拟；②依据 DEM 和实测河流矢量图进行包含空间拓扑信息的河网生成与子流域划分，以"子流域内等高带"为计算单元，用"马赛克"法考虑计算单元内土地覆被的多样性，既避免了"大流域粗网格"带来的水量平衡失真与汇流路径失真，又合理地描述了水文变量空间变异特征；③针对各水循环要素过程的特点，采用"变时间步长"进行模拟计算，既确保了水循环动力学机制的合理表述，又提高了计算效率；④在产汇流计算中运用了变水源区（VSA）理论，能够模拟超渗、蓄满和泉水溢出等各种产流机制的产汇流过程，做到了"地表水、地下水以及土壤水的联合动态计算"；⑤与集总式水资源调配模型进行交互反馈，实现天然主循环系统与人工侧支系统的紧密耦合；⑥模型计算速度快。

WEP-L 模型的平面结构如图 2-2（a）所示。坡面汇流计算根据各等高带的高程、坡度与 Manning 糙率系数（取各类土地利用的谐均值），采用一维运动波法将坡面径流由流域的最上游端追迹计算至最下游端。各条河道的汇流计算，根据有无下游边界条件采用一维运动波法或动力波法由上游端至下游端追迹计算。地下水流动分山丘区和平原区分别进行数值解析，并考虑其与地表水、土壤水及河道水的水量交换。

WEP-L 模型各计算单元的垂直方向结构如图 2-2（b）所示。从上到下依次为植被或建筑物截留层、地表洼地储留层、土壤表层、过渡带层、浅层地下水层和深层地下水层。状态变量包括植被截留量、洼地储留量、土壤含水率、地表温度、过渡带层储水量、地下水位及河道水位等。主要参数包括植被最大截留深、土壤渗透系数、土壤水分吸力特征曲线参数、地下水透水系数和产水系数、河床透水系数和坡面、河道的糙率等。为了考虑计算单元内土地利用的不均匀性，采用了"马赛克"法，即把计算单元内的土地归成若干类，分别计算各类土地类型的地表面水热通量，再取其面积平均值作为计算单元的地表面水热通量。土地利用首先分为裸地—植被域、灌溉农田、非灌溉农田、水域和不透水域 5 个大类。裸地—植被域又分为裸地、草地和林地 3 个小类，不透水域分为城市地面与城市建筑物 2 个小类。另外，为了反映表层土壤的含水率随深度的变化，便于描述土壤蒸发、草或作物根系吸水和树木根系吸水，将透水区域的表层土壤分割成 3 层。

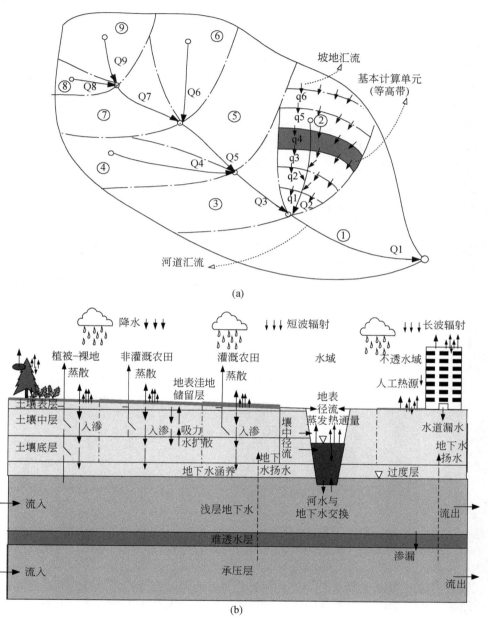

(a)

(b)

图 2-2　WEP-L 模型平面结构（a）和基本计算单元内内垂向结构（b）

2.1.2.2　人工侧支循环模拟

人工侧支循环包括3部分：一部分是人类对下垫面的改造，包括农业活动、水利工程建设、水土保持以及城市化建设等，对其进行时空展布后直接放在分布式水文模型中；另一部分是人类对水资源包括供水—用水—耗水—排水等的人工取用水过程，根据流域集总式水资源调配模型进行分析研究；第三部分是气候变化对水循环影响的模拟，主要是根据气候模式模型运算的结果设定情景与分布式水文模型耦合进行分析。

水资源调配模型，或称水资源合理配置模型，是在给定的系统结构和参数以及系统运行规则下，对水资源系统进行逐时段的调配操作，然后得出水资源系统的供需平衡结果。为建立水资源调配模型，首先要把实际的流域水资源系统概化为由节点和有向线段构成的网络（图2-3）。节点代表计算单元、重要水库和河渠道交汇点等；计算单元是基本而重要的节点，各种水源的供水面向计算单元；有向线段代表了天然河道或人工输水渠，反映了节点之间的水流传输关系。

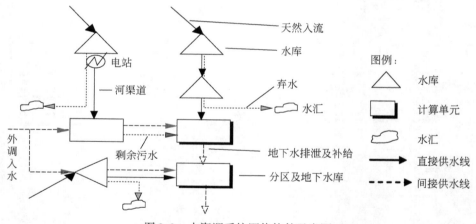

图2-3　水资源系统网络构件示意图

水资源调配的内在决策机制主要包括四方面，即水量平衡机制、社会公平机制、市场经济机制和生态环境机制。具体考虑的主要因素包括：①区域社会经济发展、生态环境保护和水资源开发利用策略的互动影响与协调；②水量供需、水环境的污染与治理、水投资的来源与分配之间的动态平衡；③决策过程中地区与各部门间用水竞争的协调；④已经批复的相关规划和约束性文件，如各省区分水方案；⑤决策问题描述的详尽性和决策有效性之间的权衡；⑥有关政策性法规、水管理机构运作模式和运行机制等半结构化问题的处理；⑦区域水资源长期发展过程不确定性和供水风险评估；⑧水资源系统配置与管理系统的物理设计等。如图 2-4 所示。

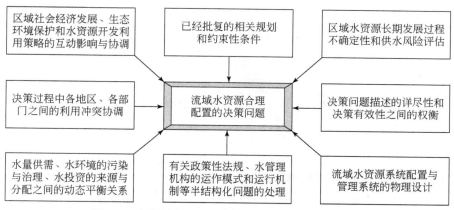

图 2-4　水资源合理配置决策过程中涉及的主要问题

流域水资源合理配置模型的核心是水资源供需平衡模拟子模型，另外还包括计量经济子模型、人口预测子模型、国民经济需水预测子模型、多水源联合调度子模型和生态需水预测子模型等。

在水资源系统描述方面，采用了多水源（地表水、地下水、外调水及污水处理回用水），多工程（蓄水工程、引水工程、提水工程、污水处理工程等），多水传输系统（包括地表水传输系统、外调水传输系统、弃水污水传输系统和地下水的侧渗补给与排泄关系）的系统网络描述法。该方法使水资源系统中的各种水源、水量在各处的调蓄情况及来去关系都能够得到客观的、清晰的描述。

2.1.2.3　天然—人工"二元"水循环系统模拟

依据上述流域水循环研究模式，其模拟过程也包括"分离"和"耦合"两大步骤，即首先对流域水文过程和人工取用水过程分离模拟，然后利用两者之间的动态依存关系实现二者的耦合模拟，实现二元水循环过程的分项和整体认知，如图 2-5 所示。

（1）分离

20 世纪 50 年代起，人们开始大规模利用水文模型来描述流域水循环的过程和规律。随着计算机技术、3S 技术等的发展，考虑水文变量空间分异性的分布式流域水文模型成为模拟流域水文过程的最有前景的手段。分布式的流域水文模

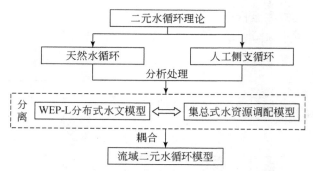

图 2-5　流域二元水循环研究方法示意图

型不仅能够考虑各项水文气象因素信息的空间分异特征，同时也可以考虑流域下垫面空间变异特性，因此只要在分布式流域水文模型的输入信息中加入下垫面变化内容，就可以模拟人类活动引起的流域下垫面变化所带来的流域水循环和水资源演变后效。本书将构建基于物理机制的分布式流域水文模型来实现流域水文过程的精细模拟，包括下垫面变化所带来的水文效应的模拟。

人工取用水过程主要受水资源配置和水资源调度影响。由于水资源调配属于规划层面的内容，为满足一定规划时段和规划范围需求，一般采用集总式模型来实现对流域水资源调配过程的模拟，主要包括流域/区域水资源的供需平衡模拟和基于配置方案的水资源调度模拟。本章将构建集总式的流域水资源调配模型来实现对流域人工取用水过程的模拟。

（2）耦合

流域分布式水文模型和集总式水资源调配模型的耦合是实现二元水循环过程的整体模拟的关键。影响两者耦合最主要的问题是分布式信息和集总式信息的匹配和融合。实际上，供用水信息本身具有时空分布特性，而统计和规划信息都是面向一定的时段和区域，因此统计信息和规划信息都是一定时空域上的积分信息。本章保留集总式水资源调配模型的各项供用水调配规则，将调配模型输出的集总式供用水信息分别在时间域和空间域进行二维离散，使其转化成为能够与分布式的水文过程信息兼容的有效信息，然后在统一的 GIS 平台上，实现流域水文模拟模型和水资源调配模型的耦合，共同完成流域二元水循环过程的联合模拟。这种耦合模型称为"流域二元水循环模型"。

2.2　黄河重点支流水循环模拟

本书选取了黄河上游受人类活动影响较小的湟水流域、中游地表水与地下水受国民经济用水和能源开发等人类活动影响较大的渭河和汾河流域作为黄河重点耗水支流分析研究对象。

2.2.1 湟水、渭河和汾河基本情况

2.2.1.1 湟水

湟水流域位于青藏高原与黄土高原的过渡地带，地势西北高、东南低，境内高山、丘陵交错分布，起伏高差悬殊，地形复杂多样，流域面积 3.14 万 km²，涉及青海和甘肃两省。

湟水干流南北两岸支沟发育，地形切割破碎，支沟之间多为黄土或石质山梁，沟底与山梁顶部，高差一般都在 300m 以上，山坡较陡，山梁平地较少，多为坡地。地表大部分为覆盖于第三纪红层之上的疏松黄土。干流峡盆相间，状如串珠，自上而下有海晏盆地、湟源盆地、西宁盆地、平安盆地、乐都盆地、民和盆地六大河谷盆地，河谷海拔高程在 1920～2400m，两岸有宽阔的河谷阶地，水热条件较好，耕地肥沃，农业生产历史悠久，当地称为川水地区，是青海省东部地区主要的农业生产基地。河谷两侧海拔高程 2200～2700m 的丘陵和低山地区，分布有大量的旱耕地，由于干旱和水土流失严重，当地称为浅山地区。在靠近南北分水岭山坡一带（大部分地区海拔在 2700m 以上），地势高，气候阴湿寒冷，当地称为脑山地区，分布有一定的旱耕地和优良的草山，局部山坡伴生天然林，是湟水流域主要的畜牧业基地。

湟水正源为麻匹寺河，在海晏县与哈利涧河汇合后称西川河，流经湟源县进入西宁盆地，与流域内最大支流北川河相汇，然后蜿蜒曲折，穿过小峡、大峡、老鸦峡，在民和县享堂镇与大通河相汇后流入甘肃省境内，至永靖县上车村注入黄河，全长 374km，河宽一般在 50～200m（峡谷处为 30～50m）。干流两岸支沟发育，水系成树枝状分布，共有大小支沟 78 条，其中流域面积大于 100km² 的有 32 条。北岸主要支沟有哈利涧河、西纳川、云谷川、北川河、沙塘川、哈拉直沟、红崖子沟和引胜沟；南岸主要支沟有药水河、大南川、小南川、岗子沟、巴州沟和隆治沟等。水量最丰支流首推大通河，多年平均水量为 28.95 亿 m³。

2.2.1.2 渭河

渭河是黄河第一大支流，发源于甘肃省渭源县鸟鼠山，流域涉及甘肃、宁夏、陕西三省（区），在陕西省潼关县注入黄河。流域面积 13.48 万 km²，其中

甘肃占44.1%、宁夏占5.8%、陕西占50.1%。干流全长818km,宝鸡峡以上为上游,河长430km,河道狭窄,河谷川峡相间,水流湍急;宝鸡峡至咸阳为中游,河长180km,河道较宽,多沙洲,水流分散;咸阳至入黄口为下游,河长208km,比降较小,水流较缓,河道泥沙淤积。

渭河流域地形特点为西高东低,西部最高处高程3495m,自西向东,地势逐渐变缓,河谷变宽,入黄口高程与最高处高程相差3000m以上。主要山脉北有六盘山、陇山、子午岭、黄龙山,南有秦岭,最高峰太白山,海拔3767m。流域北部为黄土高原,南部为秦岭山区,地貌主要有黄土丘陵区、黄土塬区、土石山区、黄土阶地区、河谷冲积平原区等。

渭河上游主要为黄土丘陵区,面积占该区面积的70%以上,海拔1200～2400m;河谷川地区面积约占10%,海拔900～1700m。渭河中下游北部为陕北黄土高原,海拔900～2000m;中部为经黄土沉积和渭河干支流冲积而成的河谷冲积平原区至关中盆地(海拔320～800m,盆地西缘700～800m,盆地东部320～500m);南部为秦岭土石山区,多为海拔2000m以上的高山。其间北岸加入泾河和北洛河两大支流,泾河北部为黄土丘陵沟壑区,中部为黄土高原沟壑区,东部子午岭为泾河、北洛河的分水岭,有茂密的次生天然林,西部和西南部为六盘山、关山地区,植被良好;北洛河上游为黄土丘陵沟壑区,中游两侧分水岭为子午岭林区和黄龙山林区,中部为黄土塬区,下游进入关中地区,为黄土阶地与冲积平原区。

渭河两岸支流众多,属不对称水系,南岸支流数量较多,但较大的支流集中在北岸,水系呈扇状分布。集水面积1000km² 以上的支流有14条,北岸有咸河、散渡河、葫芦河、牛头河、千河、漆水河、石川河、泾河、北洛河;南岸有榜沙河、耤河、黑河、沣河、灞河。北岸支流多发源于黄土丘陵和黄土高原,源远流长,比降较小,含沙量大;南岸支流众多,均发源于秦岭山区,源短流急,谷狭坡陡,径流较丰,含沙量小。

泾河是渭河最大的支流,流域面积4.54万 km²,占渭河流域面积的33.7%,干流河长455.1km。两岸支流众多,其中集水面积大于1000km² 的支流,左岸有洪河、蒲河、马莲河、三水河,右岸有汭河、黑河、泔河。马莲河为泾河最大的支流,面积1.91万 km²,占泾河流域面积的42%,河长374.8km。

北洛河为渭河第二大支流,流域面积2.69万 km²,占渭河流域面积的20.0%,干流河长680km。集水面积大于1000km² 的支流有葫芦河、沮河、周河。其中葫芦河为北洛河最大的支流,面积0.54万 km²,河长235.3km。

2.2.1.3　汾河

汾河是黄河第二大支流，干流发源于晋西北宁武县西南管涔山雷鸣寺上游的宋家崖，由北向南纵贯山西省，流经静乐、太原、介休、灵石、霍州、临汾、河津等市县，在禹门口以下汇入黄河左岸，流域面积 3.95 万 km²，全部在山西省境内。

汾河干流长 694km，入黄河口（湖潮村）高程 366m。干流穿过两段峡谷将其分为 3 段。古交峡谷出口的兰村以上为上游，河道长 217km，流经山区和黄土丘陵沟壑区，水土流失严重；兰村至灵（石）霍（州）峡谷入口处的义棠为中游，河道长 161km，此段河道穿过太原（晋中）盆地，川地平坦开阔，适于发展灌溉，但水土资源不平衡，水量供需矛盾较大，由于河道比降平缓，两岸支流较多，排泄不畅，易涝易碱，河道淤塞摆动较剧，常受洪水灾害，且是山西省省会太原市所在地，为汾河防洪的主要河段；义棠以下为下游，河道长 316km，流经长约 85km 的灵霍峡谷后即为临汾（晋南）盆地，地面开阔平坦，但水量不足，地高水低，发展灌溉有一定难度。汾河两岸支流众多，分布基本对称，流域面积 100km² 以上的支流有 48 条，其中大于 1000km² 的有 8 条，右岸有岚河、磁窑河、文峪河、双池河，左岸有潇河、昌源河、洪安涧河及浍河。

汾河流域大致为长条形，流域范围涉及山西省忻州、晋中、吕梁、临汾、运城、太原等地市的 47 个县市。总人口约 1040 万人，耕地 1700 余万亩。全流域面积 39 471km²，占山西省全省面积的 25.3%。按地形地貌及水土流失特点大致可分为 3 个类型区。一是山区及土石山区，分布在上游及流域周围，面积 11 447km²，占流域面积的 29%，山区植被较好，水土流失轻微，土石山区多为黄土覆盖，植被较差，水土流失较重；二是盆地与河谷川地区，包括太原、临汾两大盆地和干支流上的沿河川地，面积 10 657km²，占流域面积的 27%，地面平坦，灌溉条件较好，大多已发展成灌区，农业生产较好，是山西省粮棉主要产区；三是黄土丘陵沟壑区，介于上述两区之间，面积 17 367km²，占流域面积的 44%，沟壑纵横，地面破碎，植被差，水土流失严重。

汾河流域属大陆性半干旱季风气候，春冬两季常受蒙古高原干燥风的袭击，雨雪稀少，干旱而寒冷，夏季多雨而炎热。年平均气温自北向南相差较大，大致在 6 ~ 13℃。年平均降水量也是北少南多，大致在 300 ~ 700mm，平均约为 500mm。降雨年内分配不均，6 ~ 9 月降雨占全年的 60% 以上，年际变化也大，最大年降水量为最小年降水量的 3.5 倍。河津水文站（控制面积 38 728km²，占全流域面积的 98.1%）实测资料统计：年平均径流量为 10.62 亿 m³，年平均输沙量为 2200 万 t。汾河的灌溉用水较多区域，实测资料反映的是灌溉引水以后的情况，还原后的天然径流量为 18.47 亿 m³。

2.2.2　二元水循环模型在三支流的应用

2.2.2.1　基础数据获取与处理

模型的输入数据包括水文气象、地表高程信息、河网、土地利用/覆被、土壤信息、水文地质、水利水保工程、社会经济及供用水信息。

（1）水文气象

水文气象资料主要包括降水、日照、气温、相对湿度和风速等气象信息以及实测和还原径流资料。

采集的降水信息为水文气象站点长系列过程数据，源于水文和气象两个部门，具体信息特征如下：水文部门雨量信息参数，选用流域 1956～2000 年 45 年系列雨量站点逐日降水信息，日内过程选用雨量站点降水要素摘录信息；气象部门雨量信息参数，选用流域 1956～2000 年 45 年系列气象站点逐日降水信息。

收集整理了 1956～2000 年逐日气象要素信息，统计项目包括日照、气温、相对湿度和风速。

采集并整理了重点支流状头、张家山、林家村、咸阳、华县、河津、民和、享堂等主要水文站 1956～2000 年 45 年的系列逐日的实测流量和逐月的还原流量信息。

（2）地表高程信息

本书采用的流域 DEM 来自于美国地质调查局（USGS）EROS 数据中心建立的全球陆地 DEM（也称 GTOPO30）。GTOPO30 可直接从互联网上下载，网址是 http：//edcdaac. usgs. gov/gtopo30/gtopo30. asp。GTOPO30 为栅格型 DEM，它涵括了全球陆地的高程数据，采用 WGS84 基准面，水平坐标为经纬度坐标，水平分辨率为 30 弧秒，整个 GTOPO30 数据的栅格矩阵为 21600 行、43200 列。

（3）河网

河网信息主要包括从 DEM 提取的模拟河网、实测河网以及河道断面的统计信息。

1）实测河网：实测河网取自全国 1∶25 万地形数据库。

2）模拟河网：利用 GIS 软件从前面提到的全流域栅格型 DEM 中提取，并在提取过程中参照实测的水系图，使模拟河网与实测水系比较一致。

3）河道断面：模型计算中需要河道断面形状参数，这涉及整个流域子流域的河道。然而，实际上不可能获得如此多的实测资料，所以本书在分析了大量河道断面实测数据的基础上，用统计等方法来推算河道断面形状参数。

（4）土地利用/覆被

本书采集到的土地利用/覆被信息主要如下。

1）土地利用信息：包括经国家相关部门审查批准生产的 1986 年、1996 年和 2000 年 3 个时段的 1∶10 万土地利用图。土地利用的源信息为各时段的 TM 数字影像，波段为 4、3、2；地表空间分辨率为 30m。土地利用类型的分类系统采用国家土地遥感详查的两级分类系统，累计划分为 6 个一级类型和 31 个二级类型。通过地表抽样调查，遥感解译精度为 93.7%。

2）植被指数：包括 1980～2000 年 21 年逐旬 NOAA/AVHRR 影像，地表分辨率为 8km。在该源信息的基础上，依次提取出植被指数（NDVI）、植被盖度（VEG）和叶面积指数（LAI）等有关植被时数信息。

（5）土壤信息

土壤及其特征信息采用全国第二次土壤普查资料，其中土壤分布图为比例尺为 1∶1 000 000 和 1∶100 000 两套，土层厚度和土壤质地均采用《中国土种志》上的"统计剖面"资料。为进行分布式水文模拟，根据土层厚度对机械组成进行加权平均，采用国际土壤分类标准进行重新分类。

（6）水文地质

主要水文地质参数：流域水文地质参数分布（μ 值、K 值）均采用全国水资源综合规划地下水评价中的相关资料。

岩性分区：采用《中国水文地质分布图》的分区资料。

含水层厚度：采用《中国水文地质分布图》的分区资料。

（7）水利水保工程

1）水库。本书重点考虑了截至 2000 年流域内已起用的大型水库与中型水库的数据（表 2-1）。水库资料主要包括水库的空间定位与属性数据两个方面。

表 2-1　重点支流大中型水库列表

水库名称	类型	所在流域	所在地级行政区	总库容/万 m³
石头河	大（二）型水库	渭河流域	西安市	14 700
冯家山	大（二）型水库	渭河流域	宝鸡市	38 900
羊毛湾	大（二）型水库	渭河流域	咸阳市	12 000
汾河水库	大型	汾河流域	太原市	72 100
汾河二库	大型	汾河流域	太原市	13 300

水库的空间定位是指确定水库坝址处的空间位置，定位后才能进一步确定水库控制的汇流范围。空间定位依据的资料主要有全国1：25万地形数据库、《黄河流域地图集》、全国1：10万土地利用数据及搜集的各种文字资料。以地形数据库为基础得到大多数水库初步的空间位置，再利用其他资料对初步结果进行补充和修正。

水库的属性数据包含的内容较多，主要有水库起用日期、水位—库容—面积曲线、特征库容、特征水位、淤积状况、时间序列蓄变量、供水目标等。

2）灌区分布。为了研究农业灌溉用水情况，本书进行了灌区数字化工作。主要是确定了灌区的空间分布范围，收集并整理了灌区的各类属性数据。灌区数字化过程中，主要参考了国家基础地理信息中心开发的"全国1：25万地形数据库"（包括其中的水系、渠道、水库、各级行政边界、居民点分布等）、中科院地理所开发的1：10万土地利用图、黄河水利委员会勘测规划设计院编写的《黄河灌区资料简编》和黄河水利委员会编制的《黄河流域地图集》等资料。

（8）社会经济及供用水信息

1）社会经济信息。主要来源于全国水资源综合规划水资源开发利用调查评价部分的成果，以水资源三级区和地级行政区为统计单元，收集整理了1980年、1985年、1990年、1995年、2000年5年与用水关联的主要经济社会指标。2000年按水资源四级区和地级行政区填报，其余4个年份按水资源二级区和省级行政区填报。

2）供、用、耗水信息。主要来源于全国水资源综合规划水资源开发利用调查评价部分的成果，以水资源三级区和地级行政区为统计单元，收集整理了1980年、1985年、1990年、1995年、2000年5个典型年份不同用水门类的地表水、地下水供、用、耗水信息。2000年按水资源四级分区和县级行政区填报，其余4个年份按水资源三级区和地级行政区口径填报。

3）灌溉制度。流域P=75%的灌溉制度。

4）种植结构。现状年流域各种作物播种面积。

2.2.2.2 模型验证

模型验证主要根据收集到的黄河重点支流主要水文测站1956～2000年系列45年逐月实测与天然（还原）河川径流系列进行。模型验证包括两个方面，即历史下垫面系列、分离人工取用水过程的天然河川径流模拟结果与还原河川径流过程相比较，以及历史下垫面系列、耦合人工取用水过程的河川径流模拟结果与实测河川径流过程相比较，见表2-2和表2-3。

表 2-2　1956～2000 年天然径流量模拟结果校验

水文站	天然径流量年均值/亿 m³	计算流量年均值/亿 m³	相对误差/%	月径流过程 Nash 效率系数
民和	20.4	19.4	-5.0	0.524
华县	84.9	81.3	-4.2	0.742
河津	22.0	20.0	-9.2	0.612

表 2-3　1956～2000 年实测径流量模拟结果校验

水文站	实测径流量年均值/亿 m³	计算流量年均值/亿 m³	相对误差/%	月径流过程 Nash 效率系数
民和	16.1	16.4	1.9	0.522
华县	70.2	69.0	-1.7	0.709
河津	10.6	11.7	10.4	0.627

从以上校验结果来看，1956～2000 年系列湟水流域民和水文站多年平均天然径流量的相对误差-5.0%，Nash 效率系数为 0.524；多年平均实测径流量的相对误差 1.9%，Nash 效率系数为 0.522；渭河流域华县水文站多年平均天然径流量的相对误差-4.2%，Nash 效率系数为 0.742；多年平均实测径流量的相对误差-1.7%，Nash 效率系数为 0.709；汾河河津水文站多年平均天然径流量的相对误差-9.2%，Nash 效率系数为 0.612；多年平均实测径流量的相对误差 10.4%，Nash 效率系数为 0.627。虽然取用水活动使河川径流过程变得更加复杂，增加了模拟难度，但各项指标及逐月过程比较表明，模型的拟合精度在可接受范围内。

2.2.2.3　三支流水资源本底状况

应用流域二元水循环模型，采用 1956～2000 年气象系列，2005 年下垫面条件和 2005 年用水条件，计算得出了三支流水资源量结果，见表 2-4。可以看出，湟水、渭河和汾河三支流多年平均降水量分别为 493.2mm、546.3mm 和 501.0mm，地表水资源量分别为 41.7 亿 m³、84.8 亿 m³ 和 18.0 亿 m³，水资源总量分别为 45.1 亿 m³、109.7 亿 m³ 和 24.1 亿 m³。

表 2-4　三支流 1956~2000 年多年平均水资源量

流域	计算面积/km²	降水量/mm	地表水资源量/亿 m³	地下水资源量/亿 m³	水资源总量/亿 m³
湟水	31 418	493.2	41.7	18.5	45.1
渭河	135 203	546.3	84.8	51.0	109.7
汾河	39 826	501.0	18.0	21.6	24.1

与全国水资源数量调查评价成果（表 2-5）相比，可以发现，各项水资源量的计算结果存在一定的差异。究其主要原因，一是计算方法不同，目前的水资源综合规划采取的是统计的方法；二是计算的边界条件不同，传统的方法只能将1956~2000 年系统修正到 1980~2000 年平均下垫面状态。

表 2-5　三支流多年平均水资源数量水资源调查评价成果

流域	河流	计算面积/km²	降水量/mm	地表水资源量/亿 m³	地下水资源量/亿 m³	水资源总量/亿 m³
湟水	大通河	14 680	492.1	28.95	11.81	28.95
	湟水	16 738	494.2	21.1	12.86	22.21
	合计	31 418	493.2	50.05	24.67	51.16
渭河	泾河	43 819	500.0	18.46	7.09	19.03
	北洛河	25 150	512.4	8.96	4.35	10.06
	渭河	66 234	589.8	65.1	45.53	81.59
	合计	135 203	546.3	92.52	56.97	110.67
汾河	合计	39 826	501.0	18.47	23.99	31.28

受气象和人类活动等因素的影响，三支流的地表水资源量呈减少的趋势，见图 2-6。

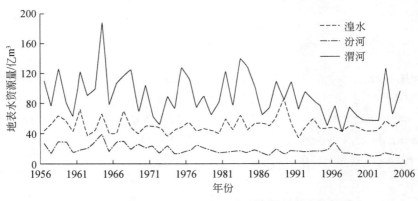

图 2-6　三支流 1956~2000 年地表水资源量的变化情况

2.2.3　水资源演变规律分析

以渭河流域为例，应用二元水循环模型对水资源演变规律进行分析。

2.2.3.1　降雨量年际变化

降雨是流域水资源的来源，其变化对水资源影响很大。表 2-6 为渭河流域五个三级区降雨量年际变化。从表中可以看到，渭河全流域 1980～2000 年均降雨量为 525.7mm，比 1956～1979 年减少了 6.7%；1990～2000 年年均降雨量为 494.9mm，比 1956～1979 年偏少 12.2%。

表 2-6　渭河流域各三级区降雨量年际变化　　　　（单位：mm）

时段	北洛河状头以上	泾河张家山以上	渭河宝鸡峡以上	渭河宝鸡峡至咸阳	渭河咸阳至潼关	渭河全流域
1956～1959 年	540.1	517.7	523.5	734.6	726.1	579.1
1960～1969 年	567.7	541.4	563.9	674.7	660.0	584.5
1970～1979 年	504.5	490.2	523.0	640.0	621.0	537.2
1980～1989 年	512.8	491.4	519.8	727.8	695.0	559.7
1990～2000 年	458.8	469.1	473.3	561.7	579.8	494.9
1956～1979 年	536.7	516.1	540.2	670.2	654.8	563.9
1980～2000 年	484.5	479.7	495.4	640.8	634.7	525.7

2.2.3.2　实测径流量年际变化

渭河流域 5 个主要控制断面各年代实测径流量如表 2-7 所示。可以看到，渭河华县站 1980～2000 年平均实测径流量为 60.2 亿 m³，比 1956～1979 年减少了 24.3%；1990～2000 年华县站平均实测径流量为 43.0 亿 m³，比 1956～1979 年偏少 46%。其他断面实测径流都呈现不同程度的衰减趋势。

表 2-7　渭河流域主要断面实测径流年际变化　　　　（单位：亿 m³）

时段	北洛河状头	泾河张家山	渭河林家村	渭河咸阳	渭河华县
1956～1959 年	8.1	19.1	22.7	55.7	88.4
1960～1969 年	10.1	21.7	31.2	62.0	96.2

续表

时段	北洛河狀头	泾河张家山	渭河林家村	渭河咸阳	渭河华县
1970～1979 年	8.4	17.4	22.2	36.7	59.4
1980～1989 年	9.2	17.1	23.2	45.5	79.2
1990～2000 年	7.4	13.4	12.5	21.8	43.0
1956～1979 年	9.0	19.5	26.1	50.4	79.6
1980～2000 年	8.2	15.2	17.6	33.1	60.2

2.2.3.3　水资源量演变规律

渭河流域 1956～2000 年系列广义水资源评价的"历史仿真"结果见表 2-8。从表中可以看出，渭河流域 1990～2000 年系列平均年降水量较 1956～1979 年系列低 12.3%，狭义（径流性）水资源偏少 17.0%，广义水资源量偏少 7.7%，生态环境系统和社会经济系统的非径流性有效水分的利用率略微偏少，偏少幅度为 5.6%。

表 2-8　渭河流域广义水资源系列仿真评价　（单位：亿 m³）

时段	年降水量	广义水资源						无效降水
		狭义水资源	有效蒸散发①				总量	
			农田有效蒸散发	林草有效蒸散发	居工地有效蒸散发	总量		
1956～1959 年	789.9	112.99	250.10	219.60	3.05	472.76	585.75	204.15
1960～1969 年	797.1	110.67	252.64	241.60	3.07	497.31	607.98	189.12
1970～1979 年	733.8	106.27	251.23	233.70	3.02	487.95	594.22	139.58
1980～1989 年	764.4	124.84	269.32	227.69	3.14	500.15	624.99	139.41
1990～2000 年	675.0	90.64	251.81	206.27	3.47	461.56	552.20	122.80
1956～1979 年	769.5	109.22	251.63	234.64	3.05	489.32	598.54	170.96
1980～2000 年	717.6	106.93	260.15	216.47	3.31	479.93	586.86	130.74

---

① 有效蒸发主要包括农田蒸散发、林草有效蒸散发和居工地的蒸散发三大类，潜水蒸散发已统计在狭义水资源中，故此处的有效蒸散发不包括潜水蒸散发，林草的有效蒸散发根据其盖度来确定。

渭河流域 1956~2000 年系列不同时段狭义水资源评价的"历史仿真"结果见表 2-9。从表中结果看出,在"自然—人工"二元驱动力作用下,渭河流域 1990~2000 年系列平均狭义水资源总量较 1956~1979 年系列低 17.0%,其中地表水资源偏少 26.5%,但不重复的地下水资源偏大 23.6%。

表 2-9　分区水资源系列仿真评价 （单位：亿 m³）

时段	地表水资源量	地下水资源量		狭义水资源总量
		地下水资源总量	不重复地下水资源量	
1956~1959 年	92.71	54.0	20.28	112.99
1960~1969 年	91.99	53.1	18.68	110.67
1970~1979 年	83.34	50.8	22.94	106.27
1980~1989 年	100.71	53.3	24.13	124.84
1990~2000 年	65.02	49.7	25.62	90.64
1956~1979 年	88.51	52.3	20.72	109.22
1980~2000 年	82.02	51.4	24.91	106.93

2.2.4　气候变化情况下渭河流域水循环演变特征

全球气候变化对环境、生态和经济社会系统具有深远的影响。气候变化将改变全球水循环的现状,导致水资源时空分布的重新分配,对水循环的各要素如降水、蒸发、径流等造成直接影响。近年来,随着经济社会发展和全球持续变暖,有关气候变化对水文水资源的影响研究已经成为各界普遍关注的一个热点领域。

气候变化对水文水资源影响的研究在 20 世纪 80 年代中期才引起国际水文界的高度重视,世界气象组织（WMO）、政府间气候变化专门委员会（IPCC）等国际组织通过会议、报告的形式组织了气候变化对水文水资源的相关研究工作。目前气候模式是进行气候变化预估的最主要工具（国家气候中心,2008）。Benioff 等（1996）指出使用 GCM（general circulation model）是模拟气候变化情景唯一可信的方法。Arnell（1999）应用 HadCM₂ 和 HadCM₃ 两种气候预测模式和宏观水力模拟模型,模拟了在不同气候变化模式下,全球不同流域的入流变化及用水量变化模式;Mimikou 等（2000）利用两种气候变化模式——HadCM₂ 和

UKHI——以及水文平衡模型（WBUDG），模拟了气候变化对希腊中部地区平均月径流的影响。

我国自 20 世纪 80 年代起也迅速开展了气候变化对水文水资源影响的研究。高歌等（2000）在气候模式预测结果的基础上，分析了华北地区未来气候变化对水资源的影响；曹丽菁等（2004）利用 NECP/NCAR 的 1948～2003 年分析格点资料，研究了华北地区大气水分气候的变化及其对水资源的影响；袁飞等（2005）应用可变下渗能力模型 VIC（variable infiltration capacity）与区域气候变化影响研究模型 PRECIS（providing regional climate for impacts studies）耦合，对气候变化情景下海河流域水资源的变化趋势进行了预测；王国庆等（2000）根据全球气候模型 GCMs 输出的降水、气温结果，估算了温室效应对主要产流区水资源的影响；刘春蓁（1997）以平衡的 GCM 模型输出作为大气中 CO_2 浓度倍增时的气候情景，采用月水量平衡模型，研究了我国部分流域年、月径流、蒸发的变化。

尽管 GCM 的应用目前收到了不错的效果，但是 GCM 只能应用在大尺度上，而对于区域研究来说，GCM 的预测结果存在着一定的问题，因为 GCM 是将全球划分成无数的小栅格，面积在几百到几千平方公里左右，而对于略小的研究区域，GCM 的应用就受到了限制。

2.2.4.1 气候模式数据及排放情景[①]

虽然不同的气候模式对不同地区的模拟效果不尽相同，但许多科学家的研究证明，多个模式的平均效果要优于单个模式的效果（国家气候中心，2008）。因此，本书采用了国家气候中心提供的多模式平均数据，共包括了 IPCC 第 4 次评估报告（IPCC fourth assessment report，IPCC AR4）中的 20 多个复杂的全球气候模式。本书采用的数据系列为渭河流域 1961～1990 年和 2021～2050 年的降雨和气温系列。所采用的 3 个排放情景分别为 SRES-A1B、SRES-A2 和 SRES-B1。气候模式数据集和排放情景的详细信息请参考国家气候中心所提供的数据集使用说明（国家气候中心，2008）。

[①] 本书所使用的全球气候模式气候变化预估数据，由国家气候中心研究人员对数据进行整理、分析和惠许使用。原始数据由各模式组提供，由 WGCM（JSC/CLIVAR working group on coupled modelling）组织 PCMDI（program for climate model diagnosis and intercomparison）搜集归类。多模式数据集的维护由美国能源部科学办公室提供资助。

2.2.4.2 未来 3 个情景下渭河流域水资源演变规律

具体研究方法如下：首先，由于多模式集合平均数据是格点数据，需要通过线性内插得到站点数据，包括 1961～1990 年系列和 2021～2050 年系列 3 个情景的降雨和气温数据；然后，利用距离平方反比法结合泰森多边形法将站点数据插值到各个子流域上（周祖昊等，2006）；最后，利用分布式水文模型，研究未来 3 个情景下渭河流域水资源演变规律。

（1）年际变化规律

按照上述方法，可以得到未来 3 个情景下渭河流域未来 2021～2050 年主要水循环要素：降雨量、蒸发量、径流量，与历史系列 1961～1990 年的比较结果，如图 2-7～图 2-9 所示。

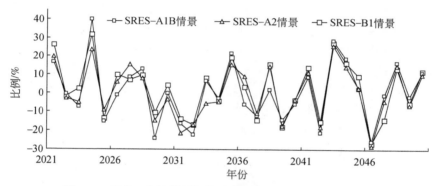

图 2-7　未来 3 个情景下年降雨量相对历史平均增减百分比

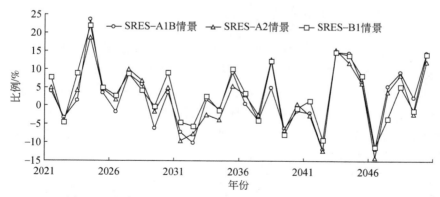

图 2-8　未来 3 个情景下年蒸发量相对历史平均增减百分比

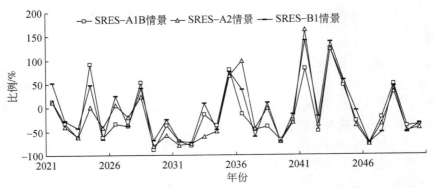

图 2-9 未来 3 个情景下年径流量相对历史平均增减百分比

由图 2-7 ~ 图 2-9 可以看出，在降雨量较历史平均增加较大的年份，虽然蒸发量也比历史平均有所增加，但其增加幅度小于降雨量的增加幅度，因此径流量也相应比历史平均要大，且其增加幅度要大于降雨量的增加幅度；在降雨量较历史平均变化不大的年份，年径流量则普遍较历史平均减少，且减少的幅度比降雨量变化的幅度大；在降雨量较历史平均减少较大的年份，由于蒸发量波动幅度不大，径流量较历史平均减少幅度较大。因此，未来 30 年在降雨量较大的年份，洪水的规模可能会更大；而在降雨量较历史平均变化不大或减少较多的年份，干旱的情况可能会严重。

2021 ~ 2050 年，由于气温的普遍升高，虽然降雨量较历史平均总体上略有增加，但蒸发量普遍加大，且其增加幅度高于降雨量的增加幅度，导致径流量总体上比历史平均较少，并且出现超过历史规模的大洪水的可能性不大，而出现极端干旱的情况则有一定的可能性。

（2）年内变化规律

历史系列及未来 3 个情景下渭河流域 12 个月的平均气温、平均降雨量、平均蒸发量和平均径流量相对于历史情况下的变化情况如图 2-10 ~ 图 2-13 所示。

由图 2-10 可以看出，在 2021 ~ 2050 年，3 个情景下的各月平均温度都比历史要高，平均升高了 1.5℃左右；由图 2-11 可以看出，在非汛期的 11 ~ 5 月，各月降雨量较历史情况有所增加，最多增加了约 15%，而在汛期期间的 6 ~ 10 月，各月降雨量较历史情况则有所减少，最多减少了约 5%；由图 2-12 可以看出，除3 月和 4 月蒸发量略有减少外（最多减少了约 5%），其他各月的蒸发量均比历史情况有所增加，最多增加了约 81%；由图 2-13 可以看出，在汛期的 6 ~ 10 月，各月径流量较历史情况有所减少，最多减少了约 30%，而在非汛期的 4 月和 5

月，各月径流量较历史情况有所增加，最多增加了约 30%，而在其他月份，各月径流量较历史情况变化不大。

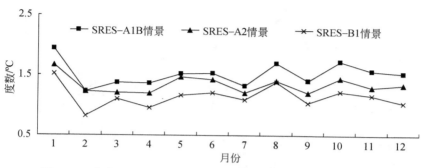

图 2-10　未来 3 个情景下各月平均温度相对历史情况的增减度数

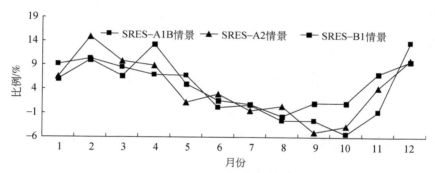

图 2-11　未来 3 个情景下各月平均降雨量相对历史情况的增减百分比

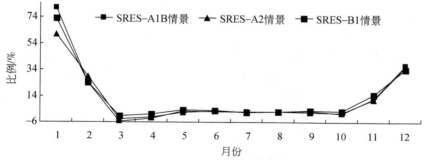

图 2-12　未来 3 个情景下各月平均蒸发量相对历史情况的增减百分比

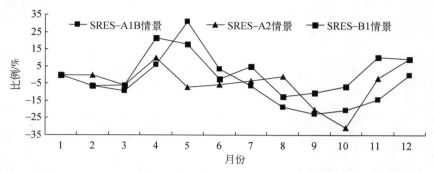

图 2-13　未来 3 个情景下各月平均径流量相对历史情况的增减百分比

因此，从年内变化来看，蒸发量的波动幅度最大，且主要是增加；其次是径流量；降雨量的波动最小。在未来 30 年间，由于温度的普遍升高，各月的蒸发量普遍增加，汛期的降雨量和径流量有所减少，而非汛期的降雨量虽有所增加，但除个别月份径流量有所增加外，大部分月份径流量较历史情况有所减少。

2.3　三支流传统方法用水评价

2.3.1　用水评价原理

由于人类活动影响，水资源利用率越来越高，各控制水文站的实测径流已不能反映河川径流的实际情况。为了研究流域水文特性，摸清水资源家底，科学合理地开发水资源，需要把人类的活动影响水量进行还原。即

$$W_{天然} = W_{实测} + W_{农灌} + W_{工业} + W_{城镇生活} \pm W_{引水} \pm W_{分洪} \pm W_{库蓄} \qquad (2\text{-}1)$$

式中，$W_{天然}$ 为还原后的天然径流量；$W_{实测}$ 为水文站实测径流量；$W_{农灌}$ 为农业灌溉耗损量；$W_{工业}$ 为工业用水耗损量；$W_{城镇生活}$ 为城镇生活用水耗损量；$W_{引水}$ 为跨流域（或跨区间）引水量，引出为正，引入为负；$W_{分洪}$ 为河道分洪决口水量，分出为正，分入为负；$W_{库蓄}$ 为大中型水库蓄水变量，增加为正，减少为负。

传统的用水评价方法是基于"流域还原"的概念建立的。从流域还原的概念出发，农业灌溉耗损量是指农田、林果、草场引水灌溉过程中，因蒸发消耗和渗漏损失掉而不能回归到河流的水量，为灌溉引水量和排退水量之差。工业用水和城镇生活用水的耗损量包括用户消耗水量和输排水损失量，为取水量与入河废

污水量之差。从这里可以看出,传统用水评价方法是建立在"引排差原理"基础上的,耗损水量计算的核心是引排差。

在传统用水评价方法中,耗损水量相对于河道来说是净用水量。排退水不仅指明渠回归河道水,也包括引出的水量中通过地下潜流回归河道的水量,因其量少再加上缺乏观测资料,一般可以忽略。统计退水量时应以退入河道的实际水量计入,测验断面与河道间的损耗水量也应扣除。由于"流域耗水量"是建立在引排差原理上,计算方法的关键在于退水量或退水系数的确定,因而在计算方法上亦可采用多种形式,如采用经验数值、面积定额、水量平衡法等。对此,2002年《全国水资源综合规划细则》中有详细的介绍。

2.3.2 三支流经济社会基本情况

表 2-10 给出了三支流 2006 年主要经济社会指标。湟水、渭河、汾河三支流现有有效灌溉面积分别为 513 万亩、1705 万亩和 739 万亩。实际灌溉面积分别为191 万亩、1338 万亩和 674 万亩。

表 2-10　三支流 2006 年经济社会主要指标

支流	河段	省份	计算面积/km²	人口/万人	耕地面积/万亩	有效灌溉面积/万亩	粮食产量/万 t	实际灌溉面积/万亩	林牧渔等/万亩	牲畜/万头(只)
湟水	大通河	青海	12 976	14	68	12	3	12	2	85
		甘肃	1 704	22	77	24	6	20	—	24
		小计	14 680	36	145	36	9	32	2	109
	湟水	青海	16 006	296	509	447	49	149	15	336
		甘肃	732	12	34	30	3	10	7	18
		小计	16 738	308	543	477	52	159	22	354
	合计		31 418	344	688	513	61	191	24	463
渭河	甘肃		59 909	351	2 856	302	318	213	9	667
	宁夏		8 236	103	347	37	50	37	2	89
	陕西		67 058	2 172	3 864	1 366	708	1 088	146	837
	合计		135 203	2 626	7 067	1 705	1 076	1 338	157	1 593
汾河	山西		39 826	1 227	1 618	739	272	674	18	600

2.3.3 三支流主要灌区分布

2.3.3.1 湟水流域

湟水流域自 20 世纪 50 年代以来，修建了大批水利工程，包括中型水库 3 座，小型水库 83 座，塘坝、涝池 334 座，引水工程 1328 处，提水工程 697 处，地下水工程 784 眼，集雨工程 43 767 处。这些水利工程，对促进湟水流域的社会经济发展、保障城乡人民生命财产安全和改善人民生活条件发挥了重要的作用。湟水流域青海省万亩以上灌区的基本情况见表 2-11。

表 2-11　2000 年青海省湟水流域万亩以上灌区引水工程统计表

灌区名称	渠首位置	引水渠长/km	设计流量/(m³/s)	设计灌溉面积/万亩	实际灌溉面积/万亩	灌溉引水量/亿 m³
海晏县		62		1.17	1.17	0.04
金滩渠	海晏县哈勒沟	62		1.17	1.17	0.04
湟源县		380	4.6	12.21	11.90	0.35
湟海渠	海晏哈力景	158	1.3	6.67	6.67	0.18
南山渠	海晏金滩乡	222	3.3	5.54	5.23	0.17
湟中县		204.25	8.2	15.73	15.08	0.29
团结渠	湟中扎麻隆	27.5	2.6	1.96	2.04	0.07
国寺营渠	湟源东峡	25.3	2.5	2.72	2.72	0.05
拦隆口渠	湟中南门村	34.85	2.6	6.26	6.39	0.09
盘道渠	湟中东岔口	116.6	0.5	4.79	3.93	0.08
西宁市		145	4.2	5.29	4.68	0.50
解放渠	西宁阴山堂	70	2.4	3.70	3.09	0.35
礼让渠	湟中多巴河滩	75	1.8	1.59	1.59	0.15
大通县		122.43	11.44	11.40	11.35	1.10
北川渠	大通桥头镇	41.43	5.24	7.00	7.26	0.89
宝库渠	大通峡门	54	3.4	2.75	2.75	0.05
石山泵站	大通桥头镇	27	2.8	1.65	1.34	0.16
互助县		146.48	2.3	6.97	6.49	0.17
和平渠	青海第三毛纺厂	66.5	1.2	2.77	2.77	0.11

续表

灌区名称	渠首位置	引水渠长/km	设计流量/（m³/s）	设计灌溉面积/万亩	实际灌溉面积/万亩	灌溉引水量/亿 m³
红崖子沟东山	互助马圈	46	0.3	3.00	2.63	0.03
高寨后山	互助和平	33.98	0.8	1.2	1.09	0.03
平安县		144	4.0	4.98	4.32	0.08
平安渠	平安小峡乡	54	2.5	1.76	1.56	0.03
大红岭		27.5	0.3	1.60	1.50	0.01
小峡渠	西宁十里铺乡	62.5	1.2	1.62	1.26	0.04
乐都县		141.8	4.7	5.62	5.13	0.56
大峡渠	乐都高店	65.1	3.2	4.01	4.00	0.45
深沟渠	河滩寨	76.7	1.5	1.61	1.13	0.11
民和县		53.45	4.5	3.98	3.33	0.18
东垣渠		53.45	4.5	3.98	3.33	0.18
合　计		1399.41	43.94	67.35	63.45	3.27

2.3.3.2　汾河流域

汾河灌区位于太原盆地底部。灌区受益范围北起太原市上兰村，南到介休市洪相村，东与潇河、昌源河、惠柳婴和洪山灌区为邻，西以晋祠灌区和磁窑河为界，与文峪河灌区毗邻。南北长约 140km，东西宽约 20km。汾河干流由东北向西南贯穿全境。担负着三市十一个县（市、区）的农田灌溉和太原第一热电厂、太原钢铁公司、清徐县东西湖工业用水，汾河景区公园、森林公园等公益事业的供水以及汾河中游段的河道管理任务。全区受益乡镇 60 多个，受益村庄 538 个，受益面积 149.55 万亩。现有农业人口 100 万人，为省直属的大 Ⅱ 型灌区。汾河灌区是山西省最大的自流灌区，受益面积约占全省水地面的十分之一，是省内粮棉主要生产基地。山西省汾河水利管理局为汾河灌区的管理机构，下设四个分局及三个坝站。分局下设 25 个管理所。全灌区共有职工 1000 余人。

灌区现有引水渠首三处，分别为一坝、二坝、三坝。灌区供水水源主要来源于上游汾河水库放水及一、二、三坝区间来水和提取部分地下水。据 1956～2000 年水文系列统计，渠首以上多年平均径流量为 7.13 亿 m³，灌区可控制利用的水资源总量为 4.33 亿 m³。

根据灌区引水控制范围的不同，全灌区由 4 个相对独立的灌域组成，即一坝灌域，控制灌溉面积30.87万亩；二坝汾东灌域，控制灌溉面积31.545万亩；二坝汾西灌域，控制灌溉面积52.2万亩；三坝灌域，控制灌溉面积34.935万亩。

汾河灌区目前盐渍化土壤面积约10万亩，占灌区灌溉面积的6.7%，其中度盐化7.48万亩，占盐渍化土壤74.8%；中度—重度盐化2.52万亩，占盐渍化土壤的25.2%，盐渍化土壤主要集中在二坝和三坝控制的灌域内。

2.3.3.3 渭河流域

渭河流域水利事业历史悠久，早在战国时期，就兴修了郑国渠，引泾水灌溉农田。新中国成立前，已建成引泾、洛、渭、梅、黑、涝、沣、泔等灌溉工程，被称为"关中八惠"，初步形成200万亩的灌溉规模。新中国成立后，进行了大规模的水利建设，不仅改造扩建了原来的老灌区，而且兴建了巴家嘴、宝鸡峡、冯家山、石头河、交口抽渭、羊毛湾、石堡川、桃曲坡等大中型水利工程。20世纪90年代以来又先后建成了一批城镇供水工程，包括冯家山水库向宝鸡市供水、马栏引水，桃曲坡水库向铜川市供水，石头河水库向西安市供水以及引冯济羊等工程，地下水也得到大规模的开发利用。流域内形成了以自流引水和井灌为主、地表水和地下水相结合的灌溉供水网络，在农业节水方面取得了一定的成绩，现有节水灌溉面积346.5万亩。大型灌区有洛惠渠、泾惠渠、渭惠渠等。泾渭河灌区有宝鸡峡引渭灌区、冯家山水库灌区、泾惠渠灌区、交口抽渭灌区等。渭河流域2000年蓄水工程基本情况见表2-12。

表2-12　2000年渭河流域蓄水工程统计表

水资源分区	蓄水工程				总库容/亿 m³		兴利库容/亿 m³		设计灌溉面积/万亩	有效灌溉面积/万亩
	座数	大型	中型	小（1）型	合计	其中大型	合计	其中大型		
北洛河状头以上	14	0	4	10	1.99	0	1.3	0	4.8	3.44
泾河张家山以上	77	1	3	73	7.01	4.96	4.2	3.38	10.64	7.31
渭河宝鸡峡以上	105	0	6	99	4.51	0	0.83	0	18.16	13.16
渭河宝鸡峡至咸阳	59	3	8	48	10.25	6.56	6.96	4.59	271.13	153.48
咸阳至潼关	47	0	8	39	3.58	0	2.18	0	61.44	52.94
甘肃	68	1	3	64	7.69	4.96	4.95	3.38	26.19	18.65
宁夏	105		6	99	3.69		1.52		36.24	20.11
陕西	129	3	20	106	15.96	6.56	10.52	4.59	339.98	211.68
其中关中	115	3	16	96	13.97	6.56	9.22	4.59	335.18	208.24
合计	302	4	29	269	27.34	11.52	15.47	7.97	366.17	230.33

2.3.4 三支流总体用水情况

表 2-13 给出了三支流地表耗水量不同年代对比。湟水流域，20 世纪 50、60 年代地表水消耗量大致在 4 亿 m³ 左右，近几年达到了 9.31 亿 m³，增加了近 1.4 倍。渭河流域近几年平均消耗地表水 21.3 亿 m³，较 20 世纪 50、60 年代增加了 1.7 倍。汾河流域多年来变化不大。图 2-14 ~ 图 2-16 给出了三支流 1956 年以来地表水耗水量变化特点。地下水消耗量方面，三支流在 2005 年分别达到了 1.8 亿 m³、19.7 亿 m³ 和 13 亿 m³，分别较 1980 年增长了 350%、70% 和 73%。三支流 2005 年水资源总消耗量分别达到了 10.23 亿 m³、41.68 亿 m³ 和 19.73 亿 m³，分别较 1980 年增长了 48%、19% 和基本持平。表 2-14 给出了三支流不同水平年地下水消耗量和水资源总消耗量的对比情况。

表 2-13　三支流地表耗水量不同时段对比　　　（单位：亿 m³）

时段	湟水			渭河				汾河
	甘肃	青海	合计	甘肃	宁夏	陕西	合计	山西
1956 ~ 1969 年	0.55	3.38	3.93	1.35	0.05	6.39	7.79	10.48
1970 ~ 1979 年	0.88	4.15	5.02	3.24	0.12	16.63	19.99	12.78
1980 ~ 1989 年	1.88	5.49	7.37	3.70	0.12	16.11	19.92	12.08
1990 ~ 1999 年	1.93	6.40	8.33	3.75	0.16	21.44	25.34	10.96
2000 ~ 2005 年	1.78	7.52	9.31	5.09	0.63	15.53	21.26	7.23
1956 ~ 2005 年	1.31	5.06	6.36	3.13	0.17	14.49	17.78	10.96

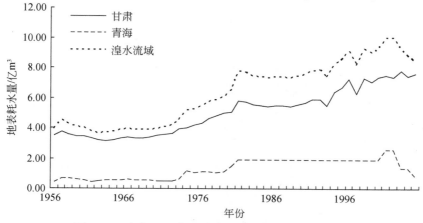

图 2-14　湟水 1956 年以来逐年地表耗水量变化特点

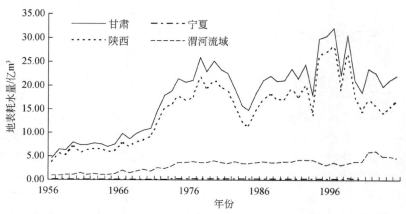

图 2-15 渭河 1956 年以来逐年地表耗水量变化特点

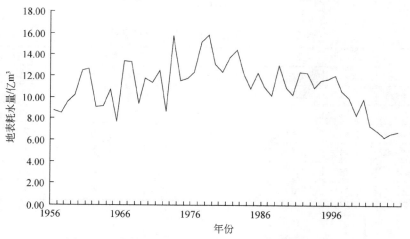

图 2-16 汾河 1956 年以来逐年地表耗水量变化特点

表 2-14 三支流不同典型年地下水消耗量和水资源总消耗量对比 （单位：亿 m³）

分项	河流	1980 年	1985 年	1990 年	1995 年	2000 年	2005 年
地下水消耗量	湟水	0.40	0.50	0.60	0.80	1.10	1.80
	渭河	11.60	12.60	13.50	16.80	22.60	19.70
	汾河	7.50	8.50	9.50	10.50	12.80	13.00
水资源总消耗量	湟水	6.93	7.83	8.17	9.44	10.42	10.26
	渭河	34.98	30.98	36.99	47.13	41.08	41.68
	汾河	19.83	20.73	19.74	22.16	22.59	19.73

2.3.5 三支流分项用水

渭河流域 2005 年分项统计的地表水取水情况见表 2-15。可以看出，2005 年渭河流域地表水总取水 27.46 亿 m³，其中农业灌溉取水量为 18.69 亿 m³，占总取水 68%；工业、生活等非农业用水为 8.77 亿 m³，占总取水量的 32%。渭河用水主要在北道水文站以下，取水量为 20.9 亿 m³，占渭河总取水量的 76%，占华县以上取水量的 83%。省区来看，陕西最多，占近 73%。

表 2-15　渭河流域 2005 年分项统计的地表水取水情况（单位：亿 m³）

流域分区	省（区）	农田灌溉	林牧渔	工业	城镇公共	居民生活	生态环境	地表水总供水量
渭河干流	甘肃	2.11	0.08	0.14	0.10	0.33	0.01	2.76
	宁夏	0.00	0.00	0.00	0.00	0.00	0.00	0.00
	陕西	5.10	0.94	1.81	0.54	1.36	0.47	10.22
渭河支流	甘肃	2.46	0.14	0.61	0.17	0.52	0.03	3.94
	宁夏	0.60	0.04	0.01	0.00	0.06	0.00	0.71
	陕西	8.43	0.90	0.32	0.01	0.16	0.00	9.82
渭河流域	甘肃	4.56	0.22	0.75	0.28	0.85	0.05	6.71
	宁夏	0.60	0.04	0.01	0.00	0.06	0.00	0.71
	陕西	13.53	1.84	2.13	0.55	1.52	0.47	20.04
	小计	18.69	2.09	2.90	0.83	2.43	0.52	27.46
北道以上		3.42	0.12	0.21	0.14	0.50	0.02	4.42
咸阳以上		8.52	0.66	1.71	0.54	1.60	0.32	13.36
华县以上		16.81	1.98	2.79	0.83	2.41	0.51	25.32

渭河流域 2005 年分项统计的地下水取水情况见表 2-16。可以看出，2005 年渭河流域地下水总取水 28.02 亿 m³，其中农业灌溉取水量为 11.18 亿 m³，占总取水 40%；工业、生活等非农业用水为 16.84 亿 m³，占总取水的 60%。省区来看，陕西最多，占 91%。

表 2-16 渭河流域 2005 年分项统计的地下水取水情况（单位：亿 m^3）

流域分区	省（区）	农田灌溉	林牧渔	工业	城镇公共	居民生活	生态环境	地下水总供水量
渭河干流	甘肃	0.39	0.10	0.36	0.08	0.42	0.01	1.36
	宁夏	0.11	0.03	0.01	0.00	0.02	0.00	0.18
	陕西	7.37	1.34	6.51	1.09	4.00	0.14	20.45
渭河支流	甘肃	0.31	0.07	0.28	0.05	0.30	0.01	1.03
	宁夏	0.02	0.03	0.01	0.00	0.02	0.00	0.07
	陕西	2.98	0.80	0.76	0.02	0.36	0.01	4.93
渭河流域	甘肃	0.70	0.17	0.65	0.13	0.72	0.02	2.39
	宁夏	0.13	0.06	0.02	0.00	0.04	0.00	0.25
	陕西	10.35	2.14	7.27	1.11	4.36	0.15	25.38
	小计	11.18	2.37	7.94	1.24	5.12	0.17	28.02

渭河流域 2005 年分项统计的总取水情况见表 2-17。可以看出，2005 年渭河流域总取水 55.48 亿 m^3，其中农业灌溉取水量为 29.87 亿 m^3，可占总取水 54%；工业、生活等非农业用水为 25.61 亿 m^3，占总取水的 46%。省区来看，陕西最多，占 82%。

表 2-17 渭河流域 2005 年分项统计的总取水情况 （单位：亿 m^3）

流域分区	省（区）	农田灌溉	林牧渔	工业	城镇公共	居民生活	生态环境	总供水量
渭河干流	甘肃	2.50	0.18	0.50	0.18	0.75	0.02	4.12
	宁夏	0.11	0.03	0.01	0.00	0.02	0.00	0.18
	陕西	12.47	2.28	8.32	1.63	5.36	0.61	30.67
渭河支流	甘肃	2.77	0.21	0.89	0.22	0.82	0.04	4.97
	宁夏	0.62	0.07	0.02	0.00	0.08	0.00	0.78
	陕西	11.41	1.70	1.08	0.03	0.52	0.01	14.75
渭河流域	甘肃	5.26	0.39	1.40	0.41	1.57	0.07	9.10
	宁夏	0.73	0.10	0.03	0.00	0.10	0.00	0.96
	陕西	23.88	3.98	9.40	1.66	5.88	0.62	45.42
	小计	29.87	4.46	10.84	2.07	7.55	0.69	55.48

2.4 三支流基于流域水循环全过程的用水评价

表 2-18 给出了三支流不同入黄水量及地表水消耗量对比情况。图 2-17 给出了三支流入黄水量 1956 年以来对比情况。可以看出,湟水入黄水量近几年入黄水量较五六十年代相比减少了 6 亿 m³ 左右,主要是由于地表水消耗量增加了 6 亿 m³ 左右,说明其地表水消耗量统计计算结果比较符合实际。渭河入黄水量较 50、60 年代相比减少了近 50 亿 m³,而地表水消耗量仅增加了 13 亿 m³ 左右;汾河入黄水量较 50、60 年代相比减少了近 15 亿 m³,而地表水消耗量有所减少。渭河和汾河入黄水量的减少,一方面是由于气候变化和水土保持建设导致水资源量减少,另一方面是由于地下水开采量大幅度增加利用了一部分河川径流量,而这部分没有在地表水消耗量统计量中充分体现。因此,本节关于用水典型调查分析主要针对渭河和汾河进行。

表 2-18   三支流地表耗水量和入黄水量不同时段对比（单位:亿 m³）

时段	湟水		渭河		汾河	
	入黄水量	地表水消耗量	入黄水量	地表水消耗量	入黄水量	地表水消耗量
1956～1969 年	47.28	3.93	103.51	7.79	18.40	10.48
1970～1979 年	41.66	5.02	67.75	19.99	10.36	12.78
1980～1989 年	49.44	7.37	88.38	19.92	6.68	12.08
1990～1999 年	40.37	8.33	51.29	25.34	5.08	10.96
2000～2005 年	38.53	9.31	54.68	21.26	3.22	7.23
1956～2005 年	44.16	6.36	77.03	17.78	9.96	10.96

注:入黄水量,湟水指民和+享堂,汾河指河津断面,渭河指华县+状头。

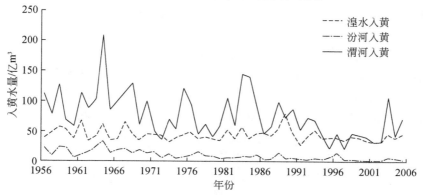

图 2-17   三支流入黄水量 1956 年以来对比情况

2.4.1 基于流域水循环全过程的用水评价方法

按照二元水循环理论，在大规模人类活动影响下，流域水循环具有明显的二元结构特点，即由单一的自然水循环结构演化成为"自然—人工"二元水循环结构（图2-18）。二元水循环过程包括以"大气水—地表水—土壤水—地下水"四水转化为特征的自然水循环过程和以"取水—输水—用水—耗水—排水"五大子过程相互转化为特征的人工侧支水循环过程。

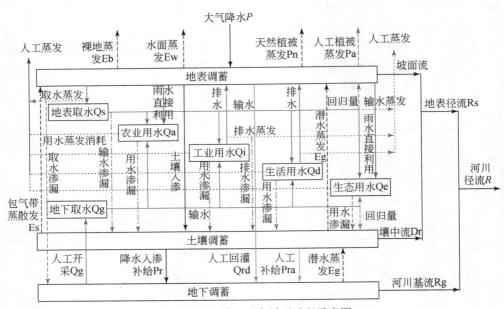

图 2-18　流域二元水循环过程示意图

本书所研究的用、耗水过程，属于人工侧支水循环过程的子过程。从图2-6可以看出，不仅用水过程的五大子过程之间密不可分，而且用水过程与自然水循环过程之间也具有紧密的联系。

因此，正确评价流域的用、耗水量，不仅要将"取水—输水—用水—耗水—排水"五大子过程联系起来进行考虑，而且要将与用水过程与自然水循环过程联系起来考虑，从相互联系的角度开展研究。

相比二元理论，传统的用水评价基于"引排差"原理，由于原理上固有的缺陷和实际应用中诸多条件的限制，而存在的不足包括以下两方面。

（1）缺乏用水过程与自然水循环过程的统一评价

人工侧支水循环过程和自然水循环过程是相互联系、密不可分的整体，两大循环主体之间存在复杂的联系。比如农业用水系统从地表、地下取水分别与自然水循环的地表水、地下水之间发生联系；在输水、用水过程的蒸发、蒸腾和渗漏分别与自然水循环的大气过程、土壤和地下过程发生联系；在排水过程中的蒸发、渗漏和水分排出分别与自然水循环的大气过程、土壤和地下过程及地表过程发生联系。如果割裂两大循环主体之间的关系，单纯评价用耗水过程，难免一叶障目。

（2）缺乏地表用水和地下用水的统一评价

按照"流域还原"的思想，不能回到河道的水，都属于耗水。河道控制断面水量的减少，既可能是由控制区内地表水量消耗引起，也可能是由地下用水消耗引起。目前黄河干流按照国务院"87"分水方案实行了地表水量的分配，地表水的控制比较严格，但出现了部分区域在地表水用水未超标的情况下入黄水量大量减少的情况，主要因为地下水的用耗水情况不明，对地下水的控制相对较弱。如果要真正弄清入黄水量衰减的原因，控制入黄水量达到要求，需要对地表水和地下水进行统一评价和管理。

综上所述，传统用水评价方法的不足，既影响用水评价的精度，同时也影响流域水资源的有效管理，不能真正实现水资源的可持续利用。

相对于传统用水评价方法，基于流域水循环全过程的用水评价方法体现了以下两个方面的统一评价。

（1）用水过程与自然水循环过程统一评价

从流域二元水循环的内在机理出发，用水过程与自然水循环过程存在密切的联系，因此进行用水评价要与流域水循环过程紧密联系。下面分两种用水类型，基于水量平衡原理进行分析。

1）只存在地表引水的封闭流域。从河段水平衡角度，存在如下关系：

$$O = L - Q + R + P_{水面} - E_{水面} - \text{Inf}_R - \Delta R \qquad (2-2)$$

$$L = L_S + L_G \qquad (2-3)$$

$$R = R_S + R_G \qquad (2-4)$$

式中，O 为河段下游流出水量；$P_{水面}$ 为河道水面直接降水量；L 为降水产流量，包括地表和地下侧向入流量；L_S 为地表侧向入流量；L_G 为地下侧向入流量；如式（2-3）所示；Q 为人工水循环系统从河道取水量；R 为人工水循环系统回归水量，包括从地表和地下回归的水量；R_S 为地表回归的水量；R_G 为地下回归水量；$E_{水面}$ 为河道水面蒸发；Inf_R 为河道渗漏量；ΔR 为河槽蓄变量。

由于人工用水消耗量（EA）：

$$EA = Q - R \qquad (2\text{-}5)$$

因此式（2-2）可以转化成：

$$EA = L + P_{水面} - E_{水面} - \text{Inf}_R - O - \Delta R \qquad (2\text{-}6)$$

所以通过对河道水平衡过程进行分析，可以核实取用地表水区域用水系统真正的用耗水量。另一方面，从水资源评价的角度来看，$L + P_{水面} - E_{水面} - \text{Inf}_R$ 是地表水资源量 W_S，即

$$W_S = P_{水面} + L - E_{水面} - \text{Inf}_R \qquad (2\text{-}7)$$

式（2-6）中，O 代表控制断面实测径流量；从长期来看 ΔR 趋近于零，所以式（2-6）可以转化成：

$$EA = W_S - O \qquad (2\text{-}8)$$

式（2-8）即流域水资源还原计算公式。

2）存在人工用水的一般封闭区域。从流域水平衡角度，存在如下关系：

$$EA = P - O - \Delta - EN \qquad (2\text{-}9)$$

$$EA = EA_S + EA_G \qquad (2\text{-}10)$$

$$\Delta = \Delta S + \Delta G \qquad (2\text{-}11)$$

$$EN = EN_L + EN_W + EN_{Soil} + EN_G \qquad (2\text{-}12)$$

式中，EA 为区域用水消耗量，包括地表水用水消耗 EA_S 和地下水用水消耗 EA_G；P 为区域降水量；O 为区域流出水量，包括地表和地下流出水量；Δ 为区域地表水蓄变量 ΔS 与地下水蓄变量 ΔG 之和；EN 为区域自然蒸散发量，包括陆面蒸发 EN_L、水面蒸发 EN_W、土壤蒸发 EN_{Soil} 和潜水蒸发 EN_G。

从水资源评价的角度，地表水资源为地表水消耗量和实测径流量之和，即

$$W_S = EA_S + O \qquad (2\text{-}13)$$

地下水资源为地下水开采净消耗与潜水蒸发之和（排泄法），即

$$W_G = EA_G + EN_G \qquad (2\text{-}14)$$

则式（2-9）可以转化成：

$$P = W_S + W_G + EN_L + EN_W + EN_{Soil} \qquad (2\text{-}15)$$

由式（2-15）可知，降水等于地表水资源、地下水资源和直接为作物和生态系统利用的广义水资源之和，这是广义水资源评价的观点。

以上以封闭流域为研究对象，分析了用水评价中的水平衡和资源平衡关系，对于存在上游入流和外调水的非封闭流域，以此类推。

由以上分析可以看出，分析流域用耗水过程，不仅要从"补排差"原理出发研究人工侧支水循环的水量平衡，还要把用耗水放在流域二元水循环的大背景

下分析水量平衡关系。从资源分析的角度来说，也就是需要把流域用水评价与流域水资源评价联系起来进行研究，这样才能得到真实的流域耗水量。

（2）地表水和地下水用水统一评价

式（2-9）～式(2-10)联合可以得到

$$EA_S + EA_G = P - O - \Delta - EN \tag{2-16}$$

由式（2-16）可以看出，如果控制一个流域的耗水量 EA 在某一个水平之下，比如黄河分水方案，单纯控制地表用耗水量或者断面出口流量是不够的，还要同时控制地下水用耗水量和地下水超采量。

因此，从流域水资源统一管理的角度来说，流域用水评价不仅要分别评价地表水耗水量 EA_S 和地下水耗水量 EA_G，还需要在流域水平衡原理基础之上，对流域用水总消耗量 EA 进行联合评价，分析用耗水过程中存在的问题，才能全面遏制流域水资源过度开发的态势。

可以看出，基于流域水循环全过程的用水评价方法的关键在于把用水过程放在流域水循环全过程的大背景下去研究，从水循环各环节之间的转化关系上去分析，这样才能真正弄清流域用耗水情况。

2.4.2 区域用水评价

表 2-19 和表 2-20 分别给出了渭河流域陕西境内 20 世纪 90 年代区域基于流域水循环全过程的用水评价，即河段水平衡方法计算结果与传统用水评价结果，即用水统计方法的比较。对比表 2-19 和表 2-20 可以看出，两种方法计算结果相差 3.38 亿 m^3，也就意味着目前渭河流域水资源消耗量传统计算计算结果较河段水平衡方法计算结果，即实际消耗量，偏少 10% 左右。

表 2-19　渭河流域（陕西部分）1991～2000 年平均水量平衡方法计算表

项目		计算值/亿 m^3
入境水量（$W_{入境}$）	河川径流	20.03
	地下潜流	0.00
	小计	20.03
自产水资源量（$W_{自产}$）		56.96
水库蓄变量（$\Delta V_{水库蓄变量}$）		-0.06

续表

项目		计算值/亿 m³
浅层地下水蓄变量（$\Delta V_{浅层地下水蓄变量}$）		−5.11
出境水量（$W_{出境}$）	河川径流	47.38
	地下潜流	0.86
	小计	48.24
深层承压水开采量（$W_{深层}$）		1.51
总耗水量（$W_{耗}$）		35.43

表 2-20　渭河流域（陕西部分）国民经济用水消耗量计算表

（单位：亿 m³）

项目		耗水系数	2000 年		1991～2000 年	
			用水量	耗水量	用水量	耗水量
农业灌溉（含林牧渔业与菜田）	地表水	0.68	15.81	10.75	17.24	11.72
	地下水	0.87	18.46	16.06	15.19	13.22
	小计	0.79	34.27	26.81	32.43	24.94
工业用水	地表水		2.30	0.83	1.65	3.30
	地下水		8.43	3.03	7.53	2.71
	小计	0.36	10.73	3.86	9.18	6.01
城市生活	地表水		2.09	0.77	1.04	0.39
	地下水		1.90	0.70	3.01	1.11
	小计	0.37	3.99	1.48	4.05	1.50
农村生活	地表水		0.66	0.66	0.32	2.31
	地下水		2.15	2.15	1.99	1.99
	小计	1.00	2.81	2.81	2.31	4.30
总计	地表水		20.86	13.01	20.25	17.72
	地下水		30.94	21.95	27.72	19.03
	合计		51.80	34.96	47.97	36.75

2.4.3　灌区用水评价

渭河流域陕西省部分地表水供水量中，农业灌溉达到了 68%。因此这里重点对灌区用水进行了核查分析。这里采用河段水量平衡方法进行检验。河段水量平衡分析，是以水文站实测资料为基础，计算上下断面入流、出流的差值中，考虑区间加水、取水、水库蓄水变化量以及蒸发下渗损失等区间变量，即可得出河段平衡差值。用方程式表达如下：

$$\Delta W_{误差} = (W_{上} + W_{区入} + W_{未控}) - W_{下} - (W_{蒸发} + W_{渗漏}) - W_{耗水} - W_{水库}$$

$$(2-17)$$

式中，$W_{上}$ 为上断面入流水量；$W_{下}$ 为下断面出流水量；$W_{区入}$ 为该段区间实测（已控）加入水量；$W_{未控}$ 为该段区间未控加入水量；$W_{蒸发}$ 为该段区间河道水面蒸发水量；$W_{渗漏}$ 为该段区间河道渗漏或补给水量；$W_{耗水}$ 为该河段区间工农业耗水量，或称工农业还原水量；$W_{水库}$ 为该河段区间水库蓄水变量（蓄水为 +，泄水为 −）；$\Delta W_{误差}$ 为河段平衡差值。

依据 1991~2000 年渭河实测径流量、渠道引水量，区间加入对于有支流水文站实测值的直接采用，没有实测值的支流加入，采用水资源评价中地表水资源加入量的比例计算；渭河干流大型灌区有宝鸡峡和交口抽渭两灌区，其他加入量如灌区退水加入和城市排水加入，水库蓄水变化量没有考虑。1991~2000 年渭河干流北道—华县区间逐河段平均月年水量平衡计算对照表见表 2-21。

表 2-21　1991~2000 年平均渭河干流北道—华县区间月年水量对照表　（单位：万 m³）

项目		1	2	3	4	5	6	7	8	9	10	11	12	年值
北咸加入	北道	2 086	1 897	2 519	2 064	3 465	8 300	10 926	11 028	5 774	6 636	2 363	1 230	58 287
	北咸已控	3 168	2 815	5 075	11 922	14 761	15 129	22 732	17 163	13 236	14 304	7 011	3 653	130 970
	未控	2 072	1 841	3 318	7 796	9 653	9 894	14 865	11 224	8 656	9 354	4 585	2 389	85 646
北咸消耗	冯家山	811	982	652	71	1 461	1 325	2 630	1 713	117	65	240	2 093	12 161
	石头河	501	156	278	199	870	1 141	1 911	1 184	69	0	67	933	7 308
	宝鸡峡	2 806	2 474	3 706	935	1 820	3 182	6 732	5 617	1 076	1 132	2 007	8 416	39 900
	自然损失	339	308	410	335	563	1 347	1 773	1 790	938	1 077	384	200	9 461
	咸阳	5 668	6 006	9 125	14 510	18 185	21 728	29 355	22 466	20 829	24 719	13 381	5 900	191 871
北咸平衡差		−2 799	−3 373	−3 259	5 733	4 981	4 600	6 122	6 646	4 638	3 301	−2 120	−10 270	14 203

项目		1	2	3	4	5	6	7	8	9	10	11	12	年值
咸华加入	咸阳	5 668	6 006	9 125	14 510	18 185	21 728	29 355	22 466	20 829	24 719	13 381	5 900	191 871
	咸华已控	4 283	4 209	9 895	25 130	23 575	23 215	28 233	32 748	29 747	28 875	16 806	7 193	233 910
	咸华未控	941	925	2 174	5 521	5 179	5 100	6 203	7 195	6 536	6 344	3 692	1 580	51 391
	泾河	4 517	5 778	8 532	6 431	7 071	11 074	25 282	27 910	10 271	9 369	6 709	4 658	127 602
咸华消耗	泾惠渠	2 227	3 588	6 350	5 743	6 845	10 212	24 155	26 648	10 002	9 011	5 464	1 765	112 009
	交口抽渭	2 177	2 042	2 774	1 541	2 227	1 458	1 733	1 452	146	340	2 688	4 030	22 610
	自然损失	425	444	728	1 345	1 223	1 678	3 292	3 667	2 279	2 120	1 298	422	18 922
	华县	10 234	10 775	16 954	28 968	31 327	39 748	64 724	61 866	45 311	47 504	27 328	10 432	395 170
咸华平衡差		346	69	2 920	13 995	12 388	8 021	-4 831	-3 314	9 645	10 332	3 810	2 682	56 063

从表 2-21 中看出,尽管年内分配上有些不太合理(个别月份出现了正平衡),渭河北道—咸阳区间,10 年平均已控加入 13. 10 亿 m³,未控加入 8. 56 亿 m³,北道年均实测径流量为 5. 83 亿 m³,咸阳年均实测径流量 19. 19 亿 m³,宝鸡峡灌区引水 3. 99 亿 m³,冯家山灌区引水 1. 22 亿 m³,石头河灌区引水 0. 73 亿 m³,区间自然损耗量 0. 95 亿 m³,通过计算,年平衡差为 1. 42 亿 m³,说明区间引水量实际应当在 7. 36 亿 m³ 左右,即统计数据 5. 94 亿 m³ 较实际引水量偏小 19% 左右。

渭河咸阳—华县区间,10 年平均已控加入 23. 36 亿 m³,未控加入 5. 14 亿 m³,咸阳年均实测径流量为 19. 19 亿 m³,泾河加入 12. 76 亿 m³,华县年均实测径流量 39. 53 亿 m³,泾惠渠灌区引水 11. 20 亿 m³,交口抽渭灌区引水 2. 26 亿 m³,区间自然损耗量 1. 89 亿 m³,通过计算,年平衡差为 5. 61 亿 m³,说明区间引水量实际应当在 19. 07 亿 m³ 左右,即统计数据 13. 46 亿 m³ 较实际引水量偏小近 29%。

同样,可以对于渭河其他河段进行河段水量平衡计算。

总的来看,得到的初步认识是,将平衡差纳入区间耗水量计算,传统方法统计评价的渭河灌区农业灌溉消耗量较基于水循环全过程的用水评价方法计算结果,即实际消耗量,可能偏少 20% ~ 30%。不过由于这里没有考虑灌区退水情况,根据灌区实际调查,关中灌区一般年份还是有少量退水(约占引水量 5% ~ 10%)。故而,渭河灌区农业灌溉消耗量统计计算结果较实际消耗量可能偏少 10% ~ 20%。

2.4.4 典型城市用水评价

为进一步分析渭河流域用水量统计计算成果合理性,这里选取了城市供水进行分析。渭河流域 2005 年各行政区供水量中，供水量大于 5.00 亿 m³ 的地区包括陕西省西安市、渭南市等。西安市和渭南市 2005 年分别取水 17.59 亿 m³ 和 7.99 亿 m³，分别占渭河流域 2005 年总供水量的 31.7% 和 14.4%。

目前西安市供水系统是以"黑河引水工程"为主体的地表水供水系统（包括石头河水库、黑河水库、石贬峪水库、洋河及田峪河的地表水工程系统）和浐河、灞河、洋河、皂河、渭河、西北郊水源地等傍河地下水以及自备井组成的地下水供水系统构成的区域性联合供水系统。

根据黄河流域水资源公报统计分析，西安市 2005 年总供水量为 175 853 万 m³，各主要水源类型供水情况见图 2-19。

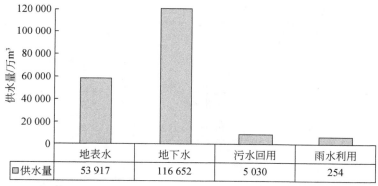

	地表水	地下水	污水回用	雨水利用
供水量	53 917	116 652	5 030	254

图 2-19 2005 年西安市各类水利工程供水量统计

2005 年西安市地下水供水量为 116 652 万 m³，居第一位；地表水供水量为 53 917 万 m³，居第二位；污水回用量为 5030 万 m³，居第三位；雨水利用量为 254 万 m³，居第四位。可见，供水水源格局仍以地下水为主、地表水为辅，污水、雨水仅在小范围内开发利用。各类工程的详细供水情况及其比例分配见表 2-22。

表 2-22 2005 年西安市水利工程供水比例分配表

类型	地表水源供水量			地下水源供水量			其他水源供水量			总计
	蓄水工程	引水工程	提水工程	人工载运	深层水	浅层水	微咸水	污水回用	雨水利用	
供水量/万 m³	26 440	24 429	3 028	20	43 186	72 659	807	5 030	254	175 853
所占比例/%	15.04	13.89	1.72	0.01	24.56	41.32	0.46	2.86	0.14	100.00

由表 2-22 可知，2005 年西安市供水主要以深层水源井、浅层水源井以及地表水库供水为主，三类水源供水量分别为 43 186 万 m³、72 659 万 m³、26 440 万 m³，分别占年供水总量的 24.56%、41.32%、15.04%。由于缺乏大型调蓄工程，且水源工程分布不均等原因，部分区域供水仍需要依靠引水工程、提水工程、人工载运以及微咸水利用等方式解决。另外，由于对其他水源的开发利用重视不足，配套设施建设滞后等原因，2005 年西安市污水和雨水等潜在可利用水源的综合利用程度较低，其中污水回用量仅为 5030 万 m³、雨水利用量仅为 254 万 m³，分别占当年供水总量 2.86% 和 0.14%。2005 年，水利工程向各部门供水量分类统计见表 2-23。

表 2-23　2005 年西安市水利工程供水量分类统计表　（单位：万 m³）

用水部门	地表水源供水量					地下水源供水量				其他水源供水量			总计
	蓄水工程	引水工程	提水工程	人工载运	小计	深层水	浅层水	微咸水	小计	污水回用	雨水利用	小计	
农业	5 853	15 120	2 633	0	23 606	39 442	5 916	155	45 513	0	230	230	69 349
林牧渔畜	487	2 354	177	0	3 018	186	6 221	348	6 755	0	0	0	9 773
火电	664	560	0	0	1 224	0	1 456	0	1 456	0	0	0	2 680
规模以上工业	6 635	1 499	118	0	8 252	1 442	18 457	22	19 921	0	0	0	28 173
规模以下工业	3 740	494	38	0	4 272	644	18 336	143	19 123	0	0	0	23 395
城镇居民生活	6 250	3 062	0	0	9 312	810	6 752	11	7 573	0	0	0	16 885
农村生活	151	226	62	20	459	267	8 601	76	8 944	0	0	0	9 403
公共用水	1 954	964	0	0	2 918	395	6 789	31	7 215	1 800	0	1 800	11 933
生态环境	706	150	0	0	856	0	131	21	152	3 230	24	3 254	4 262
合计	26 440	24 429	3 028	20	53 917	43 186	72 659	807	116 652	5 030	254	5 284	175 853

废污水排放量是工业企业废水排放量和城镇生活污水排放量的总称，其中火电厂直流式冷却水排放量应单列。2005 年，西安市废污水排放量 5.09 亿 m³，其中城镇生活排放量 1.04 亿 m³，工业废水排放 3.39 亿 m³，建筑业排放 0.27 亿 m³，第三产业排放 0.39 亿 m³。废污水排放到河道数量达到了 4.36 亿 m³。

根据供用耗排关系分析，西安市 2005 年水资源消耗量为 13 亿 m³ 左右。

2.4.5　流域用水评价

这里选取汾河流域进行分析。由于汾河入黄水量基本呈逐年下降趋势，但是由图 2-16 可以看出，根据统计数据分析，汾河地表水消耗量 1956 年以来变化不大，1990 年以来甚至逐年减少，因此导致汾河流域降水—实测径流关系发生了重大变化。图 2-20 给出了汾河 1956 年以来不同时段年降水量与实测入黄水量关系的对比。可以看出，1980 年以来，由于地下水开采量增加，和近几年煤矿开采量不断增加，同样降水条件下，汾河实际入黄水量明显减少。

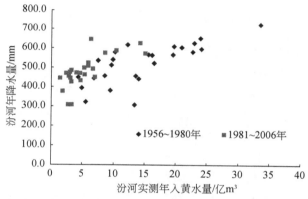

图 2-20　汾河年降水量与实测入黄水量关系 1956～1980 年与 1981～2006 年时段对比

我国煤炭资源一半分布在黄河流域，全国所调用煤炭 95% 左右来自黄河流域。黄河流域煤炭资源储量大、分布集中、品种多、质量好。黄河流域炼焦煤储量占全国的 64%，无烟煤储量占全国的 53%（包括焦作），动力煤储量占全国的 87%。在全国已探明的 16 处 100 亿 t 以上的大煤田中，黄河流域有 9 处，山西西山煤田、霍西煤田、沁水煤田，黄河北干流河保偏煤田，内蒙古准格尔煤田、神府煤田、东胜煤田，陕西黄陇煤田、灵武煤田。其中内蒙古神府—东胜煤田是世界八大煤田之一，煤炭保有储量占全国的 25.6%，是我国最大的煤田。黄河流域煤炭资源主要分布在中游及上游地区。上中游地区煤炭探明储量 4392 亿 t，占全国总储量的 43.6%。黄河上中游五大煤炭基地探明储量达 4132 亿 t，占全国总储量的 41%。从陕西、内蒙古、山西年煤炭总产量可以看出（图 2-21），进入 2000年以后，随着经济的飞速发展，煤炭的需求量迅速加大，煤炭供应明显跟不上需求的增长，煤炭开采量迅速增加。

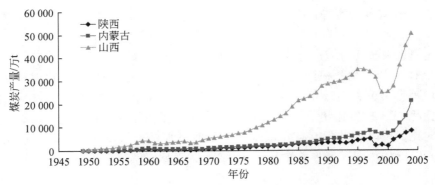

图 2-21　黄河流域主要产煤省份多年煤炭开采量

　　煤矿开采对水循环影响主要表现在：不适度的煤矿开采很容易造成地下隔水层破坏，从而引起区域性地表水泄漏，地下水位下降，严重破坏了矿区及周边地下水均衡系统，甚至使河流断流。煤矿开采对地下水的影响可分为两个阶段：在开采之前，为保证安全采矿，对威胁矿井安全生产的地下水进行预先排水，导致裂隙水大量排出，地下水位下降；在开采过程中，采动引起的裂隙在覆岩中形成新的导水通道，或破坏隔水层的隔水性能，局部改变了自然条件下降水与地表水和地下水之间的转化关系，改变了采区范围地下水的补给、径流、排泄条件，使地下水的流场、流向发生变化，使亿万年所形成的地下水与地表水的动态平衡和时空分布被打破。

　　"十一五"国家科技支撑计划课题，"黄河流域水沙变化情势评价研究"专题，"典型支流煤矿开采对水循环的影响分析"研究，利用 YRWBM 模型（yellow river water balance model），对黄河流域典型支流煤矿开采对当地水资源影响进行了分析研究，总的认识是，煤开采 1t，大约影响河川径流为 $5.0 \sim 5.5m^3$。目前，汾河流域煤矿开采量达到了每年 1 亿 t 左右，其影响河川径流在 5 亿 m^3 左右，这也就意味着汾河流域由于煤矿开采减少河川径流 5 亿 m^3 左右。

　　同时，根据黄河流域水资源调查评价成果，汾河目前过多开采地下水影响河川径流量大约在 3.50 亿 m^3。因此尽管目前汾河地表水实际消耗量统计结果大约为 7.23 亿 m^3，但由于地下水开采和煤炭开发导致汾河河川径流减少 8.5 亿 m^3，导致汾河实际入黄水量大幅度减少。这也是汾河流域入黄水量不断减少的主要原因。如果将这部分水量计入汾河地表水消耗量，目前汾河实际消耗地表水 15.73 亿 m^3 左右。

造成渭河和汾河用水统计结果与实际用水存在差异的主要原因在于：河川来水和引退水口门的监测、河段自然消耗等非用水消耗量的计量、农作物实际蒸腾量的计算、地下水开采和煤矿开采对水资源的影响等数据不精确。

支流用水情况不清，固然与用水管理机制有关，缺乏科学有效的用水评价方法和完善的用水监测体系也是不可忽视的重要方面。目前支流用水只对用水的部分环节进行监测，缺乏对人类"取水—输水—供水—用水—耗水—排水"全过程以及用水过程与自然水循环过程之间互相转化过程的有效监测，难免失之偏颇。近年来曾尝试通过降雨径流模拟分析方法评估支流耗水量，但由于黄河流域支流降雨产流规律复杂，加之近年来受人类活动影响加大，模型对支流水循环的模拟精度低，尚难以应用于管理。因此，建立着眼于流域水循环全过程的用水监测体系，是需要解决的关键难题。

2.5 基于二元理论的用水监测体系框架

2.5.1 现行用水监测技术体系存在的问题

黄河支流用水监测技术体系不完善，主要表现在两个方面：一是缺项；二是脱节。

所谓缺项，可以概括为"三重三轻"：①重供水轻排水。农业灌溉用水既有引水口门也有斗支渠的计量，城市用水与工业用水一般采用水表计量，但是农业退水与城市污水计量一般没有统计。②重"明排"轻"暗排"，即对排水的监测，也主要是监测通过排水沟或排水管排出的水量，而对通过蒸发和下渗回归自然水循环系统的水量监测很少。③重自身轻联系，即重视针对用水系统本身供输用耗排过程的监测，忽视用水系统和整个自然水循环系统之间转化通量的监测。

缺项的主要原因在于两个方面：①供水计量是现行的水费收取的依据，所以计量工作做得较好，用水过程中形成的其他水分通量不作为现行水费计费的依据，所以计量较少；②所缺的水循环要素监测难度较大，如供水都有一定的取水建筑物，容易进行计量，而且水中含杂质较少，一般不会影响测量的精度，而排水口个数较多，不一定都有固定的排水建筑物控制，而且排出的污水中含有大量的杂质，监测起来难度相对较大。通过渠道和管道排走的水相对容易计量，而用水过程中的渗漏、蒸发量不容易计量。

用水监测的脱节现象表现为三个方面：①"取—输—供—用—耗—排"各个环节之间的监测脱节。前已述及，现行的用水监测重供水轻排水，重"明排"轻"暗排"。②用水监测和自然主循环监测脱节。其结果导致水文断面平衡出来的流域/区域耗水与用水评价不一致，下游断面流出的流量中究竟有多少水是上游来水、有多少水是当地产水、还有多少水是用水产生的退水，用水产生了多少蒸发，这些问题经常不是很明确。③地表水监测和地下水监测脱节。如傍河取水所取水量中，究竟有多少是降水补给的，有多少是由地表水转化而来，很少得到准确、充分的监测数据支持。

产生监测脱节现象的主要原因包括两个方面：一是监测难，这一点已经在前面进行了说明；二是监测机构之间条块分割，缺乏统一的信息共享机制。按我国现行的水资源管理体制，水利部门主要关注农田的"取水—输水—用水—耗水—排水"过程，水进入农田中的蒸发和渗漏在农业部门是比较关注的问题，而城市供排水主要由城建部门掌握；地表径流、降水的观测主要由水文部门负责，地下水主要由地矿部门负责。

用水监测缺项和脱节的直接后果就是得到各种水循环要素监测结果以后，缺乏相互之间的校验，无法分析真实用耗水的状况，因此产生用耗水不清的问题。

2.5.2 基于水循环全过程的重点支流用水监测体系设计

2.5.2.1 流域水循环的二元转化

流域水循环的二元转化既包括地表水、土壤水、地下水、大气水（降水与蒸发）之间的转化关系，又包括水分在社会水循环内部水源和用水户之间的转化关系，还包括水分在自然水循环与社会水循环之间的转化关系。

根据流域水循环转化的特点，区域地表水主要有大气降水和上游水系来水两个来源；土壤水主要由各水系灌溉补给、降水入渗补给和地下水补给组成；地下水主要包括降水补给、河流水系灌溉水补给（渠道、田间及排水）和侧向补给；区域蒸散发是水资源最主要的消耗途径。

从水循环转化途径看，当地降水发生后，遇到不同的下垫面条件会产生不同的转化方向。降落在输、排水渠道水体表面、自然或人工水域、灌溉的田面和城市居住地、交通用地等区域的雨水，一般易形成地表径流。地表径流形成后，在不同的区域的转化存在差异，降在输水渠道的部分可随河流进入田间，进行水平和垂直方向的转化。降在排水渠道的部分除蒸发、转化为地下水外，大部分随灌区退水排出。降在田间的部分，灌溉期内一般转化为土壤水和地下水，还有部分地表径流直接进入排水渠道退出；非灌溉期降雨量小，一般直接转化为土壤水。降在水域部分的地表径流，蓄存于水域内，一般被蒸散发消耗，很小一部分转化为地下水。城市居住地、交通用地的降雨径流，一般被渠道排走，在排泄过程中发生部分土壤水和地下水转换。

地表径流通过引水渠道进入田间，多余的水量则通过排水渠道排走。从输排水过程看，输、排水环节产生的水面蒸发进入大气中，部分渗漏转化为土壤水和地下水；进入田间的水量进入土壤，部分被作物利用，消耗于作物的蒸腾蒸发和棵间蒸发，部分转化为地下水，这部分地下水一般补给给自然水域以及流域内部的自然植被和流域周边的荒漠植被。非灌溉期则通过潜水蒸发进入大气中。

地下水补给主要来源于利用河流水系灌溉的入渗补给、（山前）侧渗补给和降水的入渗补给，其消耗为通过潜水蒸发补充非饱和带的土壤水、通过侧渗以地下水的形式排入河流、通过抽水作为工农业的用水水源、通过越层入渗补给深层地下水。最终消耗于蒸发、作物生理耗用、工业及城镇居民用水。

土壤水来源于地表水的入渗与地下水的潜水蒸发补给。土壤水除少量补给地下水外，主要转化为大气水、消耗于蒸发蒸腾。

流域的水循环二元转化模式如图 2-22 所示。

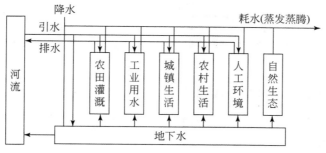

图 2-22　流域水循环的二元转化模式

2.5.2.2　基于水循环全过程的重点支流用水监测体系架构

建立基于流域水循环全过程的用水监测体系，关键在于按照流域水循环的转化模式，对"取水—输水—供水—用水—耗水—排水"全过程以及用水过程与自然水循环过程之间互相转化过程进行有效监测，为基于水循环全过程的用耗水评价提供支撑。

根据流域水循环的二元转化模式，研究提出黄河流域重点支流立体三维用耗水监测体系整体架构。该体系包括：以水文站网为主体的流域地表水监测系统，以地下水监测井为主体的地下水监测系统，以遥感反演结合地面校验为主要手段的流域 ET 监测系统，以渠道和排水沟量水设施为主体的灌区"取水—输水—供水—用水—耗水—排水"监测体系，以完善的用水计量设施为主体的城市用水监测体系，以逐渐完善的计量到户设施为主体的农村生活和农村工业用水监测体系。

基于水循环全过程的用水监测体系框架见图 2-23。

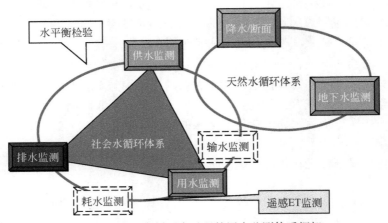

图 2-23　基于水循环全过程的用水监测体系框架

2.5.2.3　基于水循环全过程的用水监测体系设计

基于水循环全过程的用水监测对象分为自然水循环与人类活动影响的水量两个部分。

自然水循环体系中降水既有气象部门的气象站专门测验，又有水文站的测验等；河流的径流量则由水文站测验；地下水监测由监测井测验水位埋深的变化。无论水文站、气象站（雨量站）还是地下水监测井，都需要根据站网布设进行优化与调整补充，特别是地下水监测井需要根据平原区与水源地等进行布设，达到科学监测的目的。水面蒸发则由蒸发站通过蒸发皿的蒸发计量，陆地蒸发需要遥感和地面监测方法联合测验，土壤墒情需要设立墒情站测验。

人类活动影响的水量包括社会水循环体系中供水监测，大型灌区则由水文站或灌区水文专门站负责测验，城市与工业等用水引水口的计量由水库或河道管理机构或地下水井管理单位计量，输水到户后由用户水表计量。

目前，无论农业或集中供水输水过程的损失都没有明确的监测手段，应由相应的部门归口管理承担损失水量监测的工作。

从河流来说，引出河道的水扣除其回归水量的引排差是河道的净耗水量，因此，排水计量是所有监测中的重中之重。排水监测是建立在排水计量的基础上的，大型的排水渠沟应该设置水文站测验、水位站或自计水位计等。

除了引退水的监测以外，在用水集中地区，通过遥感方法的应用，建立以遥感反演结合地面校验为主要手段的区域 ET 监测系统，形成大尺度大空间立体多维的区域用耗水控制监测监督模式。

2.5.2.4 黄河重点耗水支流用水监测体系设计和实施原则

建立基于水循环全过程的用水监测体系是一个庞大的系统工程，其设计和实施应按照有法可依、有章可循、分清主次、先易后难、分级实施、稳步推进的原则逐步开展。既要解决当前用水管理中存在的重大问题，又要具有可操作性，有利于可持续稳步实施。

引水与排水的监督监测是水资源监测体系的突破口，有水量分配与黄河水量调度条例的保障，同时有利于发挥水文系统的优势，也是较为容易实施的；因此，用水监督监测是重要的，也是现阶段可行的。

近期可实施的供水、用水监测，包括地表水取水口监测、地下水取水口监测，大型排水口监测。除了水文站监测以外，可根据不同用户加强农业用水、城镇生活用水、工业用水、农村生活用水监测，以及对自备井的监测。

农业用水是用水监测的重点和难点，农业用水监测的对象为省区发放取水许可证的取水口、灌溉面积在 10 万亩以上或取水 0.5 亿 m^3 以上的取水口。需要监测或巡测，或建立遥感自计水位计。较大的排水沟渠采取巡测，逐步实施遥感自计测验。

输水损失在农业灌溉和城市供水中占有重要的分量。在灌区内应依托灌区管理局和灌溉试验站，建立渠系损失和田间渗漏常规监测测算体系；城市供水系统也应建立起城市管网输水损失监测测算体系。解决输水损失不清的问题。

自然水循环过程中的降水、径流、蒸发、地下水位等由水文站、气象站点及地下水监测井承担，可按照用水管理的需求，对站点进行优化。

对区域蒸散发的监测是用水监测中的难点问题，采用遥感等高技术进行监测，除了需要建立大量的地面测验站进行校验，成本较高以外，遥感技术本身还存在较大的误差，因此采用遥感等高技术确定为远期目标。

2.5.3　渭河用水计量监测监督管理实施方案

基于图 2-23，渭河用水计量监测监督管理实施方案框架如下。

2.5.3.1　降水／断面流量监测

根据 2005 年统计，渭河流域现有 500 个雨量站，其中水文系统 480 个，非水文系统 20 个；断面流量监测站 77 个，其中水文系统站 75 个，非水文系统站 2 个；水位监测站点 11 个，其中水文系统 4 个，非水文系统 7 个；蒸发监测站点 37 个，全部在水文系统；泥沙监测站点 63 个，全部在水文系统。根据降水监测站点布设密度情况来看，基本可以满足水文气象信息需要。因此，不再进行降水监测站点布设。

渭河流域断面流量 77 个监测站点中，渭河干流有 38 处，泾河 31 处，北洛河 8 处。根据其站网密度来看，渭河干流分布不均，根据黄河水文事业发展规划，到 2030 年，在渭河上游（主要在甘肃境内）新增水文站 5 处，渭河干流测站将达到 43 处，站网密度由现在的 1643km²/站增加到 1452km²/站。基本可以满足断面流量监测需求。

重点对省区交界断面和入黄把口站进行监测，包括北道、杨家坪、雨落坪、华县、状头等。

2.5.3.2　地下水监测

对于地表水与地下水转化频繁的农业灌区和沿河谷工业生活地下取水，要强化对主要地下水水源地、地下水易于开采及开发程度高的地区、地表水与地下水联系密切地区、土壤盐渍化地区、地面沉降及裂缝分布地区的监测，并加大观测井布井密度。必须开展地下水位监测，及时掌握地下水位变化，一方面防止地下漏斗、地面沉降等生态环境的影响，适时调整地下水的开发程度和补救措施，一方面通过及时掌握地下水位变化情况，深入分析河川径流补给作用。

目前渭河流域地下水监测站点 412 处，站点密度 306 km²/眼。其中渭河干流 287 处，泾河 63 处，北洛河 62 处。这些监测站点的管辖都不在水文系统。从其布局来看，主要分布于灌区和城市。

按照《水文站网规划技术导则》（SL34—92）中关于"地下水井网规划"的原则，在规划地下水观测井网时，首先应根据规划目的和规划区经济发展水平，选定规划图的比例尺。在受人类活动影响大、地下水位变化显著、需要重点观测的地区，应采用二十万分之一比例尺的规划图，井网布设密度为不大于 $50km^2$ 一眼井；为控制较长时段内地下水平均水位在大范围内的分布状况，可选用百万分之一比例尺的规划图，井网布设密度为不大于 $500km^2$ 一眼井；其他的一般需求，可选用五十万分之一比例尺的规划图，井网布设密度为不大于 $100km^2$ 一眼井。根据黄河水文事业发展规划，至 2030 年，渭河流域地下水监测站点密度要达到 $100km^2$ 一眼井，也就是说渭河流域地下水监测站点要达到 1348 眼。

为准确估计渭河山丘区地下水开采情况及渭河干流下游傍河取水对河川径流影响及深入分析其地下水与地表水转化关系，近期争取在渭河上游新增布设 217 眼（已有 97 眼），下游新增布设 96 眼（已有 80 眼），以满足需求。监测项目主要是地下水水位，以掌握地下水流向、补给或排泄数量等。

2.5.3.3　供水监测

根据渭河及渭河两大支流泾河和北洛河主要河段水利工程、取退水口、支流汇入点以及水文站等的位置，绘出渭河干流、泾河和北洛河概化节点图，见图 2-24 ～图 2-26，从图中可以清楚地看到支流汇入以及引水口位于哪一河段，可为水量调度与监测提供支撑。

目前，渭河流域城市供水都有监测，大型灌区（主要分布在陕西境内）用水也都有站点监测，因此对于大型灌区不再新增监测站点。但一些中小型灌区（主要分布在甘肃境内），引水口计量存在一些问题。近期根据甘肃灌区分布特点，在陇丰、石门、通广渠、渭济渠、东峡等中小灌区引水口门附近开展巡测，站点布设为 5 处，主要分布在泾河上，监测的主要内容包括水位、流量、泥沙等。

对以水库为主要供水水源的，应通过不定期巡测加强入出库流量监测。

2.5.3.4　输水监测

对灌区的渠首引水口、分干、支、斗渠口门，设置多种形式的水量计量设施，实现计量到斗口。监测设备和监测站点的设计和布置，应尽量做到一闸门一测点，即每一个闸门要有一个监测点（站）进行监测。斗渠闸门上的计量监测设备应更加精确和完善。

对工业和城乡生活的输水管道进行监测。现状渭河流域城市供水漏失率都在 10% 以上，西安达 13%。重点是监测管道"渗、跑、冒、滴、漏"现象。重点城市包括天水、宝鸡、西安、渭南等。

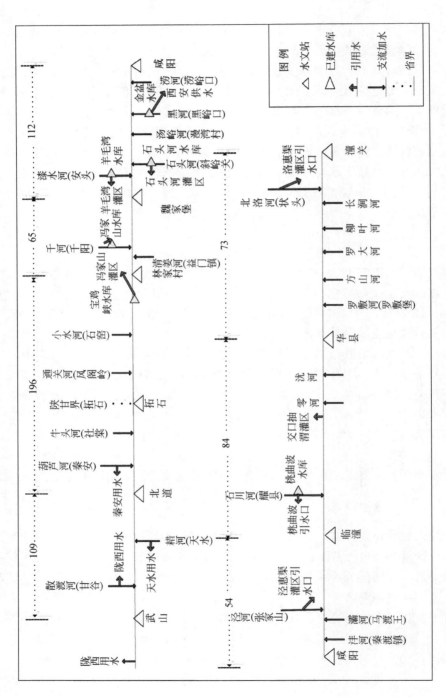

图 2-24　渭河干流概化节点图

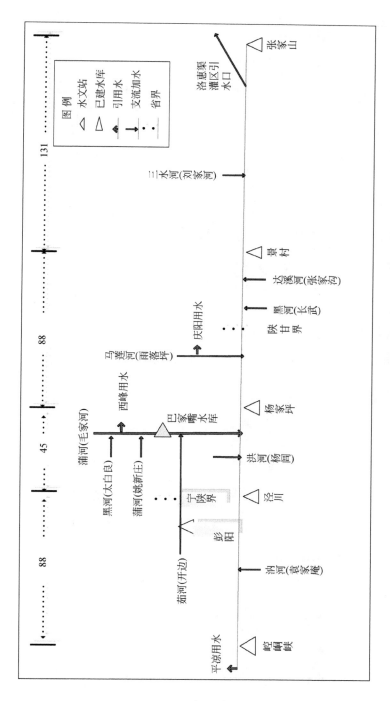

图 2-25 泾河概化节点图

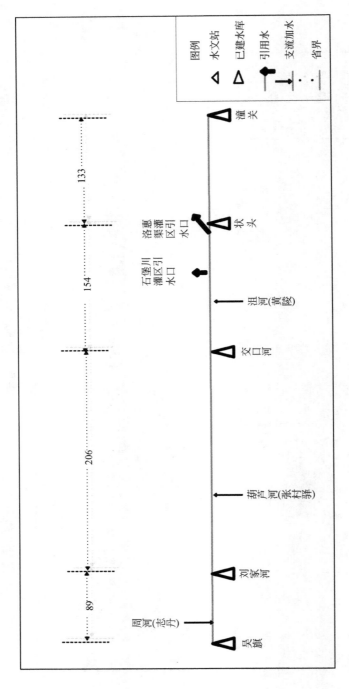

图 2-26 北洛河概化节点图

2.5.3.5 用水监测

重点针对灌区，渭河重要灌区分布见图2-27。

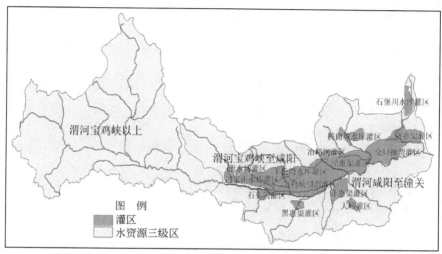

图 2-27 渭河灌区情况见示意图

在农毛渠灌溉的区域，由于根据灌溉面积来确定其用水情况，因此，应定期或不定期地核定农户的灌溉面积、农作物种类、灌溉制度等。

2.5.3.6 耗水监测

墒情监测站是目前监测农田耗水量的主要方式。2005 年黄河流域有 47 处墒情站，其中河南 27 处，山西 7 处；有墒情观测项目的水文站 65 处，主要分布在山西、河南、山东、甘肃等地。渭河流域目前还没有开展土壤墒情监测，近期可新增 2 个土壤墒情监测站点，在宝鸡峡灌区和泾惠灌区各设 1 个。

传统估算作物蒸散量的方法都是以点的观测为基础的，由于下垫面物理特性和几何结构的水平非均匀性，一般很难在大面积区域推广应用。遥感方法主要是根据热量平衡余项模式求取蒸散量，它利用热红外遥感来获取的表面温度和地表光谱反射率等参数，并结合辐射资料推算区域潜热通量与蒸散量。由于具有多时相、多光谱等特征，更能够综合反映下垫面的几何结构和物理性质，因此，遥感方法在区域蒸发计算方面具有明显的优越性，但在目前，特别是在下垫面比较复杂的区域，其精度往往达不到实际要求。

通过建立遥感观测站，采用大孔径闪烁仪对局部蒸散发情况进行监测，是遥感监测的重要补充形式。近期遥感监测站可先在灌溉管理条件较好大型灌区，如宝鸡峡灌区或者泾惠渠灌区内作试点，结合灌区水平衡测试、墒情监测，共同对区域耗水的遥感反演进行校验。从表 2-21 可以看出，渭河流域大型灌区引水较多的月份是 6~8 月，因此可以在 6~8 月开展遥感监测。

2.5.3.7 排水监测

灌区：布设退水监测站点，根据骨干排水河道、灌区退水口之间的位置关系，对于主要的排水沟道设置监测计量设施，为引水、耗水、排水的管理提供依据。

工业生活：参照《水环境监测规范》《地表水和污水监测技术规范》的有关规定，根据排污口的分布，对所有入河排污口均布设采样点进行监测。进行排污口监测时，应同步测定排污总量和主要污染物质的排放量。在重点行业，选择典型工厂开展常规水平衡测试，测试成果归档管理。

2.5.3.8 水均衡检验

根据二元水循环各个环节的监测，河流采用上、下水文站径流与区间增减量等变量之差，地下水采取补排水量与蓄变量之差，农业采取取水量与排水量以及蒸散发量、下渗量之差，工业生活采取取水量与最后排出水量之间的变化量，利用水均衡检验用水监测的精度。

2.6 小结

2.6.1 水循环模拟

在简述流域二元水循环理论的基础上，以二元水循环模型作为平台，对黄河流域 3 个重点支流渭河、汾河、湟水的水循环系统进行了模拟，分析了支流水资源演变规律。概括起来，在"自然—人工"二元驱动力作用下，流域水资源演变主要表现为 5 个方面：①水循环的水平方向水分通量（如地表与地下径流、河道流量等）占降水的比例减少，而水循环的垂向水分通量（如蒸发、入渗及地下水补给等）占降水的比例加大；②径流性狭义水资源占降水的比例减少，为生态环境直接利用的雨水（土壤水）资源量占降水的比例增加，广义水资源占降水的比例总体略有增加;③径流性狭义水资源中,地表水资源及河川天然径流量减少,不重复的地下水资源增加;④由于上游山丘区生态系统和经济系统直接利用的水量增加,下游平原区能为国民经济和生态环境利用的水量减少;⑤随着全球气候变化和人类活动加剧,这种状况还在继续。

2.6.2　用水评价

1)按照传统水资源评价方法的评价结果如下。地表水消耗量方面,在湟水流域,20 世纪 50、60 年代消耗量约为 4 亿 m³,近几年达到 9.31 亿 m³,增加了近 1.4 倍。渭河流域近几年平均消耗地表水 21.3 亿 m³,较 20 世纪 50、60 年代增加了 1.7 倍。汾河流域多年来变化不大。地下水消耗量方面,湟水流域、渭河流域和汾河流域 2005 年分别达到了 1.8 亿 m³、19.7 亿 m³ 和 13.0 亿 m³,分别较 1980 年增长了 350%、70% 和 73%。水资源总消耗量方面,三支流 2005 年分别达到了 10.23 亿 m³、41.68 亿 m³ 和 19.73 亿 m³,分别较 1980 年增长了 48%、19% 和基本持平。

2)本章提出了基于流域水循环全过程的用水评价方法,即从流域二元水循环全过程的角度着眼,对用水过程与自然水循环过程以及对地表水和地下水用水进行统一评价的方法。

按照新的用水评价方法,发现湟水地表水用水统计结果基本符合实际情况,渭河偏小 10% ~20%,汾河统计数据偏小 54% 左右。汾河地表水耗水量统计偏小的原因是,地表水消耗量中未考虑地下水过量开采和煤炭开采引起的地表水资源减少量。

2.6.3　用水监测

本研究提出了基于二元理论的用水监测体系框架,即以水文站网为主体的流域地表水监测系统,以地下水监测井为主体的地下水监测系统,以遥感反演结合地面校验为主要手段的流域 ET 监测系统,以渠道和排水沟量水设施为主体的灌区"取水—输水—供水—用水—耗水—排水"监测体系,以完善的用水计量设施为主体的城市用水监测体系,以逐渐完善的计量到户设施为主体的农村生活和农村工业用水监测体系,并以渭河为实例,提出了用水监测体系框架的具体实施意见。

2.6.4　进一步研究工作

（1）完善基于流域水循环全过程的用水评价方法

基于流域水循环全过程的用水评价方法尚处于研究阶段，需在实践推广中进一步检验。而且目前该方法只包括用水过程与自然水循环过程统一评价以及地表水和地下水用水统一评价，尚缺少供用耗排统一评价和用水量与用水效率、效益的统一评价。只有建立起 4 个方面的统一评价，才能真正实现区域用水的科学认知。

（2）建立基于流域水循环全过程的用水监测体系

本书虽然依据水循环的二元转化关系，提出了基于流域水循环全过程的用水监测体系框架和渭河流域设计方案，但还存在很多实际的技术难题有待攻克，比如遥感监测、地下水补排监测等。加上部门间和地区间条块分割严重，尚需从管理制度上进一步研究和改革。

第 3 章
支流水资源调度方法与渭河水资源调度模型系统

3.1 基于流域二元水循环机制的水资源调度方法

3.1.1 水资源调度的主要特征

经济系统是人类文明的产物，它打破了原始天然生态平衡。人类文明产生以前，水资源系统和谐发展。随着人类文明的产生，经济系统不断壮大，人类对水资源需求急剧增加，三大系统间的"平衡—不平衡—平衡"自适应恢复过程愈加困难。当经济系统对水资源需求超过自然界自适应恢复平衡临界点时，三大系统难以维持平衡状态，造成水资源减少、生态环境急剧恶化，对经济系统造成不可挽回的巨大伤害。如果任其发展，最终会严重损毁经济系统。目前，我国经济对水资源的需求正处于急剧上升期，造成了部分地区生态环境的恶化。如果不抑制水资源的过度需求，三大系统就不可能和谐发展，会失去平衡，造成不可逆转的灾难。因此水资源配置要维持三大系统的和谐与平衡，既要在较大程度上满足经济系统对水资源的需求，又要有利于生态环境的健康发展。

经济系统改变了流域水资源循环演化模式。经济系统规模较小时，人类活动对水资源系统的影响很小，表现在水利工程少、开发利用程度低、水资源天然时空分布改变较小等方面。随着水资源开发利用程度的提高（特别是干旱、半干旱地区），为满足经济需水，应用水利工程改变原来水资源的时空分布，形成了天然和人工侧支二元水资源循环演化模式。严格来说，无论是湿润地区还是干旱地区，经济系统的出现都会在不同程度上改变流域水资源循环演化模式，只是二元结构所占比例不同。在解决水资源问题时，是否将其作为主要影响因素，反映在系统的简化和抽象上，同时直接关系着流域水资源的能否得到合理利用。

尽管水资源优化配置可以在水资源自然和社会循环特性的基础上实现合理分配，但是水问题影响因素众多，例如社会经济发展水平、区域用水节水状况、生态环境发展状况、天然来水系列等的不确定性和随机性，以及大量半结构化、非结构化问题需要决策者判断和抉择，而决策者的偏好均会影响水资源配置的格局。因此，一般来讲水资源优化配置难以做到理论上的最优，它实质是各相关利益方博弈妥协的结果。

在具体的配置中，由于经济、生态环境和水资源系统的复杂性决定了水资源配置的分层次性，即需要分层进行水资源配置。另外，由于水资源配置属于水战略研究范畴，各级水行政主管部门关注水问题的侧重点不同，例如，高层次管理部门主要关注区域水战略问题、水资源配置格局等，而低层次管理部门关注水问题的范围较小，使水资源配置具有复杂性、层次性、主观性的特点。因而，需要按不同层次对复杂的经济、生态环境和水资源系统进行简化和抽象，层次不同，概化精度、解决问题的侧重点也不同。同时，要充分考虑基础数据的可获得性、可靠性以调整配置技术方法，充分利用已有数据体现数据决定方法的理念。而在充分考虑社会水循环过程的同时，以自然水循环作为水循环的主导，特别是降水作为地表水资源的直接来源也必须给予充分的考虑。

3.1.2　流域二元水循环机制驱动下的水资源调度

流域二元水循环机制是对天然—人工双重驱动力作用下的流域水循环过程思想的描述，其定量化是一个二元水循环模拟与人工水资源调配交互反馈的过程。通常，在二元水循环驱动思想的指导下，根据区域内的长系列降水、气象数据以及用水数据，利用流域二元水循环模型可实现对不同研究区域不同情景下的来水与用水的耦合模拟，从而明确区域的来水与需水情况，进而依据长系列来水与需水过程实现长系列水资源调配，得到人工取用水过程；对于获得的人工取用水过程又可作为二元水循环中的用水过程，作为输入项反馈，继续进行二元水循环模拟。在通过一次完整的水循环模拟后，充分体现二元水循环机制的水循环模拟得以实现，进而可进行相关流域水资源的综合评价。

在实时调度阶段，流域二元水循环机制也是支撑来水预报、需水预报的重要基础。实时调度首先要进行降雨预报，降雨预报的结果使二元水循环模型模拟得到不同社会经济发展情况下的来水、需水过程，根据调度期内的来水、需水过程进行水资源的年、月调度，从而得到调度期内人工用水过程，在此过程基础上再进行一次水循环模拟就可以得到实时水资源评价信息。

图 3-1 和图 3-2 反映了二元水循环模拟与水资源调度模型间耦合反馈的过程。

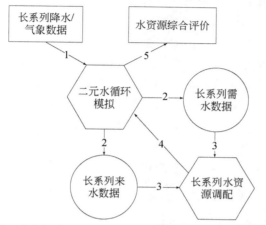

图 3-1　规划调度阶段二元水循环模拟与水资源调配的关系

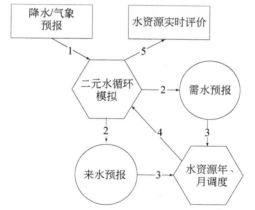

图 3-2　实时调度阶段二元水循环模拟与水资源调度关系

3.1.3　基于二元水循环机制的水资源调度方法

基于二元水循环机制的流域水资源调度是建立在对流域水资源系统概化的基础上，在水资源供需平衡理论的指导下，通过水资源调度模型加以定量的过程。

水资源调度模型利用分水比、来水信息、需水信息等，在各种工程约束、政策约束、水量平衡约束等限制之下，对面临调度期内的水资源量进行合理分配，分配的准则为各个用户的需水得到尽可能大的满足，同时系统内水源时段末的余留效益尽可能大。水资源调度模型最终的水资源分配方案即面临调度期的调度预案。因此，水资源调度模型的核心就是水资源供需平衡。

水资源系统供需平衡要考虑给定来水与需水的时段间的变化，向管理和决策部门提供相应的供水、余水和缺水现状，以便客观地分析系统内各个计算区域的缺水情况、缺水损失，以达到科学决策的目的。

水资源系统在物理上是由各种基本元素如供水水源、用水户、输水调水工程及它们之间的输水连线等组成。它通过不同的调度运行策略，对可利用的天然水资源进行时空调节分配，实现系统调度人员期望达到的目标。

3.1.3.1 水资源系统概化

由于水资源系统的构成相对复杂，组成要素包括点、线和面信息。为此，在水资源供需平衡模拟分析过程中可以把复杂的水资源系统概化为六大子系统：大气系统，水源系统，调蓄系统，传输系统，利用系统，排放系统，见图3-3。

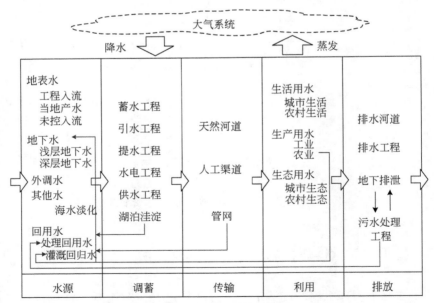

图 3-3　水资源系统概化图

　　大气系统主要提供其他系统能量及物质的输入，具体来说就是太阳辐射及降水，降水是所有其他系统中水资源的最终来源，而太阳辐射决定了其他系统的大部分蒸发。之所以说是大部分蒸发，是因为还有一部分蒸发或者耗水是由于其他能源的驱动产生的，例如矿物能、电能、人力等。

　　水源系统包括水资源配置需要描述的所有水源，例如地表水源、地下水源、外调水源、其他水源、回用水源等。

　　调蓄系统包括了人工兴建或天然存在的所有具有调蓄能力的水体、改变水流原来自然状态的工程等，例如蓄水工程、引水工程、提水工程、水电工程、供水工程、湖泊洼淀等。所有的调蓄工程都会有一定水量下渗补给地下水。

　　传输系统包括了所有连接调蓄工程及最终用水户之间的河道，渠道和管道。所有的渠道、河道等在水量传输的过程中，也有部分渗漏补给地下水。

　　利用系统包括了所有用水户的各类用水，包括生活用水，生产用水和生态用水。其中农业灌溉用水在利用过程中会有一部分退水经处理后可以再回用，也有一部分回渗地下水。

　　排放系统包括所有排水河道，排水工程及地下水排泄。所有排水系统的出流都可以经过污水处理工程处理后再回用。

　　为将不同的水资源系统有机地联系起来，我们提出用水资源系统网络来描述水资源系统。水资源系统网络是由很多节点及节点间的弧组成的一个复杂关系网络。对于网络中的节点通常将其概括为四种：水源、用水单元、交汇节点、渠道/河道。

　　水源通常可以包括地表水库、外调水库、地下水源、回用水源及其他水源，其中前两种在网络中都有具体的节点，而后三者概化在每个用水单元内部，也就是说每个用水单元利用自己单元内部的地下水，而其各类用水产生的排水在处理后再利用就是回用水。

　　用水单元通常是一个行政分区，水资源分区套行政分区，或者一个需要特殊关注的用水单元，例如特大型灌区，水电站等。

　　交汇节点包括：入境节点，中间节点，出境节点。出入境节点主要是为方便出入境水量的控制，而中间节点主要是为了更加真实地描述现实水资源网络或者未来更加清楚地描述各类关系而增加的。

　　渠道/河道是连接水源中水源、交汇节点、用水单元之间的纽带。渠道/河道可以分为地表水供水渠道/河道，外调水供水渠道，退水渠道。前面两种渠道主要用来描述供水关系，而最后一种渠道主要用来描述用水单元用水过程中的退水。

这些网络关系都是通过关系型数据表来存储和管理的，这种描述方式可以把模型中需要的网络关系通过模型的输入数据来实现，而不用把水资源网络关系固化到模型中去，从而从根本上实现模型的通用性。

3.1.3.2　基于优化的水资源供需平衡理论

进行水资源供需平衡分析可以采用常规方法，也可以采用现代系统分析方法。常规方法对单个工程、单个供水地区或供水对象，进行分析计算，尚可收到比较好的效果，现实中也应用得比较多，而对于多水平年、多地区、多种水源、多种水利工程及多种用水对象的动态水资源系统，常规方法就难以比较客观地反映水资源系统中的各种复杂的制约关系和转化关系，因而很难实现水资源配置的合理性和高效性。所以有必要采用现代系统分析方法，建立可以达到水资源配置的合理性和高效性的水资源供需平衡方法和模型。

基于优化的水资源供需平衡模型就是采用线性规划的思想，把水资源系统中的各种对象、关系、规则等都用约束方程的方式进行描述，同时在目标函数中体现水资源调配需要考虑的各个目标，从而构造一个大规模的线性规划问题，然后通过对该线性规划问题的求解，得到调度期内的水资源供需平衡结果。模型的具体结构详见 3.4 中的水资源调度模型部分。

3.2　渭河水资源调度模型系统

基于上述调度方法，结合渭河流域的水资源系统，构建渭河水资源调度模型系统。

3.2.1　渭河水资源调度模型系统结构

渭河水资源调度系统有两大系统组成：①数据平台与监测系统；②渭河调度模型系统。数据平台与监测系统是渭河水资源调度系统的基础，它为渭河水资源调度模型系统提供数据支撑与数据管理；渭河水资源调度模型系统是渭河水资源调度系统的核心，它实现调度的目标，生成最终的年、月调度方案与断面流量过程的模拟结果。

渭河水资源调度模型系统主要由 7 个大的模型组成：来水预报模型，需水预报模型，水资源年、月调度模型，河道径流演进模型，水资源日调度模型，水资源配置模型，二元水循环模拟模型。

　　其中，二元水循环模拟模型与水资源配置模型是渭河水资源调度模型的基础。二元水循环模拟模型是渭河水资源综合评价的重要工具，它为整个渭河水资源调度模型系统提供最基本的水资源评价信息。水资源配置模型则主要利用各规划方案的信息及水资源评价信息，进行渭河流域水资源优化配置，并得到一套推荐的各地市用水、耗水分水比等信息。由于这两个模型是规划层面的模型，并不是每次调度预案制定过程中都要调用。

　　其他各模型均是与具体调度方案制定相关的模型。其中来水、需水模型为水资源调度模型提供输入；水资源年月调度模型利用分水比、来水信息、需水信息等，在对面临调度期内的水资源量进行合理分配的基础上，制定面临调度期内的调度预案；调度方案对应的各个断面的流量过程则是由河道径流演进模型来模拟的，该模型及其结果不是对日调度的一个支撑。

　　渭河水资源调度模型系统结构及相互作用关系见图 3-4。

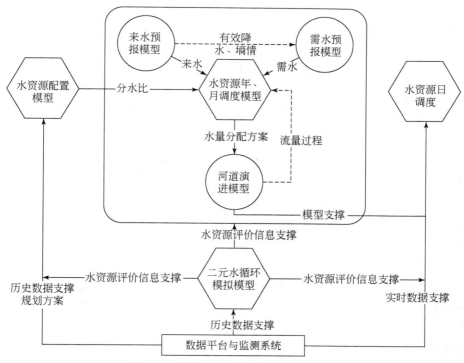

图 3-4　水资源调度模型系统总体框架

3.2.2 渭河水资源调度方案制定过程

3.2.2.1 调度方案滚动修正过程

渭河水量调度系统中调度模型由三部分组成：①年调度预案的制定模块；②年调度预案修正模块；③月调度预案的制定模块。

对一个新调度年份的水资源调度来说，首先进行的是年调度预案的制订，在年初对未来一年的来水、需水进行预报，在预报的基础上再结合黄河水利委员会制定的未来一年渭河流域的取水（耗水）指标，对未来一年的水资源进行合理分配，这就是年调度；随着时段的向后推移，在每个调度月初要结合已发生的来水、用水及最新预测的余留期来水、需水对余留期的年调度进行修正，即年调度修正；在修正过的年调度基础上对面临月份进行水资源调度，其中月调度的取水（耗水）指标要尽可能地逼近修正后年调度中该月份的指标。如此不断修正、不断滚动即可完成未来一年的水资源调度。调度过程滚动修正过程示意图参见图3-5。

3.2.2.2 水资源调度模型系统计算流程

渭河水资源的分配准则是在保证各个关键断面的最小流量的基础上，追求满足整个系统的弃水最小，并在考虑各个用水户分水比例的前提下，找出各个用水户的需水满足程度最大的水资源分配方案。其中各个用水户的分水比例要借助于长时间尺度的水资源配置模型（或按照审批确定的水量分配方案）给出。

由于水资源调度模型本身借助优化的方法来解决水资源的分配问题，问题描述的核心是水量平衡方程，所以在水流演进方面做了简化。河道径流演进模型则在水流演进方面做了更深入的模拟，同时也提供了在更短时间尺度上对渭河水资源调度的支撑。

在具体方案的制作过程中，水资源调度模型系统的计算流程如下。首先要调用来水预报模型，利用历史降水、径流过程，预报面临调度期的计算单元上的面上降水过程、土壤墒情过程、天然径流过程，以及各个水库的天然入库过程；然后调用需水预报模型，利用现状的社会经济信息，以及来水预报模型得到的计算单元上的降水与土壤墒情过程，预报面临调度期的计算单元需水过程；在预报的来水过程与需水过程的基础上，调用水资源调度模型对面临调度期的来水进行合

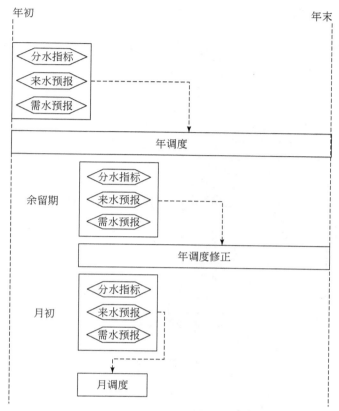

图 3-5　渭河水量调度方案滚动修正流程图

理的分配，以获得各个计算单元合理的供、用水过程，即制定面临调度期的调度
预案；在此基础上，利用该预案对应的各个取退水点的取退水过程、各个水库的
蓄放水过程等信息，以及由来水预报模型得到区间径流，调用河道径流演进模型
得到各个关键断面的流量过程。模型系统计算流程见图 3-6。

3.2.3　渭河水资源网络图

　　渭河水量调度系统中调度预案制定的基础是渭河水资源网络图。通过对渭河
流域水资源系统的分析及与渭河管理局交换意见，研究最终确定渭河水资源系统
网络图如图 3-7 所示。其中，流域内共有水库 28 座，计算单元 36 个，水电站 5
个，供水渠道 49 条，排水渠道 51 条，渭河干流上节点 24 个。计算单元、水库、
水电站及干流计算节点具体信息如表 3-1 所示。

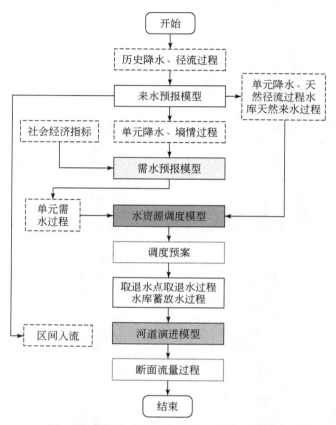

图 3-6 渭河水资源调度模型系统计算流程图

表 3-1 渭河水资源网络中的主要元素

计算单元		水库			水电站		干流节点	
编号	名称	序号	名称	种类	序号	名称	序号	名称
1	Ⅲ宝鸡	1	冯家山	大型	1	宝鸡峡	1	牛头河入渭
2	Ⅳ宝鸡 灌区以外	2	石头河	大型	2	魏家堡	2	通关河入渭
3	Ⅳ宝鸡 冯家山灌区	3	羊毛湾	大型	3	杨凌	3	小水河入渭
4	Ⅳ宝鸡 宝鸡峡灌区	4	金盆	大型	4	泾惠渠1	4	宝鸡峡
5	Ⅳ宝鸡 石头河灌区	5	宝鸡峡	中型	5	泾惠渠2	5	林家村
6	Ⅳ杨凌 灌区以外	6	段家峡	中型			6	清姜河入渭
7	Ⅳ杨凌 宝鸡峡灌区	7	王家崖	中型			7	千河入渭
8	Ⅳ咸阳 灌区以外	8	老鸦咀	中型			8	石头河入渭

续表

计算单元		水库			水电站		干流节点	
编号	名称	序号	名称	种类	序号	名称	序号	名称
9	Ⅳ咸阳 羊毛湾灌区	9	大北沟	中型			9	魏家堡
10	Ⅳ咸阳 宝鸡峡灌区	10	东风	中型			10	汤峪河入渭
11	Ⅳ西安 灌区以外	11	白荻沟	中型			11	漆水河入渭
12	Ⅳ西安 黑惠渠灌区	12	信邑沟	中型			12	黑河入渭
13	Ⅴ西安 灌区以外	13	杨家河	中型			13	涝峪河入渭
14	Ⅴ西安 泾惠渠灌区	14	沣河一库	中型			14	沣河入渭
15	Ⅴ西安 交口抽渭灌区	15	沣河二库	中型			15	浐灞河入渭
16	Ⅴ咸阳 灌区以外	16	石砭峪	中型			16	泾河入渭
17	Ⅴ咸阳 泾惠渠灌区	17	泾惠渠	中型			17	石川河入渭
18	Ⅴ咸阳 桃曲坡灌区	18	桃曲坡	中型			18	交口
19	Ⅴ铜川 灌区以外	19	玉皇阁	中型			19	零河入渭
20	Ⅴ铜川 桃曲坡灌区	20	黑松林	中型			20	沈河入渭
21	Ⅴ渭南 灌区以外	21	冯村	中型			21	赤水河入渭
22	Ⅴ渭南 泾惠渠灌区	22	西郊	中型			22	遇仙河入渭
23	Ⅴ渭南 桃曲坡灌区	23	零河	中型			23	罗敷河入渭
24	Ⅴ渭南 东雷抽黄灌区	24	沈河	中型			24	北洛河入渭
25	Ⅴ渭南 交口抽渭灌区	25	涧峪	中型				
26	Ⅴ渭南 洛惠渠灌区	26	石堡川	中型				
27	Ⅴ渭南 石堡川灌区	27	林皋	中型				
28	Ⅰ渭南 灌区以外	28	桥峪	小型				
29	Ⅰ渭南 石堡川灌区							
30	Ⅰ铜川							
31	Ⅰ延安							
32	Ⅰ榆林							
33	Ⅱ宝鸡							
34	Ⅱ咸阳							
35	Ⅱ榆林							
36	Ⅳ西安石头河灌区							

水资源网络图所描述的各类供水、退水、弃水关系都存储在数据库中以方便模型调用。具体的存储表格如图3-8所示。

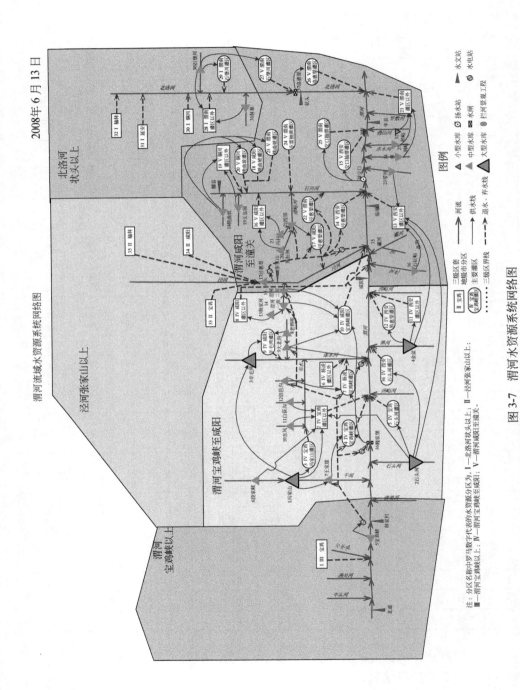

图 3-7 渭河水资源系统网络图

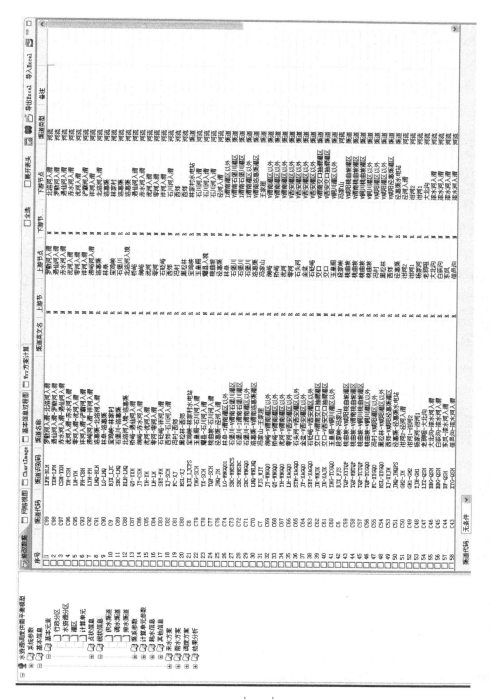

图3-8 数据库中水资源网络图的存储

3.2.4 渭河水资源配置方案

《陕西省黄河取水许可总量控制指标细化方案》在充分考虑现状用水、分析未来需水的前提下，将 1987 年国务院批准的《黄河可供水量分配方案》分陕西省黄河流域正常年份的 38 亿 m³ 耗水指标细分到各市（地）。该报告推荐的各市（地）总耗水量分配方案，见表 3-2，全省黄河流域分配许可耗水量为 38.0 亿 m³，渭南、咸阳、西安、榆林、宝鸡最大，依次为 9.40 亿 m³、6.74 亿 m³、6.60 亿 m³、6.60 亿 m³、4.75 亿 m³。不重复地下水可耗水量 18.45 亿 m³。分配总耗水量 56.45 亿 m³，其中，渭南、西安、榆林、咸阳、宝鸡最大，依次为 12.85 亿 m³、12.13 亿 m³、9.24 亿 m³、8.94 亿 m³、8.68 亿 m³。

表 3-2　陕西省黄河流域各市（地）总耗水量分配方案

（单位：亿 m³）

市（区）	西安市	铜川市	宝鸡市	咸阳市	渭南市	延安市	榆林市	商洛市	杨陵区	合计
耗水量分配	6.60	0.80	4.75	6.74	9.40	2.50	6.60	0.37	0.24	38.00
不重复地下水可耗水量	5.53	0.11	3.93	2.20	3.45	0.47	2.64	0.10	0.03	18.45
总耗水量分配	12.13	0.91	8.68	8.94	12.85	2.97	9.24	0.47	0.27	56.45

本书直接采用该报告的耗水分配方案成果，来指导实际水量调度中的水量分配。

3.2.5 渭河来水预报模型

根据渭河流域水量调度系统的需求，来水预报模型包括降水预报和径流预报两部分。下面分别介绍降水预报及径流预报的前期资料准备、预报方法探讨和预报结果分析，以及来水预报模型与渭河流域水量调度系统中其他模块的耦合。

3.2.5.1 年/月/旬/日降水预报

（1）资料的收集与整理

渭河流域降水预报所需资料包括：渭河流域各雨量站逐日降雨数据，雨量站分布图，四级区套地市数字图。渭河流域降水预报使用的雨量站点共计 301 个，其中 284 个为黄河水利委员会站点，17 个为渭管局站点；资料系列为 1956～2005 年。根据全国水资源规划成果，渭河流域分为 5 个三级区，分别为北洛河状头以上，泾河张家山以上，渭河宝鸡峡以上，渭河宝鸡峡至咸阳，渭河咸阳至潼关。在其基础上又可分为 10 个四级区，分别为北洛河南城里以上，北洛河南城里至状头，马莲河、蒲河、洪河，黑河、达溪河、张家山以上，渭河宝鸡峡以上北岸，渭河宝鸡峡以上南岸，宝鸡峡至咸阳北岸，宝鸡峡至咸阳南岸，咸阳至潼关北岸，咸阳至潼关南岸（模型计算中上述四级区编号分别为 1 到 10）。

（2）雨量展布

为预报计算单元上的降水，需要将站点雨量展布为各预报单元上的面雨量。目前对空间插值方法的研究很多，综合考虑插值精度及计算效率等因素，本模型采用了考虑相关系数的 RDS（距离平方反比法）结合泰森多边形法的综合插值方法。

（3）预报方法

首先进行降水量统计：将面雨量展布到渭河流域 10 个四级区，得到分区域的历史年/月/旬降水量数据；将其结果与《黄河流域水资源调查评价》中四级区的年降水数据相校核，同比修正月/旬降水量数据。

其次建立年/月/旬/日降水量的自回归预报模型：分区域分别建立年/月/旬/日降水量自回归模型，得到回归公式及其相关系数，见公式（3-1）；分别试算不同阶数的预报结果，对各时段降水预报结果进行逐级修正，并用 2001～2005 年降水数据做校核，计算其 Nash 效率系数及误差。Nash 效率系数的计算见公式（3-2）。

$$P_t = K + \varphi_1 P_{t-1} + \varphi_2 P_{t-2} + \cdots \qquad (3\text{-}1)$$

式中，P_t、P_{t-1} 和 P_{t-2} 分别为对应 t、$t-1$ 和 $t-2$ 时刻的降水量；φ_1、φ_2 为自回归系数；K 为截距。

$$r = 1 - \frac{\sum_{i=1}^{n}(X_c^i - X_o^i)^2}{\sum_{i=1}^{n}(X_o^i - \overline{X}_o)^2} \qquad (3\text{-}2)$$

式中，r 为 Nash 效率系数；X_c^i 为模拟值；X_o^i 为实测值；$\overline{X}_o$ 为实测系列平均值。

（4）预报结果

年/月/旬/日降水量预报结果见表 3-3。其中年降水量的预报结果仍不够准确，其预报结果主要集中于多年平均水平，需要做进一步的改进。

表 3-3　渭河流域 10 个四级区降水预报 Nash 效率系数及平均误差

时段	年	月	旬	日
1	0.12	0.66	0.39	0.07
2	−0.06	0.57	0.33	0.03
3	0.08	0.65	0.38	0.07
4	0.06	0.62	0.36	0.08
5	0.13	0.67	0.43	0.04
6	0.05	0.66	0.43	0.05
7	0.01	0.57	0.33	0.04
8	0.09	0.54	0.3	0.01
9	−0.01	0.56	0.31	0.06
10	0.06	0.55	0.31	0.01
平均误差	18.75%	19.75mm	11.50mm	2.20mm

3.2.5.2　年/月/旬径流预报

（1）数据来源

由于缺乏计算单元的实测径流数据，本模型将降水、气温等气象资料及预报结果经过时空展布后输入分布式水文模型 WEP-L 进行径流计算，得到计算单元的降水、径流及气温数据。径流预报的计算单元包括 10 个四级区和 28 个水库。

四级区名称及编号同上。28 个水库包括：冯家山，石头河，羊毛湾，金盆，宝鸡峡，段家峡，王家崖，老鸭咀，大北沟，信邑沟，泔河 1，泔河 2，东风，白荻沟，杨家河，石砭峪，泾惠渠，桃曲坡，玉皇阁，黑松林，冯村，零河，沈河，涧峪，桥峪，石堡川，林皋，洛惠渠（模型计算中分别编号为 1~28）。

（2）预报方法

使用降水—气温—径流多元线性回归方法进行 10 个四级区和 28 个水库径流量预报，效果较好，见式（3-3）：

$$R_t = \alpha_0 P_t + \alpha_1 P_{t-1} + \beta_0 T_t + \beta_1 T_{t-1} + K \qquad (3-3)$$

式中，R_t 为 t 时刻径流；P_t、P_{t-1} 为 t、$t-1$ 时刻降水量；T_t、T_{t-1} 为 t、$t-1$ 时刻气温；α_0、α_1、β_0、β_1 为多元回归系数；K 为截距。

（3）预报结果

收集所需计算单元，即 10 个四级区和 28 个水库的降水、径流、气温数据（由 WEP-L 模型输出）；对 10 个四级区分别建立年/月/旬径流量多元线性回归模型，得到回归公式及其相关系数；分别试算不同阶数的预报结果，取误差最小为优，并用 1996 ~ 2000 年径流数据做校核，计算其 Nash 效率系数及平均误差见表 3-4。

表 3-4 多元线性回归模型预报渭河流域四级区径流量的 Nash 效率系数及平均误差

四级区	年	月	旬
1	0.76	0.56	0.43
2	0.76	0.51	0.41
3	0.79	0.62	0.53
4	0.64	0.47	0.36
5	0.64	0.58	0.49
6	0.7	0.52	0.42
7	0.87	0.68	0.57
8	0.8	0.67	0.54
9	0.84	0.62	0.48
10	0.9	0.74	0.59
平均误差	20.10%	1.25mm	0.54mm

对 28 个水库分别建立年/月/旬径流量多元线性回归模型，得到回归公式及其相关系数。考虑到下垫面变化对产汇流的影响，采用 1980 ~ 2000 年的径流数据进行多元线性回归分析，得到的结果比基于 1956 ~ 2000 年数据的预报效果稍好。另外，由于冬春季节（主要为融雪）与夏秋季节（主要为蒸发）对气温的响应有所不同，考虑逐旬进行径流预报，预报结果较之前有所改进。分别试算不同阶数的预报结果，取误差最小为优，并用 1996 ~ 2000 年径流数据做校核，计算其 Nash 效率系数及平均误差见表 3-5。

表 3-5 多元线性回归模型预报渭河流域 28 个水库入流的 Nash 效率系数及平均误差

时段	年	月	旬
阶数	2	3	4
平均 Nash 系数	0.57	0.42	0.33
平均误差/(m³/s)	0.96	2.38	2.52

3.2.5.3 来水预报模型与调度系统中其他几个模块的耦合

来水预报模型的输入来自数据平台与监测系统，主要是渭河流域站点的历史逐日降水资料及计算单元的相应径流数据；模型的输出包括计算单元上的降水量预测值及径流预测值，为需水预报及墒情预测模型提供参考，并作为水资源调度模型的输入。

3.2.6 渭河需水预报模型

需水预报模型是渭河水资源统一调度系统的重要组成部分，是为调度系统提供不同降水频率下的需水过程。其预报结果是按照现状的水资源利用状况，采用理论需水量计算方法，确定不同行业的理论需水量。这在一定程度上反映了流域需水的上限，可对不同区域水资源调度过程中需水量上报值提供约束。尽管需水预报包括中长期和短期预报，但鉴于本书渭河流域水资源调度的要求，并结合流域水资源的状况和实际可资利用的资料，本书需水预报是以旬为时间尺度的中长期预报。具体的预报过程中，在综合考虑省属大型灌区的用水情况的基础上，以渭河流域的 9 个行政区为基本单元，以 2005 年为现状年。

3.2.6.1 需水部门分类

依据《全国水资源综合规划技术大纲》的要求，本书需水预报包括国民经济需水预报和生态环境需水预报两大部分。对于国民经济需水又进一步分为生活需水，二、三产需水和农业需水 4 部分。

生活需水指城镇居民生活用水和农村生活用水，均为小生活需水。城镇居民生活需水仅指城镇居民每天的生活用水，农村生活只包括农村居民生活需水，不含牲畜用水。

本书需水预报的农业是大农业，其需水量包括农业灌溉需水、鱼塘补水、人工林草需水以及畜牧业需水。第二产业包括工业和建筑业，由于渭河流域建筑业增加值占 GDP 的比重变化较小，且用水量不大，将其合并在工业中统一考虑。第三产业包括餐饮业和服务业，但由于统计资料难以收集，在计算中不再细分，综合考虑。

生态环境需水是综合考虑渭河流域人工生态环境建设所需要的水量。

3.2.6.2 需水预报方法

（1）生活需水预报方法

在本书需水预报中，生活需水预报采用定额法。其主要步骤如下：①利用统计年鉴和陕西省水资源评价结果，确定现状水平年（2005 年）人口发展状况；②分析当地历史年份（1980、1985、1990、1995 以及 2000 年以后）的需水资料，结合地区相关人口资料，确定年生活需水定额；在此基础上，考虑一年中不同季节的生活用水量变化情况，按照夏季多冬季少的规律，将年定额进行年内过程分配；③预报现状年逐旬、月和年生活需水量。具体的计算方法见式（3-4）：

$$LW_i^t = PO_i^t \times LQ_i^t \tag{3-4}$$

式中，i 为用户分类序号，$i=1$ 为城镇，$i=2$ 为农村；t 为预报时段旬序号；LW_i^t 为第 i 用户第 t 时段生活需水量，单位为万 m^3；PO_i^t 为第 i 用户第 t 时段的用水人口，单位为万人；LQ_i^t 为第 i 用户第 t 时段的生活用水定额，单位为 m^3/（人·旬）。在旬预报结果的基础上确定年、月需水量过程。

此外，在以上预报的基础上，本书预报模型还通过设置动态变量为渭河流域未来生活需水的计算预留接口，以实现不同预报年的生活需水量的计算，进而增加模型的灵活性。相关的计算接口包括：人口的变化率，用水定额的变化率等。

（2）第二、第三产业需水预报方法

第二、第三产业需水量的预报方法与生活需水预报方法基本相似，以采用定额法预报为主。在统计年鉴和陕西省水资源公报等相关数据资料的支撑下，确定现状水平年二、三产业的发展状况，即国民生产总值的发展；然后，结合统计资料中二、三产用水数据，分别确定二、三产万元产值增加值的用水量，即二、三产的年用水定额；再结合用水的季节变化，将年值进行年内逐旬过程的分配，从而确定逐旬用水定额；最后，结合现状水平年逐旬增加值结果，获得二、三产业逐旬需水量。具体的计算方法见式（3-5）：

$$IW_i^t = (Sev_i^t \times IQ_i^t)/10\,000 \tag{3-5}$$

式中，i 为用户分类序号，$i=1$ 为第二产业，$i=2$ 为第三产业；t 为预报时段旬序号；IW_i^t 为第 i 产业第 t 时段需水量，单位为万 m^3；Sev_i^t 为第 i 产业第 t 时段的增加值，单位为万元；IQ_i^t 为第 i 产业第 t 时段的需水定额，单位为 m^3/万元。

此外，在以上预报的基础上，模型通过设置相关变量，如第二、第三产业增加值的变化率、需水定额的变化率等，为渭河流域未来工业和三产需水量计算预留接口，以增加需水预测的灵活性。

（3）农业需水预报方法

农业需水是农田灌溉、林草灌溉、鱼塘补水及牲畜用水的逐项需水量之和。由于以上各用水部分的用水原理不同，因此在农业需水预报中所采用的预报方法也不完全相同。

1）农业灌溉需水量。农业灌溉需水量（包括农田灌溉需水和林草地灌溉需水）主要受作物生长总需水和时段土壤墒情共同影响。为此，首先依据统计年鉴和灌区统计资料，确定渭河流域典型农作物，计算逐旬典型作物需水量，然后结合渭河流域内降水、径流以及典型作物的耗水等构建流域典型土壤墒情预报模型，从而确定典型作物的净灌溉定额和毛灌溉定额，结合相应有效灌溉面积上的播种面积即可确定相应区域逐旬典型作物灌溉需水量。按照对应时间加和各类灌溉需水量，即得逐旬农业灌溉需水量。其具体的计算见式（3-6）：

$$I_i^t = \left[W_{i上限}^t - (W_{i0}^t - \mathrm{ETc}_i^t + \mathrm{Pe}_i^t + \mathrm{Ge}_i^t - K_i^t) \right] \times 666.7/1000 \times \mathrm{Area}_i/\eta_i$$

$$I_t = \sum_{i=1}^{9} I_i^t \tag{3-6}$$

式中，i 为作物种类，本书取值上限为9；t 为时段（$t = 1, 2, \cdots, 36$ 旬）；I_i^t 为第 i 种农作物或林草在第 t 时段的毛灌溉需水量（万 m^3），ETc_i^t 为第 i 种农作物或林草第 t 时段的蒸发蒸腾耗水量（mm）；Pe_i^t 为第 i 种农作物或林草第 t 时段的有效降水量（mm）；$W_{i上限}^t$ 和 W_{i0}^t 分别为第 i 种农作物或林草第 t 时段的土壤含水量上限和初值（mm）；Ge_i^t 为第 i 种农作物或林草对地下水的利用量（mm）；K_i^t 为第 i 种农作物或林草第 t 时段灌溉水深层渗漏量，对于水稻还包括稻田的渗漏量，按照渭河流域的调查结果，稻田稳渗率为 3.0mm/d；Area_i 为第 i 种农作物或林草地播种面积（万亩）；η 为区域灌溉水利用系数；I_t 为计算单元作物的灌溉需水量（万 m^3）。

农业灌溉需水是动态的，一般受农业生产水平、气象要素、降水量以及土壤墒情等因素综合影响。为全面考虑以上各种环境因素的变化，在预报模型中采用了长系列（1956~2000 年）逐日气象资料和降水资料，确定典型作物的灌溉需水量，进而获得系列年农业灌溉需水量；最后，结合系列年降水资料，确定不同降水频率下的逐旬灌溉需水量。各部分具体的计算方法如下。

作物需水量的计算方法如下。

作物需水量计算模型主要是根据农作物在全生育期内需水、耗水机理，本区域作物的有效降水量以及区域的实际情况建立的。

作物需水量（crop water requirement）从理论上说是指无病虫害作物在土壤水分和肥力适宜时，在给定的生长环境中能取得高产潜力条件下，为满足植株蒸腾、棵间蒸发、组成植株体所需要的水分，通常称之为蒸发蒸腾量

（evapotranspiration）。

由以上定义可见，作物需水量的多少主要取决于作物生长发育对水分需求的内部因子和环境供给水分的外部因子。所谓内部因子是指对需水规律有影响的作物生理作用特性，主要包括作物的种类、品种以及作物的发育阶段和生理状况；外部因子主要指作物生长过程中的环境因素，包括气象要素和土壤水分、养分条件等。各种农业措施也基本可以通过以上因素间接反映出来。在综合以上众多因素的基础上，假设各种影响因素对作物需水量的影响是相对独立的，将农作物自身的生理特点、土壤环境要素以及气象要素分别概括表示为作物系数（K_c），土壤水分影响函数（K_θ），参考作物需水量（ET_0），以反应各要素的影响。

即便如此，作物需水量的计算也极为复杂。为此，在此理论基础上，众多的研究者针对不同的计算目的和资料情况，概括了作物生长过程的影响因素，总结了许多作物需水量计算方法。本书采用计算不同生育阶段参考作物蒸发蒸腾量计算实际作物需水量的方法。其具体计算过程是，首先利用 Penman-Monteith 公式综合当地的气象资料计算出作物不同生育阶段的参考作物需水量 ET_0，然后借助反映作物生理特性的作物系数（K_c）和土壤水分条件的参数（K_θ）确定不同作物不同生育阶段的实际需水量，具体计算可表示为式（3-7）：

$$ET_c = K_c \times K_\theta \times ET_0 \tag{3-7}$$

式中，K_c 为作物系数；K_θ 为土壤水分影响函数，对于 K_θ，当土壤水分不是作物蒸发蒸腾的主要限制因素时，可近似取为 1.0；ET_0 为参考作物需水量。

参考作物需水量最早于 1979 年由联合国粮农组织（FAO）提出，是指高度均匀一致，生长旺盛，无病虫害，完全覆盖地面，土壤供水充分条件下的绿色矮秆作物的蒸发蒸腾量。1992 年 FAO 又对此作了重新定义，即是指假想作物高度为 0.12m，固定的叶面阻力为 70s/m，反射率为 0.23，非常类似于表面开阔，高度一致，生长旺盛，完全遮盖地面而不缺水的绿色草地的蒸发蒸腾量，也称参考作物腾发量。

目前，计算参考作物需水量（ET_0）的计算方法有多种，主要包括布莱尼克雷多公式、水汽扩散公式、能量平衡公式和彭曼系列公式。但是，对于参考作物需水量计算的精度不仅取决于气象数据的准确、可靠，还依赖于所采用计算方法的合理性。由于 Penman-Monteith 方程（FAO 推荐）以能量平衡和水汽扩散理论为基础，既考虑了作物的生理特性，又考虑了空气动力学参数的变化，有较为充分的理论依据和较高的计算精度，同时计算过程较为简便，仅需要当地常规的气象资料（气温、水汽压、日照时数和风速资料便可较为精确的估计出作物的需水量。因此，本书采用 Penman–Monteith 公式计算），计算公式如下：

$$ET_0 = \frac{0.408\Delta(R_n - G) + \frac{900}{T + 273}\gamma U_2(e_s - e_d)}{\Delta + \gamma(1 + 0.34U_2)} \tag{3-8}$$

式中，ET_0 为参考作物需水量；R_n 为冠层表面净辐射；G 为土壤热通量；e_s 为饱和水汽压；e_d 为实际水汽压；Δ 为饱和水汽压与温度曲线斜率；γ 为湿度计常数；U_2 为地面以上 2m 高处风速；T 为平均温度。

有效降水量的计算方法如下。

降水只有贮存于作物根区才可以被作物有效利用。当降水强度超过土壤的入渗能力或降水超过土壤贮水能力时，降水量中将有一部分形成地表径流流走或形成深层渗漏流出作物根区，不能为作物所利用。对于旱作物，有效降水指的是保持在作物根系层中供作物蒸发蒸腾需要的那部分降水量，即降水量减去径流量和深层渗漏至作物根区以下的部分，同时也不包括淋洗盐分所需要的降水深层渗漏部分。深层渗漏量的大小可以通过时段内的初始储水量、总降水量和作物需水量以及时段末的土壤储水量确定。

对于水稻，田面有水层，水层的深浅随生育时段的不同而不同，在各生育阶段均有其最大的适宜水层深度。因此，水稻的有效降水指的是降水中把田间水层深度补到最大适宜深度的部分，以及供作物蒸发蒸腾利用的水量和改善土壤环境的深层渗漏水量之和，不包括形成的地表径流和无效的深层渗漏。

确定降水有效性要涉及很多途径和过程，其主要影响因子包括降水特性、土壤特性、作物蒸发蒸腾速率和灌溉管理等。本书采用适应我国气候特点的计算方法，即按照一般规定阶段降水量小于某一数值时为全部有效，大于某一数值时用阶段降水量乘以某一有效利用系数确定，多数情况都不考虑阶段需水量和下垫面土壤储水能力，其计算公式一般为

$$P_e = \alpha P_t \tag{3-9}$$

式中，P_e 为有效降水；P_t 为次降雨量；α 为降水入渗系数，其值与一次降水量、降水强度、降水延续时间、土壤性质、地面覆盖及地形等因素有关，同时也与前一次的降水强度，两次降水之间的时间间隔以及此时段内的作物蒸发蒸腾强度有直接关系。具体的 α 值利用当地的实验资料加以确定。

作物生育期对地下水利用量（Ge）的计算方法如下。

作物对地下水的利用是客观存在的，是指地下水借助土壤毛管作用力上升至作物根系层而被作物吸收利用的水量。该利用量受地下水埋深、土壤性质、作物种类、土壤计划湿润层含水量等因素影响，研究测定较为困难，且有关这方面的资料较少。但是在制定灌溉制度方面，作物生育期内对地下水的利用量却不容忽

视。由于作物生育期内对地下水利用的影响因素较为复杂，作物对地下水利用量的确定方法也各不相同。本书结合研究区资料，以水量平衡方程为基础计算作物对地下水的利用量。对于计算单元土体来说，水分流入项包括：降水量 P，灌溉水量 I，潜水蒸发 Eg，侧向流入其中的壤中流 Q。水分流出项包括：地表径流 R，降水补给下层或地下水 Pr，灌溉入渗（回归）地下水量 Ir，侧向壤中流出量 Q_0，土体的蒸发损失量 ET。

$$P + I + \text{Eg} + Q - (\text{ET} + Q_0 + \text{Ir} + \text{Pr} + R) = \Delta W$$
$$\text{Ge} = \text{Eg} \times \beta \tag{3-10}$$

式中，β 为农作物对地下水的利用系数，随季节而变化；ΔW 为蓄水量。

依据陕西省水资源综合规划专题一的水资源评价成果确定渭河流域不同地下水埋深条件下的潜水蒸发系数。在此基础上，折算农田作物对地下水的利用系数。

灌溉水的深层渗漏补给量（K）计算方法如下。

有关田间灌溉水的入渗补给量采用灌溉水入渗补给系数法确定。确定田间灌溉入渗补给系数 $\beta_\text{田}$ 是计算田间灌溉入渗补给量的重要方面。本书在考虑研究区内 9 大灌区的水资源利用状况的基础上，对陕西省水资源综合规划专题一的陕西省水资源调查评价成果进行调整后取值。

土壤墒情模型构建方法如下。

土壤墒情预报模型的建立是以水量平衡原理为依据，即在任意计算单元的土壤计划湿润层中，一定时段内进入的水量与输出的水量之差等于该计算单元土壤计划湿润层内的蓄水量变化。土壤计划湿润层水量的输入输出均受到气象资料、土壤条件以及作物种植结构生长条件等影响，可将其集中概括为计划湿润层的有效降水、农作物的耗水以及对地下水的利用以及保存在土壤计划湿润层的土壤含水量等。因此，依据水量平衡原理可推出土壤水分动态方程，进而预测时段末土壤计划湿润层内的含水量，从而做出墒情预报，见式（3-11）：

$$W_i = W_{i0} + (P_e + I)_i - \text{ET}_i + K_i - D_i \tag{3-11}$$

式中，W_i 为 i 时段末土壤计划湿润层的含水量；W_{i0} 为 i 时段初土壤计划湿润层的含水量；$(P_e+I)_i$ 为 i 时段内保存在土壤计划湿润层年内的有效降水量和作物灌溉水量；ET_i 为 i 时段内作物蒸发蒸腾量；K_i 为 i 时段内计划湿润层内作物对地下水的利用量；D_i 为 i 时段内土壤计划湿润层内的渗漏量。

其中，初始土壤计划湿润层含水量的确定，见式（3-12）：

$$W_0 = 10 \frac{r_d}{r_w} \theta_0 H_0 \tag{3-12}$$

式中，r_d 为土壤干容重（g/cm³）；r_w 为水容重（g/cm³）；θ_0 为初始计划湿润层内的含水量占干土重的百分数（%）；H_0 为初始土壤计划湿润层的深度（m）。

在以上计算原理的支撑下，可获得系列年逐旬典型作物的净灌溉定额、毛灌溉定额以及净灌溉需水量和毛灌溉需水量。在此基础上，可结合系列年降水资料，确定不同降水频率下的农业灌溉需水量。

此外，为增加农业灌溉模型的灵活性，模型中采用农作物种类的变化，农作物种植面积的变化率，灌溉水利用系数的变化等动态变量，可进一步对未来农业种植结构调整后的灌溉需水量进行计算。

2）农业养殖业用水量计算模型。渔业灌溉补水量计算。对于淡水补水的鱼塘，其补水量为维持鱼塘一定水面面积和相应水深所需要补充的水量，采用亩均补水定额方法计算。亩均补水定额可根据鱼塘渗漏量及水面蒸发量与降水量的差值加以确定。其中鱼塘入渗补给系数采用陕西省水资源综合规划专题一的水资源评价结果。畜牧业需水计算。在畜牧业需水的计算中，按大牲畜、小牲畜两类分别计算日平均饮水量，然后，再根据区域内牲畜的数量计算时段内畜牧业的总需水量。

（4）生态需水预报方法

生态需水在维持人与自然和谐发展中具有重要的作用。生态需水量的预报也是水资源调度过程中极为重要的组成部分。但是，介于现有资料问题和渭河现实条件，到目前，本书没有开展深入分析，仅采用定额法对河道外生态用水量进行初步计算。

总之，综合以上不同产业、不同类型逐旬需水量即可获得系列年、不同降水频率条件下渭河流域逐旬需水量。

3.2.7 渭河水资源调度模型

3.2.7.1 渭河水资源调度模型简介

水资源调度模型就是利用分水比、来水信息、需水信息等，在各种工程约束、政策约束、水量平衡约束等限制之下，对面临调度期内的水资源量进行合理分配。水资源调度模型最终的水资源分配方案是面临调度期的调度预案的一个重要依据。水资源分配的准则如下。

1）各个用户的需水得到尽可能大的满足。

2）系统内水源时段末的余留效益尽可能大。

渭河水资源调度模型是一个通用水资源供需平衡模拟模型，该模型采用严格的数学规划方法来定义，主要的约束方程包括以下几个方面。

1）水库相关约束。水库是水资源配置最重要的水源之一，水资源供需平衡模拟模型要追求目标最优的水库调度方式，即水库的蓄放水方式。水库相关的约束包括 7 个约束群：①水库水量平衡；②水库上游来水；③水库下游间接供水；④水库直接供水；⑤水库库容上下限；⑥水库渗漏；⑦水库蒸发。

2）外调水库相关约束。在对外调水供水进行分析的时候，我们引入了外调水库的概念，在模型计算的时候，有两种方式：①已知外调水的最优可利用量，分析在某种配套工程条件下，追求在某种目标最优下的外调水实际供水量及供水过程；②已知外调水的来水过程，分析在某种来水过程下，外调水充分利用条件下的外调水实际供水过程。

3）水电站相关约束。水电站是水资源系统中的一个特殊对象，它虽然被归类到水库的集合中去，但是它通常没有调蓄能力，另外在真实水资源系统中大部分的水电站都会追求自身的发电量最大，为了简化起见我们把这个目标简化为水电站追求自身发电用水量最大。

4）节点相关约束。节点相关约束主要包括节点上游来水与下游供水约束。节点也可以进一步细分为地表水供水节点，外调水供水节点两类。

5）渠道、河道相关约束。渠道、河道相关的约束主要体现在两个方面，一个是渠道、河道的过水能力，这是工程约束；另外一个是渠道、河道的最小过水流量要求，这个约束可以用在两种情况下：①某些河道的最小生态流量要求；②渠道的最小供水量要求。

6）计算单元相关约束。计算单元是最终的用水单元，同时他内部也包括一些当地水的利用和回用水的利用等过程。

计算单元的需水可以由多个水源的供水来满足，包括当地径流直接利用，主要是河网水、回用水、浅层地下水、深层地下水、地表水库水以及外调水的利用，不能满足的部分就是缺水。计算单元回用水通常的供水行业是工业、农业、城市生态、农村生态，这些行业总的回用水可供水量就是计算单元中城市生活及工业的用水进行处理之后排放到当地河网的水量乘以各自的回用系数。

在对水资源系统进行概化过程中，重要的水利工程（主要是大中型水库等）通常都单独列出来进行调节计算，这部分水库的调蓄作用占到整个水资源系统的 80%~90%，是水资源配置模型研究的重点。同时还有一部分小型的水库、塘坝等也起着一定的调蓄作用，但为了模型简化起见，我们把这些小型调蓄工程都概化为计算单元内部的一个河网水库中，这部分水资源统称为河网水。

在模型概化时，我们假设计算单元的地下水开采都发生在计算单元内部，浅层地下水开采的约束主要体现在 3 个方面：①年浅层地下水可开采量限制；②月浅层地下水开采上限；③月浅层地下水开采能力限制。对于深层地下水，我们只是给出了年开采上限。

7）目标函数。水资源调度模型的总体目标是使得整个系统的综合效益最大，它既包括现在也包括未来，既包括整体也包括各个计算单元。通常为了简化只考虑水量的目标函数，一般包括 3 个目标：①调度期内各个用水户的缺水量尽可能小，调度期内各个用水户的缺水量越小，则整个系统的综合效益最大；②调度期内各个水库的时段末库容尽可能大，水库时段末库容越大，余留期的效益就越大，则整个系统的综合效益最大；③其他一些水源供水次序，用户行业用水次序等规则。

3.2.7.2　渭河水资源调度模型开发

渭河水资源调度模型采用具有完全自主知识产权的"基于 Lp_ Solve 的水资源优化调配模型平台"来构建的。该平台是以开源的混合整数线性规划软件包 Lp_ Solve 为基础开发的，该平台实现了 GMS 的大多数功能及其他一些与水资源调配和系统集成相关的功能，包括基于集合的参数、决策变量定义、约束群定义等模型构建功能；不可行、无界模型的自动调试功能；基于关系型数据库的数据访问框架等。

3.2.7.3　渭河水资源调度模型输入/输出

渭河水资源调度模型的输入数据包括：①调度期内各个计算单元需水的月/旬过程线；②调度期内的各个水库、节点来水的月/旬过程线；③调度期初各个水库的蓄水状态；④各个计算单元的地下水开采参数；⑤各种体系决策者意愿的参数及系统本身的一些参数等。

渭河水资源调度模型的输出数据包括：①各个计算单元/行政区/灌区/水资源分区的供需平衡情况；②各个水库的蓄、放水过程；③各个计算单元的地下水开采过程等。

3.2.8　渭河河道径流演进模型

河道径流演进模型在来水预报模型和调度模型结果的基础上，输入上游流量边界条件、各支流及取水口流量及区间入流量，借助一维河道动力波演进模型，来模拟渭河干流的各个断面的流量过程，输出重要节点的流量过程以检查调度模型的结果。

运动波径流演进模型基于对圣维南方程组的简化：

$$\begin{cases} \dfrac{\partial Q}{\partial x} + \dfrac{\partial A}{\partial t} = q \\ S_o = S_f \end{cases} \tag{3-13}$$

式中，Q 为流量；x 为沿河水流动方向的距离；t 为时间；A 为流动横断面面积；q 为沿河道每个计算单元的侧向入流；S_o 为恒定流比降；S_f 为摩擦坡降。

计算流程见图 3-9。

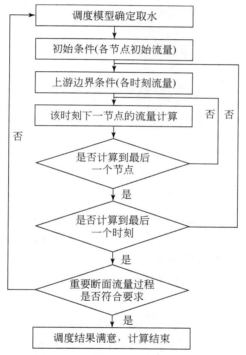

图 3-9 河道径流演进计算流程图

河道径流演进模型模拟对象包括渭河干流及重要支流。模拟的空间步长平均 5km，时间步长 1h。模型考虑了干流的支流入流、大型取水口以及 WEP-L 模型模拟的区间入流。支流模拟考虑了上游的水库泄流，不考虑支流入流。

模型的输入包括各节点初始流量、上游边界流量、各支流入流、各取水口的流量、各河段区间入流。模型的输出是各重要断面的流量过程。

输入数据中各节点初始流量、上游边界流量由径流预报模型提供，各取水口流量由调度模型提供，各河段区间入流由分布式水文模型（WEP-L）提供（图 3-10）。河道径流演进模型输出的各重要断面的流量过程供调度模型验证使用。

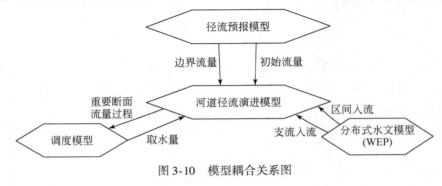

图 3-10　模型耦合关系图

3.3　渭河水资源调度管理系统总体设计与开发

3.3.1　总体结构

渭河水资源调度系统是一个集成了数据、模型计算两大平台的复杂系统。其中数据平台包括了长系列历史信息、基本信息、方案相关信息、实时信息等的存储与管理，而模型计算平台则包括了来水预测模块、需水预测模块、调度方案制定模块、河道径流演进模块等功能。数据平台为模型计算平台提供了数据方面的支撑，而模型计算平台则为信息管理平台提供了最新的方案信息。系统构架参见图 3-11。

渭河水资源调度系统采用全新的富客户端/服务器（rich client platform/sever，RCP/Server）体系结构来构建。渭河水资源调度系统是一个复杂的模型计算与数据管理结合的复杂系统，同时它又是一个实实在在的应用系统，这就要求开发所采用的体系必须既能支撑复杂的模型计算功能，又能方便用户使用，所以我们采用了综合了胖客户端/服务器（client/server，C/S）体系与浏览器/服务器（browser/server，B/S）体系共同优点的 RCP/Server 体系结构。该体系可以保证渭河水资源调度系统的所有功能，用户可以在系统界面上调用各种复杂的模型进行计算，而不用调用其他的界面与平台，同时他又可以支撑更加丰富的用户交互，实现更好的用户响应。

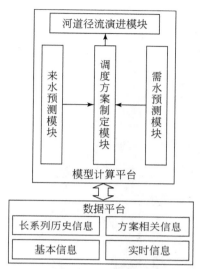

图 3-11　渭河水资源调度系统构架图

3.3.2　功能设计

　　整个渭河水资源调度模型系统包括以下几个功能：①基本信息；②耗水指标；③来水方案；④需水方案；⑤年调度方案；⑥月调度方案；⑦河道径流演进。系统功能详见图 3-12 和图 3-13，其中图 3-13 也是系统启动后的初始界面，整个界面采用类似资源管理器的左边树状结构、右边显示对应菜单内容的方式来组织。另外，为了方便显示模型计算过程等中间信息，在右下方还设置了一个输出控制台窗口。左边的树状菜单里面包括了系统的所有功能，初始界面中右边的图片就是渭河水资源网络图。

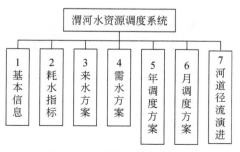

图 3-12　系统功能—结构图

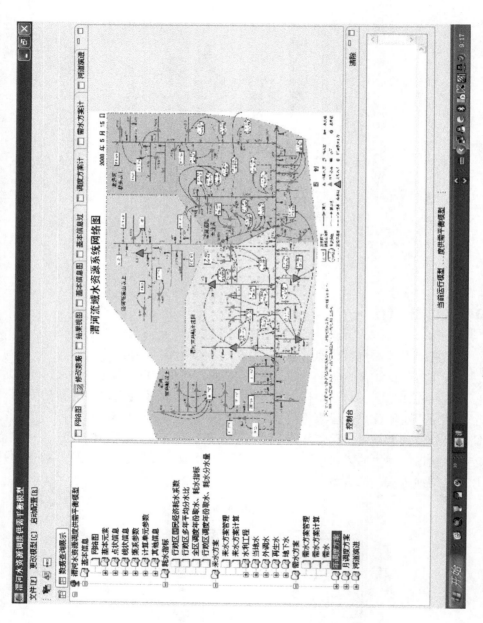

图3-13 系统功能—界面

系统功能中的七大功能菜单的详细组成分别在图 3-14 ~ 图 3-16 中有详细的介绍，其中年调度方案和月调度方案的菜单完全一样。

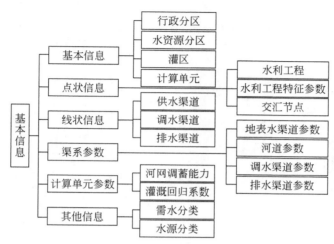

图 3-14　基本信息菜单功能组成

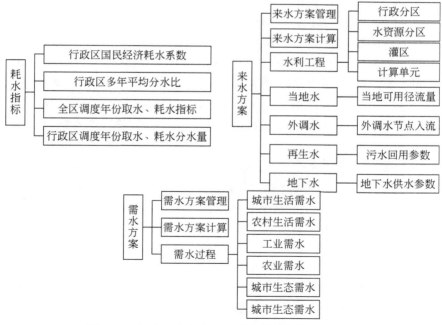

图 3-15　耗水、来水方案、需水方案菜单功能组成

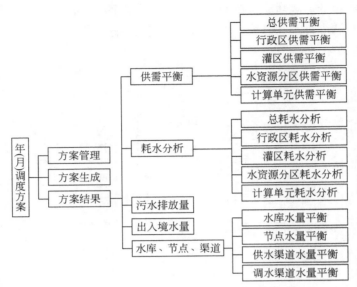

图 3-16 年（月）调度方案功能组成

为了方便用户使用，使用户容易熟悉系统的主要功能，我们把所有的功能分为 5 大类：①数据输入表格；②数据显示表格；③Chart 图；④图片显示；⑤方案计算。最重要的 3 个界面分别如下。

1）通用的数据表格管理界面，它对应的是第 1 类功能，在这个界面上可以实现对任何一个数据表格的增、删、改、查、过滤、排序、导入/导出到 Excel、分页显示等功能。该界面支撑了系统的所有数据输入功能，另外所有方案的管理界面也是用表格的方式来实现的，包括来水方案、需水方案、年调度方案、月调度方案。

2）通用数据表格显示界面，它对应的是第 2 类功能，在这个界面上可以实现对任何一个数据表格的纵向/横向数据分组、纵向/横向数据的求和、求平均等，以及查询、过滤、导出到 Excel、分页、方案过滤等功能。各个计算单元、水资源分区、灌区、行政分区及各个水库、节点、渠道的水量平衡关系都通过该界面来显示。

3）Chart 图界面，它对应于第 3 类功能，该界面可以用 Chart 图的方式来显示所有表格的数据。系统中各个对象的水量平衡结果都可以通过 Chart 图显示。

其他两个界面是图片显示界面和方案计算界面。图片显示界面主要用来显示系统启动界面的渭河水资源网络图。方案计算界面对应于第 5 类功能，该界面可

以用来进行各类方案计算，包括需水方案计算、来水方案计算、年（月）调度
方案计算。

3.3.3　开发策略与关键技术

系统的技术路线选型对项目建设的成败至关重要，系统采用跨平台、标准
的、开放的、技术成熟的、先进的应用集成技术进行建设，主要包括 Eclipse
RCP 技术、大规模优化模型求解技术、多模型耦合技术等。

（1）Eclipse RCP 技术

技术存在着一定的周期性。在经历了一段由 B/S 瘦客户端（浏览器）统治
的时期后，富客户端技术开始了它的回归。大量的组织正在将它们的应用程序
构建成富客户端，其中许多组织将其应用程序建立在 Eclipse RCP（eclipse rich
client platform）的基础上。富客户端技术作为胖客户端与瘦客户端二者优势的
结合，具有丰富的用户体验、高可伸缩性、平台独立以及非常易于部署和更新
的特点。

Eclipse RCP 是一项位于 Eclipse 平台核心的功能。Eclipse 本身是一个 Java 集
成开发环境（IDE），但是如果将 Eclipse 中关于 IDE 的内容剥去，剩下的就是一
个提供基本工作台功能的核心，这些功能包括对可移动和可叠加的窗口组件（编
辑器和视图）、菜单、工具栏、按钮、表格、树形结构等的支持。这个核心就是
Eclipse RCP。同时，Eclipse RCP 仍可以被视为构建富客户端应用程序的中间件。
它提供应用程序所需的基础设施，从而允许开发人员将精力集中于核心应用程序
功能而不是细节。

（2）大规模优化模型求解技术

水资源调度模型从求解方法上说是一个优化模型，它采用成熟的线性规划来
描述水资源的调度问题。在渭河水资源调度系统中实现大规模优化模型的求解是
本书的一个关键。

在水资源领域应用最广泛的还是 GAMS、Lingo 等商业优化软件包，这些软
件包的优点在于它们提供了非常方便的模型语言，使模型开发者可以不用考虑太
多的优化算法实现方面的细节，而把研究的重点放在问题本身上。但这些软件包
通常都自成体系或者非常昂贵，因而很难在这些软件包的基础上开发自主水资源
优化配置软件系统平台。另一方面，其他一些开源软件包如 Lp_ Solve、SCIP 等，
它们虽然是免费的，并且是代码公开的，但是都缺乏类似前面软件包的一些高级
功能，模型开发者要花很多时间在模型构建、模型调试、模型输入输出等方面。

因此，开发了一个基于开源优化软件包的大规模水资源优化配置模型通用框架。在该框架中，通过对开源混合整数线性规划软件包 Lp_ Solve 进行再封装，实现了类似 GAMS 的大部分功能，并扩展了很多针对水资源优化配置问题的功能，包括基于集合的模型构建、模型调试、整合数据库的输入输出、针对水资源优化配置问题的多时段连续优化的特殊定制等。这个框架的开发将大大促进水资源优化配置模型的大规模推广及应用。

（3）多模型耦合技术

渭河水资源调度系统中包括众多的模型，例如来水预报模型，需水预报模型，水资源调度模型，河道径流演进模型等。由于各个模型的特点及其历史发展等原因，各个模型都采用不同的开发语言来实现，其中来水预报模型采用的是 Visual Basic 语言，需水预报模型、河道径流演进模型采用的是 Fortran 90 语言，水资源调度模型则是采用纯 Java 语言开发的。要把这些复杂多样的模型系统集成到一个系统中去，最关键的是要保证各个模型之间的数据可以交互，同时要在一个统一的开发语言上进行集成。

在模型间数据交互的接口上，所有模型都采用了基于关系型数据方式的数据库表格与文件共存的方式来管理数据；而在整个系统集成过程中，所有的数据都要存储到数据库中，以方便数据管理，模型计算，结果展示等，在这个过程中还开发了一套方便文件数据与数据库表格数据之间转换的组件。

3.3.4 结果展示

多个方案的调度结果比较与分析，以及某个具体方案结果的详细分析是最终推荐方案确定的关键。调度结果主要包括 5 部分：①整个渭河流域各行政区的供需比与分水比分析；②不同统计分区的供需平衡分析；③不同统计分区的耗水分析；④不同水库的水量平衡；⑤不同节点的水量平衡。

模型的统计分区主要包括 5 个：①全渭河流域；②渭河流域所有行政分区；③渭河流域所有水资源三级区；④渭河流域所有灌区；⑤渭河流域所有计算单元。模型对所有统计分区的水量平衡，耗水平衡都进行了自动统计分析。统计分区的水量平衡项主要包括：①各类需水过程及每类需水对应的多水源供水过程；②各类水源供水过程及每类水源对应的需水过程；③各类需水的缺水过程。

水库及节点的水量平衡项主要包括：①各个水库及节点上游来水量，它包括上游天然来水、上游水量调度来水；②各个水库及节点的下游直接供水，这些供水进入水库及节点下游渠道后直接供给计算单元；③各个水库及节点的下游非直接供水, 这类水进入水库及节点下游渠道、河道后并没有直接供给计算单元, 而是经过一个或者多个间接渠道后再给计算单元供水。

渠道的树状结构相对比较简单, 主要包括渠道过流关系和渠道供水关系。

3.4 渭河水资源调度管理系统应用

随着流域经济的发展, 黄河支流水资源利用量一直呈增长趋势, 1990 ~ 2000 年的支流耗水量较 1956 ~ 1959 年翻了一番。虽然 20 世纪 70 年代以来受缺水影响, 支流耗水量增速趋缓, 但此后黄河耗水的小幅增长主要集中于支流地区, 且用水效率随之发生改变, 加之缺乏全面的监测手段和有效的管理手段, 流域季节性断流现象频发。为此, 黄河全流域以及一些子流域先后开展了相关的水资源调度工作。

渭河流域的水资源调度从 2006 年开始执行, 积累了很多经验, 也总结和吸取了一些教训。从整体来说, 渭河流域调度预案的制定还处在初步探索阶段, 主要建立在历史用水统计分析、未来经济发展规律以及相关经验的基础上。针对目前渭河水资源调度的实际需求和存在的问题, 开发了渭河水资源调度管理系统, 以期支撑渭河流域水资源调度管理。但由于课题整体进展定位, 本书仅将渭河水资源调度管理系统作初步应用, 即利用该调度系统对 2007 年度 (调度期从每年的 11 月开始到来年的 6 月) 的实际调度过程进行计算; 一方面检验调度系统的可靠性和灵活性, 另一方面进一步落实渭河流域管理调度的需求。

3.4.1 来水预报

来水预报按照前面的理论构建分别就降水和径流进行预报。

在降水预报中, 以 10 个四级区为基本计算单元, 采用渭河流域的 301 个雨量站点数据 (雨量站点分布见图 3-17), 在进行降水展布以及距平处理的基础上, 采用自回归方法进行预报。其中 10 个四级区分别是北洛河南城里以上, 北洛河南城里至状头, 马莲河、蒲河、洪河、黑河、达溪河、张家山以上, 渭河宝鸡峡以上北岸, 渭河宝鸡峡以上南岸, 宝鸡峡至咸阳北岸, 宝鸡峡至咸阳南岸, 咸阳至潼关北岸, 咸阳至潼关南岸。

在径流预报中: 以 10 个四级区及 28 个水库 (图 3-17) 为基本计算单元。其中 28 个水库分别为冯家山, 石头河, 羊毛湾, 金盆, 宝鸡峡, 段家峡, 王家崖,

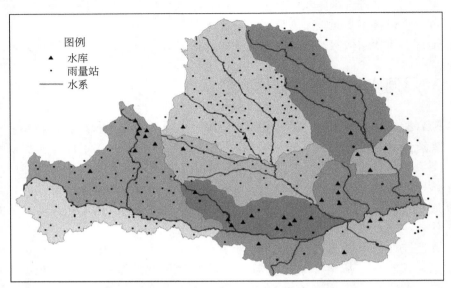

图 3-17   渭河流域雨量站及水库分布图

老鸭咀，大北沟，信邑沟，汧河 1，汧河 2，东风，白荻沟，杨家河，石砭峪，泾惠渠，桃曲坡，玉皇阁，黑松林，冯村，零河，沈河，涧峪，桥峪，石堡川，林皋，洛惠渠。

在具体预报中，首先在确定以下资料要素的基础上，预报时段内 10 个四级区年/月/旬降水数据以及 28 个水库的年/月/旬入流数据，为需水预报及墒情预测模型提供参考，并作为水资源调度模型的输入。

资料时段，即已有资料的起始及结束时间，现为 1956 年 1 月 1 日~2005 年 12 月 31 日；

预报时段，即进行预报的起始及终止时间，设为 2006 年 1 月 1 日~2009 年 12 月 31 日；

降水资料，即与资料时段相对应的站点逐日降水数据，设为 1956 年 1 月 1 日~2005 年 12 月 31 日；

气温资料，即与资料时段相对应的站点逐日气温数据，设为 1956 年 1 月 1 日~2000 年 12 月 31 日。

2007 年度各个水资源四级区的降水预报结果如图 3-18 所示，各个水库的来水预报结果如图 3-19 所示。

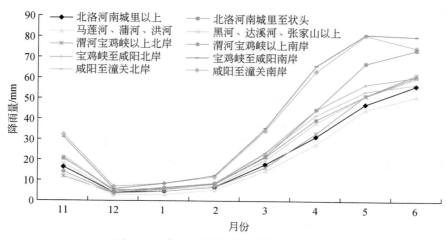

图 3-18　各个水资源四级区降水预报结果

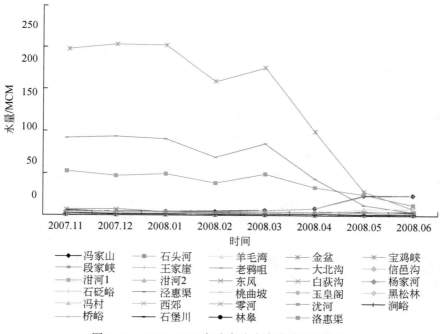

图 3-19　2007～2008 年度各个水库来水预报结果

注：MCM 指 $10^6 \mathrm{m}^3$，下同。

3.4.2 需水预报

为使模型达到较好的适用性，更符合实际操作，需水预报过程中设置了两种预报方案：①以9个行政区和5大省属灌区上报的用水计划作为调度过程的水资源需求量，结合来水预报结果进行调度；②结合来水预报，采用理论需水量计算方法获得各区域需水量上限，在此基础上进行调度。两者的定位不完全相同。对于理论需水量，由于难以全面考虑各地区的种植结构、灌溉制度以及实际灌溉的操作过程，在调度系统的定位是为区域需水量提供需水上限，用于校核各地区上报用水计划。

尽管在本书中已将渭河流域分为9个行政单元，同时考虑省属大型灌区，并选择流域内包括水稻、冬小麦、玉米、棉花在内的9种典型作物以及工业生活发展状况，结合各行政区域的来水预报、土壤墒情预报结果，在充分考虑区域气象要素的基础上进行了从1956～2005年长系列调算，也获得了充分灌溉条件下不同降水频率下的各区域逐旬需水量的预报结果。但是，考虑到本阶段主要是对调度系统基本功能的校验，并进一步落实管理者需求的整体定位，在系统的应用中主要采用需水预报的第一种方案，即在调度预案的制定中采用经渭河管理局校核过的各个地市的用水计划。

依据2008年度（2007年11月至2008年6月）各行政区和省属大型灌区的用水量上报计划，通过数据的合理性分析和检验后，将以上行政区和大中型灌区的用水计划作为调度模型的输入，通过计算单元内需水量汇总获得了2007年11月～2008年6月间的渭河流域总需水为21.16亿 m^3，其中农业需水为17.99亿 m^3，工业需水量为1.77亿 m^3，生活需水量为0.81亿 m^3。9个行政区中咸阳市、西安市和宝鸡市的需水量较大，分别为0.85亿 m^3、0.53亿 m^3 和0.40亿 m^3；其中省属大型灌区的需水量最大的分别是宝鸡峡灌区、冯家山灌区和泾惠渠灌区，相应的需水量分别为4.1亿 m^3、1.8亿 m^3 和1.73亿 m^3。模型也给出了渭河全流域、行政区、省属大中型灌区以及水资源分区的需水总量和逐月需水过程。图3-20～图3-23可直观体现出流域内各行业、各行政区、各灌区以及各水资源三级分区的逐月需水过程。

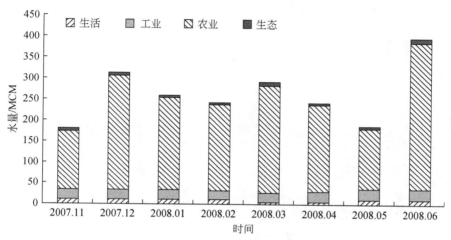

图 3-20　2007～2008 年度渭河流域各行业需水月过程

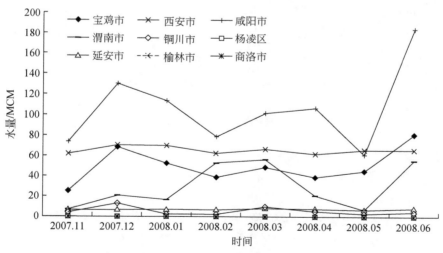

图 3-21　2007～2008 年度各行政区需水月过程

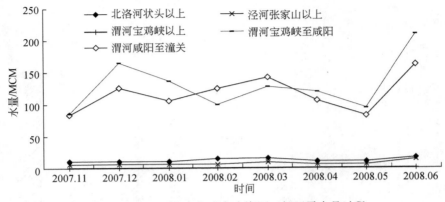

图 3-22 2007～2008 年度各水资源三级区需水月过程

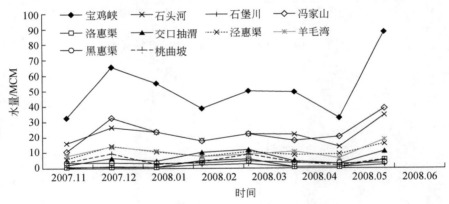

图 3-23 2007～2008 年度各灌区需水月过程

3.4.3 水资源调度

水资源调度过程是一个来水与需水之间的供需平衡分析。在进行水资源供需平衡分析时，为全面考虑渭河流域水资源利用过程中各区域与供用水系统之间的作用关系，将渭河流域划分为 37 个计算单元，针对各计算单元进行供需平衡分析。基于此，汇总得到不同分区上的平衡结果，如计算单元，行政分区，灌区，水资源分区，渭河全流域等。限于篇幅，以下仅列出 2007～2008 年度渭河全流域、9 个行政分区、省属、地属灌区以及水资源三级区的供需平衡结果，详见图 3-24 ~ 图 3-27。

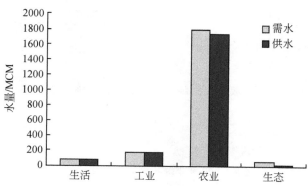

图 3-24　2007 ~ 2008 年度渭河流域各行业供需平衡结果

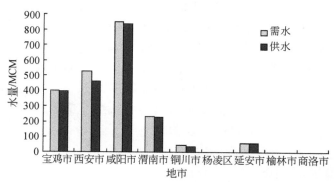

图 3-25　2007 ~ 2008 年度各地市供需平衡结果

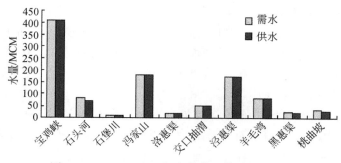

图 3-26　2007 ~ 2008 年度各灌区供需平衡结果

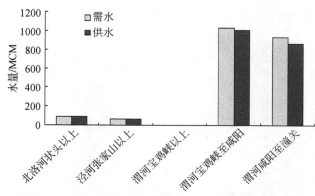

图 3-27　2007～2008 年度各水资源三级区供需平衡结果

从图 3-24 可以得到，渭河流域 2007 年度总需水 21.16 亿 m³，总供水 20.21 亿 m³，缺水 0.94 亿 m³，缺水率在 5% 之下。从结果看渭河流域的水资源供需态势似乎不缺水，但现状是渭河流域实际水资源短缺，分析其原因如下：本书应用中的需水过程是立足于渭河取水的用水计划，即各个地市上报的用水量，而各地市在上报用水计划时通常是在参考往年的实际用水过程制定的，是在严格控制灌溉、甚至损失灌溉的条件下的一个非充分灌溉的需水过程，因而算出来的供需差很小；若严格按照种植结构、灌溉制度进行的理论灌溉需水过程，即使适当考虑非充分灌溉，其供需平衡的缺口也将增加。

3.4.4　河道径流演进

利用河道径流演进模型对渭河干流及泾河等 6 条支流的径流演进过程进行了模拟。渭河干流全长 818km，考虑林家村水库的影响，模型模拟中将干流分为两段：林家村以上部分（上游）和林家村以下部分（中下游）。模拟的空间步长平均 5km，时间步长 1h。干流共设断面 93 个，其中上游 28 个，中下游 65 个。干流模拟考虑了 19 条支流入流、3 个大型取水口以及 WEP-L 模型模拟的区间入流。干流模拟的结构示意图见图 3-28。

河道径流演进模型模拟的 6 条支流有千河、石头河、漆水河、黑河、泾河和北洛河。其中前 4 条支流上有大型水库，从水库出流开始模拟，为渭河水资源应急调度提供支持。后两条支流是渭河上的重点支流，泾河从张家山水文站开始模拟，北洛河从状头水文站开始模拟。模拟的空间步长平均 1km，时间步长 1h。不考虑下级支流汇入，各支流模拟断面数见表 3-6。

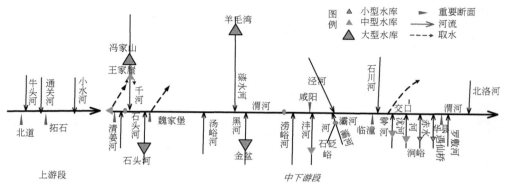

图 3-28　干流演进模拟示意图

表 3-6　支流演进模拟长度及断面数

支流	河段长/km	断面数
千河	28	29
石头河	14	15
漆水河	49	50
黑河	30	31
泾河	82	83
北洛河	129	130

　　模型的输入包括各节点初始流量、上游边界流量、各支流入流、各取水口的流量、各河段区间入流。模型的输出是各重要断面的流量过程。

　　以 2005 年 5 月 30 日 8 时到 6 月 2 日 8 时的实测数据为例,进行了模型应用验证。验证数据中初始条件和支流入流由水文年鉴中的实测流量成果进行插值得到,取用水资料采用历史统计资料插值得到。模拟时间步长为 1h,得到干流下游各重要节点流量过程线见图 3-29 ~ 图 3-32。

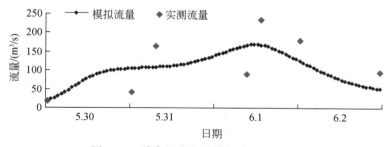

图 3-29　魏家堡水文站模拟流量过程图

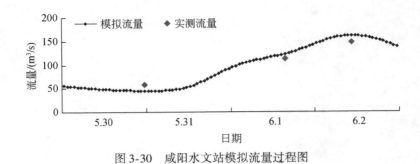

图 3-30　咸阳水文站模拟流量过程图

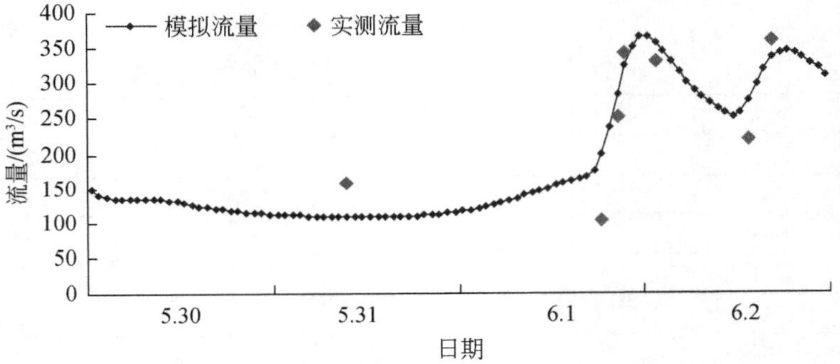

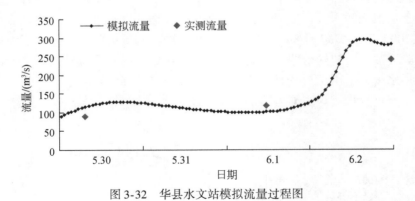

图 3-31　临潼水文站模拟流量过程图

图 3-32　华县水文站模拟流量过程图

　　由于渭河南岸支流的入流资料缺乏以及人工取水资料统计的不完整，个别站点模拟精度不高。水资源调度模型完善以后这种情况将会改善。

3.5 小结

　　立足于水循环的二元特性，为实现流域人水和谐发展，本章提出基于流域二元水循环机制的水资源调度方法，并在此基础上构建了渭河水资源调度模型系统并进行了应用。

　　渭河水资源调度模型系统由核心子模块和辅助支撑模型构成。其中核心子模型包括来水预报模型、需水预报模型、调度模型以及河道径流演进模型。辅助支撑子模型包括水资源配置模型和二元水循环模拟模型。总的来说，渭河水资源调度模型的开发与应用主要体现在以下几个方面。

　　（1）开发了基于 Lp_Solve 的通用水资源优化调配模型

　　传统的水资源优化调配模型大多数都是基于商业优化软件来开发的，这种开发方式的缺点是费用昂贵，不利于水资源优化调配模型的推广与应用。因此，研究开发了脱离基于商业优化软件的优化模型平台，该平台是基于开源的混合整数线性规划软件包 Lp_Solve，在该平台上实现了类似 GMS 的基于集合的模型构建功能，同时也实现了不可行模型、无界模型的自动调试功能。

　　在上述平台的基础上，研究开发了一个通用的水资源优化调配模型，该模型把水资源系统中的各种对象概化为由点、线、面组成的水资源网络，然后利用数学规划的方法来求解水资源的供需平衡问题。

　　（2）开发了来水预报模型

　　回归模型由于其简单实用、易于实现等优点，其原理和方法很早就引入到水文预报的应用当中。来水预报模型主要是应用降水—气温—径流多元线性回归模型进行渭河流域 28 个水库区域的来水预报。预报过程中各旬分别模拟计算，并得到相应的系数，从而进行径流预报。时间序列分析也是水文学研究的一个重要工具，本系统在降水预报中采用的自回归模型 AR（p）即属此类。来水预报模型在应用自回归方法进行降水预报时将历史数据进行距平处理，用得到的距平值进行自回归分析。总之，来水预报模块采用自回归方法及多元线性回归方法对渭河流域进行来水预报，为渭河流域水资源调度系统提供降水径流及墒情分析的相关数据，也保证了调度系统的高效性和实用性。

　　（3）开发了需水预报模型

　　在需水预报模型的构建中，依据调度对需水模型的实际定位——反映流域需水的上限、对不同区域水资源调度过程中需水量上报值提供约束，并结合流域水资源的状况和实际可利用的资料，构建了以旬为时间尺度的中长期理论需水预报模型。在具体的预报过程中，在综合考虑省属大型灌区的用水情况的基础上，以渭河流域的 9 个行政区为基本单元，以 2005 年为现状年，分别依据定额法需水原理对生活（包括城镇生活和农村生活）、工业、农业（包括种植业和养殖业）构建了相应的需水模型。对于占渭河流域用水量最大比例的农业模型的构建中，选择流域内 9 种典型作物，充分考虑区域气象要素、降水、地下水的入渗、潜水蒸发构建土壤墒情模型，利用 Penman-Monteith 模型计算长系列典型作物参考需水量的基础上，实现不同降水保证率条件下各计算单元的需水量。

（4）河道径流演进模型

研究建立了基于运动波与动力波的河道径流演进模型，并成功应用于渭河干流和几个重要支流。同时也在河道径流演进模型与调度模型、分布式水文模型耦合方面进行了尝试，可以计算各个重要断面的流量过程，为调度结果的验证和修订提供决策依据。河道径流演进模型的开发也为以下一步渭河水资源应急调度模型的开发奠定了基础。

（5）集成以上核心子模型和辅助模型，开发了基于 RCP 的渭河水资源调度模型系统

渭河水资源调度系统是一个复杂的模型系统，同时它也包括了水资源信息的管理功能，因此，需要开发一个通用的水资源模型计算平台来适应复杂的模型计算需求及数据管理要求。为此，采用 Java 编程方式 RCP 技术，来开发支撑该模型系统及数据管理的软件系统。

该系统集成了来水预报、需水预报、年调度、月调度、河道径流演进等模型，同时也集成了长系列数据管理、方案数据管理、实时数据管理等功能。该系统的开发大大方便了水资源调度模型系统在渭河实际水资源调度中的应用。

（6）在实际渭河水量调度业务中成功应用该模型系统

渭河流域水资源调度模型系统在耦合各种模型理论方法的同时，还实现了一套实用性很高的操作界面，该界面实现了和实际渭河水量调度业务的紧密结合。为检验调度系统的可靠性和灵活性并进一步落实渭河流域管理调度的需求，该系统从 2007 年 11 月开始在渭河流域管理局的实际渭河水量调度业务中开展了试运行，在系统应用的同时，对系统进行了不断的升级完善，取得了很好的应用效果。

第4章
黄河流域节水型社会建设目标与措施研究

4.1 概述

　　黄河流域资源型缺水，水资源供需矛盾日趋尖锐。黄河流域土地、光、热和矿产资源丰富，是我国重要的农业生产基地和能源化工基地。随着经济社会快速发展和人口不断增长，水资源短缺已成为制约黄河流域经济社会持续稳定发展的瓶颈。黄河流域水资源紧缺的同时，流域内各用水行业，尤其是农业用水效率仍然较低，尚具有一定的节水空间。按照科学发展观的要求，黄河流域节水型社会建设是流域有效缓解水资源供需矛盾，支撑经济社会可持续发展的战略措施之一。

4.1.1 节水型社会建设的必要性

4.1.1.1 经济社会发展与流域用水增长趋势分析

（1）经济社会发展分析

　　黄河流域土地、光、热资源丰富，雨热同期，有效积温高，有利于农业生产发展。宁蒙灌区、汾渭盆地和下游沿黄平原，已经成为我国重要的商品粮棉基地。2004 年黄河流域内总人口 11 190 万人，国内生产总值达到 10 482 亿元，工业增加值 4436 亿元，农田有效灌溉面积 7628 万亩。

　　改革开放以来，黄河流域经济社会得到快速发展。黄河流域已经初步形成了产业结构齐全的工业生产格局，建立了一批能源工业、基础工业和新兴城市，为进一步发展流域经济奠定了基础。煤炭、电力、石油和天然气等能源工业，已成为流域内的主要工业部门。黄河流域经济发展主要特点如下：一是矿产、能源资源丰富，在全国占有重要地位，开发潜力巨大，随着国家经济发展对能源需求的增加，能源、重化工等行业在相当长的时期仍要快速发展；二是黄河流域土地资源丰富，黄河上中游地区还有宜农荒地约 3000 万亩，占全国宜农荒地总量的 30%，是我国重要的后备耕地，只要水资源条件具备，开发潜力很大。目前黄河流域人均经济指标低于全国平均水平，随着国家经济发展战略的调整，国家投资力度将向中西部地区倾斜，为黄河流域经济的发展提供了良好的机遇，发展速度将高于全国平均水平。因此，预计黄河流域在未来一段时间以内，社会经济将持续快速发展。

根据《黄河流域水资源综合规划》成果，预计到 2020 年和 2030 年，黄河流域总人口将分别达到 12 659 万人和 13 094 万人，人口逐渐由农村向城市集中；国内生产总值分别达到 40 968.60 亿元和 76 799.24 亿元，农业在经济总量中的比重下降，工业发展较快，其中能源产业和原材料产业发展迅速，第三产业在经济总量中的比重上升较快。2004 年黄河流域三产结构为 10.3：49.3：40.4，预计到 2030 年，黄河流域三产结构将调整为 4.9：50.5：44.5；2020 年和 2030 年非火电工业增加值分别达到 18 395.6 亿元和 35 687.4 亿元，火电装机容量分别达到 14 731 万 kW 和 17 631 万 kW，农田有效灌溉面积将分别达到 8382.5 万亩和 8697.0 万亩，林牧灌溉面积将分别达到 958.3 万亩和 1182.5 万亩。

（2）用水增长趋势分析

1980~2004 年黄河流域总用水量从 342.9 亿 m^3 增加到 395.5 亿 m^3，年递增率为 0.6%，其中农田灌溉用水 2004 年比 1980 年还减少了 31.2 亿 m^3，农灌用水占总用水的比重从 1980 年的 84.7% 降低为 2004 年的 65.6%，年递减率为 1.06%；而工业、生活用水 2004 年较 1980 年分别增长了 38.5 亿 m^3、24.6 亿 m^3，年均增长率均 3.7%。城镇生活用水量以 5.9% 的年递增率居各部门之首，林牧渔业用水量以 5.6% 的年递增率居次。

未来随着黄河流域经济尤其是上中游地区工业迅速发展，用水需求将进一步增长。根据《黄河流域水资源综合规划》成果，2020 年、2030 年黄河流域河道外总需水量将分别达到 521.1 亿 m^3、547.3 亿 m^3。

4.1.1.2 流域供需形势分析

黄河流域多年平均天然径流量仅占全国河川径流量的 2.0%，却承担全国

15%的耕地面积和12%人口的供水任务，同时还有向流域外部分地区远距离调水的任务。黄河又是世界上泥沙最多的河流，承担一定的输沙任务，这都使可用于国民经济的水量进一步减少。

黄河流域供水量由1980年的446亿 m^3 增加到目前的500亿 m^3 左右。20世纪90年代，黄河平均天然径流量为437亿 m^3 ，利津断面实测水量仅119亿 m^3 ，实际耗用径流量已达318亿 m^3 ，占天然径流量的73%，已超过其承载能力。地下水开采量由1980年的93亿 m^3 增加到目前的145亿 m^3 左右，部分地区已超过地下水可开采量。

随着经济社会的快速发展，未来黄河流域缺水形势更加严峻。根据《黄河流域水资源综合规划》成果，在充分考虑节水的条件下，2030年黄河流域内河道外多年平均缺水量104.2亿 m^3 ，其中上中游区缺水91.9亿 m^3 ，占流域内河道外总缺水量的88.2%。枯水年份黄河流域缺水形势更加严峻，水资源供需成果表明，中等枯水年份黄河流域内河道外缺水量136.6亿 m^3 ，特枯水年份缺水量190.9亿 m^3 。

综上所述，黄河水资源短缺已经给流域经济社会发展造成不利影响，并加剧了泥沙淤积和河道萎缩，使河流生态环境趋向恶化。并且，随着经济社会的进一步发展，黄河流域缺水形势将更加严峻，缺水矛盾亦将更加尖锐。

4.1.1.3 节水存在的主要问题

多年来，黄河流域节水工作取得显著成效，但也存在一些突出问题，这在一定程度上制约了流域节水工作的开展。总结黄河流域节水存在的主要问题有以下几方面。

1) 节水设施建设实施力度不够。灌区水利设施老化失修仍然严重，节水欠账大，改造任务依然艰巨。截至2004年，大型灌区续建配套与节水改造工程虽然已实施了近7年，但仅仅解决了部分卡脖子、病险以及一些关键骨干工程，仍然有不少问题尚待进一步实施解决，大量骨干渠道、田间渠道和输配水建筑物需要加大续建配套的建设力度，不少老化落后的机电设备需要继续更新。

2) 节水改造资金有限，地方配套不足，限制了节水工作的持续开展。

3) 灌区末级渠系完全依靠农民自建自管，长期以来末级渠系破坏严重，老化失修，在进行了骨干工程改造的项目区，由于田间工程的制约，造成"上通下阻"，使骨干渠道续建配套节水改造的效益不能充分发挥。

4）节水管理体制不健全，管理水平与节水工作要求差距较大。

5）流域内节水意识普遍薄弱。

综上所述，黄河流域近年来的节水经验和现状存在的问题表明，节水工作涉及工程措施、经济技术水平、管理水平等多个方面，是一项复杂的系统工程。

4.1.1.4　节水型社会建设的必要性

（1）节水型社会建设是缓解黄河流域水资源供需矛盾的需要

黄河流域水资源短缺，时空分布不均匀，水资源问题已经成为影响流域经济社会发展的重要制约因素。由于水资源短缺的制约，尚有约1000万亩有效面积得不到灌溉、部分灌区的灌溉保证率和灌溉定额明显偏低，部分计划开工建设的能源项目由于没有取水指标而无法立项，部分地区的工业园区和工业项目由于水资源供给不足而迟迟不能发挥效益。随着国家西部大开发战略的实施，未来一段时期将是黄河流域经济建设的重要时期，工业化进程快速发展，城市化水平和人民生活水平大幅度提高，带来居民生活方式的转变和对生活环境质量要求的提高。这些发展和变化对水资源的量和质都将提出更高的需求。而水资源的供水能力增加潜力有限，这就在一定程度上加剧水资源的供需矛盾。

另一方面，黄河流域水资源利用方式还比较粗放，用水效率较低，浪费仍较为严重，具有较大节水潜力。黄河流域节水管理与节水技术还比较落后，主要用水效率指标与全国先进水平和发达国家尚有较大差距。由于部分灌区渠系老化失修、工程配套较差、灌水技术落后及用水管理粗放等原因，造成了灌区大水漫灌、浪费严重的现象。工业用水重复利用率只有61%，与国内外先进城市相比差距较大。水价严重背离成本也是造成浪费水现象的重要原因，流域内大部分自流灌区水价不足成本的40%。由于水价严重偏低，丧失了节约用水的内在经济动力，阻碍了节水工程的建设和节水技术的推广使用。水资源利用方式粗放、用水效率较低、浪费严重，与流域水资源短缺、供需矛盾突出的形势形成强烈反差。

因此，只有通过建设节水型社会，才能从整体上提高群众节水意识，促进水资源的统一管理，培育和完善水资源市场，明晰水权，引导人们自觉调整用水数量和产业结构，推动节水产业发展，把有限的水资源配置到最需要的地方和效率更高的环节，实现水资源在全社会的优化配置和可持续利用，从而在一定程度上缓解黄河流域水资源矛盾。

（2）节水型社会建设是改善区域生态环境的需要

根据国家"十一五"发展规划纲要，实施西部大开发战略要把加强生态保护、改善生态环境作为重点，不能以牺牲生态环境换取经济的高速发展。黄河上中游地区的主要生态问题是土地退化，包括土地沙化、水土流失和土壤盐碱化。水资源短缺是黄河流域上中游区生态环境保护和改善的主要制约因素。黄河流域上中游区生态建设和环境保护最重要的任务是解决水的问题。依存于稀缺水资源的生态系统十分脆弱，水资源一经开发，必然打破自然条件下的生态平衡。要维持荒漠绿洲的有限生存环境，保持生态平衡，必须补还必需的生态水量。降雨稀少、蒸发强烈的气候特征决定了黄河西北地区土壤受到的天然淋洗作用十分微弱，土壤盐碱化的威胁普遍存在。不合理的灌溉方式造成灌溉用水过多，引起高矿化度的地下水位上升，加速土壤蒸发积盐。例如，宁夏引黄灌区年灌溉用水量高达 1200~1500mm，加之排水不畅，盐碱化面积不断扩大。

城镇和工业节水可有效减少污染物排放，保护环境，且部分节水量可供生态系统使用，改善了生态环境。发展节水灌溉可减少用水过程中的无效消耗，有效节约水资源，改善灌溉和排水条件，对遏制井灌区地下水的进一步超采、促进渠灌区地表水与地下水合理联用、合理控制地下水位、遏制灌区土壤次生盐渍化、维护和改善区域生态系统等具有重要作用。近几年实施的黑河流域和塔里木河流域综合治理工程实践表明，节水对生态环境保护和改善作用十分显著。其中黑河通过中游灌区节水改造、种植结构调整等一系列节水型社会建设措施的实施，节约了灌溉用水量，增加了向下游河道的下泄水量，下游河道两岸地下水位得到回升，尾闾湖泊水面得到一定程度恢复，下游绿洲生态环境得到明显改善，生态作用十分显著。因此，节水建设也是黄河流域生态环境建设的重要组成部分。

综上所述，节水型社会建设是一定程度上缓解黄河流域水资源供需矛盾、支撑流域经济社会可持续发展和生态环境保护的重要措施之一。

4.1.2 研究目标与意义

开展黄河流域节水型社会建设目标与措施研究，旨在总结和分析黄河流域节水型社会建设主要经验和存在问题，以节水型社会建设实际需求为导向，对节水型社会建设中诸如节水内涵和节水潜力评价等关键技术进行研究，提出适宜的黄河流域节水型社会建设目标与相应的节水措施。

本书对合理确定流域节水型社会建设目标，提出节水型社会建设措施体系，推进流域节水型社会建设具有重要的指导意义。同时也为其他流域和地区节水型社会建设提供参考。

4.1.3 研究内容

黄河流域十一五节水型社会建设规划和黄河流域水资源综合规划等相关成果为黄河流域节水型社会建设目标与措施研究提供了大量资料和研究基础。在此基础上，根据研究目标要求，本书主要内容包括以下几个方面。

1）结合黄河流域节水型社会建设现状调研，分析流域现状用水水平，总结节水型社会建设经验和存在的主要问题。

2）结合黄河流域水资源调度与管理的实际需要，分析研究黄河流域主要用水行业用水定额确定方法，计算提出流域主要用水行业用水定额成果。

3）在国内外关于节水内涵研究现状的基础上，重点分析节水内涵，总结提出节水潜力评价方法，并计算提出黄河流域节水潜力、规划节水量。

4）针对黄河流域水资源短缺状况，建设节约型社会要求以及经济社会发展水平、技术水平等实际情况，通过对节水型社会建设目标进行多方案比较，提出黄河流域适宜的节水型社会建设目标。结合调查和分析，提出黄河流域节水型社会建设的适宜措施。

4.2 用水定额研究

4.2.1 定额管理在节水型社会建设中的作用

目前，黄河流域的供、用水管理正在从行政管理向科学管理转变，自上而下的水权分配与自下而上的定额管理，通过取水许可制度加以体现和实施。编制科学的用水定额是实现用水科学管理的基础，是分析和评价各行业需水量、辅助水行政主管部门下达计划用水指标的重要依据，也是衡量节水水平的重要指标。科学合理的用水定额，可以起到鼓励节水先进单位继续努力，促进落后单位节约用水、合理用水的作用。

定额管理是控制用水需求增长速度，实行计划用水的重要手段。定额管理为节水型社会建设提供了具体的可以用于实践操作的定额。加强用水定额管理工作，切实以用水定额为主要依据核定取水量和下达用水计划，对于促进节约用水、保护水资源、减少废污水排放量、减缓水资源供需矛盾，保障节水型社会的建设具有重要的作用。定额管理在流域分水中的作用，一是在编制流域分水方案时，要根据用水定额核算分配水量；二是在审批取水许可时，作为水行政主管部门核定、审批水量的重要依据；三是水行政主管部门实施用水监督管理、制定年度用水计划的重要依据。用水定额要根据技术经济条件不断调整，以提高用水水平。定额管理具有一定的强制性，管理部门和用水户都要遵守。

通过对比分析黄河流域各省区重点行业用水定额差异，贯彻国家有关产业政策和行业准入条件，合理确定能够代表黄河流域先进用水水平、适用于全流域的重点行业用水定额，以提高整个流域的用水水平，同时为黄河流域水资源总量控制和定额管理相结合的水资源管理制度提供管理依据，为流域取水许可管理、建设项目水资源论证等黄河流域水资源管理中迫切需要解决的实际问题提供科学依据。用水定额可以分两个层面。

1）指导定额：指导定额最先进，用于指导企业朝国际先进用水水平努力，仅作为评价企业耗水先进性与否的目标参考值，有能力的用水户可以朝这个先进方向努力。

2）推荐定额：该指标用于核定企业用水水平，促进用水户节约用水，是流域水政机构审批建设项目取水指标的基本标准或底限标准，具有法律地位和约束力。

4.2.2 用水定额的计算方法

4.2.2.1 工业用水定额的确定方法

根据水利部水资源司颁布的《用水定额编制参考方法》，用水定额的制定可采用经验法、统计分析法、类比法、技术测定法和理论计算法等。因此，在具体的操作过程中，视具体资料情况采用合适的计算方法确定定额值。

（1）经验法（三点法）

经验法是运用专家（有关业务人员和专业技术人员的统称）的经验和判断能力，通过逻辑思维，综合相关信息、资料或数据，提出定量估计值的方法的通称。经验法的具体操作步骤是将同类产品用水定额样本（样本数量少，三个左右），考虑工艺水平、生产规模、重复利用率等因素，分别确定为先进、一般和保守，采用概率平均计算后，根据正态分布进行调整。

（2）统计分析法（二次平均法）

二次平均法是把用水定额样本进行统计分析，通过计算均值、概率分布等确定合理用水定额的方法。由于用水定额样本平均值的代表性可能会受到极端值的影响,因此需要采用二次平均法计算平均先进性,作为制定定额值的依据。二次平均法分析步骤如下。

首先,分析剔除样本中不合理数据,计算样本算术平均值 $\bar{V}$。

$$\bar{V} = \frac{1}{n} \sum V_i (i = 1, 2, \cdots, n) \tag{4-1}$$

式中,n 为样本数据个数,V_i 为第 i 个样本的值,由平均值与样本内小于平均值的样本值的平均值 $\bar{V}_e$ 的平均值作为第二次平均值 $\bar{V}_2$,即

$$\bar{V}_2 = (\bar{V}_e + \bar{V})/2$$

$$\bar{V}_e = \frac{1}{k} \sum V_i (i = 1, 2, \cdots, k) \tag{4-2}$$

式中,k 为样本内小于平均值 $\bar{V}$ 的样本个数。

随后,进行先进性判别,由样本方差公式得到标准差 σ,见式(4-3)。

$$\sigma^2 = \frac{1}{n} \sum (V_i - \bar{V})^2 \tag{4-3}$$

由式(4-4)可得到 λ_e 值。

$$\lambda_e = \frac{\bar{V}_2 - \bar{V}}{\sigma} \tag{4-4}$$

从正态分布表即可查得相应的累积频率 P（λ），当 P（λ）≤40%（一般要求定额的累积频率在 1/3 ~ 2/5），即单位产品用水量有 40% 达到或超过了此用水水平时,可判别二次平均法计算的定额值 $\bar{V}_2$ 是否先进。重复上述步骤,直到满足先进性为止。

(3) 同类定额校验法

对样本少（少于 3 个）的产品,与用水条件相同或相似的同类产品用水定额进行对比分析,综合确定该产品的用水定额。

由于影响制定工业用水定额的因素很多,相应影响工业用水定额调整系数的因素也很多。如果对所有因素都分析考虑,在实际操作中是不可行的。根据目前国内有关研究成果,一般工业用水定额综合调整系数（K）就可以表达如下。

$$K = K_1 \times K_2 \times K_3 \times K_4 \tag{4-5}$$

式中,K_1 为生产设备和工艺系数；K_2 为原料和产品系数；K_3 为生产规模系数；K_4 为专业化程度系数。

以综合调整系数 K 乘以标准中的定额值作为考核指标。黄河流域工业用水定额调整系数可参考表 4-1。

表 4-1　黄河流域工业用水定额调整系数参考表

生产设备、工艺			原料和产品规格	生产规模	专业化程度
50 ~ 60 年代	70 ~ 80 年代	90 年代后			
1.1 ~ 1.05	1.05 ~ 1.00	1.00 ~ 0.95	0.85 ~ 1.05	0.9 ~ 1.1	0.95 ~ 1.15

4.2.2.2　农业用水定额确定方法

以九省区颁布的用水定额与黄河流域水资源综合规划为基础，以理论计算和灌溉试验资料为依据，以省区上报分区净定额为参照，在综合考虑地域特点、气候因素及耕作方式并结合区域内地形土壤条件、蒸发因素、灌溉习惯，以及农业节水措施等因素的基础上，提出分区主要作物净灌溉定额（ $p=50\%$ 和 $p=75\%$ ），如图 4-1。

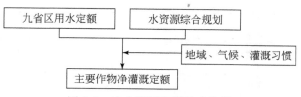

图 4-1　农业灌溉定额技术路线

净灌溉定额指作物全生育期的灌溉需水量与附加水量之和。某种作物净灌溉需水量为生育期内作物需水量与有效降水量之差，即：

$$I_j = ET_c - P \tag{4-6}$$

$$P_e = \begin{cases} P & P \leqslant ET_c \\ ET_c & P > ET_c \end{cases} \tag{4-7}$$

式中， I_j 为作物的净灌溉需水量（mm 或 m³/亩）； ET_c 为作物需水量（mm 或 m³/亩）； P_e 为作物生育期的有效降水量（mm 或 m³/亩）； P 为计算时段内总降水量（mm）。

4.2.3　主要行业用水定额

4.2.3.1　工业用水定额

（1）火力发电

结合典型调查分析，采用前面的用水定额统计分析方法，制定黄河流域火力发电用水定额推荐值，另取各样本集中的最小定额值作为黄河流域火力发电用水定额指导值。黄河流域火力发电机组、热电联产机组用水定额和水重复利用率计算结果分别见表 4-2 和表 4-3。

表 4-2　黄河流域火力发电装机用水量定额指标和水重复利用率

火力发电机组冷却方式	单机容量/MW	推荐值		指导值	
		用水定额/[m³/(S·GW)]	复用水率/%	用水定额/[m³/(S·GW)]	复用水率/%
湿冷（循环冷却供水系统）	600	0.570	97.7	0.52	98.5
	1000	0.554	97.9	0.55	98.5
空冷	600	0.129	95.7	0.108	96.9
	1000	0.142	96.2	0.112	96.2

表 4-3　黄河流域热电联产机组装机用水量定额指标和水重复利用率

热电联产机组冷却方式	单机容量/MW	推荐值		指导值	
		用水定额/[m³/(S·GW)]	复用水率/%	用水定额/[m³/(S·GW)]	复用水率/%
湿冷（循环冷却供水系统）	300	0.648	95	0.52	98
空冷	300	0.156	95	0.133	98

（2）采矿业

采矿业主要包括煤炭开采和洗选业、石油和天然气开采业以及金属矿采选业。

1）煤炭开采和洗选业。结合典型调查分析，采用前面的统计分析方法，确定黄河流域煤炭开采和洗选业的用水定额的推荐值，用水定额的推荐值采用各省区最小的定额值，结果详见表 4-4。

表 4-4　黄河流域煤炭开采和洗选业用水定额　　　（单位：m³/t）

定额	原煤				洗选煤
	机、炮采	水采	综采	露天开采	
推荐定额	0.83	3.40	0.93	0.02	0.33
指导定额	0.40	1.00	0.70	0.02	0.15

2) 石油和天然气开采业。石油开采方式有自喷采油和机械采油两种，我国以机械采油为主，技术水平和装备相比国外较为落后，用水量较大，用水环节主要是开采设备用水、油井注水等。天然气开采一般采用自喷方式，用水环节主要包括开采设备用水和预处理用水。

根据样本情况，采用前面的统计分析方法，确定黄河流域石油和天然气开采的用水定额推荐值，指导定额取各省区最先进的定额值。具体结果见表4-5。

表 4-5　黄河流域石油和天然气开采的用水定额　　（单位：m^3/t）

定额	原油开采	天然气开采
推荐定额	2.95	0.20
指导定额	0.90	0.20

3) 金属矿采选业。金属矿采选用水主要包括开采用水和分选用水两大用水单元。金属矿开采用水主要包括设备用水、破碎用水、除尘用水、机修用水、空压机站用水和锅炉用水等；金属矿分选用水主要包括破碎用水、磨矿和分级用水、主厂房用水等。

根据样本情况，采用前面的统计分析方法，确定黄河流域金属矿采选用水定额的推荐值，指导定额取各省区最先进的定额值。具体结果见表4-6。

表 4-6　黄河流域金属矿采选业用水推荐定额　　（单位：m^3/t）

定额	铁矿石	铝土矿	铜矿
推荐定额	0.45	0.10	0.25
指导定额	0.30	0.10	0.25

（3）石油加工及炼焦业

石油加工业是用水量较大的行业，用水量中的约40%是用于循环冷却水的补充水，约40%制成软化水和脱盐水作为工艺用水或作锅炉的给水，锅炉产生蒸汽后供生产装置使用，取水量中的10%～20%用于辅助生产用水和其他用水。

炼焦业属于高耗水重污染的行业，目前焦炭行业存在着产业集中度低、回收装置不完备、资源浪费严重等突出问题。

根据样本情况，采用前面的统计分析方法，确定黄河流域石油加工及炼焦业产品用水定额的推荐值，指导定额取各省区最先进的定额值，具体结果见表4-7。

表 4-7　黄河流域石油加工及炼焦业用水推荐定额　（单位：m³/t）

定额	石油加工业				炼焦业
	原油加工		汽油	柴油	焦炭
	燃料型炼油厂	燃料、润滑油型炼油厂			
推荐定额	1.20	1.50	1.20		1.56
指导定额	1.20	1.50	0.93	0.83	1.50

（4）煤化工

根据样本情况，采用经验法确定黄河流域甲醇用水定额的推荐值，指导定额取各省区最先进的定额值，具体结果见表 4-8。

表 4-8　黄河流域煤制油、甲醇用水定额　（单位：m³/t）

产品	推荐定额	指导定额	备注
煤制油	9~13	9~13	间接液化
	7~10	7~10	直接液化
甲醇	16.65	10.7	

（5）冶金业

冶金行业主要包括锌冶炼、铝冶炼、氧化铝、炼钢。根据以上样本数据，黄河流域的推荐定额采用统计分析法确定，指导定额取各省区最先进的定额值。具体结果见表 4-9。

表 4-9　黄河流域冶金业用水推荐定额　（单位：m³/t）

定额	铝	氧化铝	锌	炼钢
推荐定额	10.89	2.80	15.98	6.35
指导定额	8.00	2.80	11.00	3.20

（6）造纸业

造纸行业属于高耗水、重污染行业，造纸行业是黄河的主要污染源之一。造纸业用水主要分制浆和生产纸及纸板生产过程的用水，包括蒸煮、漂白、脱色、洗涤等过程，其用水量与原料和工艺密切相关。经综合分析，黄河流域造纸产品用水定额直接采用国家标准，具体结果见表 4-10。

表 4-10　造纸产品取水量定额指标　　　　（单位：m³/t）

标准分级		A 级	B 级
纸浆	漂白化学木（竹）浆	90	150
	本色化学木（竹）浆	60	110
	漂白化学非木（麦草、芦苇、甘蔗渣）浆	130	210
	脱墨废纸浆	30	45
	未脱墨废纸浆	20	30
	机械木浆	30	40
纸	新闻纸	20	50
	印刷书写纸	35	60
	生活用纸	30	50
	包装纸	25	50
纸板	白纸板	30	50
	箱纸板	25	40
	瓦楞原纸	25	40

（7）水泥制造业

水泥制造用水在建筑业用水中占有很大的比重，其用水主要在生料制备环节。生料制备有干法和湿法两种方法，干法水泥生产工艺的生产设备的冷却用水采用循环水，生产用水的循环利用率可达 95%，与湿法制造工艺相比，其工业水单位耗水可以减少 3.9t 水/t 水泥。

经分析，黄河流域推荐定额采用统计分析法确定，指导定额取各省区最先进的定额值，具体结果见表 4-11。

表 4-11　黄河流域水泥制造业用水推荐定额　　　（单位：m³/t）

定额	水泥			
	干法	湿法	半干法	湿法、半干法
推荐定额	0.62	2.43	2.50	3.50
指导定额	0.30	1.50	2.50	3.50

4.2.3.2　农业用水定额

根据上述农业用水定额计算方法，计算黄河流域分区净灌溉定额见表 4-12、表 4-13。

表 4-12　黄河流域灌溉灌溉净定额（P=50%）

P=50% 时灌溉净定额/（m³/亩）

一级区	二级区	春小麦	冬小麦	水稻	玉米	豆类	青稞	油料	棉花	果树	苹果	梨	甜菜	马铃薯	蔬菜	田间水利用系数	渠系水利用系数 斗(井)口以下	渠系水利用系数 斗口以上	灌溉水利用系数 综合
黄河	龙羊峡以上	230			200	205	245	190						180	360	0.85	0.63	0.70	0.44
	龙羊峡至兰州	200	200		200	240	135							150	300	0.82	0.67	0.72	0.48
	兰州至河口镇	200	200	400	200	120			200	160			320		400	0.79	0.68	0.73	0.50
	河口镇至龙门	200			130	100				160			200	130	400	0.83	0.78	0.85	0.67
	龙门至三门峡	200	200	465	175	170				140	90	90		130	200	0.83	0.80	0.90	0.72
	三门峡至花园口	90	90	500						110	90	85		80	120	0.85	0.81	0.86	0.70
	花园口以下	80	80	410	60	110			90	85	85			70	206	0.86	0.79	0.87	0.69
	内流区	200	200		100	100		120		200				150	400	0.82	0.81	0.92	0.74

表 4-13　黄河流域灌溉灌溉净定额（P=75%）

P=75% 时灌溉净定额/（m³/亩）

一级区	二级区	春小麦	冬小麦	水稻	玉米	豆类	青稞	油料	棉花	果树	苹果	梨	甜菜	马铃薯	蔬菜	田间水利用系数	渠系水利用系数 斗(井)口以下	渠系水利用系数 斗口以上	灌溉水利用系数 综合
黄河	龙羊峡以上	270			240	230	265	230						180	430	0.85	0.63	0.70	0.44
	龙羊峡至兰州	200			200	240	185			200				160	250	0.82	0.67	0.72	0.48
	兰州至河口镇	250	250	500	250	120			200	200			280		600	0.79	0.68	0.73	0.50
	河口镇至龙门															0.83	0.78	0.85	0.67
	龙门至三门峡	210	210		180				200	180	130	150			320	0.83	0.80	0.90	0.72
	三门峡至花园口		120	530				530		140	130					0.85	0.81	0.86	0.70
	花园口以下	120			95				120	105					231	0.86	0.79	0.87	0.69
	内流区	110	110													0.82	0.81	0.92	0.74

4.3 节水内涵及节水潜力评价

4.3.1 节水潜力内涵研究

目前，在诸多的节水研究中，对节水潜力尚未形成一个统一、公认的定义和概念。具有代表性的《全国水资源规划大纲》实施技术细则中认为节水潜力是以各部门、各行业（或作物）通过综合节水措施所达到的节水指标为参考标准，现状用水水平与节水指标的差值即为最大可能节水数量。可见，传统意义下的节水潜力主要是指某单个部门、行业（或作物）在采取一种或综合节水措施以后，与未采取节水措施前相比，所需水量（或取用水量）的减少量。

随着节水工作的深入研究，又有学者指出并不是所有取用水的节约量都是节水量，只有所减少的不可回收水量才属于真实意义上的节水量。中国水利水电科学研究院在 1999 年提出了以区域耗水量的变化作为水资源高效利用的评价指标。2000年中国水利水电科学研究院提出了"真实节水"的概念，认为真实节水是节约水量中所消耗的不可回收水量，包括蒸发蒸腾量、无效流失量以及作物增产部分所增加的净耗水量，这些全新节水概念的提出为正确认识区域节水潜力提供了新的认知基础和科学理念。

实际上，区域内某部门或行业通过各种节水措施所节约出来的水资源量并没有完全损失，部分仍然存留在区域水资源系统内部，或被转移到其他水资源部门或行业。因此，从单个用水部门或行业来看，节约了取用水量，但就区域整体而言，取用水的减少量并没有实现真正意义上的节水。因此，传统意义下计算节水潜力的方法根本不能真实地反映该地区实际的水资源节约量，需要从水资源消耗特性出发，研究区域真正节水潜力。

为统一起见，本书将传统意义上的节水潜力称为"毛节水潜力"，在总结之前研究成果的基础上，界定毛节水潜力的内涵为在可预知的技术水平条件下，通过采取一系列的工程和非工程节水技术措施，同等规模下未来预期需要的用水量比基准年减少的水量称为毛节水潜力。毛节水潜力是技术可行条件下可以实现的最大理论节水潜力。

目前多数规划研究成果中提到的节水潜力均属于毛节水潜力范畴。毛节水潜力已普遍被很多专家学者所接受，认为采用未来节水条件下需水定额与基准年用水定额之差计算出来的就是毛节水潜力。近年来，随着黄河流域水资源紧缺形势的发展，黄河流域水资源管理中毛节水潜力的内涵越来越受到严重挑战。究其原因主要是毛节水潜力忽略了用水区域上下游之间、地表与地下之间的水量转化关系和重复利用关系。以农业灌溉为例，提高灌溉水利用效率无疑将节约出一部分可供水量，但也会因此减少一部分深层渗漏量和一部分灌溉回归水量。深层渗漏量是灌区地下水的主要来源之一，灌区灌溉回归水量既可作为下游灌区可供水量，也可回归到下游河流。综上可知，通过提高灌溉水利用系数，在减少灌区取水量的同时也减少了一部分本灌区之外可供水量的来源。因此，毛节水潜力估算没有考虑其中因节水而减少的可重复利用的地表回归水量和地下水补给量的影响，在实际水资源管理工作中存在明显问题。

结合国内外各界对节水潜力的争议和认识，在毛节水潜力分析的基础上，本书界定净节水潜力是指在可预知的技术水平条件下，通过采取一系列的工程和非工程节水技术措施，同等规模下未来预期需耗水量与基准年耗水量的差值。净节水潜力是从区域水资源系统整体出发，考虑水资源在系统中的消耗规律，通过各种可能节水措施所能够减少的耗水量。净节水潜力实际上是从水循环中夺取的无效蒸腾蒸发量和其他无效流失量。净节水量可以作为区域新增水资源量被其他用水部门利用消耗。可见，分析评价区域净节水潜力对认识区域所采取节水措施的节水效果、评价区域水资源开发潜力和承载能力具有重要意义。

农业节水在黄河流域节水型社会建设中占主导地位。本书以农业节水系统为例，分析毛节水潜力和净节水潜力的内涵和组成。农业灌溉节水潜力的构成如图 4-2 所示。

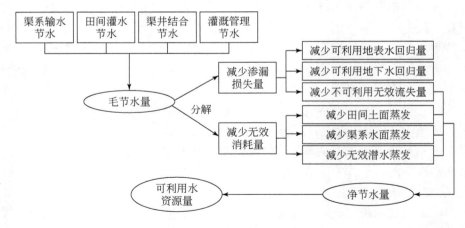

图 4-2　农业灌溉节水潜力构成

由图 4-2 可知，农业灌溉毛节水量主要由两部分构成，一是减少的渗漏损失量；二是减少的无效消耗量。其中渗漏损失量包括三部分：①可利用的地表水回归量；②可利用的地下水回归量；③不可利用的无效流失量（如流入无法重复利用的水体等）。从区域水平衡的观点来看，地表水回归量和地下水回归量是可以被重复利用的，因此，从区域可利用水资源角度分析可以看出，这部分损失的水量原本就是可以回用的水量，这部分的节水并不能增加可利用的灌溉总水量，而无效流失量主要是指被污染或其他因素影响而成为不可回用的水量，如果减少这部分损失，则可以增加可利用的水资源总量。对于无效消耗量部分，无论是田间土面蒸发、渠系水面蒸发还是无效潜水蒸发，这部分水是真正被消耗掉的不可回收的水量，减少这部分耗水实际上增加了可利用水资源总量。由此可以得出，净节水潜力是减少的无效耗水量与减少的无效流失量之和。

4.3.2　节水潜力评价方法

节水潜力评价方法因适用目的和对象不同而有所区别，对评价单项工程节水措施节水潜力时，计算方法通常考虑的因素较多，计算过程具体；在评价区域综合节水潜力时，定额和用水效率的评价方法在水资源规划中被广泛采用。

（1）农业节水潜力评价方法

根据毛节水潜力的概念，挖掘农业节水潜力主要通过 3 个途径：一是调整农业种植结构，减少高耗水作物种植比例，降低亩均灌溉定额；二是依靠农业技术进步，采取先进灌水技术和科学灌溉制度，提高灌溉水利用效率；三是通过工程节水措施，有效地降低灌溉定额，提高灌溉水利用系数，达到节水目的。本书采用全国水资源综合规划技术细则中农业节水潜力的评价方法，其公式为

$$\Delta W_{农} = A_0 \times Q_0 \times (1 - \eta_0 / \eta_t) \tag{4-8}$$

式中，$\Delta W_{农}$ 为农业节水量（亿 m^3）；A_0 为现状实灌面积（万亩）；Q_0 为现状实灌定额（m^3/亩）；η_0、η_t 为现状、未来灌溉水利用系数。

该方法的优点是概念基本清楚、计算简便，适用于区域和流域节水潜力评价，但该方法从需水角度出发，评价结果为毛节水潜力。

（2）工业节水潜力评价方法

工业节水潜力的大小主要体现在 3 个方面：一是调整产业结构，减少高耗水、高耗能、高污染的企业；二是采用先进工艺技术、先进设备等，减少单位增加值取水量；三是提高用水重复利用率，减少新鲜水取用量。本书采用全国水资源综合规划技术细则中工业节水潜力的评价方法，其公式为

$$\Delta W_{\text{工}} = W_t \times (\eta_t - \eta_0) + W_0 \times (L_0 - L_t) \tag{4-9}$$

$$W_t = P_0 \times Q_t / (1 - \eta_t) \tag{4-10}$$

式中，$\Delta W_{\text{工}}$ 为工业节水量（亿 m^3）；W_0 为现状非自备水源用水量（亿 m^3）；W_t 为未来节水指标下工业用水量（等于取水量与重复水量之和）；P_0 为现状工业增加值（亿元）；Q_t 为未来工业增加值综合万元产值定额（m^3/万元）；η_0、η_t 为现状、未来重复利用率；L_0、L_t 为现状、未来管网漏失率。

该公式中，工业节水潜力由工业用水环节节水潜力和非自备水源工业输水环节节水潜力组成，工业用水环节节水潜力通过企业节水前后工业用水重复利用率的变化分析，非自备水源工业输水环节节水潜力通过节水前后供水管网漏失率的变化分析。

（3）城镇生活节水潜力评价方法

城镇生活节水潜力主要是从降低供水管网综合损失率和提高节水器具普及率两方面着手。本书采用全国水资源综合规划技术细则中的城镇生活节水潜力评价方法，其公式为

$$\Delta W_{\text{城}} = W_{\text{城}0} \times (L_0 - L_t) \tag{4-11}$$

式中，$\Delta W_{\text{城}}$ 为城镇生活节水量（亿 m^3）；$W_{\text{城}0}$ 为现状城镇生活用水量（包括建筑业和第三产业）；L_0、L_t 为现状、未来管网损失率。

（4）净节水潜力评价方法

根据净节水潜力概念，净节水潜力分析应建立在区域水资源利用和消耗机理的基础上，认识水资源利用系统采取节水措施前后的取水、输水和用水等各个环节的耗水特性和规律，进而分析采取节水措施后减少的耗水量。例如对农业灌溉来说，灌区净节水潜力是在掌握灌区耗用水规律的条件下，计算采取节水措施后灌区耗水量的减少量。基于耗水机理的净节水潜力计算公式可用下式所示：

$$W_{\text{净}} = W_t - W_0 \tag{4-12}$$

式中，$W_{\text{净}}$ 为净节水潜力（万 m^3）；W_t 为节水条件下的耗水量（万 m^3）；W_0 为现状条件下的耗水量（万 m^3）。

工业生产和居民生活耗水量可由取水量、废污水排放量差值估算。灌区耗水机理十分复杂，耗水量估算可用下式表示：

$$W_{\text{耗}} = E_{\text{田间腾发}} + E_{\text{水面}} + E_{\text{未利用地腾发}} \tag{4-13}$$

其中，$E_{\text{水面蒸发}} = F_{\text{水面蒸发}} \times \alpha$，式中 $F_{\text{水面蒸发}}$ 为水面面积（km^2）；α 为水面蒸发系数。

$E_{\text{未利用地腾发}} = F_{\text{未利用}} \times \beta$，式中 $F_{\text{未利用}}$ 为未利用土地面积（km^2）；β 为蒸腾蒸发系数，可由试验观测获得。

$E_{田间腾发}=F_{作物}\times ET_c\times K_s$，式中 $F_{作物}$ 为作物灌溉面积（km²）；ET_c 为作物需水量（mm），与气象、作物、土壤水分等因素有关，可由国际粮农组织（FAO）推荐的彭曼-蒙蒂斯（Penman-Monteith）计算；K_s 为水分胁迫系数。

上述计算所用参数 β、K_s 等一般需要大量试验观测和分析才能获得。目前，由于缺乏足够和可靠的资料支撑，限制了该法在流域或区域净节水潜力评价上的应用。

从耗水机理角度出发计算净节水潜力，关键在于确定节水措施前后各个用水环节耗水规律的变化。在目前水平下，要详细认识黄河流域各地区、各部门以及不同用水环节的耗水机理难以实现。

耗水系数是区域用水过程中各个环节耗水规律的综合反映。毛节水潜力是节约下来的需用水量，其组成包含减少的耗水量（即净节水潜力）和回归水量两部分。在目前情况下，区域净节水潜力在毛节水潜力中所占比例可用区域耗水系数近似代替。因此，本书采用耗水系数转换法估算流域净节水潜力。计算公式为

$$W_{净}=W_{毛}\times\alpha \tag{4-14}$$

式中，$W_{净}$ 为净节水潜力；$W_{毛}$ 为毛节水潜力；α 为综合耗水系数。

据上式可知，采用毛节水潜力估算净节水潜力的关键在于确定合理的耗水系数。

4.3.3　流域现状用水水平

（1）城镇现状用水水平

2004 年黄河流域万元 GDP 用水量 377m³，高于全国、北京市和天津市万元GDP 用水量。流域内各省（区）万元 GDP 用水量也存在较大差距，流域上中游宁夏、青海和内蒙古万元 GDP 用水量较高，分别为 1683m³、655m³ 和 613m³；流域下游山东最低，仅为 171m³。

黄河流域万元工业增加值用水量由 1980 年的 876m³ 下降至 2004 年的 148m³，下降了 83.1%。流域现状工业用水重复利用率 58%，略低于全国平均水平。流域内甘肃、青海、宁夏、内蒙古、陕西工业用水重复利用率低于流域平均水平，山西省工业重复利用率最高，达 85%，高于流域平均水平和全国平均水平。

通过对黄河流域 59 个城市的统计，2004 年黄河流域城镇供水管网综合损失率为 18.5%，略低于全国平均水平。其中，特大城市供水管网综合损失率为20.6%，大城市供水管网综合损失率为 18.9%，中等城市供水管网综合损失率为

17.2%，小城市供水管网综合损失率为 16.8%。流域内青海、甘肃、内蒙古、山西城镇供水管网漏损率低于流域平均水平，陕西省高于流域平均水平。

1980 年以来黄河流域用水水平和用水效率有了较大提高，总体上达到全国平均水平。但与全国先进地区和世界发达国家相比，水资源利用方式仍然比较粗放，用水效率较低，浪费仍较严重。流域内节水管理与节水技术还比较落后，主要用水效率指标与国内先进水平和发达国家尚有较大差距。

2004 年黄河流域城镇用水水平和用水效率见表 4-14。

表 4-14 2004 年黄河流域城镇用水水平指标

省（区）	万元 GDP 用水量 / （m³/万元）	工业		城镇供水管网漏损率/%
		万元增加值用水量 / （m³/万元）	工业用水重复利用率 /%	
青海	655	416	50	13.8
甘肃		367	40	18.0
宁夏	1683	292	50	24.0
内蒙古	613	116	53	16.5
陕西		133	55	19.5
山西		90	85	16.0
黄河流域	377	148	58	18.5
全国	402	188	60	20.0
海河流域	199	77	75	18.0

（2）农业现状用水水平

2004 年黄河流域农业平均灌溉水利用系数为 0.48，流域上中游区的山西、陕西两省灌溉水利用系数在 0.60 左右，达到较高水平；宁夏灌溉水利用系数为 0.37，青海灌溉水利用系数为 0.38，处于较低水平。

2004 年黄河流域亩均用水量 459m³，略高于全国平均水平。2004 年宁夏亩均用水量 1253m³，显著高于流域其他各省（区），这除了归因于灌溉作物组成和干旱气候因素外，宁夏灌区用水粗放也是导致毛灌溉定额大的重要原因。从亩均用水量和灌溉水利用效率分析，黄河流域上中游区青海、宁夏、内蒙古等省（区）农业灌溉具有一定的节水潜力。详见表 4-15。

表 4-15 2004 年黄河流域农业用水水平

省（区）	亩均用水量/（m³/亩）	灌溉水利用系数	灌溉水分生产效率/（kg/m³）
全国	450	0.45	
黄河流域	459	0.48	1.13
青海	622	0.38	0.34
甘肃	455	0.48	0.6
宁夏	1253	0.37	0.51
内蒙古	525	0.49	0.71
陕西	320	0.6	1.64
山西	320	0.61	1.59

4.3.4　流域节水潜力评价

毛节水潜力分析关键在于合理选取节水条件下的节水指标和节水标准。节水标准以国家制定的有关节水政策、技术标准为依据，考虑各省（区）现状用水水平和将来节水标准实现的可行性综合确定。

4.3.4.1　节水指标和标准确定依据

本书农业节水指标采用灌溉水利用系数和灌溉定额。农业节水标准的确定主要依据国家颁布的《节水灌溉工程技术规范》（GB/T50363—2006），同时参考黄河流域各省（区）颁发实施和本项目确定的行业用水定额，并结合各省（区）现状用水水平和将来节水标准实现的可行性。

工业节水指标采用万元工业增加值取水量和工业用水重复利用率。工业节水标准以国家颁布的《中国节水技术政策大纲》（2005 年第 17 号）、《节水型企业评价导则》为主要依据，同时参考国家标准委批准发布的火力发电、钢铁、石油、纺织和造纸等高用水行业取水定额国家标准（GB/T18916.1-7，2002）和黄河流域各省（区）颁发实施的各行业用水定额，并参照国内先进节水标准或世界先进水水平，结合考虑各省（区）现状用水水平和将来节水指标实现的可行性综合确定。

城镇生活节水指标选取供水管网综合漏失率。城镇生活节水标准的拟定以《城市供水管网漏损控制及评定标准》（CJJ93—2002）、《节水型城市考核标准》为主要参考资料，并参照国内先进节水标准和世界先进用水水平，考虑各省

（区）现状用水水平综合确定。

4.3.4.2 节水标准及其合理性分析

黄河流域现状与规划确定的节水标准见表4-16。黄河流域工业单位增加值用水量规划节水标准为24m³/万元，全国平均为40 m³/万元，代表国内先进用水水平的海河流域为18m³/万元。横向比较来看，黄河流域工业单位增加值用水量节水标准是全国平均的60%，是海河流域的1.33倍。可见，黄河流域工业节水标准已处于国内较高水平，但同时考虑到流域自身经济技术水平等因素，与国内先进节水水平相比，尚存在一定距离。此外，和发达国家比较，黄河流域规划节水标准总体上和发达国家2004年用水水平接近，与发达国家相比有30年左右的差距，基本符合黄河流域经济社会发展情况。

表 4-16 黄河流域现状与未来节水标准

省（区）	工业				农业灌溉				城镇供水管网漏损率%	
	现状水平		节水标准		现状水平		节水标准		现状水平	节水标准
	单位增加值用水量/(m³/万元)	工业用水重复利用率/%	单位增加值用水量/(m³/万元)	工业用水重复利用率/%	实灌定额/(m³/亩)	灌溉水利用系数	亩均用水量/(m³/亩)	灌溉水利用系数		
发达国家	25~40	85~90				0.6~0.8				
海河	77	75	18	90	250	0.62	230	0.75	18.0	9.0
全国	154	60	40	80	449	0.45	390	0.58	20.0	10.0
黄河流域	104	61	24	83	420	0.49	343	0.62	17.9	9.5
青海	312	57	56	82	639	0.38	421	0.54	13.5	9.0
四川	182	65	30	78	231	0.46	249	0.61	18.7	10.0
甘肃	235	45	34	70	359	0.47	364	0.57	17.8	10.0
宁夏	228	55	47	78	983	0.34	772	0.48	22.0	10.5
内蒙古	84	58	22	81	543	0.44	410	0.57	16.3	10.3
陕西	92	60	23	80	252	0.57	258	0.67	19.0	8.5
山西	67	76	19	90	225	0.60	267	0.71	15.6	9.0
河南	101	72	24	89	398	0.55	275	0.66	18.0	9.7
山东	71	70	17	90	232	0.62	225	0.74	20.0	10.0

通过国内外横向比较，黄河流域拟定的工业节水标准反映了黄河流域水资源条件、经济技术水平等情况，是基本合理的。

4.3.4.3 流域节水潜力

以 2006 年为基准年，根据上述节水潜力计算方法和确定的节水标准，计算得黄河流域总体节水潜力为 83.55 亿 m^3，其中农业节水潜力为 59.29 亿 m^3，占总节水潜力的 71.0%；工业节水 22.25 亿 m^3，占总节水潜力的 26.6%；城镇生活最大可能节水潜力为 2.0 亿 m^3，占总节水潜力的 2.4%。详见表4-17。

表 4-17 黄河流域总体节水潜力表 （单位：亿 m^3）

省（区）	工业节水潜力	农业节水潜力	生活节水潜力	总体节水潜力
青海	0.91	3.93	0.04	4.88
四川	0.00	0.00	0.00	0.00
甘肃	1.94	4.14	0.24	6.33
宁夏	1.42	17.92	0.16	19.49
内蒙古	3.00	16.97	0.15	20.11
陕西	3.83	5.07	0.68	9.58
山西	4.04	3.54	0.28	7.86
河南	4.41	6.15	0.24	10.80
山东	2.72	1.59	0.20	4.51
合计	22.25	59.29	2.00	83.55

4.3.4.4 流域规划毛节水量

规划节水量计算是流域水资源规划的重点内容和重要基础。根据前面毛节水潜力概念，毛节水潜力表示为技术可行条件下的最大理论节水量。结合黄河流域经济发展等实际情况，考虑到节水措施的经济合理性，规划节水量一般要小于节水潜力。

按照本书节水量计算方法，分析规划节水量的关键在于确定合适的规划节水标准。经计算，到 2020 年和 2030 年黄河流域累计规划节水量分别为 56.9 亿 m^3 和 76.4 亿 m^3。根据规划的节水措施估算，预计 2006~2020 年节水总投资为 436.5 亿元，2020~2030 年节水总投资为 281.4 亿元，到 2030 年累计节水总投资 717.9 亿元，综合单方水节水投资规划水平年分别为 7.67 元和 9.4 元。详见表 4-18。

表 4-18 黄河流域城镇生活节水成果

省（区）	水平年	农业		工业		城镇大生活		合计	
		节水量 /亿 m³	投资 /亿元	节水量 /亿 m³	投资 /亿元	节水量 /亿 m³	投资 /亿元	节水量 /亿 m³	投资 /亿元
青海	2020 年	2.21	14.67	0.35	3.54	0.02	0.16	2.58	18.37
	2030 年	3.03	23.05	0.90	12.6	0.03	0.34	3.96	35.99
四川	2020 年	0	0	0	0.01	0	0	0	0.01
	2030 年	0	0	0	0.02	0	0.01	0	0.03
甘肃	2020 年	3.24	21.46	1.62	16.99	0.15	1.48	5.01	39.93
	2030 年	4.09	31.12	1.86	26.01	0.20	2.74	6.15	59.87
宁夏	2020 年	4.96	32.87	1.16	11.62	0.11	1.05	6.23	45.54
	2030 年	7.15	54.35	1.39	18.73	0.15	2.06	8.69	75.14
内蒙古	2020 年	10.5	69.55	1.97	20.64	0.10	1	12.57	91.19
	2030 年	14.6	111.03	2.96	41.5	0.13	1.69	17.69	154.22
陕西	2020 年	4.37	28.98	2.02	21.19	0.39	3.9	6.78	54.07
	2030 年	6.03	45.83	3.06	42.88	0.56	7.6	9.65	96.31
山西	2020 年	5.15	34.14	2.95	30.92	0.14	1.4	8.24	66.46
	2030 年	6.53	49.69	3.57	50.02	0.20	2.66	10.30	102.37
河南	2020 年	7.94	52.61	3.33	33.31	0.16	1.55	11.43	87.47
	2030 年	10.14	77.13	4.09	55.21	0.21	2.76	14.44	135.10
山东	2020 年	2.01	13.31	1.88	18.81	0.14	1.33	4.03	33.45
	2030 年	2.62	19.91	2.70	36.45	0.18	2.38	5.50	58.74
合计	2020 年	40.4	267.6	15.28	157.04	1.20	11.88	56.88	436.52
	2030 年	54.2	412.2	20.54	283.42	1.66	22.25	76.40	717.87

4.3.4.5 规划净节水量

按净节水量计算方法，根据各省区 2004 年耗水系数将规划毛节水量转换成规划净节水量。经计算，2006～2030 年黄河流域总规划净节水量约为 41 亿 m³。黄河流域各省区不同水平年规划净节水量计算成果见表 4-19。

表 4-19　黄河流域规划净节水量成果表

省（区）	毛节水量/亿 m³		净节水量/亿 m³		耗水系数
	2020 年	2030 年	2020 年	2030 年	
青海	2.58	3.96	1.17	1.80	0.455
甘肃	5.01	6.15	2.67	3.28	0.533
宁夏	6.23	8.69	2.86	3.99	0.459
内蒙古	12.57	17.69	6.56	9.23	0.522
陕西	6.78	9.65	4.14	5.89	0.610
山西	8.24	10.3	4.90	6.13	0.595
河南	11.43	14.44	6.08	7.68	0.532
山东	4.03	5.5	2.20	3.00	0.545
合计	56.88	76.4	30.51	40.98	0.536

4.4　黄河流域节水型社会建设目标

4.4.1　流域节水面临的基础和条件分析

　　黄河流域水资源特点、经济技术水平等因素构成了流域独特的节水基础和条件，准确认识黄河流域节水基础是合理制定流域节水型社会建设目标的重要基础。

　　黄河流域水利设施薄弱和经济社会发展水平低是流域节水的现实基础。一方面，黄河流域经济基础相对薄弱，现状水利基础设施陈旧老化严重、配套差；另一方面，黄河流域节水是一项庞大的基础工程，节水对资金投入的需求巨大，节水资金不足是黄河流域节水工作的主要制约因素。根据全国大型灌区续建配套与节水改造项目中期评估情况，截至 2004 年，内蒙古地方配套资金到位率为 54.0%，宁夏为 46.5%，全国平均为 72.6%，表明黄河流域上中游地区配套节水资金到位情况相对较差，资金投入不足是制约黄河流域节水的主要问题。

　　黄河流域内部分灌区土壤盐碱化是流域节水面临的基本问题之一。由于土壤母质、气候干旱、蒸发强烈以及不合理的灌排方式等原因，黄河流域上中游区的宁夏和内蒙古灌区长期以来存在较为严重的土壤盐渍化问题。有些地区（如河套灌区）在灌区大规模兴建之前，当地土壤盐碱化已相当严重。随着灌区的大规模建设，灌区引水量迅速增加，而由于灌排工程不配套、重灌轻排等原因，使地下水位上升并超过临界水位，加剧了土壤的盐碱化。灌区盐碱化土壤改造的关键是使土壤脱盐，水利措施仍是当前最主要的盐碱土壤改良措施。例如，宁蒙灌区的"秋浇"和夏灌第一水除了保墒作用外，还起到使土壤淋盐的作用。综上可知，土壤盐碱化问题使得宁蒙灌区灌溉与节水相对复杂，该地区灌溉与节水措施的选择需要充分考虑土壤盐碱化的调控和改良，在减轻或避免土壤盐碱化的基础上实现节水。

黄河流域水资源高含沙的特性也是节水面临的基本问题之一。黄河泥沙含量高举世闻名，多数情况下引水意味着引沙，泥沙很容易对渠系等设施造成淤堵。并且，水流高含沙的特点在技术上也为推广和使用喷灌、微灌等高效节水技术带来了困难，对泥沙的处理将进一步增加高效节水措施的成本，降低高效节水措施的效益，从而限制部分高效节水措施在黄河流域内的推广和使用。

公众节水意识淡薄是流域节水面临的又一现实基础和限制条件。节水是集约化生产的重要方面之一，是先进生产技术和生产意识的集中体现。黄河流域农业生产经营分散，生产方式粗放，农民用水节约意识、生态意识和投入产出意识比较淡薄。节水意识薄弱制约当地农民对节水的认识和需求，从而在一定程度上制约了流域节水建设。

综上所述，黄河流域节水基础较差，流域节水受到当地土壤盐渍化、黄河泥沙含量高、经济社会发展相对落后、节水意识淡薄等主客观条件限制。黄河流域上述节水基础和条件是确定流域节水型社会建设目标需要考虑的重要因素。

4.4.2 建设目标拟定

根据前述，从国家政策导向、黄河流域缺水形势和节水面临的制约条件等方面综合分析，黄河流域节水型社会建设目标设置既不能太低，太低则达不到提高用水效率、挖掘节水潜力的目的；也不能太高，高到脱离实际，超出流域经济社会等各方面承受能力。

本书选取能够代表黄河流域主要用水行业用水水平的节水指标来量化评价节水型社会建设目标。在参考《黄河流域十一五节水型社会建设规划》、《黄河流域水资源综合规划》等研究成果的基础上，结合黄河流域实际，拟定了低、中、高3种节水型社会建设目标方案，通过比较分析从而确定合理的节水型社会建设目标。低目标方案代表保持现状用水增长率下的方案；中目标方案代表采取强化节水措施，节水力度较高的方案；高目标方案代表采取超强节水措施的方案。

黄河流域不同节水型社会建设目标方案下的量化指标见表 4-20。根据低、中、高目标方案计算出的 2030 年黄河流域河道外多年平均需水量成果见表 4-21。

表 4-20　2030 年黄河流域不同节水型社会建设目标方案下的量化指标

项目	低目标方案	中目标方案	高目标方案
工业需水定额/（m³/万元）	36.1	30.4	29.9
工业重复利用率/%	61.3	79.8	82.7
城市管网漏失率/%	17.9	10.9	9.5
城市居民用水定额/（L/人·d）	133	125	120
灌溉水利用系数	0.52	0.59	0.62
农田灌溉定额/（m³/亩）	410	361	343

表 4-21　黄河流域不同节水型社会建设目标下水资源需求分析

省（区）	基准年需水量/亿 m³	低目标方案			中目标方案			高目标方案		
		2030 年需水量/亿 m³	净增量/亿 m³	年增长率/%	2030 年需水量/亿 m³	净增量/亿 m³	年增长率/%	2030 年需水量/亿 m³	净增量/亿 m³	年增长率/%
青海	22.63	32.34	9.71	1.20	27.67	5.04	0.67	27.47	4.84	0.65
四川	0.17	0.36	0.21	2.63	0.36	0.19	2.59	0.36	0.19	2.59
甘肃	51.95	68.58	16.63	0.93	62.61	10.65	0.62	62.25	10.30	0.60
宁夏	91.24	108.66	17.42	0.58	91.16	-0.08	0	89.16	-2.07	-0.08
内蒙古	107.09	127.53	20.44	0.58	108.85	1.76	0.05	107.42	0.33	0.01
陕西	78.16	106.33	28.17	1.03	98.09	19.93	0.76	96.75	18.59	0.71
山西	57.19	76.91	19.71	0.99	69.87	12.67	0.67	69.05	11.86	0.63
河南	54.86	73.22	18.36	0.97	63.26	8.40	0.48	62.42	7.57	0.43
山东	22.50	29.85	7.34	0.95	25.48	2.97	0.41	25.34	2.84	0.40
黄河流域	485.79	623.78	137.99	0.84	547.33	61.54	0.40	540.23	54.44	0.35

4.4.3 建设目标比选

（1）低目标方案

该方案总体特点是需水外延式增长。在该方案情形下，预计 2030 年黄河流域内河道外需水总量将达到 623.78 亿 m³，比基准年增加 137.99 亿 m³，规划期间需水年均增长率为 0.84%，和 1980 年到现状的用水增长率持平。为了满足该模式需水量，全流域需新增供水量 201.78 亿 m³，废污水排放量为 73.97 亿 m³，无论是增加供水还是治理水污染，均投资巨大，国民经济难以承受。该方案下的需水增长量明显超出了黄河流域水资源与水环境的承受能力，即使考虑外流域调水也很难满足该方案下的水资源需求，且该方案不符合"资源节约、环境友好型"社会建设的要求，与黄河流域水资源短缺形势和国家建设资源节约型社会的政策要求不相适应。

（2）中目标方案

本方案按照建设节水型社会的要求，加大节水投入力度，强化需水管理，抑制需水过快增长，大力提高用水效率和节水水平。该方案总体特点是实施严格的强化节水措施，着力调整产业结构，加大节水投资力度。该方案下预计 2030 年黄河流域需水总量达到 547.33 亿 m³，规划期间需水年均增长率为 0.40%，属于需水低速增长阶段。该方案既体现了强化节水和大力减污的要求，供水和治污投资均较小，节水投资为 717.9 亿元，单方水投资为 9.4 元。该方案在考虑南水北调西线调水量的情况下，通过多次协调和反馈，能够基本实现水资源的供需平衡。

（3）高目标方案

该方案下，2030 年黄河流域需水总量预计为 540.23 亿 m³，规划期间需水年均增长率为 0.35%。高目标方案体现了超强节水和大力减污的要求，供水和治污投资均较小，但节水投资达到 861.55 亿元，与中目标方案相比，新增节水量的单方水投资为 21.96 元，节水投资比低、中目标方案下的节水投资有大幅度增加；在该方案下，必须加大产业结构调整力度，甚至在很多地区需要强制性地关、转、并、停部分企业，增大了社会成本，影响到经济社会持续、稳定发展。

三个节水型社会建设目标方案综合分析情况见表 4-22。

表 4-22 黄河流域 2030 年不同需水情景方案比较分析

方案	累计减少需求量 /亿 m³	需新增供水量 /亿 m³	废污水排放量 /亿 m³	综合分析
低目标方案	0.00	201.78	73.97	黄河已无能力提供如此大的供水量，如全部靠调水解决，投资巨大，同时水污染治理投资也大
中目标方案	76.45	125.33	55.69	在考虑各种措施后，基本实现水资源供需平衡
高目标方案	83.55	118.23	54.36	节水达到一定程度后，增加节水潜力有限，新增节水投资大

（4）推荐方案

根据上述分析，中目标方案下的水资源需求总体上呈现低速增长态势，符合建设"资源节约、环境友好型"社会的要求，水资源利用效率总体达到全国先进水平。该方案反映了今后相当长的时期内流域国民经济和社会发展长期持续稳定增长对水资源的合理要求，在考虑各种措施后，能够基本达到水资源供需平衡，保障了流域经济社会的可持续发展。

综上所述，黄河流域节水型社会建设目标的量化指标如下：农业方面，2030 年流域灌溉水利用系数提高到 0.59，农田灌溉定额减少到 361 m³/亩；工业方面，工业万元增加值取水量减少到 30.4m³，工业用水重复利用率提高到 79.8%；城镇生活方面，供水管网漏失率减少到 10.9%。

4.5 节水型社会建设措施研究

4.5.1 农业灌溉节水措施

针对以上提出的黄河流域节水型社会建设中目标的农业节水的量化指标，因地制宜地提出黄河流域的农业节水措施。

4.5.1.1 农业主要节水措施节水效率分析

A. 主要工程节水措施

（1）渠道防渗措施

渠道不同的防渗标准直接影响到灌溉水利用率。目前黄河上中游防渗衬砌的材料主要有灰土、砌石、水泥土、沥青混凝土、复合土木膜料等，其中混凝土材料所占比重较大。根据国内外的实测结果，与普通土渠相比，一般渠灌区的干、支、斗、农采用黏土夯实能减少渗漏损失约45%，采用混凝土衬砌能减少渗漏损失70%~75%，采用塑料薄膜衬砌能减少渗漏损失80%左右。对大型灌区渠道防渗可以使渠系水利用系数提高0.2~0.4，减少渠道渗漏50%~90%。

（2）管道输水

管道输水是指用管道代替明渠输水，将灌溉水经配水口直接送入田间，是近似于全封闭的输水系统。该系统取代了垄沟、节省土地，并且可以重复使用，降低了单位面积投资。配水口的出流量可以根据沟（畦）规模和土壤特性，通过闸板进行调节，从而提高灌水均匀度。闸管灌溉系统既可以与渠灌区、井灌区的管道输水配套使用，也可用做全移动管道输水，替代田间农、毛渠，还可用作波涌灌溉的末端配水管道。利用管道输水技术，可以将输水效率提高到90%以上。低压技术虽然用管道代替了明渠，但从输水口到田间仍需要一段垄沟输水。

（3）改进地面灌

改进地面灌主要指通过土地平整，畦灌、沟灌等措施将原来的大水漫灌改为更合理、效率更高的灌溉方式。适宜的畦田规格是提高灌水效率、减少深层渗漏损失的一项重要措施。其内容包括畦田长度、宽度和入畦单宽流量，它们受灌水定额、土壤质地、地面坡度等因素的影响。畦田有方畦和长畦之分。根据田间试验测定，低压管道可降低蒸腾蒸发量24.4mm，地面闸管和小畦灌溉可降低蒸腾蒸发量38.6mm。另外，采用水平畦灌、隔沟灌溉和间歇灌溉等灌水方法，也可起到田间灌溉节水效果。

（4）喷灌技术

喷灌全部采用管道输水，输水损失很少，并能按照作物需水要求，做到适时适量，田间基本不产生深层渗漏和地面径流，灌水比较均匀，可比传统地面灌省水30%~50%。达到设计标准的喷灌工程，其灌溉水利用率可达85%以上。

（5）微灌技术

微灌包括微喷灌、涌泉灌和地下渗灌，可以根据植物的需水要求，通过管道系统与安装在末级管道上的灌水器，将植物生长中所需的水分和养分以较小的流量均匀、准确地直接送到根部附近的土壤表面或土层中。相较于传统地面灌和喷灌而言，微灌属于局部灌溉、精细灌溉，输水损失和田间灌水的渗漏损失极小，水的有效利用程度最高，约比地面灌溉节水50%~60%，比喷灌节水

15% ~20% 。达到设计标准的微灌工程，其灌溉水有效利用系数可达到 90%以上。

B. 非工程措施

（1）非充分灌溉和调亏灌溉技术

非充分灌溉是在供水量有限的条件下优化灌溉水的分配，即在作物需水临界期及重要生长发育时期灌"关键水"。调亏灌溉是根据作物对水分亏缺的反应，人为地施加一定程度的水分胁迫，通过控制土壤的水分供应对作物的生长发育进行调控，控制其形态生长从而促进产量的形成。非充分灌溉和调亏灌溉均可减少作物实际耗水量。调亏灌溉不需大量工程投入，是一种经济有效的农业节水技术。综合各地推广调亏灌溉的实际测定结果，采取调亏灌溉可以降低蒸腾蒸发量45mm 左右。

（2）秸秆覆盖保水技术

秸秆覆盖对土壤的物理特性及水分环境可产生有利的影响，有利于作物的生长。中国水利水电科学院于 1995 ~1997 年在北京市大兴县进行了"秸秆覆盖对土壤水分及夏玉米产量的影响"试验研究。试验结果表明，采用秸秆覆盖可以防止土壤表面板结和干裂，保持表层土壤松散湿润，增加土壤对雨水的吸收入渗能力，显著降低土壤水分的蒸发损失，因而可起到保水保墒作用。玉米地麦秸秆覆盖可降低蒸腾蒸发量节水 17.6mm，小麦地玉米秸秆覆盖可降低蒸腾蒸发量32mm，少耕覆盖可降低蒸腾蒸发量36mm。

（3）抗旱节水作物品种选择

由于品种的不同，作物水分生产率存在较大的差异。有实验结果证明：不同冬小麦和夏玉米品种的耗水量、水分生产率和产量差异较大，节水品种可比普通品种节水 10% 以上，因此培育和选择抗逆性好、产量高的优良品种也是有效的节水途径。

（4）加强用水管理

当前我国农业灌溉在末级渠系存在的主要问题集中体现在两个方面：一是灌溉管理秩序混乱，农民无序用水，加剧了灌溉用水的紧缺和浪费；二是灌溉水价过低，无法起到对用水户节水的激励作用，进一步加剧了水资源的浪费。科学合理的灌溉管理体制和措施具有很大的节水潜力。据国内外相关课题研究统计，设计合理可行的灌溉管理体制能够提高灌溉用水效率15% ~30% 。主要的灌溉管理措施改革包括农田水利工程承包、租赁，农业用水户协会参与灌溉管理，水价改革，按方收费、计量到户、阶梯水价、累进加价等。

黄河流域主要节水措施的节水效果见表4-23。

表 4-23 黄河流域主要节水措施节水效果

节水技术		节水重点	节水效果
工程措施	渠道防渗	减少输水过程中的渗漏损失和蒸发消耗,提高渠系水有效利用系数	$\Delta\eta_{渠}\approx0.2$ $\Delta ET\approx10mm$
	管道输水	减少田间输水过程中的渗漏损失和蒸发消耗,提高输配水效率	$\Delta\eta_{灌}\approx0.2$, $\Delta ET\approx15mm$
	改进地面灌	提高田间灌溉水有效利用系数,缩短灌水时间,提高灌水均匀度	$\Delta\eta_{田}\approx0.2$
	喷灌	提高田间灌溉水有效利用系数,改善农田小气候	$\eta_{田}\approx0.85$
	滴灌	提高田间灌溉水有效利用系数,降低土面无效蒸发	$\eta_{田}\approx0.90$, $\Delta ET\approx20mm$
非工程措施	改进灌溉制度	降低无效蒸发和奢侈蒸发	$\Delta ET\approx45mm$
	秸秆覆盖	降低土面无效蒸发	$\Delta ET\approx20mm$
	抗旱节水作物品种选择	减少作物耗水量	$\Delta ET\approx10\%$
	加强用水管理	减少无效损失,提高灌溉水有效利用系数。	$\Delta\eta_{灌}\approx0.2$ $\Delta ET\approx10mm$

C. 井渠结合灌溉

根据陕西省泾惠渠灌区和山东引黄灌区等井渠结合灌溉取得的成功经验可知,在适宜地区推广井渠结合灌排方式能够减少潜水蒸发,实现水资源的高效利用。以宁蒙灌区为例,宁夏青铜峡灌区计划推广井渠结合灌排方式的面积为51万亩,通过井渠结合灌排方式,将区内的地下水位埋深由原来的1m降到1.8m,以实现水盐平衡和减少浅层蒸发;内蒙古河套灌区计划推广井渠结合灌排方式的面积为94.05万亩,将区内地下水埋深由原来的1.8m降到2.1m。

根据不同土壤下地下水埋深与潜水蒸发系数(蒸发量)之间的关系可知(图4-3),青铜峡地下水埋深由1.0m控制到1.8m亩均可减少潜水蒸发100.25m³,河套灌区地下水埋深由1.8m下降到2.1m亩均可减少潜水蒸发16.69m³。详见表4-24。

表 4-24 井渠结合灌排方式的地下水埋深控制目标

灌区	青铜峡灌区	河套灌区
地下水埋深控制目标/m	1.0→1.8	1.8→2.1
潜水蒸发减少量/mm	150.37	25.03
潜水蒸发减少量/(m³/亩)	100.25	16.69

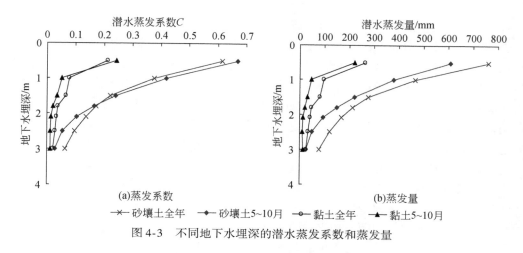

图 4-3 不同地下水埋深的潜水蒸发系数和蒸发量

青铜峡灌区有效灌溉面积 495 万亩,河套灌区有效灌溉面积为 860 万亩。若按两灌区 20% 灌溉面积发展成井渠结合灌溉,地下水埋深控制目标按表 4-24 所述,则青铜峡灌区可减少潜水蒸发量 2.51 亿 m^3,河套灌区减少 0.73 亿 m^3,两个灌区总共可实现净节水量 3.24 亿 m^3。这表明,井渠结合灌溉在流域宁蒙灌区的节水效果十分显著,相关部门应采用各种相关政策和措施支持该区发展井渠结合灌溉。

4.5.1.2 农业高效节水措施在黄河流域适宜性分析

农业高效节水措施是指低压管道输水、喷灌和微灌等节水措施。高效节水措施节水效果相较于传统节水措施,具有占地少、自动化管理程度高等特点。以色列干旱缺水,通过大量采用滴灌等高效节水技术,用极其有限的水资源量创造出惊人的农业产值,形成了举世闻名的以色列节水模式。以色列模式也因此成为先进节水模式的典型代表,给许多节水专家和管理者留下深刻印象。这里以以色列节水模式为典型代表,分析农业高效节水模式在黄河流域的适宜性。

1)黄河流域不能照搬以色列节水高效节水模式。和以色列相比,黄河流域经济社会、产业结构、科教水平和管理水平等多个方面发展相对落后,差距较大。从人均 GDP 来看,2000 年以色列人均 GDP 约 1.6 万美元,同期黄河流域人均 GDP 约为 0.57 万元人民币,前者是后者的 20 多倍,差距很大。人均 GDP 代表了国家经济发展综合水平,巨大的差距表明,和以色列相比,黄河流域经济综合发展水平还很低。从农业人口比例分析,2000 年以色列农业人口占全国人口的比例不足 5%,同期黄河流域农业人口所占比例约为 72%,表明以色列已经进入工业化高度发展的阶段，而黄河流域仍然处于工业化发展的初级阶段。从国民受高等教育水平分析，2000 年以色列约 18% 的国民受过高等教育，同期黄河流域接受过高等教育的国民比例不足 5%，表明黄河流域国民受教育水平相对落后，科学技术水平、管理水平等有待逐步提高。从农业种植结构来看，为节约水资源和提高农业产值，以色列利用国际贸易调整农业种植结构，大力压缩高耗水的粮食作物种植面积，增加水果、花卉等园艺作物种植比例。以色列约 80% 以上的粮油依靠进口，并出口水果、蔬菜和花卉等。然而，黄河流域种植业仍占绝对地位，主要种植小麦、玉米等粮食作物，粮食生产自给自足。种植结构的差别表明，黄河流域农业以大田种植业为主，经济价值较低，不适合在大范围内采用滴灌节水技术。人多地少是我国的基本国情，粮食安全和粮食基本自给问题始终是我国现阶段的根本问题，加之黄河流域仍处于经济社会不发达阶段，这都决定了短期内黄河流域种植结构不可能调整为以水果、蔬菜等经济价值高、适合高效节水技术的作物为主。

2）黄河流域多年来的节水经验表明，常规节水模式符合黄河流域实际。黄河流域开展了多年节水工作，区域各地在节水工作中均总结出很多有益经验。比如，黄河上游宁蒙灌区近年来开展的大型灌区节水改造工作和水权转换尝试，主要节水措施是渠道防渗衬砌和渠系建筑物改造，结合管理措施的加强，实现了农业节水、农民增收和部分工业新增用水得到保障等多重效益，节水效果显著；黄河中游的陕西关中灌区，摸索出以渠道衬砌防渗和渠系建筑物改造为主，辅以井渠结合灌溉和非充分灌溉、局部采用高效节水技术的节水模式，灌溉水利用系数提高达 0.6 以上。黄河流域多年来的节水实践表明，以渠道衬砌防渗等为主的常规节水措施能够较好地在黄河流域内推广普及，符合黄河流域实际情况，而农业高效节水模式仍处于局部示范阶段，仅适合局部经济价值高的作物和流通条件好的地区。

综上所述，高效节水措施不适合在黄河流域推广普及，黄河流域应结合自身特点，发展以渠道衬砌防渗和渠系建筑物更新改造为主，以井渠结合灌溉、管道输水、喷微灌等高效节水措施为辅的节水模式。

4.5.1.3　农业适宜节水措施

黄河流域农业近期节水改造的重点区域如下。一是现有灌溉面积中的大中型灌区，主要是渠系配套差、用水浪费、节水潜力大的宁夏、内蒙古河套平原引黄灌区及下游河南、山东灌区；二是水资源严重缺乏，供需矛盾突出，通过节水改造、配套可以提高灌溉保证率的晋陕汾渭盆地灌区。此外，对青海湟水河谷、甘肃东部等集中连片灌区也适当安排部分节水改造工程。

到 2020 年全流域新增工程节水灌溉面积 2617.9 万亩,工程节水灌溉面积将占有效灌溉面积的 75.5%;2030 年新增工程节水灌溉面积 1466.1 万亩,全流域工程节水灌溉面积达到 7759.5 万亩,占有效灌溉面积的 89.7%,其中渠道防渗节水 4725.4 万亩,占总节水面积的 60.9%,低压管道输水面积 2288.3 万亩,占总节水面积的 29.5%,喷灌节水面积 537.2 万亩,占总节水面积的 6.9%,微灌节水面积 208.7 万亩,占总节水面积 2.7%。

同时,到 2030 年全流域非工程节水措施由现状的 1078.0 万亩达到 5504.4 万亩。

上述农业节水工程和非工程措施实施后,与现状年相比,到 2030 年全流域累计可节约灌溉用水量 54.2 亿 m^3。

4.5.2 工业节水措施

黄河流域工业行业门类繁多,用水情况复杂,各行业之间节水技术设备差异较大,但工业节水具有节约用水和减少污水处理量的双重性,同时具有社会、经济和环境三重效益。黄河流域工业节水的主要措施如下。

1)合理调整工业布局和工业结构,限制高耗水项目,淘汰高耗水工艺和高耗水设备,形成"低投入、低消耗、低排放、高效率"的节约型增长方式;

2)鼓励节水技术开发和节水设备、器具的研制,推广先进节水技术和节水工艺,重点主抓高用水行业节水技术改造;

3)加强用水定额管理,逐步建立行业用水定额参照体系,强化企业计划用水,建立三级计量体系,开展达标考核工作,提高企业用水和节水管理水平;

4)建立工业节水发展基金和技术改造专项资金,或向工业节水项目提供贴息贷款,以此引导企业的节水投入,运用经济手段推动节水的发展;

5)对废污水排放征收污水处理费,提出实现污染物总量控制指标,促使企业治理废水,循环用水,节约用水。

通过工业节水措施的实施,到 2030 年,黄河流域万元工业增加值用水定额下降至 30.4m^3,重复利用率提高到 79.8%,可节约水量 20.5 亿 m^3。

4.5.3 城镇生活节水措施

1)降低城镇供水管网漏失率。从设计、施工、管材选用和管理等方面保证新建管网的工程质量，并安排资金有计划地改造旧管网，通过改造供水体系和改善城市供水管网，可以有效减少渗漏，提高城镇供水效率。

2）推广应用节水型用水器具。原有建筑的用水器具逐步改造，将跑、冒、滴、漏等浪费严重的用水器具淘汰；对于新建民用建筑节水器具的普及率要达到100%，城镇公共设施中节水器具普及率最终达到100%。全面推广节水器具，可以有效减少生活用水量。

3）市政环境节水。发展绿化节水和生物节水技术，提倡种植耐旱性植物，并采用非充分灌溉方式进行灌溉作业；绿化用水应优先使用再生水；使用非再生水的，应采用喷灌、微灌等节水灌溉技术。发展景观用水循环利用，推广游泳池用水循环利用，发展机动车洗车节水技术，大力发展免冲洗环保公厕设施和其他节水型公厕。

4）通过节水宣传与提高水价，可有效减少用水的浪费。进一步调整水价政策，利用经济手段促进节水发展；提高分户装表率，计量收费，逐步采用累进加价的收费方式。

通过以上城镇生活节水的工程、技术、管理等措施的实施，到2030年，黄河流域节水器具普及率达到80.1%，管网输水漏失率降低为10.9%，可节约水量1.7亿 m^3 。

4.6 黄河流域节水型社会建设管理体制研究

4.6.1 加强水资源统一管理

建设节水型社会是对生产关系的变革，重在制度建设，前提是加强水资源统一管理，以促进体制保障。

进行水资源统一管理，首先应该完善流域与区域相结合的水资源管理体制，严格分离政府公共管理和经营管理职能，合理划分流域管理与行政区域管理和监督的职责范围，依法界定流域和行政区域的事权，将各部门具体职能落实到位，实现地表水与地下水资源，常规水资源和其他水资源的统一规划、统一配置、统一调度，积极开展流域管理体制试点，推进供水、配水、节水、排水、污水处理和回用等公共服务部门的市场化改革，完善特许经营机制，建立水务市场化经营管理体制。

自黄河水量统一调度实施以来，在来水特枯和合理安排生产用水的情况下，实现黄河干流连续 8 年未断流，表明黄河水资源统一调度和管理是防治河道断流和优化配置水资源的重要措施。

其次，应该加强行政区域内水行政主管部门的水资源统一管理。各行政区域内水行政主管部门依法负责本行政区域内水资源统一管理和保护工作，实行当地水与外调水、地表水与地下水、水量与水质、城市与农村水资源的统一规划和统一调配，组织实施取水许可制度和水资源有偿使用制度，负责辖区内水资源保护，组织开展和实施水功能区划、河道纳污能力总量控制和入河排污口管理等，最终实现城乡水资源评价、规划、配置、调度、节约、保护的统一管理，推进城市涉水事务的一体化管理。

4.6.2 建立政府调控、市场引导、公共参与的节水型社会管理体制

进行节水型社会制度建设，必须首先加强节水工作领导，强化政府宏观调控的主导作用，进一步落实领导负责制。各级政府要高度重视节水型社会建设工作，对本地区建设节水型社会负责，要把建设节水型社会的责任和实际效果纳入各级政府目标责任制和干部考核体系中，明确目标，落实责任，确保建设节水型社会的各项措施落到实处。流域部门及有关的省、市、区（盟）的节水用水机构管理机构，应明确节水的目标和任务，提出实施节水的总体布局和重点任务，制定相应的节水措施和管理措施，真正做到责任到位、措施到位和投入到位，大力推进节水工作。同时，要增强政府对社会经济转型的调控与管理能力：一是增强政府对于经济结构调整的宏观调控能力，确定科学的调整方向和调整步骤，完善制度，健全体制和机制，如土地管理、农产品标准化生产等；二是提高政府对于市场经济的判断、管理和驾驭能力；三是增强政府对于经济转型的服务意识与能力，包括信息服务、科技服务等。

通过深化改革，充分发挥市场机制和经济杠杆的引导作用，建立以水价机制改革为龙头，以激励制度建设为引导，以节水资金市场化为基础的多元化节水经济市场调控体系。首先要积极稳妥地推进水价改革，建立健全科学的水价制度，按照补偿成本、合理收益、优质优价、公平负担的原则，制定水利工程供水价格和各类用水的价格，形成"超用加价、节约奖励、转让有偿"的水价政策，逐步形成以经济手段为主的节水机制；其次应制定积极有效的节水激励制度，建立其他水资源利用的鼓励政策体系，如优惠投资、产权归属、优惠税收和贷款等；最后应拓宽节水投资渠道，通过加大节水项目的市场融资力度和水权有偿转换力度，充分利用市场运作，改变传统节水主要依靠政府投入的局

面，探索建立用水权交易市场，注重运用价格、财税、金融等手段促进水资源的有效利用。

建设节水型社会是全社会共同的责任，需要动员全社会的力量积极参与。要在政府主导下，通过合理的制度安排来规范水资源供需关系变化所带来的经济利益关系的变化，形成以利益主导的节水机制，使节水成为全体社会成员的共同行为。对于水资源紧缺的黄河流域，要逐步建立以农村为主体，以城市为补充，以用水者协会为主要形式，以平台建设为基础，整体推进公众参与式管理。首先应健全农民用水者协会，通过全民推行农业供水管理体制改革，推进公众参与式管理，建立农业节水内在激励机制。其次应通过建立城市用水行业协会的形式，建立公众参与用水权、水价、水量的分配、管理和监督的制度，实现用水户的自主管理和监督管理，引导公众广泛参与。最后应搭建公众参与平台，以网络为平台，及时向社会发布节水型社会各类信息，同时定期公布各省（自治区）有关用水效率指标，公布用水量浪费严重的城市，发挥社会团体的作用，鼓励检举和揭发各种浪费水资源、破坏水环境的违法行为，推动环境公益诉讼。对涉及公众水权益的发展规划和建设项目，通过听证会、论证会或社会公示等形式，听取公众意见，强化社会监督。

4.6.3　建立和完善水权管理制度

国家"十一五"规划明确要求，要研究和建立国家初始水权分配制度和水权转换制度，主要体现在四个方面：一是有利于综合运用经济杠杆对用水结构的合理调整；二是有利于推进节约用水，提高水资源利用效率和效益；三是有利于调整水资源供需矛盾，实现水资源的有效保护；四是有利于增加投入，推进水资源合理开发利用。

黄河流域在水权分配和水权转换方面已取得一定经验和初步成效，下一阶段应在总结经验的基础上，进一步推进流域水权制度建设和水权转换制度建设，保障流域水资源的有序、合理利用，促进水资源优化配置，提高水资源利用效率和效益。在水权管理方面的主要任务是逐步建立政府调控、市场引导、公众参与的水权管理体系；进一步完善取用水权的管理，从管理权限、审批程序和总量控制等方面完善取水许可制度；积极探讨用水权的管理和生态用水权益的法律界定问题，建立水权的二次分配制度。在制定水权转换的管理办法方面，应明确水权转换的审批程序和监督管理，规范水权转换行为；积极培育水市场，通过市场手段优化水资源的配置。

4.6.4　建立健全总量控制和定额管理相结合的制度

根据 1987 年国务院批准的《黄河可供水量分配方案》，对黄河可供水量进行了初始水权分配，对流域各省（区）采取总量控制的办法，进行统一调度和管理，促进了流域水资源优化配置。目前，《黄河取水许可总量控制指标细化研究》已经将黄河流域分水指标细化到地市。各省（区）均开展了制定不同行业用水定额的工作，并抓紧成果的核定和颁布实施，使其尽快落实到用水定额管理中。

对于工业，应制定工业行业用水定额和节水标准，对企业用水实行总量控制，实行计划用水、定额管理，实行目标管理和考核；促进企业技术升级和节水技术改造，提倡清洁生产，逐步淘汰耗水量大，技术落后的工艺和设备；同时要加强对工业企业、自来水公司等用水大户的监督管理，提高用水效率，降低供水及配水管网的漏失率，有条件的逐步建立中水系统。

农业用水实施总量控制和定额管理。对水资源紧缺的黄河流域，各级政府要组织力量科学制订各类农业用水定额，并实行有效的监督和管理；严格限制灌溉面积，压缩耗水量高的作物种植比例；要因地制宜地推行各种农业灌溉节水措施，实行科学灌溉制度，通过节约用水增产、增效、增收。

总之，宏观用水总量控制指标和用水定额应通过层层分解，明确到区县、乡镇、灌区、用水户，做到层层有指标，对各级用水总量和用水定额进行控制。

4.6.5　健全水资源论证、取水许可和水资源有偿使用制度

按照便民、公开、公正和公平的原则，改革取水许可审批方式，配套完善取水许可制度。根据国务院令第 460 号公布的《取水许可和水资源费征收管理条例》，要健全取水许可制度，加强取水许可制度的有效监督和管理，根据流域的可供水量核定取水许可水量。从黄河取水许可管理的实际来看，取水许可总量应该依据 1987 年国务院批准的《黄河可供水量分配方案》来制定。

全面实施水资源有偿使用制度。与取水许可制度实施范围相应，应根据《取水许可和水资源费征收管理条例》提高水资源费标准，扩大水资源费征收范围，提高水资源费在水价中的比重。针对不同用水对象实施差异化水价政策，对用水浪费、污染严重等社会成本较高的用水户，实行阶梯式水资源费，制定更加严格的收费标准；对于农业用水应该根据不同区域的水资源紧缺程度和用水对象，征

收不同标准的水资源费；同时应该加强计划用水指标管理。用水指标持有者只有办理取水许可证，并交纳水资源费的情况下，采取节水措施后才能进入市场转让节余的指标。

全面推行水资源论证。国民经济和社会发展规划以及城市总体规划的修编、重大建设项目的布局，应当与当地水资源条件和防洪要求相适应，并进行科学论证；在水资源不足的地区，应当对城镇规模和耗水量大的工业建设项目加以限制和论证，提出其他水资源的利用或替代方案。

4.6.6　建立健全科学的水价制度

按照补偿成本、合理收益、优质优价、公平负担的原则，完善水价构成体系，逐步将资源水价、环境水价纳入水价核算中。合理确定水资源费与终端水价比价关系及水利工程、城市供水及再生水水价，提高水费征收标准。未开征污水处理费的地方，要限期开征；已开征的地方，按照用水外部成本市场化的原则，提高污水排污收费标准，运用经济手段推进污水处理市场化进程。

建立合理的水价调整机制，根据成本和水资源供求关系的变化，适时调整供水水价。目前黄河流域水价低于全国平均水平，水价与缺水状况不相适应，不仅不能形成良性循环，而且不利于节约用水。因此，要按照社会主义市场经济要求，建立合理的水价形成机制，建立有利于促进节约用水的良性运行的供水水价体系，各级物价主管部门要按照补偿成本、合理收益、公平负担的原则，核定供水水价，逐步使水价到位。

政府要改革供用水管理体制，减少中间环节，提高水费计收的透明度，全面实行按用水量计收水费的办法，提高水费的实收率。对不同水源和不同类型的用水实行差别水价，缺水城市要实行高额累进加价，适当拉开高用水行业与其他行业用水的差价。同时，保证城镇低收入家庭和特殊困难群体的基本生活用水。水源丰枯变化较大、用水矛盾突出的地方，要实行丰枯水价，使水价管理逐步走向科学化、规范化的轨道。

4.6.7　建立用水计量与统计制度

为准确反映用水计划的执行情况，需建立起顺畅的用水统计渠道和水资源公报制度，适时发布流域或省（区）用水情况和年度水资源状况，以便于公众了解水资源开发利用情况和省（区）间相互监督年度用水计划和水量调度执行情况。

对于黄河流域来说，应该切实推进抄表到户工作，以确保阶梯水价的实施。加强农业用水的计量以及计量设施的建设与管理，同时把用水统计纳入统计系列，做好各行业的用水量、用水效率和效益的统计工作。

4.6.8 建立排污许可和污染者付费制度

实行排污总量控制制度，根据水体纳污总量确定和分配排污量以及排污口设置。同时建立排污许可制度，试点发放排污许可证。对能源、冶金、造纸、建材等重点排污行业和企业可以考虑实施强制环境责任保险，分散风险、消化损失。政府要加强排污监管，进一步提高污水处理费和排污费标准，对超标、超量排污的企业要采取更加严厉的惩罚措施。

规范污水处理费和排污费征收。对建立并正常运行的中水回用系统的用户，应减免污水处理费，切实加大对自备水源用户污水处理费和排污费的征收力度。

4.6.9 其他

节水型社会建设管理是一个比较广泛的概念，涉及社会发展的各个方面，除了前面一些建设内容外，还应该在此基础上建立水产品认证与市场准入制度，以鼓励和推广节水器具的使用。另外，可以通过建立水市场监管制度、建立用水审计制度、加强入河排污口管理等内容来促进节水型社会制度建设的深入开展。

4.7 黄河流域节水型社会建设展望

4.7.1 节水对缓解黄河流域水资源紧缺形势的作用

4.7.1.1 节水投资

黄河流域节水基础薄弱，节水型社会建设需要的投资巨大。根据黄河流域水资源综合规划分析，为实现76.4亿m^3毛节水量的规划节水目标，到2030年黄河流域需要的节水投资约717.9亿元，单方水节水投资约9.4元，若按净节水量计则单方节水投资约17.5元。并且，节水工程折旧和维护等运行期还需要大量的费用。因此，节水型社会建设是一项工程艰巨和投资巨大的系统工程，需多渠道筹集节水型社会建设资金，逐步推进各项节水措施建设，保障流域节水型社会建设目标的实现。

4.7.1.2 提高水资源利用效率

黄河流域，尤其上中游地区现状总体用水效率较低，特别是农业灌溉水利用系数较低。近年来，黄河流域开展的以大型灌区节水改造和宁蒙灌区水权转换等为代表的节水型社会建设工作，显著提高了灌区水资源利用效率，并为当地重点工业项目用水创造了条件，促进了区域水资源配置向合理、高效方向发展。根据黄河流域水资源综合规划，通过强化节水，黄河流域万元工业增加值取水量由现状 $104.2m^3$（2006 年）减少到 2030 年的 $30.4m^3$，工业用水重复利用率由 61.3% 提高到 79.8%，灌溉水利用系数由 0.49 提高到 0.59。可见，黄河流域节水型社会建设对提高水资源利用效率，促进区域水资源优化配置的作用十分显著。

农业节水建设是黄河流域节水型社会建设的重点。本章以黄河流域大型灌区节水改造为例，分析节水对灌溉水利用效率提高的作用。参考《黄河流域大型灌区节水改造战略研究》研究成果，黄河流域大型灌区 2015 年规划灌溉面积 7477.3 万亩（含下游引黄灌区），通过节水改造，灌溉水利用系数由现状（1997 年）的 0.412 提高到 2015 年的 0.599，水分生产率由现状的 $0.97kg/m^3$ 提高到 $1.52\ kg/m^3$，是现状的 1.6 倍，农业用水效率显著提高。详细情况见表 4-25。

表 4-25 黄河流域大型灌区灌溉水利用指标比较

水资源利用指标	现状年（1997 年）	规划年（2015 年）	规划年较现状年增减百分数/%
亩均毛灌溉定额/（m^3/亩）	485	347	−28.5
灌溉水利用系数	0.412	0.599	45.6
水分生产率/（kg/m^3）	0.97	1.52	56.7

4.7.1.3 缓解流域缺水问题

黄河流域水资源供需矛盾日益尖锐，全面建设节水型社会，提高流域水资源利用效率，可以在一定程度上抑制用水需求的快速增长，缓解黄河流域经济社会发展、生态环境保护带来的水资源供需压力。根据黄河流域水资源综合规划，若按现状用水水平发展，2030 年流域需水量将达 623.8 亿 m^3，缺水量为 180.6 亿 m^3。在强化节水模式下，到 2030 年流域需水量为 547.3 亿 m^3，缺水量为 104.2 亿 m^3，强化节水模式能够压减供需缺口 76.4 亿 m³。黄河流域现状用水水平下 2030 年多年平均水资源供需成果见表 4-26。

表 4-26　黄河流域河道外现状用水水平下水资源供需结果

（单位：亿 m³）

省（区）	流域内需水量		流域内 2030 年供水量				流域内缺水量
	基准年	2030 年	地表水	地下水	其他	合计	
青海	22.9	32.3	16.8	3.3	0.4	20.4	11.9
甘肃	50.6	68.6	34.3	5.7	3.6	43.6	25.0
宁夏	91.3	108.7	59.9	7.7	1.3	68.9	39.8
内蒙古	103.6	127.5	63.5	25.1	2.2	90.8	36.8
陕西	78.5	106.3	38.6	29.5	5.7	73.8	32.5
山西	53.8	76.9	40.3	21.1	3.0	64.4	12.5
上中游区	400.7	520.4	253.3	92.3	16.2	361.9	158.5
黄河流域	476.8	623.8	297.5	125.3	20.4	443.2	180.6

可见，黄河流域节水型社会建设对缓解流域缺水形势作用显著，能够在一定程度上缓解流域 2030 年水资源供需矛盾，一定程度上促进流域水资源可持续利用和经济社会可持续发展。

4.7.2　节水不能根本解决黄河长远缺水问题

黄河流域属于资源性严重缺水地区，节水虽然可以通过抑制水资源需求过快增长，在一定程度上和一定时期内缓解流域水资源供需矛盾，但由于黄河资源型缺水、流域经济社会发展和生态环境改善对水资源需求旺盛，仅靠节水不能根本解决黄河流域缺水问题。

根据黄河流域水资源综合规划，在考虑强化节水模式的条件下，2030 年黄河流域内河道外多年平均需水量达 547.3 亿 m³，其中上中游区多年平均河道外需水量 458.3 亿 m³。2030 年水平不考虑南水北调西线调水和引汉济渭调水工程情况下，流域内河道外多年平均供水量为 443.1 亿 m³，其中上中游区供水量 361.8 亿 m³。水资源供需平衡结果表明，2030 年黄河流域内河道外多年平均缺水量 104.2 亿 m³，其中上中游区缺水 96.4 亿 m³，占流域内河道外总缺水量的 92.6%。按缺水率统计，龙羊峡至兰州区间和兰州至河口镇区间缺水率都超过了

25%，青海、甘肃、宁夏、陕西等省（区）缺水率超过 20%，甘肃缺水达到 30%。黄河流域上中游区 2030 年多年平均水资源供需成果见表 4-27。

表 4-27　黄河流域 2030 年多年平均水资源供需平衡表（单位：亿 m³）

省（区）	流域内需水量	流域内供水量				流域内缺水量	流域内缺水率/%
		地表水	地下水	其他	合计		
青海	27.7	16.8	3.3	0.4	20.4	7.2	26.1
甘肃	62.6	34.3	5.7	3.6	43.6	19.1	30.4
宁夏	91.2	59.9	8.7	1.3	69.9	21.3	23.3
内蒙古	108.9	63.5	23.1	2.2	88.8	20.1	18.4
陕西	98.1	38.6	29.5	5.7	73.8	24.3	24.8
山西	69.9	41.3	21.1	3.0	65.4	4.5	6.5
上中游区	458.3	254.3	91.3	16.2	361.8	96.4	21.0
黄河流域	547.3	298.5	124.3	20.4	443.1	104.2	19.0

　　枯水年份黄河流域缺水形势更加严峻。黄河流域水资源综合规划水资源供需成果表明，中等枯水年份黄河流域内河道外缺水量 137.5 亿 m³，特枯水年份缺水量 191.9 亿 m³。综上所述，在强化节水的条件下，2030 年黄河流域国民经济水资源供需缺口仍然较大，供需矛盾突出。因此，单靠节水措施不能从根本上解决黄河流域长远缺水问题。

　　综上所述，黄河流域通过节水型社会建设，将逐步建立和完善流域水资源优化配置工程体系、技术体系和管理体系，并将显著提高流域水资源利用效率，一定程度上缓解流域缺水形势。但由于黄河流域资源性严重缺水，流域经济社会发展对水资源需求旺盛，节水型社会建设不能从根本上解决流域长远缺水问题，水资源短缺仍然是制约流域经济发展和维持河流健康的短板。从解决流域长远缺水问题的战略层面出发，在立足节水型社会建设的基础上，黄河流域必须依靠调水等有关措施合理增加流域内水资源总量，保障流域经济社会持续发展和生态环境改善对水资源的合理需求。因此，建议积极开展能根本解决黄河流域缺水的各种措施研究，特别是加快相关调水工程的前期工作步伐和建设进程，尽早实现向黄河流域调水。

第 5 章
黄河流域干支流地表水权和地下水权分配

5.1 国内外水权分配概况、研究进展及黄河水权管理

5.1.1 水资源优化配置研究概况及存在的主要问题

水资源优化配置是人类可持续开发和利用水资源的有效调控措施之一，水资源配置的客观基础是"社会—资源—生态"复杂巨系统中宏观经济系统、水资源系统和环境生态系统在其运动发展过程中的相互依存与相互制约的定量关系，这一关系集中体现在用水竞争性和投资竞争性上。水资源优化配置的目标，是兼顾水资源开发利用的当前与长远利益，不同地区与部门间的利益，水资源开发利用的社会、经济和环境利益，以及兼顾效益在不同受益者之间的公平分配。

5.1.1.1 国外水资源优化配置研究进展

国际上以水资源系统分析为手段，水资源合理配置为目的的实践研究，最初源于 20 世纪 40 年代 Masse 提出的水库优化调度问题。对水资源优化配置的研究始于 20 世纪 60 年代初期，研究的深化是在 80 年代以后。70 年代以来，伴随数学规划和模拟技术的发展及其在水资源领域的应用，水资源配置的研究成果不断增多。

20 世纪 90 年代以来，由于水污染和水危机的加剧，国外开始在水资源优化配置中注重水质约束、水资源环境效益以及水资源可持续利用研究。

基于水权理论的水资源优化配置研究开始于 20 世纪后期。Walmsley（1995）提出水资源分配机制主要有两种：集中机制和市场机制。集中机制是一种基于寻

求使系统整体效益最优的方法的水资源分配机制，而市场机制是一种基于个体消费和生产行为的水资源分配机制。2000 年，第二届世界水论坛部长级会议在海牙召开，会议提倡从体现综合性、面向市场、用水户参与和环境保护四大方面改进水资源管理，依靠市场和水价来改进各部门的用水量分配。

5.1.1.2　国内水资源优化配置研究概况

20 世纪 60 年代我国开始了以水库优化调度为先导的水资源分配研究，并在国家"七五"攻关项目中得到应用和提高，成为我国水量合理配置的雏形。水资源优化配置研究在我国是在水资源出现严重短缺和水污染不断加重这样的背景下，于 90 年代初得到迅速发展的，"八五"期间，黄河水利委员会开展了"黄河流域水资源经济模型研究"等研究项目，建立了实用高效的黄河流域水资源模型系统，对流域管理和水资源合理配置起到了较好的示范作用。国家"八五"科技攻关项目专题"华北地区水资源优化配置研究"开发出了华北宏观经济水资源优化配置模型，提出的基于宏观经济的水资源优化配置理论与方法，在水资源优化配置的概念、目标、平衡关系、需求管理、经济机制及模型的数学描述等方面均有创新性进展。

汪恕诚（2000）认为明晰水资源的产权是实现水资源合理、优化配置的必要前提，水市场的建立是水资源合理、优化配置的重要手段。王浩等（2002）基于"三次平衡分析"和承载能力的思想，在国民经济用水过程和流域水循环转化过程两个层面上分析水量亏缺态势，并在统一的用水竞争模式下研究流域之间的水资源配置问题，提出了面向生态和经济的黄河水资源合理配置方案。黄强和畅建霞（2007）将控制论与协同学理论相结合引入水资源系统，引导水资源合理开发利用，为解决"维数灾"问题提供了一个崭新的途径。

5.1.1.3　当前研究存在的不足

纵观国内外水资源优化配置研究进展，水资源优化配置的研究历史不过 40 多年，配置理论和方法研究取得了长足的进展。从研究方法上，优化模型由单一的数学规划模型发展为数学规划与模拟技术，向量优化理论等几种方法的组合模型；对问题的描述由单目标发展为多目标，特别是大系统优化理论、计算机技术和新的优化算法的应用，使复杂多水源、多用水部门的水资源优化配置问题变得较为简单，求解也较为方便；研究对象由最初的灌区、水库等工程控制单元水量的优化配置研究，扩展到不同规模的区域、流域和泛流域水量优化配置的理论和应用研究。

由于水资源系统涉及经济、社会、技术和生态环境的各方面，是社会经济—水资源—生态环境复合系统，特别是可持续发展战略实施和科学发展观的提出，对水资源配置的要求越来越高，水资源优化配置理论和应用研究也不断面临新的挑战。当前研究尚存在如下不足。

1) 以往国内外的水资源配置都未能将社会、经济、人工生态和天然生态统一纳入到配置体系中，并且在配置水源上仅考虑地表水和地下水的配置，未考虑多水源联合运用；配置目标也仅考虑传统的人工取用水的供需平衡缺口，对于区域经济社会和生态环境的耗水机理并未详细分析；由于以往的水资源合理配置模型未能与区域水循环模型进行耦合计算，不能正确反映区域各部门、各行业之间的需水要求，导致水资源配置也不尽合理。

2) 缺乏指导实践的系统理论基础。水资源要实现可持续发展，就必须纳入人类生存的环境要求和未来的变化中考虑。目前，由于自然条件的变化和人为因素的影响，水资源循环、演化规律已发生了变化，现行的水资源系统分析理论已不能很好地解决水资源系统面临的问题，迫切需要在已变化的条件下建立新的水资源基础理论体系。

3) 以往模型通常采用一个整体的、复杂的、维数（阶数）众多、求解困难的水资源配置模型，分析者的精力主要倾注于模型的求解计算，很少有余力关注决策分析的其他环节。特别是采用策略导向的决策方式，决策者对模型难以理解，对求解成果也就免不了持怀疑或不信任的态度。

5.1.2 国内外流域分水概况

水权的分配，即水资源使用权的界定，是根据不同水平年的水资源量确定各实体水权量的过程。在实践中，水权的分配制度规定经历了三种制度形式：一是原始的"自由取用"水权制度，即把水资源看作是取之不尽、用之不竭的纯自然物而自由取用的水权分配方式；二是按照"先来先用"的发展原则进行分配的制度，简称"优先专用水权制度"；三是竞争性水权制度，是在水资源短缺的前提下，对现有的水资源进行竞争性分配。其分配制度又可分为两种形式，即行政性分配和市场分配。行政性分配是由政府按照一定的模式对现有的水资源进行指令性分配的过程，市场分配是利用市场的价格机制进行水权分配的过程，主要采用水权拍卖竞价的模式。

墨累—达令河是有名的水权分配"案例河"。墨累—达令流域位于澳大利亚东南部，流域面积为 100 多万平方公里，流域范围包括新南威尔士州、维多利亚州、昆士兰州、南澳大利亚州和首都直辖区。1884 年，新南威尔士州、维多利亚州与南澳大利亚州签署了《墨累河河水管理协议》，这是澳大利亚历史上第一个分水协议，协议的签署打破了墨累河完全由南澳大利亚州管理的格局。1915年，新南威尔士州、维多利亚州、南澳大利亚州与澳大利亚联邦政府，经过谈判，达成新的《墨累河河水管理协议》，把河水和取水权从州层层分配到城镇、灌区和农户。1917 年，墨累河流域委员会成立，保证了分水协议的执行。

科罗拉多河流域是较早通过立法建立水权制度分配水资源的地区。科罗拉多河是美国西南部的生命线，发源于科罗拉多州洛基山脉，流经科罗拉多、怀俄明、犹他、亚利桑那、内华达、加利福尼亚及新墨西哥 7 个州，进入墨西哥北部，最后注入加利福尼亚湾。1922 年，流域内的 7 个州通过第一个分配协议，将科罗拉多河流域分为以立佛里站的年径流量为基准，首先满足下科罗拉多河区分配水量 92.5 亿 m^3，然后满足上科罗拉多河区分配水量 92.5 亿 m^3，之后再附加分配给上科罗拉多河区 12.3 亿 m^3，以保证下科罗拉多河区 10 年平均分配水量不小于 92.5 亿 m^3。1944 年，墨西哥与美国签订协议，要求美国保证进入墨西哥的可利用水量为每年 18.5 亿 m^3，枯水时，按比例减少。1948 年，上科罗拉多河区按分水协议规定，满足以上协议分配水量后，剩余水量在犹他、新墨西哥、科罗拉多、怀俄明 4 个州按比例分配。

尼罗河（Nile River）位于非洲东北部，流经肯尼亚、埃塞俄比亚、刚果（金）、布隆迪、卢旺达、坦桑尼亚、乌干达、苏丹和埃及等国家，最后注入地中海，全长 6695km，是世界上最长的两条河流之一，也是流经国家最多的国际性河流之一。埃及是尼罗河流域经济最发达、实力最强大的国家，也是引用尼罗河水最多的国家。随着人口增长和经济发展，尼罗河上游国家尤其是苏丹、埃塞俄比亚对尼罗河水资源的需求也在不断增长，国际社会要求埃及减少用水量的呼声越来越高。1929 年，在当时英国殖民者的提议下，9 个尼罗河流域国家达成一项赋予埃及和苏丹对尼罗河水拥有优先使用权的协议。1959 年，尼罗河流域国家对协议进行了部分修改，规定埃及每年享有 555 亿 m^3 的尼罗河水，苏丹的份额为 185 亿 m^3。

恒河（Ganges River），发源于喜马拉雅山，进入恒河平原，流经印度、尼泊尔和孟加拉三国，注入孟加拉湾。恒河干流全长 2527km，流域面积 105 万 km^2。从 1960 年开始，印度和孟加拉国（1971 年前属巴基斯坦）两国曾经过多次谈判，分别于 1977 年、1982 年、1985 年和 1996 年签署临时性分水协议，但始终未能达成永久协议。加强流域一体化管理，协调上、下游用水，防止恒河断流任重道远。

相对于国外的流域水权分配研究进展和管理实践，中国的水权分配起步较晚。自 20 世纪 80 年代起，我国政府部门组织开展了以流域分水为主、以水量分配为核心的水资源配置实践。1987 年，为协调沿黄省（区）工农业用水供需矛盾以及黄河生态用水的需求，国务院办公厅以国办〔1987〕61 号文下发了"关于黄河可供水量分配方案报告的通知"，明确了黄河 370 亿 m³ 地表水可供水量的分配方案，为南水北调生效以前的黄河水量分配方案的依据。黄河"87 分水方案"是一种典型的行政分配，采用行政手段将黄河的可供水量分配到沿黄的各省区。鉴于黄河断流的严峻形势，1998 年黄河水利委员会根据《黄河可供水量分配方案》提出了《黄河可供水量年度分配及干流水量调度方案》和《黄河水量调度管理办法》，由国家计委和水利部颁布实施，还专门成立了水量调度管理机构。黄河流域水权分配和水资源管理经验，为其他流域水资源初始水权的分配起到了示范作用。

伴随近年来经济社会的快速发展，水资源矛盾日益突出，我国先后开展了黑河、石羊河、东江等流域的水量分配研究和实践，推动了我国流域水资源有序管理的新篇章。

5.1.3 "87 分水方案"的缺陷及黄河水权管理的问题

1987 年《黄河可供水量分配方案》的颁布和黄河流域取水许可制度的实施，在一定程度上起到控制用水规模和促进黄河水资源可持续利用的作用，对黄河水资源的合理利用及节约用水起到了积极的推动作用。尤其是自 20 世纪 90 年代以来，黄河下游断流日益严重，1998 年《黄河可供水量年度分配及干流水量调度方案》为黄河水资源的管理和调度提供了重要依据，对保证黄河下游 10 年不断流起到了不可替代的作用。但黄河水资源短缺、供需矛盾尖锐，由于当前的方案和制度存在诸多缺陷和不足，仍不能满足黄河水资源精细管理的需求，黄河流域水权管理仍存在不少问题，主要表现在以下几个方面。

5.1.3.1 "87 分水方案"存在的缺陷与不足

尽管 1987 年国务院批准的《黄河可供水量分配方案》，首次明确了引黄各省（区）的分水指标，但也存在如下的局限性，影响了分配方案的可操作性。

（1）方案具有一定的时效性

由于国务院批复的"87 分水方案"明确提出是在南水北调工程生效之前使用，因此，该方案具有一定的时效性。随着南水北调中、东线工程的实施，必将对黄河水资源的配置格局产生重要的影响。

（2）分水指标不便于管理

黄河可供水量分配方案仅对 580 亿 m³ 黄河河川径流进行了水量分配，对地下水没有进行分配，不利于地下水开发利用的管理和控制。且"87 分水方案"分配给各省（区）是一个年总的耗水指标，没有给出年内分配过程。不便于取水许可总量控制管理，因此，还具有一定的局限性。

（3）使用权的界定不明确

《黄河可供水量分配方案》为多年平均来水情况下的水量分配方案，方案中对于黄河在不同来水情况下以及对不同河段、干流与支流不同用水部门的水量分配办法没有界定，使得分水方案的可操作性不强。

5.1.3.2 黄河流域水资源形势发生的较大变化

自 1980 年以来，黄河流域水资源及其开发利用情况发生了巨大变化，偏离了"87 分水方案"的背景条件。

（1）黄河水资源量减少

方案未考虑由于人类活动改变下垫面条件而造成的流域水资源量减少的变化情况。"87 分水方案"采用的黄河水资源系列为 1919～1975 年，黄河流域天然年径流量为 580 亿 m³。随着近 20 年人类活动影响的加剧，流域下垫面条件发生了改变，致使产汇流关系发生了变化，从而影响水资源量，据黄河流域水资源综合规划成果，1956～2000 年系列，黄河流域天然径流量为 534.8 亿 m³。

（2）流域用水布局变化

"87 分水方案"以 1980 年为现状年，在预测 2000 年水平流域需水量为 696 亿 m³ 的基础上进行分水。与 1980 年以前相比，流域各地市经济发展水平和速度，用水结构、各地区用水比例都发生了变化，个别省（区）用水已超出"87 分水方案"的分水指标。

5.1.3.3 黄河水权管理制度不健全

由于监督、监测和补偿机制不完善，水市场尚未完善，分水方案的有效性受到了限制。

1）监督管理措施不完善，总量控制难以有效落实。目前流域机构和省（区）在取水许可管理中的关系尚未理顺，流域机构不能全面掌握流域取水许可审批情况，取水许可总量控制难以有效实施。

2）没有建立相应的补偿机制，用水户的合法权益难以保障。水资源具有流动性和不易计量等特点，使得水资源的外部效应明显，水资源使用权所有者的合法权益很容易受到外部影响而遭到损害。解决上述问题的关键是在建立水权制度时引入补偿机制，对权益受到损害的地区或用水户给予补偿。

由于"87 分水方案"的存在缺陷和局限性，加之监督管理措施不完善，黄河分水方案长期难以落实，部分省（区）超指标用水现象严重，黄河生态用水被严重挤占。黄河流域宏观上水资源极为短缺、断流频频，微观上水资源浪费严重、效率低下，这是黄河缺水与浪费并存的严峻现实，更是黄河流域水资源利用中的"悖论"，其根源在于在流域内没有建立完整和有效的水权制度，不能对沿黄各地区施加有力的制度约束。针对上述问题，自 1997 年开始，黄河水利委员会开展了枯水年份黄河可供水量分配方案的编制，提出了"丰增枯减"的年度分水原则和年度分水方案的编制办法，作为编制年度分水方案和干流水量调度预案的基本依据，解决了枯水年份及年内各月分水面临的问题。但方案中没有明确干、支流分水指标，缺乏地表水与地下水，缺乏便于取水控制的细化指标，因此急需开展干支流、地表地下水联合优化分配研究，并在此基础上进行地市级的指标细化。

5.1.4 黄河流域干支流地表水权和地下水权分配程序和方法

黄河干支流地表水权和地下水权分配研究在多学科交叉理论的指导下，充分结合各学科的新发展，采用野外调查、室内分析模拟与集成相结合方式，遵循"机理剖析—系统构建—方案优选—指标分配"的总体思路，开展研究，见图 5-1。

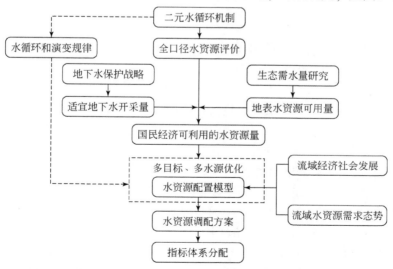

图 5-1 黄河流域干支流地表水权和地下水权分配研究技术路线

首先对采用全口径层次化动态水资源评价方法，定量评价不同水平年全流域广义水资源、狭义水资源、生态环境用水量和国民经济可用水量等不同口径的水资源数量、结构。

研究黄河及其主要支流的生态环境需水量，在维护地下水生态系统良性循环的基础上，提出地表水资源可利用量；研究地下水资源可持续利用的保护机制以及地下水开采的适宜规模，为黄河流域多水源配置提供基础。

按照黄河流域水资源一体化管理的总体思路，构建黄河干支流的整体水资源调配体系，结合不同水平年黄河流域水资源的供需态势，基于流域二元水循环机理和规律，建立多水源联合优化调配模型，确立水资源合理开发利用的目标和水资源配置的方案格局。通过与模拟方案、优化方案以及现有打折方案的对比，优选出一套黄河流域水资源分配的基础方案。

在水资源一体化配置方案的框架内，以尊重流域发展现状为前提，统筹考虑区域发展战略布局，在黄河流域基于水循环的水资源配置模型的优选方案支持下，结合1987年国务院批准并颁布的《黄河可供水量分配方案》考虑管理等因素，对黄河取水许可总量控制指标进行细化，明确提出黄河流域各地市（盟）干支流地表水和地下水水权分配方案，建立符合黄河流域水资源特点和实际用水情况的流域水资源一体化管理指标体系。

5.2 水资源开发利用战略

5.2.1 黄河河道内生态环境需水研究

黄河河道内基本生态环境需水量是指维持黄河河道基本生态环境功能和满足河道内社会经济用水所需的最小水量，它包括防止河道断流，保持水体稀释自净能力，保护水生生物，输沙，保护湖泊湿地和河口生态、航运、水力发电等所需的最小水量。河道内需用水分类见图5-2。

维持河道基本环境功能需水量，即维持和保护通河湖泊湿地需水量和河口生态环境需水量（河口冲淤等），主要集中在黄河下游利津水文站断面以下的滩区和河口地区，本书未单独计算。黄河河道内基本需用水主要是指维持河道基本功能的生态需水和环境需水（含可以确定计入的河道内社会经济需用水量），即黄河河道基流量和输沙水量。

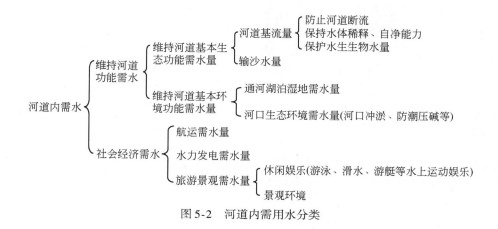

图 5-2　河道内需用水分类

5.2.1.1　河道内生态环境需水计算方法

（1）河道基流量

河道基流量是指河道内常年流动的防止河道断流和维持河道水体稀释、自净能力，保护水生生物，保持河床主槽基本形态稳定的最小流量阈值。目前国内外采用的方法可归纳为基于原型观测的标准值设定法、水文地质法、水力学法、水化学水环境法等。基于原型观测的标准值设定法是基于实际观测资料，包含不同时间尺度河流及流域水文特性和相应河流发生的实际开发利用事件，能够反映河道内基本生态环境用水的客观情况，易于实际操作的方法。是本书采用的计算方法。

本书重点归纳总结提出并采用了 Tennant 法、典型月径流法、最小月径流法和连续枯水年月径流法 4 种基于原型观测的标准值设定法，应用于黄河流域二级区河道基流量的计算。

1）Tennant 法。Tennant 法是美国在对其东、中、西部多条河流的 12 种生境、用途参数进行广泛调查基础上提出来的，以推荐的年平均流量百分数设定河道内需水流量，共设 8 个等级（表 5-1）。

表 5-1　保护鱼类、野生动物、娱乐和有关环境资源的河流流量状况

河流流量状况		最大	最佳范围	极好	非常好	好	中	差或最差	极差
推荐的基流平均流量/%	上年 10~3 月	200	60~100	40	30	20	10	10	0~10
	4~9 月	200	60~100	60	50	40	30	10	0~10

Tennant 法显然可以在我国进行河流原型调查观测研究后加以改进。现阶段，建议根据研究河流特性及其在区域社会经济发展中的地位和作用，分别描述河流不同生态环境状况的不同等级，参照表 5-1 设定不同等级百分数的标准值。同一等级标准值设定时，可全年取相同百分数，再分配到汛期和非汛期；也可汛期、非汛期取不同百分数分别计算，然后合计为全年河道基流量。Tennant 法计算河道基流量公式如下：

$$Q_{ni}^{T} = \overline{Q_i} \times k_f + \overline{Q_i} \times k_x \qquad (5\text{-}1)$$

式中，Q_{ni}^{T} 为 Tennant 法计算的流出第 i 个水文断面的河道基流量；$\overline{Q_i}$ 为第 i 个水文断面的多年平均天然流量；k_f、k_x 为设定的非汛期和汛期基流平均流量占多年平均天然流量的百分数。

2）典型月径流法。在水文站天然径流量长系列的年径流量与长系列多年平均年径流量接近的年份中，选择满足维持河道基本生态环境功能，即河道不发生断流、不发生生态环境问题的枯季月天然径流量，作为计算河道基流量的典型月平均流量，其计算公式表示如下：

$$Q_{ni}^{D} = (\overline{q_i} \times T_f + \overline{q_i} \times T_x) \times 0.000\ 864 \qquad (5\text{-}2)$$

式中，Q_{ni}^{D} 为典型月径流法计算的流出第 i 个水文断面的河道基流量；$\overline{q_i}$ 为典型月天然平均流量；T_f、T_x 为典型月年内非汛期和汛期的总天数。

典型月径流法基于实际发生的水文和河道内外良性用水事件，既维持了河道基本功能，又代表了水文断面多年平均的特性，计算的河道基流量较为客观、可靠。

3）最小月径流法。在水文站天然月径流长系列中，逐年挑选月最小值组成月最小径流量长系列，由大到小排序后，进行频率计算，以频率 $P=90\%$ 的最小月径流，计算全年河道基流量。因为是小中取小，可以认为是河道基流量的最小阈值，但也可能已经发生河道内的生态环境问题。计算公式为

$$Q_{ni}^{Z} = (\overline{q_i} \times T_f + \overline{q_i} \times T_x) \times 0.000\ 864 \qquad (5\text{-}3)$$

式中，Q_{ni}^{Z} 为月径流法计算的流出第 i 个水文断面的河道基流量；$\overline{q_i}$ 为 90% 频率的最小月天然平均流量；T_f、T_x 同式（5-2）。

4）连续枯水年月径流法。选择 5～10 年连续枯水年份中最小月平均流量计算全年河道基流量，计算公式参考最小月径流法。不能反映河道内可能已发生的生态环境问题是它的缺点。

采用不同方法得到不同河道基流量值后，要进行综合分析选定。选定的原则依据是地表水可利用量应是一组合理的描述河流不同生态环境状况的不同等级标

准的极限阈值；评价河流的水文特性和研究解决实际问题的目的客观上应确定一组合理的时间尺度；应与其他项河道内外需用水（比如输沙）的时间尺度一致，以保证地表水可利用量汇总计算时间尺度的一致性。不但要选定年河道基流量，也要选定相应汛期和非汛期的河道基流量，以便扣除与河道外汛期难于控制利用下泄洪水量的重复量，最终确定"河道内实际需水量"。

分析 4 种算法的优缺点及在黄河流域应用计算的结果，综合黄河流域地表水开发利用中生态环境的历史和现状，以 Tennant 法确定的河道基流量为内控基点，综合确定描述黄河河道内基本生态状况差、中、好 3 种情景的对应低、中、高方案的 3 个等级标准的极限阈值见表 5-2。

（2）输沙水量

输沙用水是我国一些河流（特别是黄河）独特的河道生态环境需水类型，以维持河道冲刷侵蚀与淤积动态平衡。"输沙水量"指在控制断面输送一定量泥沙所需的天然河川径流量（即含泥沙的"浑水"，不是指天然河川径流中输送泥沙的全部或部分"清水"）。一般而言，河流的输沙功能主要在汛期，特别是汛期的洪峰期完成，北方河流汛期输沙量约占全年输沙总量的 80% 左右。因此，输沙水量应分汛期、非汛期分别计算。人工和自然二元的驱动与干扰，使得不同年代（时段）河流的输沙总量和含沙量不同，甚至差异很大，因此合理的输沙水量也取决于确定合理的河流输沙代表时段。

输沙水量受流域产水产沙和河床边界动力条件的直接影响，与一定条件下的输沙总量和河流含沙量有关。可用考察断面的输沙量和含沙量计算输沙水量，计算式为

$$W_s = W_{sx} + W_{sf} \tag{5-4}$$

式中，W_s 为年输沙水量；W_{sx}、W_{sf} 分别为汛期、非汛期输沙水量。其中汛期、非汛期输沙水量计算式分别为

$$W_{sx} = S_x / C_{max}^x \tag{5-5}$$

$$W_{sf} = S_f / C_{max}^x \tag{5-6}$$

式中，W_{sx}、W_{sf} 为汛期、非汛期输沙需水量（亿 m³）；S_x、S_f 为多年平均汛期、非汛期输沙量（亿 t）；C_{max}^x 为汛期或非汛期多年平均最大月平均含沙量的平均值。计算式为

$$C_{max}^x = \frac{1}{n} \sum_{i=1}^{n} \overset{x}{\underset{j=1}{Max}}(c_{ij}) \tag{5-7}$$

根据上述算法和各选定水文站断面历年的实际输沙数据，计算黄河河道汛期和非汛期输沙需水量，并拟定了与河道基流量合并计算黄河河道基本生态环境需

表 5-2　选用水文站断面河道内最小生态环境需水量计算成果表

（单位:亿 m³）

选用水文站	方案	河道基流量			输沙水量			多年平均年基本生态环境理论需水量			多年平均年基本生态环境实际需水量		
		汛期	非汛期	全年	汛期	非汛期	全年	汛期	非汛期	全年	汛期	非汛期	全年
唐乃亥	低方案	17.6	19.84	37.44	77.55	51.44	128.99	77.55	51.44	128.99	0	51.44	51.44
	中方案	19.31	21.72	41.03	77.01	52.07	129.08	77.01	52.07	129.08	0	52.07	52.07
	高方案	20.1	24.42	44.52	86.33	53.27	139.6	86.33	53.27	139.6	0	53.27	53.27
兰州	低方案	30.6	36.01	66.61	62.02	50.26	112.28	62.02	50.26	112.28	0	50.26	50.26
	中方案	32.9	38.62	71.52	72.44	60.97	133.41	72.44	60.97	133.41	0	60.97	60.97
	高方案	36.99	41.13	78.12	141.38	91.84	233.22	141.38	91.84	233.22	63.33	91.84	155.17
河口镇	低方案	16.16	18.28	34.44	77.58	61.48	139.06	77.58	61.48	139.06	41.83	61.48	103.31
	中方案	19.1	23.36	42.48	91.93	77.62	169.55	91.93	77.62	169.55	56.18	77.62	133.8
	高方案	23	27.36	50.36	119.89	87.65	207.54	119.89	87.65	207.54	80.39	87.65	168.04
龙门	低方案	21.92	29.08	51	48.39	50.13	98.52	48.39	50.13	98.52	4.18	50.13	54.31
	中方案	26.43	31.96	58.39	52.97	54.72	107.69	52.97	54.72	107.69	8.76	54.72	63.48
	高方案	28.4	35.56	63.96	62	74.18	136.18	62	74.18	136.18	14.17	74.18	88.35
三门峡	低方案	33.63	42.81	76.44	73.63	46.42	120.05	73.63	46.42	120.05	0	46.42	46.42
	中方案	44.3	56.48	100.78	86.45	91.06	177.51	86.45	91.06	177.51	8.95	91.06	100.01
	高方案	46.82	60.7	107.52	114.01	142.42	256.43	114.01	142.42	256.43	33.03	142.42	175.45
花园口	低方案	42.61	54.23	96.84	95.13	109.39	204.52	95.13	109.39	204.52	0.44	109.39	109.83
	中方案	50.01	62.77	112.78	111.01	145.83	256.84	111.01	145.83	256.84	12.42	145.83	158.25
	高方案	59.84	66.4	126.24	149.91	195.96	342.87	149.91	195.96	342.87	50.01	195.96	245.97
利津	低方案	37.98	47.3	85.28	88.03	74.39	162.42	88.03	74.39	162.42	33.98	74.39	108.37
	中方案	50.65	63.06	113.71	112.52	111.81	224.33	112.52	111.81	224.33	55.25	111.81	167.06
	高方案	55.98	70.62	126.6	183.96	204.46	388.42	183.96	204.46	388.42	126.38	204.46	330.84

注:①多年平均年基本生态环境理论需水量等于河道基流量与输沙水量中非汛期大者,汛期,汛期需水量相比较大者之和。②多年平均年基本生态环境实际需水量水量等于输沙干河道基流量与输沙水量中非汛期大者,再与汛期难于控制利用下泄水量相比上两者加上汛期相比较大者之和。若汛期难于控制利用下泄水量相比较的结果。量大,则取0,反之则取二者之差值。

水量时对应的高、中、低三个方案。它们分别对应不同研究时间段内的输沙需水量，其中高方案对应 1956 ~ 1969 年黄河流域河道天然水沙状态；中方案对应 1956 ~ 2000 年长系列流域河流水沙状态；低方案对应 1980 ~ 2000 年近期流域下垫面条件下的流域及河道产水产沙和输沙状态。详见表 5-2。

5.2.1.2 黄河河道基本生态环境需水量

河道内需用水的"一水多用性"，使得河道内各类需用水水位相互嵌套重叠，故河道内基本生态环境需水量应取各类需用水中的最高水位对应的某类需用水量。如上所述，本书黄河河道基本生态环境需用水量评价研究主要计算了黄河河道基流量和输沙水量两类河道内基本需用水量，由此确定的河道内基本需水量称"河道内基本生态环境理论需水量"。另外，汛期黄河各控制节点水文站断面以上会有部分河道外难于控制利用的下泄洪水弃水，这部分水量与河道内各类生态环境需用水重叠，应与前述河道基流量和输沙水量一并考虑，即当汛期难于控制利用下泄洪水大于基流量和输沙需水量中的任何一个时，汛期实际河道内基本生态环境需水量取 0。当汛期难于控制利用下泄洪水小于二者中的任何一个时，则汛期实际河道内基本生态环境需水量取其差值，这样确定的河道内基本需水量称"河道内基本生态环境实际需水量"。

计算选用水文站天然和实测河川径流量采用全国水资源综合规划《黄河流域水资源调查评价》中有关水文站 1956 ~ 2000 年的年、月值；河道内基本生态环境需水量计算所用资料除有关径流资料与前述相同，并参照了《黄河流域水资源开发利用调查评价》中的相关河道生态环境调查评价的成果。输沙资料利用黄河水利委员会水文局提供的 1956 ~ 2000 年选用站日输沙率，逐月逐年计算得到各站相应 45 年月年输沙量和含沙量。流域水保工程拦水拦沙现状资料采用黄河水利委员会水文局的有关成果，未来规划采用《黄土高原地区水土保持淤地坝规划》（中华人民共和国水利部 2003.6）中 2020 年的工程安排实施规划资料（规划新建改建淤地坝共16.3 万座，其中骨干淤地坝 3 万座，中小型淤地坝 13.3 万座，累计拦沙 143.5 亿 t，拦水 43.55 亿 m³）。

黄河河道基本生态环境需水量计算成果表明：黄河花园口、利津水文站断面河道基本生态环境理论需水量分别在 204.5 亿 ~ 342.9 亿 m³ 和 162.4 亿 ~ 388.4 亿 m³，实际需水量分别在 109.8 亿 ~ 246 亿 m³ 和 108.4 亿 ~ 330.8 亿 m³，详见表 5-2。

由于 1980 ~ 2000 年代表了近期下垫面现状平均状况和现状水沙关系特征，输沙水量又随流域水土保持工程拦水、拦沙作用的逐步发挥，以及小浪底等水库联合调度的实施,黄河河流泥沙含量将有大幅减少的趋势,因而单位水量的输沙效率将得到提高,输沙需水量也将存在随之减少的趋势。因此,本书选取 1980 ~ 2000 年输沙水量低方案作为黄河河道基本生态环境理论需水量推荐值,即黄河流域二级区内 7 个水文站断面的年均基本生态环境理论需水量分别是唐乃亥站 128.99 亿 m^3、兰州站 112.28 亿 m^3、河口镇站 139.06 亿 m^3、龙门站 98.52 亿 m^3、三门峡站 120.05 亿 m^3、花园口站 204.52 亿 m^3、利津站 162.42 亿 m^3,它们分别占相应的二级区多年平均地表水资源总量的 61.85%、33.87%、39.93%、25.45%、24.13%、37.57% 和 29.75%。

5.2.1.3 河道外难控制利用洪水下泄量

河道外难控制利用弃水量计算涉及四个方面的内容:①研究时段河流天然径流量;②河道外社会经济和生态环境的现状最大用耗水量;③可预见期内的需水增量;④可预见期内河道外控制利用本流域河川径流量最大可能的流域工程调控总能力。

在河流天然径流量和河道内基本生态环境需水量确定后,河道外难控制利用弃水量完全取决于河道外"可预见期内"的流域需用水量和工程调控能力。这两个决定因素又统一在河道外社会经济发展对用水需求的基本稳定期,即用水需求的零增长期。一般北方干旱缺水地区,主要受工程调控能力影响,工程调控能力大,则河道外难控制利用弃水量小;南方多雨丰水地区主要受河道外最大需用水量影响,当可预见期内的河道外最大需用水量得到稳定保障后,难控制利用弃水量不再与工程最大调控能力有关系。

一般河流的弃水期都相对集中在洪水流量大的汛期,非汛期引用汛期(末)工程调蓄水量。因此,河道外难控制利用弃水量 Q_{qi} 的计算就是河道外汛期难控制利用下泄洪水量的计算。

(1)计算方法

汛期难控制利用下泄洪水量计算,充分利用唐乃亥等 7 个二级区选用控制水文站长系列天然年月径流量资料,计算步骤如下。

1)确定合理的汛期起止月份。黄河流域汛期一般出现在 6 ~ 9 月,但洪水下泄和水库蓄水多数年份都发生在主汛期的 7 ~ 9 月,故分析计算黄河地表水可利用量时,把汛期统一定在 7 ~ 9 月、非汛期定在 10 ~ 6 月。

2)计算历年汛期能够控制利用的洪水量。依据控制水文站长系列天然和实测汛期月径流量系列资料,用天然减去实测即得汛期历年流域用水消耗量。汛期历年流域用水消耗量即现状条件下的河道外历年汛期能够控制利用的洪水量。

3)确定最大汛期能够控制利用洪水量 W_m。在 2)计算的现状河道外"历年汛期能够控制利用的洪水量" 系列中选取最大值（特别应注意连枯年份），分析其合理性后，参考可预见期内的流域需水量预测，以及可预见期内河道外控制利用本流域河川径流量最大可能的流域工程总调控水量，最终确定控制水文断面最大汛期能够控制利用洪水量 W_m。

4）多年平均汛期难于控制利用下泄洪水量计算。根据 3）确定的最大汛期能够控制利用洪水量 W_m，用控制水文站长系列汛期天然径流量逐年减去 W_m，即得历年汛期难于控制利用下泄洪水量 W_{qi}。若汛期天然径流量小于或等于 W_m，则下泄洪水量为 0。由计算的历年汛期难于控制利用下泄洪水量系列，计算多年平均汛期难于控制利用下泄洪水量。计算公式为

$$\overline{W_q} = \frac{1}{n} \times \sum_{i=1}^{n} (W_{ti} - W_m) \tag{5-8}$$

式中，$\overline{W_q}$ 为多年平均汛期难于控制利用的洪水量；W_{ti} 为控制水文站第 i 年的汛期天然径流量；n 为统计年数；W_m 为最大汛期能够控制利用洪水量。

（2）黄河流域汛期难控制利用下泄洪水

根据上所述计算方法及有关资料，7 个二级区选用控制水文站断面汛期难控制利用下泄洪水计算成果见表 5-3。

表 5-3　选用水文站汛期难控制利用下泄洪水量成果表（单位：亿 m³）

选用水文站		最大汛期能够控制利用洪水量 W_m	多年平均年汛期难控制利用下泄洪水量 $\overline{W_q}$
唐乃亥	1980～2000 年	0.2765	97.8
	1956～2000 年	0.2765	101.3
	1956～1969 年	0.2765	97.3
兰州	1980～2000 年	87.4	73.7
	1956～2000 年	87.4	78.1
	1956～1969 年	87.4	77.3
河口镇	1980～2000 年	126.6	35.7
	1956～2000 年	126.6	39.5
	1956～1969 年	126.6	39.2
龙门	1980～2000 年	145.9	44.2
	1956～2000 年	145.9	47.8
	1956～1969 年	145.9	50.98

选用水文站		最大汛期能够控制利用洪水量 W_m	多年平均年汛期难控制利用下泄洪水量 $\overline{W}_q$
三门峡	1980~2000 年	159.1	75.6
	1956~2000 年	159.1	80.98
	1956~1969 年	159.1	88.7
花园口	1980~2000 年	168.6	94.7
	1956~2000 年	168.6	99.9
	1956~1969 年	168.6	114.9
利津	1980~2000 年	222	54.1
	1956~2000 年	222	57.3

5.2.2 地表水可利用量和控制指标

地表水可利用量是指：在可预见的时期内，在统筹考虑河道内生态环境和其他用水的基础上，通过经济合理、技术可行的措施，可供河道外生活、生产、生态用水的一次性最大水量（不包括回归水的重复利用），是某一流域天然河川径流开发利用的极限阈值。

根据水量平衡原理，一般地表水可利用量等于水文站测验断面天然河川径流量减去流出该水文断面的河道内需用水量和下泄弃水量。地表水国民经济可利用量即等于狭义天然地表水资源扣除河道基本生态环境需水量和河道外难控制利用洪水下泄弃水量，其中工程和技术条件都是基于现状水平，并考虑未来发展。

基于上述地表水可利用量应按流域水系独立计算的要求，结合水文站等计算所需资料满足需要的实际情况，本书以黄河干流控制节点水文站为基点，计算了流域各二级区控制水文站断面以上的地表水资源国民经济可利用量（其中"花园口以下"只算到利津水文站断面）。

依据上述地表水可利用量计算方法和相关分项计算成果，黄河流域地表水国民经济可利用量计算结果表明：

1）黄河流域二级区花园口以上地表水可利用量总计 292.88 亿~317.56 亿 m³，分别占花园口以上二级区天然河川径流量 544.39 亿~629.65 亿 m³ 的 46.51%~58.33%。

2）利津水文站断面以上地表水资源可利用量在 258.88 亿~361.24 亿 m³，可利用率为 39.99%~68.98%；花园口水文站断面以上地表水资源可利用量在 292.88 亿~317.56 亿 m³，可利用率为 45.85%~60.83%。

5.2.3 地下水开发利用状况及存在问题

5.2.3.1 地下水年供水量变化

20 世纪 80 年代以来，随着流域工农业发展和城市化的加快，对水资源的需求量日益增加，在加大地表水引用量的同时，地下水开采强度也越来越大。据统计，1980~2000 年，黄河流域地下水开采量从 93.27 亿 m³ 增加至 145.47 亿 m³，21 年增加了 52.2 亿 m³，开采量增加了 55.97%。近年来由于地下水的大量超采诱发了一系列地质灾害和生态环境问题，各地开始关注地下水平衡问题并逐步压采地下水，2005 年地下水开采量降低到 131.40 亿 m³。1980~2005 年黄河流域地下水开采量统计，见表 5-4。

表 5-4 1980~2005 年黄河流域地下水供水量调查统计表

年份	地下水供水量/亿 m³
1980	93.27
1985	87.16
1990	108.71
1995	137.64
2000	145.47
2004	144.30
2005	131.40

随着地下水的大量开采，黄河流域地下蓄水逐年减少。2005 年末与上年同期相比，各平原（盆地）区地下水位下降者居多，浅层地下水总蓄水量减少 8.22 亿 m³。以±0.5m 作为地下水位上升区、下降区和相对稳定区的分界线，各平原区上升区面积为 0.61 万 km²，蓄水量增加 3.24 亿 m³；下降区面积为 1.29km²，蓄水量减少 8.75 亿 m³；相对稳定区面积为 6.82 万 km²，蓄水量减少 2.71 亿 m³。2005 年黄河流域主要平原（盆地）区浅层地下水动态变化情况见表 5-5。

表 5-5　2005 年黄河流域主要平原（盆地）区浅层地下水动态统计表

平原（盆地）名称	上升区		下降区		相对稳定区		合计	
	面积 /km²	蓄水变量 /亿 m³	面积 /km²	蓄水变量 /亿 m³	面积 /km²	蓄水变量 /亿 m³	面积 /km²	蓄水变量 /亿 m³
湟水河谷平原					630	0.434	630	0.434
卫宁平原					922	0.011	922	0.011
清水河河谷平原	96	0.033	32	−0.017	572	0.031	700	0.047
银南河西平原			72	−0.027	1088	−0.028	1160	−0.055
银南河东平原	38	0.011			764	−0.027	802	−0.016
银川平原（银北）	14	0.004	213	−0.068	3315	−0.064	3542	−0.128
巴盟河套平原	11	0.002	2931	−0.387	7558	−0.756	10 500	−1.141
土默特川平原	1711	0.488	900	−0.711	2725	0.531	5336	0.308
鄂尔多斯沿黄平原	1	0	910	−0.433	1239	−0.079	2150	−0.512
太原盆地	52	0.024	1596	−1.111	3093	−0.162	4741	−1.249
临汾盆地	451	0.226	1625	−0.906	2283	−0.064	4359	−0.744
峨嵋台地	91	0.057	476	−0.189	1959	−0.022	2526	−0.154
运城盆地			1120	−0.879	2038	−0.116	3158	−0.995
关中盆地	832	0.779	1498	−2.96	19 064	−1.887	21 394	−4.068
陕北风沙滩区	270	0.106	945	−0.748	11 690	−0.094	12 905	−0.736
三门峡河谷平原					321	−0.064	321	−0.064
伊洛河河谷平原	103	0.049			1190	0.016	1293	0.065
华北平原	2381	1.464	545	−0.271	6673	−0.305	9599	0.888
大汶河谷平原			81	−0.044	1043	−0.063	1124	−0.107

5.2.3.2　地下水开采引起的主要地质环境问题

（1）区域性地下水位下降

黄河流域地下水的开发，主要集中在黄河干、支流的河谷平原区和中游地区的河谷盆地内，长期过量开采地下水导致开采区地下水位大幅度下降，地下水位的大幅下降使含水层疏干、水井出水量减小、取水费用增加、水井掉泵以至于水井报废。

（2）地下水超采引发的地质环境灾害

地下水超采、水位持续下降，导致了一系列的地质环境问题，其中地面沉降、地裂缝、地面塌陷等是最常见的地质环境灾害。黄河流域的西安市、太原市是我国西北地区最早发现有地面沉降的城市，也是黄河流域地面沉降灾害较严重的城市；陕西的铜川、韩城和山东的泰安、平阴等城市，由于区域地下水位大幅下降造成地面塌陷。

（3）土壤次生盐渍化

黄河流域土壤次生盐渍化问题主要集中在银川平原、河套平原以及黄河下游地区。据银川市土地盐渍化调查资料，银川市土壤盐渍化程度较高，盐渍化耕地面积达 2.38 万 hm^2，占全市耕地面积的 22.75%。

（4）地下水污染

随着城市工业、乡镇企业的迅速发展，大量未经处理的工业污水、生活污水直接排入河道，造成流域许多支流和一些干流河段地表水体的严重污染，黄河流域部分区域地表、地下水转化频繁，地下水质也受到严重影响。农业生产活动也是地下水的重要污染源之一。

5.2.4 地下水开发及保护策略

地下水的开发利用不同于地表水，由于其存在于地下介质中并以流场的形式分布，不同的开采策略会有不同的取水效果和不同的环境效应。因此，从一定意义上来说，地下水可开采量是与地下水开采策略紧密相连的。

黄河流域地下水开发利用应贯彻"人水和谐、可持续利用"的指导思想，坚持"保护为主、合理开发""统筹协调、优质优用""因地制宜、现实可行"的原则，支持经济社会可持续发展的总战略。

（1）地下水资源可开采总量控制与开采井布局调整相结合战略

控制区域地下水开采量不超过本地地下水可采量，防止地下水超采。在地下水开发利用过程中，应注意区分总体的过量开采与局部开采强度过大两类不同性质的问题。对于总体过量开采的地区应通过替代水源、节水等措施，减少开采地下水；对于局部开采强度过大的地区，应根据具体情况，合理调整开采井布局。

（2）地下水生态水位控制战略

地下水生态水位是满足生态环境的要求、不造成生态环境恶化的地下水位，是维持区域生态系统所需的地下水位区间。当地下水水位低于此区间范围时，会出现天然植被退化、地面沉降、海水入侵等生态环境或地质环境问题；当地下水水位高于此区间范围时，会发生土壤次生盐渍化等问题。

黄河流域地下水开发利用过程应注意地下水生态水位的控制，观测地下水开采过程中生态环境的演变，长期控制地下水位不下降，以防出现地质和环境问题。

（3）控制污染、保护水质的地下水水质保护战略

地下水一旦被污染，治理的难度非常大，往往要花费巨额的投资和很长的时间，而且有些污染是不可逆转的。因此控制地下水污染必须要从源头抓起，大力推广清洁生产，达标排放，重点加强地下水水源地的保护工作，采取严格的水源保护措施，保证地下水水源地附近地区的环境卫生，保障水源地范围内的水质不被污染。

（4）限制开采深层地下水战略

深层地下水，指的是埋藏相对较深，与当地浅层地下水水力联系微弱的地下水。由于深层承压水大多是地质历史时期补给的古地下水，更新速度很慢，一般不宜开采，因此，必须限制深层地下水的开采。深层地下水只能作为应急水源、不作为常规水源使用。

5.2.5　地下水开发利用与保护方案

黄河流域地下水分布情况复杂，不同区域的地下水补给排泄条件和开发利用程度等差异较大，应根据实际情况，合理确定地下水开发保护方案。对于有开发潜力的地区，应在采补平衡的前提下，加大地下水开发力度，提高地下水利用率；对于超采地区，应根据超采状况、经济社会发展以及生态环境保护要求等，统筹考虑，在大力推行节水的前提下，寻求替代水源方案，调整地下水开采布局，逐步压缩地下水开采量，控制地下水水位以达到生态水位要求；对于地下水开发利用已经导致地质灾害和生态环境恶化的区域，应根据经济社会条件，制定地下水保护与修复方案；对于严重缺水地区，应本着"优先保障生活用水、基本保障经济和社会发展用水，努力改善生态环境用水"的原则，合理开发利用地下水资源。

5.2.5.1　地下水功能区划分

根据水文地质条件、地下水水质状况、补给和开采条件，结合水资源配置对

地下水开发利用、生态与环境保护要求，以水文地质单元的界线为基础，按照地下水功能区的分区、分类体系，划分黄河流域浅层地下水功能区。将黄河流域划分为 693 个地下水二级功能区。其中开发区 410 个，占全流域二级功能区总数的 59.2%，面积 19.17 万 km²，占全流域面积的 24.1%；保护区 180 个，占全流域二级功能区总数的 26.0%，面积 49.23 万 km²，占全流域面积的 61.9%；保留区 103 个，占全流域二级功能区总数的 14.8%，面积 11.10km²，占全流域面积的 14.0%。黄河流域地下水功能区划见图 5-3。

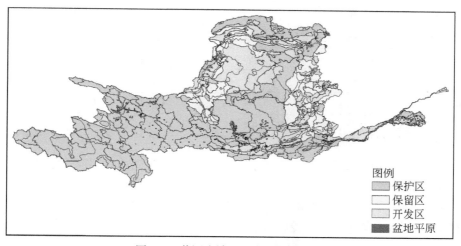

图 5-3 黄河流域地下水功能分区图

5.2.5.2 开发利用方案

根据地下水的功能要求、补给条件、开发利用现状情况以及未来区域水供需形势，制定各地下水功能区的保护目标和开发利用方案。

开发区是黄河流域地下水规划开采的主体，在尚存开采潜力的地区可适当增加开采量以缓解水资源供需矛盾。黄河流域开发区多年平均地下水可开采量为 126.2 亿 m³，现状实际开采量为 97.3 亿 m³。根据地下水开发利用现状和补给特点，按照地下水开发和保护策略，结合未来区域水资源供需情况，根据地下水生态环境保护需求，2020 年水平开发区地下水开采 105.8 亿 m³，2030 年黄河流域开发区地下水开采 111.1 亿 m³，分别在现状基础上增加开采量 8.5 亿 m³ 和 13.7 亿 m³，见表 5-6。

表 5-6 黄河流域地下水开发区开采量   （单位：万 m³）

分区	开发区					
	可开采量	2005 年实际开采量	2020 年规划开采量	2030 年规划开采量	2020 年新增开采量	2030 年较 2005 年开采量增减量
龙羊峡以上	6 083	614	629	629	15	15
龙羊峡至兰州	24 771	34 347	22 017	22 053	-12 330	-12 294
兰州至河口镇	369 589	227 252	252 574	268 003	25 322	40 751
河口镇至龙门	168 385	46 705	71 113	82 018	24 408	35 313
龙门至三门峡	450 292	374 901	397 832	400 350	22 931	25 449
三门峡至花园口	80 856	101 522	99 284	98 158	-2 238	-3 364
花园口以下	118 799	168 327	192 647	212 265	24 320	43 938
内流区	43 480	19 699	22 096	27 341	2 397	7 642
流域合计	1 262 255	973 367	1 058 192	1 110 818	84 825	137 451

对保护区地下水采取适度保护的原则、压缩部分地区的地下水开采量。保护区现状地下水实际开采量为 21.3 亿 m³，拟定 2020 年和 2030 年黄河流域保护区地下水分别开采 16.6 亿 m³ 和 16.7 亿 m³，分别在现状开采量的基础上减少开采 4.65 亿 m³ 和 4.54 亿 m³，见表 5-7。

表 5-7 黄河流域地下水保护区规划开采量   （单位：万 m³）

分区	保护区					
	可开采量	2005 年实际开采量	2020 年规划开采量	2030 年规划开采量	2020 年较 2005 年开采量增减量	2030 年较 2005 年开采量增减量
龙羊峡以上	0	1 976	1 351	1 355	-625	-621
龙羊峡至兰州	0	22 588	31 248	31 261	8 660	8 673
兰州至河口镇	19 561	18 415	11 207	13 397	-7 208	-5 018
河口镇至龙门	2 563	5111	3411	4 298	-1 700	-813
龙门至三门峡	32 982	109 628	56 903	54 782	-52 725	-54 846
三门峡至花园口	5 765	42 450	44 668	45 090	2 218	2 640
花园口以下	630	12 345	17 092	16 763	4 747	4 418
内流区	11	433	545	545	112	112
流域合计	61 512	212 946	166 424	167 491	-46 522	-45 455

保留区原则不安排新增水井。保留区现状地下水实际开采量为 4.21 亿 m³，根据保留区地下水资源利用保护思路，2020 年和 2030 年黄河流域地下水保留区地下水开采 2.67 亿 m³，较现状减少开采 1.54 亿 m³，详见表 5-8。

表 5-8　黄河流域地下水保留区开采量　　　　（单位：万 m³）

分区	保留区					
	可开采量	现状开采量	2020 年规划开采量	2030 年规划开采量	2020 较现状新增开采量	2030 较现状新增开采量
龙羊峡以上	0	0	0	0	0	0
龙羊峡至兰州	0	0	0	0	0	0
兰州至河口镇	16 335	11 931	2 033	2 078	−14 302	−9 853
河口镇至龙门	10 781	6 829	5 375	5 291	−5 406	−1 538
龙门至三门峡	16 892	18 919	18 261	13 096	1 369	−5 823
三门峡至花园口	5 794	4 194	4 773	4 842	−1 021	648
花园口以下	0	0	0	0	0	0
内流区	1 589	266	1 404	1 404	−185	1 138
流域合计	51 391	42 139	31 846	26 711	−19 545	−15 428

5.3　水资源多目标分配理论与模型研究

5.3.1　流域水资源开发的多目标特征

根据水资源可再生维持及可持续发展的要求，水资源开发利用目标不能单纯地追求"高"的经济效益，还应包括"良好"的生态效益和社会效益，经济增长要打破原有的水资源供用关系，更高效地利用水资源，提供更大的环境容量，围绕水资源全属性（自然、环境、生态、社会和经济属性）的协调，综合考虑社会、经济、环境等各方面的因素，以水资源可持续开发利用促进社会、经济、环境可持续、协调发展。因此，水资源利用的总目标应是经济的持续协调发展，生态环境质量的逐步改善和社会健康稳定等多目标，并至少包括以下 3 个层次。

1）经济效益、生态效益、社会效益协调优化，追求经济上的有效性、对环境的负面影响最小，维持社会稳定协调，保证经济、生态环境、社会发展的综合利用效率。

2）生活用水、工业农业灌溉用水、生态环境林草地用水等部门和谐。

3）区域分布合理，满足不同区间对水资源的需求，追求流域均衡发展。

因此，水资源开发利用涉及区域人口、资源、社会经济以及生态环境等多方面的优化问题，其实质就是典型的多目标决策问题。

对于多目标决策问题没有绝对的最优解，其决策结果与决策者的主观意愿直接相关。因此，关于求解水资源开发利用模型的多目标决策方法的研究就十分必要并具有现实意义。一方面该方法要能够实现多目标间的协调，另一方面在决策过程中还要能充分体现决策者的意愿。

5.3.2 黄河流域水资源多目标优化配置模型的建立

5.3.2.1 水资源配置多目标优化目标和准则

水资源合理配置的总目标应是根据流域或区域水资源生态系统的自然和社会状况，采用科学技术方法和合理的管理体制对水资源开发利用和水患防治系统进行安排与管理，以期达到可持续发展的要求和水资源持续利用。水资源优化配置的具体目标包括：

1）水资源利用的产出大、效率高。表现为劳动生产率高，物能转化率高，价值输出率高，时间效率高等，归结为一点，即系统的综合效益高。

2）水资源利用系统的结构与功能最佳。反映出：系统内各要素配置得当；系统结构合理、功能稳定、运转有序；资源、环境和经济社会可协调持续发展。系统结构合理表明系统要素间是一个相互联系的整体，可依系统状态调整结构，促进结构进化。系统功能稳定说明系统物流、能流、信息流和价值流畅通，生产力高、增值大和功能好。系统运转有序表明系统输入与输出的物能相对动态平衡，能形成非平衡态的耗散结构，增强自组织调节能力，保持系统的良性发展。

3）系统抗干扰和恢复转化的能力强。在配置资源时，要考虑到抗拒自然的、经济的、政治的突发灾害造成后果的抗干扰、恢复和转化的能力。这可表现在：系统结构保持一定弹性，要素转化力强；功能具有多元性，功能替代能力强；系统受到外界冲击时，系统能作出新的性能以适应其变化。

上述这些配置原则是作好水资源配置必须考虑和依据的前提。水资源配置的目的则是作好水资源配置希求获得最大的综合效益。二者相辅相成、缺一不可。

5.3.2.2 模型建立

（1）模型目标

以黄河流域系统为对象、以流域水循环为科学基础、以水资源的合理配置为中心、以可持续发展思想为指导、以系统工程技术为手段，从流域水资源利用涉及的防洪减灾、生态环境和经济社会发展等多目标出发，建立融合人水和谐、经济社会发展和生态环境协调等的多目标协调模型：

$$\max f(x) = f(S(x), E(x), B(x)) \tag{5-9}$$

式中，$f(x)$ 为流域水资源决策的总目标，是社会目标 $S(x)$、生态环境 $E(x)$、经济目标 $B(x)$ 耦合的复合函数。

在流域水资源调配中，要综合考虑社会、经济、环境等各方面的因素，因此流域水资源调配模型应包括区域经济持续发展，生态环境质量的逐步改善和流域内社会健康稳定等目标。

1）社会目标 $S(x)$。主要包括保证防洪和防凌安全、区域经济协调发展以及保障生活用水及粮食安全等。综合采用区域发展协调，即最小社会总福利的最大化作为目标：

$$\max\{\min U(i, j)\} \tag{5-10}$$

式中，$U(i, j)$ 为区域的社会福利函数，即社会发展的满意度。社会福利最大可用经济发展平等程度的指标均衡性的基尼系数以及粮食产量两个指标表示。

引入经济学中的基尼系数概念来表示流域水资源分配的公平程度；基尼系数是定量测定收入分配差异程度的指标，经济含义是在全部居民收入中用于不平均分配的百分比。当基尼系数为 0，表示分配绝对平等；当基尼系数为 1，表示分配绝对不平等。基尼系数在 0～1 之间，系数越大，表示越不均等；系数越小，表示越均衡等。流域水资源公平分配的目标：

$$\min \text{GIN} = \frac{1}{n^2} \sum_{i=1}^{n} \sum_{k=1}^{n} | S(i)/D(i) - S(k)/D(k) | \tag{5-11}$$

式中，GIN 为供水基尼系数，其值越小，表明水资源优化配置的子系统间公平性越好；$S(i)$、$D(i)$ 分别为 k 地区的供水量和需水量；$S(k)$、$D(k)$ 分别为 k 地区的供水量和需水量；$| S(i)/D(i) - S(k)/D(k) |$ 为不同地区供水满足程度的差异。

采用流域粮食产量来表征社会稳定性，目标为流域粮食产量最大；由粮食作物的种植结构关系、粮食单位预算产量的变化情况、人均粮食占有量的期望水平来实现。

$$\max \text{TFOOD} = \sum_{i=1}^{n} \text{FOOD}(i) = \sum_{i=1}^{n} \sum_{m=1}^{T} \text{food}(i, m) \tag{5-12}$$

式中，TFOOD 为流域粮食总产量；FOOD（i）为 i 区域的粮食产量；FOOD（i，m）为 i 区域 m 时段的粮食产量；T 为决策总时段。

2）生态环境目标 $E(x)$。提供必要的生态环境用水，维持河流正常功能、流域生态系统平衡以及水环境达标。综合采用绿色当量面积最大和污染物 COD 排放量最小，生态环境需水量满足程度最高。

绿色当量面积最大：

$$\max \sum_{i=1}^{m} \sum_{j=1}^{n} \text{GREEN}(i, j) \tag{5-13}$$

式中，GREEN（i，j）为区域生态综合评价指标"绿色当量面积"，通过绿色当量找到各生态子系统生态价值数量的转换关系，将林草、作物、水面和城市绿化等面积按其对生态保护重要程度折算成的标准生态面积。

污染物 COD 排放量最小：

$$\min \sum_{i=1}^{m} \sum_{j=1}^{n} \text{COD}(i, j) \tag{5-14}$$

式中，COD（i，j）为主要排放废水所含污染物因子。通过研究 COD 排放量与工业产值之间关系约束，COD 排放量与农业产值之间关系约束，COD 排放量与城镇生活关系，COD 不同阶段 COD 排放削减量的发展变化关系，COD 削减与污水处理措施之间的关系等来定量化描述经济社会发展的环境效应，通过最小化环境负效应以提高环境质量。

生态环境需水量满足程度最高：

$$\max \text{ES} = \sum_{i=1}^{N} \sum_{j=1}^{T} \phi_i \prod_{m=1}^{12} \left[\frac{Se(i)}{De(i)} \right]^{\lambda(t)} \tag{5-15}$$

式中，ES 为研究系列生态环境需水量满足程度；$Se(i)$ 为 i 河道断面生态环境水量；$De(i)$ 为 i 河道断面适宜的生态环境需水量；N 为监控河道生态环境需水量的断面数；ϕ_i 为河道断面 i 的生态环境权重指数；$\sum_{i=1}^{N} \phi_i = 1$；$\lambda(t)$ 为第 t 时段河道生态环境缺水敏感指数；T 为时段长。

3）经济目标 $B(x)$。选择既能体现经济总量，又能体现经济效率的指标。因此，在水资源优化配置模型中，选用国内生产总值最大作为主要经济效益目标，同时这个指标也部分反映了社会方面的效果，即全区国内生产总值 GDP 最大，流域国内生产总值之和（TGDP）最大为主要经济目标。

$$\max \left\{ \mathrm{TGDP} = \sum_{i=1}^{m} \sum_{j=1}^{n} \mathrm{GDP}(i,j) \right\} \tag{5-16}$$

式中，GDP (i,j) 为区域国内生产总值；j 为分区，$j=1, 2, \cdots; n$，i 为经济部门，$i=1, 2, \cdots, m$。

（2）主要约束条件

1）产业结构协调：

$$Y_{i\min} \leqslant (1-\alpha)QP_i \leqslant Y_{i\max} \tag{5-17}$$

式中，$Y_{i\min}$、$Y_{i\max}$ 分别是 i 产业发展的上下限约束；α 为生产技术系数矩阵；QP 为供水量。

2）保证地区粮食安全，使各地区粮食产量与规划需求偏差之和最小，区域粮食产量作为区域可持续发展的目标，可以反映农业生产规模、农业生产布局及用水效率，因而是一个社会与经济综合的发展目标。

$$\min \left\{ \mathrm{TFOOD} = \sum_{s=1}^{m} \sum_{j=1}^{n} \left[\mathrm{TFOOD}(s,j) - \mathrm{FOOD}(s,j) \right] \right\} \tag{5-18}$$

式中，TFOOD (s,j)、FOOD (s,j) 分别是各节点的实际粮食生产总量和规划需求量。

区域水环境达标

$$\sum_{k=1}^{K} \sum_{j=1}^{J(k)} 0.001 \cdot d_j^k p_j^k \left(\sum_{i=1}^{I(k)} x_{ij}^k \right) \leqslant C_0 \tag{5-19}$$

式中，C_0 为区域水环境承载力；d_j^k 为 k 子区 j 用户单位废水排放量中重要污染因子的含量；p_j^k 为 k 子区 j 用户污水排放系数；x_{ij}^k 为 k 子区 i 部门 j 用户的污水排放量。

满足河道内基本的生态需水

$$Q(t) \geqslant Q\min(t) \tag{5-20}$$

式中，$Q(t)$ 为断面下泄水量，$Q\min(t)$ 断面生态最小需水量。

水资源可承载

$$\sum_{i=1}^{n} \sum_{k=1}^{m} x_{ij}(t) \leqslant R(t) \tag{5-21}$$

式中，$x_{ij}(t)$ 为 t 时刻 t 部门地区用水量，$R(t)$ 为 t 时刻流域水资源承载能力。

上述各目标之间以及目标和约束条件之间存在着很强的竞争关系。特别是在水资源短缺的情况下，水已经成为经济、环境、社会发展过程中诸多矛盾的焦点。在进行水资源优化配置时，各目标之间相互依存、相互制约的关系极为复杂，一个目标的变化将直接或间接地影响到其他各个目标的变化，即一个目标值的增加往往要以其他目标值的降低为代价。所以多目标问题总是牺牲一部分目标的利益来换取另一些目标利益的改善。在实际进行水资源规划与水资源优化配置时，一要考虑各个目标或属性值的大小，二要考虑决策者的偏好要求，定量手段寻求使决策者达到最大限度满足的均衡解。各目标之间竞争性如图 5-4 所示。

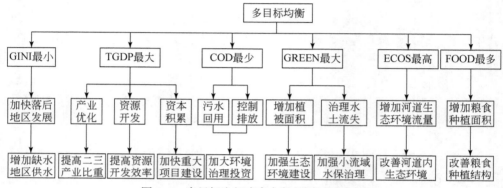

图 5-4　多目标之间竞争与协调关系示意图

5.3.3　水资源配置的多目标柔性决策

5.3.3.1　多目标柔性决策概念

柔性决策是一种有限理性的决策方式，但强调决策的柔性特点，即决策者的愿望和偏好、约束条件和（或）决策目标是柔性的。在多目标柔性决策问题中，决策者经常用语言方式表达自己的愿望和偏好。决策者常用的语言变量是"尽可能大""尽可能接近""不低于""不超过""有点小""太大"等。

柔性运筹学是近代运筹学的重要理念与特征。与传统运筹学的模型与方法相比，最主要的特点在于决策者的介入，面对的问题与系统中包含一些非结构化因素，因此在处理过程中，不可避免地要考虑偏好、谋略、政策等因素与环境的影响。决策目标的多样性决定决策模型是一个多目标规划，多目标规划属多准则决策的范畴，研究在约束域中依据多个决策准则的优化问题。其数学模型的表达式为

$$\begin{cases} \text{MaxF}(x) = (f_1(x), f_2(x), \cdots, f_n(x)) \\ \text{s. t} \quad x \in \Omega \end{cases} \tag{5-22}$$

式中，$x=(x_1, x_2, \cdots, x_n)^T$ 为决策变量；Ω 为决策区间；若 $x\in\Omega$，则称 x 为可行解。对于最优解的规定则要比单目标规划复杂得多，一个自然的扩张是若 $x^*\in\Omega$，且对 $x\in\Omega$ 都 $f_k(x)\leqslant f(x^*)$（$k=1, 2, \cdots, n$）。可称这里的 x^* 为绝对最优解，但是，在绝大多数情况下，这样的 x^* 不存在，或在 Ω 集合中不存在。这是由于绝大多数情况下，n 个目标函数 $f_k(x)$（$k=1, 2, \cdots, n$）会存在"相冲突"的情况。因此，在多目标规划中，非劣解（或称 Pareto 有效解及 Pareto 弱有效解）的规定为

若 $x^*\in\Omega$，且不存在 $x\in\Omega$，使得：

$$F(x)\leqslant F(x^*) \text{ 或 } F(x)<F(x^*) \tag{5-23}$$

前者称 x^* 为 Pareto 有效解，后者则称 x^* 为 Pareto 弱有效解。Pareto 有效解的含义在可行域中不存在评价指标均不优于 x^* 的可行解 x，则 x^* 称为非劣解或 Pareto 有效解。一般来说，多目标规划的 Pareto 有效解为一个集合，可能有多个，且往往无法比较两个 Pareto 有效解的优劣。若不引入决策者的附加偏好，任何非劣解都可作为最优解。

5.3.3.2 决策目标的柔性模糊满意度

模糊数学理论的发展为以模糊逻辑为基础的多目标决策方法提供了一种有效的方法，决策者对每个目标的期望值视为一个模糊数，通过建立各个目标函数的模糊满意度隶属函数，描述决策者各目标的效用满足程度。在多目标柔性决策问题中，决策者经常用语言表达自己的愿望和偏好，这些愿望和偏好可以分别描述为

1）决策收益尽可能大，并接近理想值：$U_{\min}\leqslant u\rightarrow U_{\max}$，其中，$U_{\min}$ 为决策者接受的效用低限值，$U_{\max}$ 为决策者接受的效用理想高值。对于经济效益、社会发展程度等效益型指标，构造决策者满意度隶属函数式 $u_i(x)$ 如下：

$$u_i(x, L_{i0}, H_{i0})=\begin{cases}1 & r_i(x)\geqslant H_{i0}\\ \dfrac{r_i(x)-L_{i0}}{H_{i0}-L_{i0}} & H_{i0}>r_i(x)\geqslant L_{i0}\\ <0 & r_i(x)<L_{i0} \text{ 拒绝}\end{cases} \tag{5-24}$$

式中，$u_i(x)$ 为决策者对决策属性指标 i 的满意度隶属函数；$r_i(x)$ 为决策指标 i 的属性值，是决策变量 x 的函数；L_{i0} 为属性指标 i 的容忍值，H_{i0} 为属性指标 i 的理想值。

2）决策费用、损失尽可能小，并接近下限值，资源的消耗和环境破坏不超过一定限度，且尽可能降低到低限期望点，$C_{\max}\geqslant C(x)\rightarrow C_{\min}$，其中，$C_{\max}$，

$C_{\min}$ 分别为费用、资源消耗、环境破坏等指标决策者接受的上、下限。而对于指标越小越优的成本型指标（如污染物排放、生态破坏程度等）满意度隶属函数式构造如下：

$$u_i(x,\ H_{i0},\ L_{i0}) = \begin{cases} 1 & r_i(x) \leqslant L_{i0} \\[2mm] \dfrac{H_{i0} - r_i(x)}{H_{i0} - L_{i0}} & H_{i0} \geqslant r_i(x) > L_{i0} \\[2mm] < 0 & r_i(x) > H_{i0} \quad \text{拒绝} \end{cases} \qquad (5\text{-}25)$$

式中，H_{i0} 为属性指标 i 破坏限度的容忍值，L_{i0} 为属性指标 i 的理想值。我们可以把这种形式的愿望和偏好重新描述为 $-C_{\max} \leqslant C(x) \to C_{\min}$。这就和第 1 种形式的愿望和偏好统一起来了。

3）决策者希望目标的属性指标值要落在一定的范围之内，且尽可能接近该范围中的某一期望点。即 $r_i(x) \in [b_{i0} - d_i^-,\ b_{i0} + d_i^+]$ 且目标是趋于期望点 $r_i(x) \to b_{i0}$，满意度函数：

$$u_i(x,\ b_{i0},\ d_i^-,\ d_i^+) = \begin{cases} \dfrac{r_i(x) - (b_{i0} - d_i^-)}{d_i^-} & r_i(x) \in [b_{i0} - d_i^-,\ b_{i0}] \\[3mm] \dfrac{(b_{i0} + d_i^+) - r_i(x)}{d_i^+} & r_i(x) \in [b_{i0},\ b_{i0} + d_i^+] \\[3mm] < 0 & r_i(x) \notin [b_{i0} - d_i^-,\ b_{i0} + d_i^+] \end{cases}$$

$$(5\text{-}26)$$

式中，$[b_0 - d_i^-,\ b_0 + d_i^+]$ 为决策者对属性指标 i 容忍区间；b_{i0} 为决策属性指标 i 的理想值；$b_{i0} - d_i^-$、$b_0 + d_i^+$ 为决策属性指标 i 的上、下限值。

4）决策者的硬性要求决策，如河道断面最低流量、生态环境水量以及主要污染物最大排放量等指标。决策效用偏好可以表示为 $r_i(x) \geqslant R_{i0}$ 或 $r_i(x) \leqslant R_{i0}$，对于此种决策硬性的要求，我们可以通过模型转换，将其归纳入决策者可以接受的可行集的约束条件中去考虑。

由式（5-24）、式（5-25）、式（5-26）中可以看出，决策者对目标的满意程度 $u_i(x)$ 既是决策变量 x 的函数，又是决策容忍值和理想值 L_{i0}、H_{i0} 的函数。如果 $u_i(x) < 0$，则说明决策目标 $f(x)$ 没有达到容忍的范围，是决策者不能接受的；若 $u_i(x) = 0$，则决策目标 $f(x)$ 达到容忍的下限，决策者处于勉强接受或不接受的临界状态；当 $u_i(x) = 1$ 时，表明决策目标已经达到决策者所期望的效果；若在 $u_i(x) = 1$ 之后，仍继续提高决策指标 $r_i(x)$，决策方案的某一属性的满意度将会得到很大满足，但由于其属性指标已超出了理想值，对决策目标的

满意度改善很小，则意味着资源浪费也是决策者所不能接受的。因此，$0 \leqslant u_i(x) \leqslant 1$，是决策者的决策区间，见图5-5（a）、图5-5（b）、图5-5（c）。

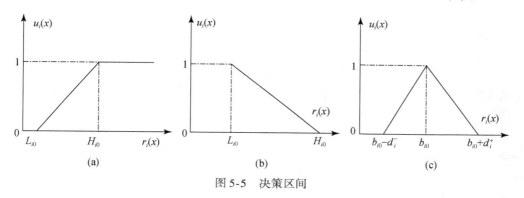

图5-5　决策区间

5.3.3.3　总目标满意度函数集成

多目标决策问题中各目标之间存在着相互冲突和不可公度性，很难找到一个绝对的最优解，关键在于如何根据决策者的偏好对目标函数进行集成。流域决策者的总满意度函数，是所有决策目标满意度耦合的线性集成，可进一步通过各地域、部门决策指标的满意度函数的集成来求得。若各特定地域或部门 k、目标 i 对分配方案的满意度 $u_{ki}(x)$，通过线性集成可构造流域总目标的满意度隶属函数：

$$\text{Max}U = \sum_{l=1}^{K} \lambda_l u_l(x) = \sum_{i=1}^{n} \sum_{j=1}^{m} \lambda_{li} u_{li}(x) \tag{5-27}$$

式中，U 为总满意度函数；$u_l(x)$ 为决策目标的满意度；$l=1,2,\cdots$；K 为决策总目标个数；λ_l、λ_{li} 为目标 i 的满意度对总目标满意度贡献隶属函数的权重；$i=1,2,\cdots$；n 为流域决策的地区个数；$j=1,2,\cdots$；m 为流域决策的部门个数；存在 $\sum_{l=1}^{K} \lambda_1 = 1$ 或 $\sum_{i=1}^{n} \sum_{j=1}^{m} \lambda_{li} = 1$，表示一种利益的非冲突一致性。

5.3.3.4　多目标协调与分层决策

将水资源系统划分成分水单元进行优化，每个分水单元内部都需要使用优化模型进行优化，因此水资源优化配置为大系统多目标优化，模型规模大，而且由于各分水单元之间存在着水力或水利联系，求解比较复杂。为解决此问题，根据大系统理论的分解协调技术，建立供需协调的递阶模型求解。采用分解协调技术中的模型协调法，将关联约束变量，即区域公用水资源进行预分，使系统分解成K个独立的子系统，然后反复协调分配量，最终实现系统综合目标最优。

基于水资源的供需情况，可对黄河流域水资源优化配置采用大系统分解协调方法建立三级决策模型，如图5-6。这三层模型既相互独立，又相互联系。由第一层总供水系统分给第二层各子区一定水量，第二层各子区再把一定水量分配给区域内不同部门，在区域内的部门间的协调实现多水源的优化分配。这样通过在各水源和各用户之间的水量协调，在相应的约束条件下进行优化，然后把结果逐级向上反馈，进行多用户间水量的分配，得到新的分配方案，然后再以此方案进行优化。如此反复迭代，直到达到优化目标为止。这样即可得到全局最优解。流域供水水源可概化为当地地表水、地下水、跨流域外调水、雨水、洪水和再生水6种，从经济社会与水资源环境协调发展考虑，流域水源可分配水权量应留足生态系统需水量，其余参与水权分配的用水户可概化为居民生活、工业、农业、河道外生态环境4大类用水户，并可以进一步细分为各类用水户和用水种类。本书仅就上述3种水源、4大类用水户，构建城市水权初始配置的相关机会多目标规划模型。由图5-6可见，大系统分解协调后的模型实际上是要实现三层的优化，即流域水资源在各区域之间以及各区域内不同水源在不同部门间的分配。

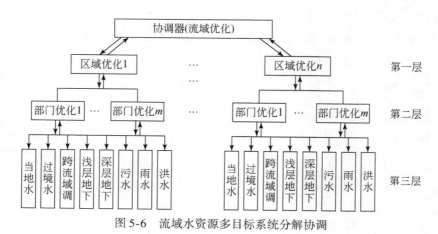

图5-6 流域水资源多目标系统分解协调

5.3.3.5 决策指标筛选及量化

从实现的经济合理性、社会合理性、生态环境合理性和水资源利用合理性方面，并参考流域专家意见，筛选取出11个指标作为黄河水资源调配决策及评价的指标因子，见表5-9。

表5-9　黄河流域水资源利用效果决策属性指标表

项目	序号	指标名称	指标含义
经济合理性	1	国内生产总值/亿元	区域经济发展水平
	2	工业增加值/（元/m³）	区域经济水平和工业化水平
	3	人均国内生产总值/（元/人）	经济效率
社会合理性	4	工农业缺水量/%	工农业用水的保证程度
	5	人均粮食产量/（kg/人）	体现区域粮食安全策略
水资源利用效率	6	农业灌溉水利用系数	灌溉水利用的效率，体现区域农业节水潜力
	7	城市污水回用率/%	清洁生产、达标排放，构造人水和谐关系
	8	工业用水定额/（m³/万元）	工业用水的效率
	9	边际产出/元	社会用水效率
生态环境合理性	10	水土保持减淤量/亿t	遏制流域水土流失、维持生态平衡
	11	河道内生态环境水量/亿m³	河道内需水及其满足状况

5.3.4　水资源配置的柔性决策模型系统

5.3.4.1　模型系统组成

模型系统由水资源优化配置模型、区域宏观经济模型、社会发展模型、生态环境模型组成，分别模拟和计算水资源调配决策的主要目标。

其中水资源优化配置模型是多目标柔性决策模型系统的核心，包括水资源调配的模拟模型以及柔性决策模型两个部分，主要完成水资源系统运行的模拟以及水资源配置优化决策。模拟模型是研究在一定的系统输入条件下，采用不同运行规则时的系统响应，流域系统的水资源、经济、环境等主要决策目标的特征属性变化，不同运行规则及分水政策对黄河水资源利用带来的影响以及效益后果等方面响应，模拟模型可模拟水资源系统的运行和水资源的调配（图5-7）。

5.3.4.2　模型运行规则

合理配置模型在模拟系统运行方式时，要有一套运行规则来指导，这些规则

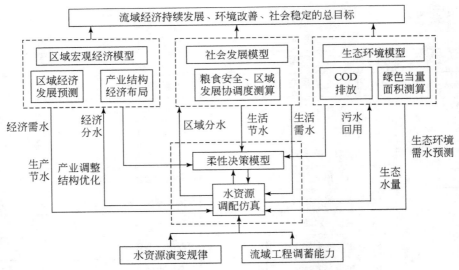

图 5-7   流域水资源调配多目标决策模型系统

的总体构成了系统的运行策略。实际运行时，依据运行策略的指导，确定系统在该时段的决策，运行策略包括以下几部分。

（1）宽浅式破坏和分质供水规则

考虑公平因素，在来水不足条件下，在调度过程中应在时段之间、地区之间、行业之间尽量比较均匀地分配缺水量，防止个别地区、个别行业、个别时段的大幅度集中缺水，做到实际缺水损失最小。宽浅式破坏还隐含了兼顾供水的均衡性原则，防止经济效益好的地区和行业优先配水。

根据不同行业对供水水质的要求不同，按照现阶段的用水质量标准，在优质水水量有限的条件下，在调配过程中为了满足各行各业的需水要求，需要实行分质供水，即优质水优先满足水质要求高的生活和工业的需要。

（2）水源的利用次序

在水资源配置过程中，各种水源的供水次序的合理确定对于进行系统调节计算和保证调配结果的最优性具有重要的作用，水源利用顺序通常受历史传承、实际情况和决策者需求的影响。根据各种水源特点和专家调度经验，拟定各种水源的利用优先序为①降水、土壤水优先；②非常规水源优先；③处理后的污水优先；④地表水水库蓄水优先；⑤地下水的正常开采优先；⑥灌溉退水、等级外的污水。地表水与地下水的利用要考虑它们之间的补偿作用，其利用优先序有时要调整。

（3）污水处理回用规则

决策时段的污水量、处理量、处理回用量、各行业的回用量，按照上一时段的城镇生活用水量和工业用水量计算，即要滞后一个时段退水和回用。各行业的回用量要优先于地表水供水和地下水供水利用；回用水量优先供本单元回用。

5.3.4.3　基于 RAGA 模型系统求解

应用决策属性指标体系，建立基于实码加速遗传算法（real coding based accelerating genetic algorithm，RAGA）求解模糊柔性决策（flexible decision making，FDM）模型。具体步骤：第一步，建立目标模糊隶属度隶属函数；第二步，构建模糊推理规则，设置初权；第三步，基于 RAGA 求解优化目标函数，推理求解总目标满意度函数；第四步，优序排列推荐决策者满意方案。基于 RAGA 的流域水资源多目标柔性决策优化求解过程如图 5-8。

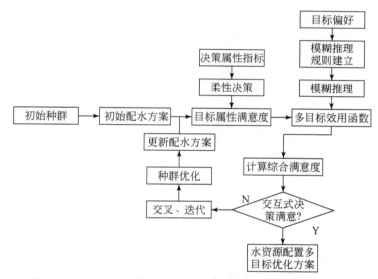

图 5-8　基于加速遗传算法的多目标柔性决策模型求解流程图

传统的遗传算法，即标准遗传算法（SGA）的编码方式通常采用二进制，它所构成的个体基因型是一个二进制编码符号串。二进制编码优点在于编码简单，交叉、变异等遗传易于实现。缺点在于由于遗传运算的随机特征而使其局部搜索能力较差，由于 SGA 的寻优效率明显依赖于优化变量初始变化区间的大小，初始区间越大，SGA 的有效性就越差；同时，SGA 还不能保证全局收敛性，为了克服二进制编码方法的这些缺陷，采用实数编码，使个体编码长度等于其决策变量的个数。实数编码具有几个优点：①适合于在遗传算法中表示范围较大的数；②适合于精度要求较高的遗传算法；③便于较大空间的遗传搜索；④改善了遗传算法的计算复杂性，提高了运算效率；⑤便于遗传算法与经典优化方法的混合使用；⑥便于设计针对问题的专门知识的知识型遗传算子；⑦便于处理复杂的决策变量约束条件。其具体步骤如下。

求式（5-27）的最大值，建模型如下：

$$\begin{cases} \max U(x) = \sum_{i=1}^{n} \lambda_i u_i(x) \\ \text{s. t.} \qquad a(j) \leqslant x(j) \leqslant b(j) \end{cases} \tag{5-28}$$

式中，$U(x)$ 为多目标满意度函数，为决策变量 x 的复合函数；$x(x_1, x_2, \cdots, x_n)$ 为流域水资源在各区域、各部门的水资源配置数量；$x(j)$ 为决策的基本变量，即区域或部门水资源分配量，满足模拟模型的约束条件；$u_i(x)$ 为决策目标 i 的满意度；λ_i 为目标 i 的权重；$b(j)$ 和 $a(j)$ 分别为决策阈值的上、下限。

将待优化的决策变量用实数编码表示，采用如下线性变换：

$$x(j) = a(j) + y(j)[b(j) - a(j)] \qquad j = 1, 2, \cdots, p \tag{5-29}$$

式中，$x(j)$ 为决策变量；p 为决策变量的个数。

式（5-29）把初始决策变量区间 $[a(j), b(j)]$ 上的第 j 个待决策变量 $x(j)$ 对应到 $[0, 1]$ 区间上的实数 $y(j)$，$y(j)$ 即为 RAGA 中的遗传基因。经编码，所有决策变量的取值范围均变为 $[0, 1]$ 区间，RAGA 直接对决策变量的基因进行遗传算法的过程操作。

5.3.5 黄河流域水资源多目标优化配置

结合用户、供水工程、水库节点、主要控制断面、产汇流等的分布，将全流域概化为 240 个节点，按流域水力连接起来，形成水资源供需平衡计算节点图，见图 5-10。黄河流域水资源量系列采用（1956~2000 年）45 年系列逐月计算。

5.3.5.1 2020 水平年决策结果分析

黄河流域水资源调配是基于 2020 年水平水资源可利用量，其决策过程描述如下。

模型系统在仿真模型支持下模拟流域水资源调配，主要决策参数是由 8 个省区（G1—G8、四川、河北基本采用固定配水模式，不参与流域水资源分配）和 3 大经济部门（工业、农业、第三产业 G9—G11，生活供水基本满足）的 11 个属性指标（$r_1 \sim r_{11}$）构成的决策矩阵，见表5-10。RAGA 设置初始种群，选择父代初始种群规模为 $n=400$，交叉概率 $p_c=0.80$，变异概率 $p_m=0.80$，$\alpha=0.05$，通过模型系统中嵌套的水资源模拟获得初始的调配方案，利用 RAGA 模型的交叉、迭代、搜索和优化功能，不断生成新种群；通过交互式决策和模糊推理获取多目标决策的属性权值构造决策者满意度综合函数，作为多目标优化的适应性函数；在经过逐代交叉遗传优化后得到决策者满意解。决策各属性的决策满意度权值分别为（0.224，0.207，0.131，0.156，0.019，0.023，0.006，0.038，0.053，0.041，0.103），决策者流域总满意度 $U=0.8291$。结果表明，主要决策目标的属性指标值在决策者决策范围内，满意度在（0，1）区间，表明各项目标处于良性状态，见表5-10。

表 5-10　黄河流域 2020 年水平水资源利用效果决策属性指标矩阵表

决策属性 决策对象	r_1	r_2	r_3	r_4	r_5	r_6	r_7	r_8	r_9	r_{10}	r_{11}
G1	0.490	0.207	0.255	1.000	0.578	0.570	0.163	0.650	0.695	0.728 3	0.568
G2	0.604	0.226	0.263	0.794	0.672	0.602	0.178	0.650	0.286	0.734 2	0.599
G3	0.798	0.387	0.264	0.629	0.767	0.652	0.305	0.950	0.695	0.741 7	0.619
G4	0.830	0.623	0.268	0.422	0.800	0.660	0.491	0.950	0.286	0.738 5	0.677
G5	0.604	0.528	0.258	1.000	0.651	0.604	0.416	0.650	0.695	0.743 0	0.535
G6	0.625	0.471	0.259	1.000	0.669	0.611	0.371	0.650	0.695	0.746 6	0.529
G7	0.730	0.510	0.266	0.794	0.755	0.640	0.401	0.650	0.286	0.750 1	0.561
G8	0.898	0.740	0.267	0.629	0.837	0.686	0.583	0.950	0.695	0.753 0	0.588
G9	0.928	0.981	0.271	0.422	0.871	0.693	0.772	0.950	0.286	0.748 4	0.645
G10	0.646	0.430	0.261	0.928	0.690	0.616	0.339	0.650	0.695	0.826 9	0.525
G11	0.745	0.526	0.267	0.722	0.768	0.644	0.414	0.650	0.286	0.835 5	0.558

FDM 模型嵌套水资源模拟模型，通过黄河干流水库调节、改善流域水资源时分布，在满足汛期输沙需求的基础上对流域骨干水库实施联合调度减少无效水量入海；合理安排流域经济规模和产业结构并灵活地进行调整、实施污水资源化，改善流域生态环境，实现了优化调配。

模拟模型首先经过供需平衡长系列计算，分配结果黄河干流主要断面的下泄水量均能满足环境容量要求。从全年、汛期和非汛期水量来看，各方案干支流各主要断面下泄水量都基本能满足断面河道内生态环境需水量低限需求，见表5-11。兰州断面由于来水量大，断面以上用水少，汛期、非汛期均能满足河道内生

态环境需水量要求；河口镇断面分时段下泄水量与河道内生态环境需水量相差
1.5 亿 m³ 左右，基本能够满足控制下泄要求；花园口汛期水量、利津断面全年
下泄水量基本达到低限水量和流量要求；方案调配入海水量为 200.68 亿 m³，基
本达到黄河低限入海生态水量的需求。

表 5-11   2020 年水平黄河主要断面下泄表

站名	控制流量/（m³/s）					控制水量/亿 m³				
	河口镇	花园口	利津	华县（汛期）	河津	河口镇	花园口	利津	华县	河津
低限需求	250	150	100	285	20	197	180	200	53.6	5.7
调节下泄	272.3	156.7	99.9	288.3	21.2	202.3	188.9	202.6	57.4	6.1

考虑到黄河流域属于资源型缺水流域，在没有跨流域调水工程增加可利用水
量的情况下属于缺水配置，优先满足河道内生态环境低限需求。在柔性决策理论
的指导下，流域水资源得到合理的分配，居民生活得到全面满足，工业缺水率仅
为 2.9%，维持了区域粮食安全（人均粮食产量为 433kg）；区域经济实现协调发
展，流域发展协调度为 0.58，流域经济年增长率 10.4% 的，流域内人均 GDP 最
小的青海达到了 1.21 万元，年增长 11.2%；2020 年水平黄河流域 COD 年入河控
制量分别为 29.50 万 t；黄河流域绿色当量面积为 79.9 万亩。2020 年水平黄河水
资源多目标优化分配结果见表 5-12。

表 5-12   2020 年水平黄河流域水资源利用的多目标优化分配结果表   （单位：亿 m³）

省区	需水量					供水量				缺水量			缺水率	地表耗水
	生活	工业	农业	生态环境	合计	地表水	地下水	其他	合计	工业	农业	合计		
青海	1.64	5.54	18.57	0.13	25.88	17.04	3.26	0.20	20.50	0.78	4.60	5.38	20.79%	12.99
四川	0.02	0.01	0.28	0.00	0.31	0.29	0.02	0.00	0.31	0.00	0.00	0.00	0.00%	0.25
甘肃	6.35	19.60	35.39	0.53	61.87	39.38	5.67	2.30	47.35	1.42	13.10	14.52	23.47%	33.43
宁夏	2.12	8.18	64.17	0.62	75.09	46.69	11.06	0.90	58.65	1.04	15.40	16.44	21.89%	37.18
内蒙古	3.44	14.99	84.68	2.52	105.63	62.68	21.76	1.40	85.84	1.29	18.50	19.79	18.74%	54.47
陕西	10.89	25.52	52.77	1.03	90.21	42.77	28.87	3.55	75.19	1.77	13.20	14.97	16.59%	34.94
山西	7.48	21.43	41.04	0.50	70.45	44.48	21.11	1.66	67.25	1.06	2.10	3.16	4.49%	37.92
河南	6.31	19.48	55.15	0.37	81.31	55.50	21.77	1.60	78.87	0.44	2.00	2.44	3.00%	53.34
山东	2.79	15.70	65.95	0.15	84.59	68.03	11.55	0.80	80.38	0.21	4.00	4.21	4.98%	65.44

续表

省区	需水量					供水量				缺水量			缺水率	地表耗水
	生活	工业	农业	生态环境	合计	地表水	地下水	其他	合计	工业	农业	合计		
河北	0.00	0.00	5.00	0.00	5.00	5.00	0.00		5.00	0.00	0.00	0.00	0.00%	5.00
黄河流域	41.04	130.45	423.01	5.86	600.36	381.97	125.08	12.40	519.44	8.01	72.90	80.91	13.48%	334.96

在黄河流域干支流水库众多，其中具有重要调蓄功能的已建大型水库有龙羊峡、刘家峡、万家寨、三门峡、小浪底等。水资源调配模拟模型采用梯级水库联合优化调度，充分发挥干流梯级水库的调蓄作用，"蓄丰补枯"，在减少枯水年份河道内外缺水、减小洪水下泄、保证生态环境需水量等方面发挥了重要作用。

水库调蓄在减少枯水年河道内外缺水方面作用尤为显著，中等枯水年份，水库补水为 44.94 亿 m³，特殊枯水年份水库补水为 52.37 亿 m³，连续枯水段水库总补水量为 58.37 亿 m³（表 5-13）。

表 5-13 2020 年水平黄河流域水库补水情况　　（单位：亿 m³）

水平年	中等枯水年	特殊枯水年	连续枯水段
2010 年	44.94	52.37	58.37

在水库调蓄的作用下，主要控制断面最小生态环境流量得到了保证，利津断面最小流量控制在 100 m³/s，河口镇断面 90% 的月平均流量控制在 250 m³/s 以上。龙羊峡和小浪底水库在黄河流域水资源供需平衡中发挥重要作用，龙羊峡发挥了其多年调节的功能，将丰水年的水量调蓄到枯水年份和连续枯水段下泄，2020 年长系列水平年龙羊峡水库运用，如图 5-9 所示。在系列中丰水年蓄积大量水量减少了无效利用的弃水入海；枯水年份动用水库库存向河道外供水减少缺水以及补充河道内生态用水。

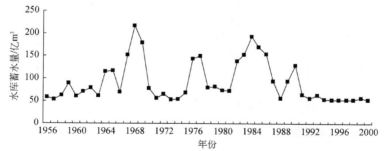

图 5-9　2020 年水平调配龙羊峡水库系列调蓄变化过程

黄河流域水资源柔性决策节点如图 5-10 所示。

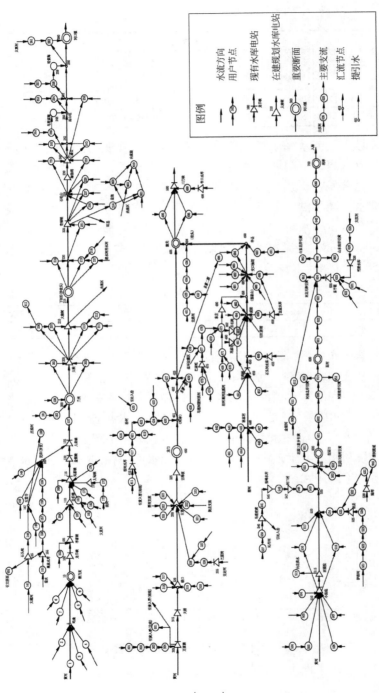

图 5-10 黄河流域水资源柔性决策节点示意图

5.3.5.2 2030 水平年决策结果分析

FDM 模型嵌套水资源调配模型，分配结果黄河干流主要断面的下泄水量均能满足环境容量要求，入海水量为 197.84 亿 m³，达到了黄河低限入海水量需求；流域居民生活全面得到满足，工业缺水率仅为 7.6%，维持了区域粮食安全（人均粮食产量为 408kg）；区域经济实现协调发展，流域内人均 GDP 达到了 7.35 万元，流域经济年增长率 7.8%，流域发展协调度为 0.55，流域内人均 GDP 最小的青海也达到了 2.26 万元，年增长 8.9%；2030 年水平黄河流域 COD 年入河控制量为 25.88 万 t，黄河流域绿色当量面积为 111.1 万亩。2030 年水平黄河水资源多目标优化分配结果见表 5-14。表 5-15 给出了 2030 年水平调配黄河主要断面下泄流量及水量控制指标。

表 5-14 2030 年水平黄河流域水资源利用的多目标优化分配结果表

（单位：亿 m³）

省区	需水量					供水量				缺水量			缺水率	地表耗水
	生活	工业	农业	生态环境	合计	地表水	地下水	其他	合计	工业	农业	合计		
青海	1.95	6.02	19.28	0.18	27.43	17.51	3.27	0.99	21.77	0.19	5.47	5.66	20.63%	13.95
四川	0.03	0.01	0.31	0.00	0.36	0.33	0.02	0.00	0.35	0.00	0.01	0.01	2.78%	0.29
甘肃	7.48	21.80	34.42	2.81	66.51	42.06	5.68	3.56	51.30	2.99	12.22	15.21	22.87%	33.58
宁夏	2.60	9.68	68.30	0.81	81.40	48.24	13.37	1.34	62.95	0.09	18.37	18.46	22.68%	37.14
内蒙古	3.98	16.34	85.17	2.72	108.20	64.07	23.08	2.24	89.39	0.64	18.17	18.81	17.38%	55.35
陕西	12.98	28.66	55.00	1.35	97.99	41.97	29.51	5.68	77.16	3.22	17.61	20.83	21.26%	35.42
山西	9.02	24.44	39.89	0.74	74.09	43.58	21.06	3.02	67.66	0.81	5.62	6.43	8.68%	37.41
河南	7.47	21.25	54.66	0.55	83.93	52.86	21.55	2.78	77.19	0.15	6.59	6.74	8.03%	51.01
山东	3.22	16.53	65.62	0.21	85.58	65.54	11.44	1.33	78.31	0.89	6.37	7.27	8.49%	63.89
河北	0.00	0.00	5.00	0.00	5.00	5.00	0.00	0.00	5.00	0.00	0.00	0.00	0.00%	5.00
黄河流域	48.72	144.74	427.65	9.37	630.49	381.16	128.96	20.95	531.07	8.97	90.44	99.41	15.77%	333.04

表 5-15 2030 年水平调配黄河主要断面下泄表

站名	控制流量/(m³/s)					控制水量/亿 m³				
	河口镇	花园口	利津	华县（汛期）	河津	河口镇	花园口	利津	华县	河津
低限需求	250	150	100	285	20	197	180	200	53.6	5.7
调节下泄	258.3	152.9	99.9	286.1	20.9	201.5	186.4	201.6	54.9	5.9

5.4 黄河水资源分配方案研究

5.4.1 方案对比研究

5.4.1.1 "87分水方案"打折方案

"87分水方案"依据黄河流域1919~1975年56年径流资料，黄河利津站多年平均天然河川径流量为580亿m³为基础，将370亿m³作为河道外用水，200亿m³用于下游输沙，10亿m³为下游河段损失水量。流域各省（区）的水量分配指标见表5-16。

表5-16　黄河流域各省（区）"87分水方案"分配指标　　（单位：亿m³）

省（区）	青海	四川	甘肃	宁夏	内蒙古	陕西	山西	河南	山东	河北	合计
水量	14.1	0.4	30.4	40.0	58.6	38.0	43.1	55.4	70.0	20.0	370.0

同时，"87分水方案"还规定了"丰增枯减"的原则，作为黄河水资源管理和调度的主要依据。基于这一原则，方案对比研究拟定"87分水方案"打折方案作为对比方案。"87分水方案"打折方案，是在系列水资源量变化的基础上，依据"丰增枯减"的原则，拟定的新形势下黄河流域分配方案。

据全国水资源综合规划1956~2000年系列评价成果，考虑2020年水平的下垫面变化，黄河利津站河川径流量将进一步衰减为519.8亿m³，仅为"87分水方案"背景水资源量580亿m³的0.896，分水指标按照"丰增枯减"进行打折。2020水平年打折后，黄河河道内配水188.2亿m³，河道外配水331.6亿m³，流域各省（区）打折后的水量分配指标以及相应的流域水资源供需平衡结果，见表5-17。2020年水平，在河道外配水331.6亿m³情况下，流域将缺水90.38亿m³，缺水率较高的省区为青海和甘肃，分别达到了29.52%和32.65%。

2030年水平的下垫面变化，黄河利津站河川径流进一步衰减为514.8亿m³，为"87分水方案"背景水资源量580亿m³的0.888，按照"丰增枯减"进行打折河道内配水186.4亿m³，河道外配水328.4亿m³。流域各省（区）打折后的水量分配指标以及相应的流域水资源供需平衡结果，分配结果见表5-18。2030年水平，在河道外配水328.41亿m³情况下，流域还将缺水117.82亿m³。

表 5-17 2020 水平年"87 分水方案"打折方案黄河流域水量分配结果

（单位：亿 m³）

省（区）	需水量	地表水供水量	地下水供水量	合计	缺水量	缺水率/%	地表耗水
青海	25.88	14.98	3.26	18.24	7.64	29.52	12.64
四川	0.31	0.41	0.02	0.43	0.00	0.00	0.36
甘肃	61.88	36.00	5.67	41.67	20.20	32.65	27.24
宁夏	75.10	62.15	11.06	73.21	1.89	2.52	35.85
内蒙古	105.63	61.42	21.76	83.18	22.45	21.25	52.52
陕西	90.21	40.34	28.87	69.21	21.00	23.28	34.06
山西	70.44	45.40	21.11	66.51	3.93	5.58	38.63
河南	81.32	55.03	21.77	76.80	4.52	5.56	49.65
山东	84.60	64.18	11.55	75.73	8.87	10.49	62.73
河北	17.92	17.92	0.00	17.92	0.00	0.00	17.92
合计	613.28	397.82	125.08	522.90	90.38	14.74	331.60

表 5-18 2030 水平年"87 分水方案"打折方案黄河流域水量分配结果

（单位：亿 m³）

省（区）	需水量	地表水供水量	地下水供水量	合计	缺水量	缺水率/%	地表耗水
青海	27.43	14.84	3.27	18.11	9.32	34	12.51
四川	0.36	0.40	0.02	0.42	0	0	0.36
甘肃	66.51	35.66	5.68	41.34	25.17	38	26.98
宁夏	81.40	61.55	13.37	74.92	6.48	8	35.50
内蒙古	108.20	60.83	23.08	83.91	24.29	22	52.01
陕西	97.99	39.95	29.51	69.46	28.53	29	33.73
山西	74.09	44.96	21.06	66.02	8.07	11	38.25
河南	83.93	54.50	21.55	76.05	7.88	9	49.17
山东	85.58	63.56	11.44	75.00	10.58	12	62.13
河北	17.75	17.75	0	17.75	0	0	17.75
合计	643.24	396.46	128.96	525.42	117.82	18	328.41

5.4.1.2   水资源调配的模拟方案

为验证模型的精确性，方案对比研究还与采用黄河流域水资源经济模型模拟的黄河流域水资源调配成果进行方案对比分析。

黄河流域水资源经济模型是利用数据驱动的模拟模型，能够根据拟定的运行规则，灵活地、较真实地模拟各种情况，进行长系列、逐时段的水量平衡计算，而且可以计算灌溉农业的产量和各用水部门的经济效益，不仅可以用于全流域水资源配置，而且可以用于流域内局部地区的水资源优化。

模拟模型采用最小费用最大流理论进行求解。最大流问题就是在保证网络中每条弧线上的流量都小于其容量、每个中间点的流出量等于流入量的基础上，找出给定流网络的最大流。而最小费用最大流问题就是要求一个网络最大流，使流的总输送费用取极小值。传统的最小费用最大流网络是一个单输入单输出的网络，计算时必须首先将绘制的节点图转化为标准的网络再进行求解。

节点是模型中的基本计算单元，各节点的水量平衡，是汇总各分区、各河段、及全流域水量平衡的基本数据。节点水量平衡计算中，考虑了节点来水、区间入流、回归水、调入调出水量、生活及工业用水、农业用水、水库蓄水变化、水库损失水量及节点泄流等因素。表示为

$$W_{上} + W_{区间} + W_{回归} + W_{调入} + S_{时段初} - W_{河道外} - W_{河道内} - W_{调出} - S_{时段末} - W_{库损} - W_{泄} = 0$$

$$(5\text{-}30)$$

式中，$W_{上}$ 为本时段上节点来水；$W_{区间}$ 为本时段该节点的区间入流；$W_{回归}$ 为本时段该节点接收的回归水；$W_{调入}$、$W_{调出}$ 为本时段该节点的调入、调出水量；$S_{时段初}$、$S_{时段末}$ 为本节点时段初、末的水库蓄水量；$W_{库损}$ 为本时段水库损失水量，非水库节点为零；$W_{河道外}$ 为本时段该节点的河道外生产、生活和生态用水；$W_{河道内}$ 为本时段该节点的河道内输沙及基流用水；$W_{泄}$ 为本时段该节点地下泄水量。

设定模型运行规则：优先满足城乡居民生活用水和工业用水；保证河道内输沙水量；尽量满足城镇生态用水，提高农业灌溉的供水保证率，上下游兼顾，统筹考虑。在供需平衡计算时，考虑支流优先，地表水、地下水统一调配。

2020 水平年、2030 水平年黄河流域水资源经济模型模拟的流域水资源供需平衡成果，见表 5-19 和表 5-20。从表中调配结果可见，模型实现了流域水资源的高效利用，2020 水平年、2030 水平年黄河流域地表水消耗量分别为 342.12 亿 m³ 和 352.87 亿 m³，对应的入海生态环境水量则分别为 177.68 亿 m³ 和 161.98 亿 m³。

表 5-19　2020 年水平黄河流域水资源利用的经济模型模拟分配结果表

（单位：亿 m³）

省（区）	需水量					供水量			缺水量					缺水率/%	地表耗水
	生活	工业	农业	生态环境	合计	地表水	地下水	合计	生活	工业	农业	生态环境	合计		
青海	1.64	5.54	18.57	0.13	25.88	17.12	3.26	20.38	0.02	0.10	5.37	0.01	5.50	21.25	13.50
四川	0.02	0.01	0.28	0	0.31	0.29	0.02	0.31	0	0	0	0	0	0	0.25
甘肃	6.35	19.60	35.39	0.53	61.87	41.69	5.67	47.36	0.27	1.90	12.20	0.14	14.51	23.45	32.75
宁夏	2.12	8.18	64.17	0.62	75.09	47.65	11.06	58.71	0.01	0.18	15.96	0.23	16.38	21.81	37.19
内蒙古	3.44	14.99	84.68	2.52	105.63	63.97	21.76	85.73	0.03	0.29	18.59	0.99	19.90	18.84	54.99
陕西	10.89	25.52	52.77	1.03	90.21	46.29	28.87	75.16	0.25	2.94	11.58	0.28	15.05	16.68	38.07
山西	7.48	21.43	41.04	0.50	70.45	46.22	21.11	67.33	0	0.15	2.96	0.01	3.12	4.43	39.65
河南	6.31	19.48	55.15	0.37	81.31	57.13	21.77	78.90	0	0.02	2.39	0	2.41	2.96	55.36
山东	2.79	15.70	65.95	0.15	84.59	68.89	11.55	80.44	0.03	0.44	3.65	0.03	4.15	4.91	67.07
河北	0	0	5.00	0	5.00	5.00	0	5.00	0	0	0	0	0	0	5.00
黄河流域	41.04	130.45	423.01	5.86	600.35	394.25	125.08	519.33	0.61	6.03	72.69	1.69	81.02	13.50	343.83

表5-20 2030年水平黄河流域水资源利用的经济模型模拟分配结果表

(单位:亿 m³)

省(区)	需水量					供水量			缺水量					缺水率/%	地表耗水
	生活	工业	农业	生态环境	合计	地表水	地下水	合计	生活	工业	农业	生态环境	合计		
青海	1.95	6.02	19.28	0.18	27.43	16.98	3.27	20.25	0.10	0.21	6.85	0.03	7.19	26.21	13.71
四川	0.03	0.01	0.31	0	0.36	0.33	0.02	0.35	0	0	0.01	0	0.01	2.78	0.29
甘肃	7.48	21.80	34.42	2.81	66.51	41.37	5.68	47.04	0.63	3.45	15.24	0.15	19.47	29.27	32.32
宁夏	2.60	9.68	68.30	0.81	81.40	46.82	13.37	60.19	0.05	0.07	20.50	0.59	21.21	26.06	37.17
内蒙古	3.98	16.34	85.17	2.72	108.20	65.08	23.08	88.16	0.08	0.60	16.73	2.63	20.04	18.52	56.08
陕西	12.98	28.66	55.00	1.35	97.99	44.21	29.51	73.72	0.48	3.98	19.31	0.50	24.27	24.77	36.79
山西	9.02	24.44	39.89	0.74	74.09	48.56	21.06	69.62	0.01	0.90	3.51	0.05	4.47	6.03	40.23
河南	7.47	21.25	54.66	0.55	83.93	59.42	21.55	80.97	0	0.05	2.90	0.01	2.96	3.53	55.91
山东	3.22	16.53	65.62	0.21	85.58	69.29	11.44	80.73	0.06	0.76	3.97	0.06	4.85	5.67	68.55
河北	0	0	5.00	0	5.00	5.00	0	5.00	0	0	0	0	0	0	5.00
黄河流域	48.72	144.74	427.65	9.37	630.49	397.05	128.96	526.01	1.42	10.02	89.02	4.02	104.47	16.57	346.05

5.4.2　方案比选论证

（1）"87"折扣方案的问题

"87 分水打折方案"分配成果中黄河的上下游之间水量的配置不合理。首先，从供需基础来看，打折方案的水资源供需数据是静态的、不能反映水资源演变和需水变化格局变化；其次，水资源从资源高效利用的角度来看水资源配置，水资源应流向效率高的用途。在黄河流域，现状年（2005 年）条件下上游的青海、甘肃、宁夏和内蒙古四省区的用水效率均低于中下游的陕西、山西、河南和山东，但上游的人均用水量却远高于下游，见表 5-21，与水资源高效利用有悖。通过沿黄各省区的缺水率对比，山西、河南的缺水率远低于青海、甘肃、宁夏、内蒙古、陕西等省区，因此也没有体现用水权平等法则。造成这种"水往低处流"的原因与完全行政性的水权分配也有很大关系，没有体现水资源利用的效益和公平原则。

表 5-21　2005 年黄河流域的各省（区）水资源使用情况

省区	青海	甘肃	宁夏	内蒙古	陕西	山西	河南	山东
人均用水量/m³	404	478	229	1212	978	243	302	449
用水效率/（元/m³）	10.6	14.79	15.15	18.16	33.38	29.46	27.43	26.59

"87 分水打折方案"分配成果，未能根据黄河流域生态环境修复和改善的需求来配置低限的生态环境水量，缺乏黄河关键的水量控制指标，不能有效地指导黄河水量调度。

（2）"模拟方案"的缺陷

与"87 分水打折方案"相比，"模拟方案"是在黄河流域水资源本底条件和需求形势变化背景下的按照总经济效益最大化实现的流域水资源供需平衡，在一定程度上更贴近流域水资源演变和供需变化的情势，但由于水资源经济模型是一个模拟模型，自身不具备寻优的功能，在多目标优化中，往往是注重某一目标而忽略另一目标。因此，给出的只是一个可行方案。从水资源分配的结果看，方案中注重了效率而忽视了公平，注重了供水的经济效益而忽略了生态环境效益，而在一定程度上牺牲了河流健康；注重了断面总水量的约束，而忽略了断面时段下泄的要求。

（3）"优化方案"的优点

多目标柔性优化模型在流域水循环演变机理和水资源演变规律研究的基础

上，充分利用水资源全口径评价成果，考虑地表水、地下水、土壤水等各种形式的水资源以及外调水、再生水等水源以及水利工程之间的联合优化调度，考虑省区之间、地区之间、行业之间的利益关系，协调系统内各地区、各部门之间的用水矛盾，研究流域复杂系统的水资源优化调配后提出的方案。

多目标柔性优化利用系统科学研究最新成果和算法，建立融合伦理与效益，兼顾社会进步、经济发展与环境改善的流域水资源分配模式，反映了流域供需形势变化。多目标柔性优化充分考虑了黄河及其支流的水资源承载能力，结合流域经济社会发展对水资源的合理需求，按照总量控制和定额管理相结合，考虑市场经济的规律和资源配置准则，通过抑制需求、增加供水、保护生态环境等手段和措施，对不同水平年黄河流域各种水源进行统一优化分配，提出流域水资源优化配置方案，并提出支流地表水和地下水的分配结果。优化方案较好地统筹了各省区和部门的发展用水，2020 水平年各省区分水情况见表 5-22。

表 5-22　各省区分水及耗用地表水情况表

省（区）	耗用地表水总量		各部门耗用地表水/亿 m³			
	水量/亿 m³	比例/%	工业	农业	生活	河道外生态
青海	18.99	5.67	1.56	16.39	0.90	0.13
四川	0.25	0.07	0.00	0.23	0.01	0.00
甘肃	30.43	9.08	8.27	18.13	3.49	0.53
宁夏	38.18	11.40	0.81	35.59	1.16	0.62
内蒙古	54.47	16.26	1.41	48.65	1.89	2.52
陕西	34.94	10.43	4.66	23.27	5.99	1.03
山西	37.92	11.32	7.71	25.60	4.11	0.50
河南	49.34	14.73	6.33	39.17	3.47	0.37
山东	65.44	19.54	8.86	54.89	1.53	0.15
河北	5.00	1.49	0.00	5.00	0.00	0.00
合计	334.96	100.00	39.60	266.93	22.57	5.86

从分配结果看，优化方案提高了河道生态环境用水优先顺序，遏制了工农业用水对河道生态环境用水的不合理侵占，从而提高了河道输沙用水和生态环境用水的保证程度。分配结果流域生态环境水量比模拟方案（多年平均）增加 7.16 亿 m³。"优化方案"能支撑经济社会发展，并能逐步改善流域生态环境状况，既能保证区域的快速发展对水资源的需求，又能实现流域协调、持续发展。配置结

果体现科学观对流域生态环境保护的要求，满足了入海生态环境水量需求以及主要控制断面的下泄水量要求，保障流域的稳定、持续、协调发展。

从以上方案对比分析，可以看出，"优选方案"从多方面优于"87 分水打折方案"和黄河流域水资源经济模型"模拟方案"，实现了流域水资源的合理调配，分配方案成果是在黄河径流长系列调算基础上制订的，方案中具有不同水文年份的水资源调配方案以及断面水量、入海生态水量过程控制量，可用于黄河流域水资源调度与管理，因此可作为黄河干支流水权分配的基础。

5.5 基于干支流一体化管理的地表地下水水权分配

5.5.1 黄河流域水权分配的原则

水权也称水资源的产权，包括所有权、使用权、经营权和处分权，其中水资源的所有权是基础，其他权利依附于水资源的所有权。我国《水法》中明确了水资源属于国家所有。水资源配置的目的是保证水资源使用的公平和效率，因此，对水资源宏观配置原则，以及水权转让的原则、范围、形式和程序的研究，都应该以水资源的使用权为主要对象。

流域水权指标分两个层次：一是将可供水量或将河流水量按断面分配给有关地区，属初始水权的分配，是实施水权管理的基础；二是通过水权许可将水量具体分配给用水户。由于流域水权分配涉及有关地区和部门的切身利益，确定科学合理的流域分水原则是确保流域分水成功的关键。关于流域水权分配，学者们进行了大量的研究并提出了系统的见解。汪恕诚（2000）提出水权分配应遵循如下原则：第一，人的基本生活用水要首先得到保障；第二，优先权因素，即水源地优先原则、粮食安全优先原则、用水效益优先原则、投资能力优先原则和用水现状优先原则；第三，优先权是变化的，是符合社会福利最大化原则。

可见，要考虑的原则非常广泛，以上原则都是需要考虑的，研究从黄河水量分配与管理要求角度将这些原则分为总体原则、具体原则和细化原则，以指导水权分配。

5.5.1.1 总体原则

确定水权分配的总体原则，是为了明确政治、社会、经济、生态等方面具有高度一般性的基本政策目标。基于社会公平性、高效性、生态可持续性等主要方面的要求，应遵循以下总体原则。

（1）公平性原则

在水权分配时遵循公平性原则，是水权分配在社会政治伦理层面的基本要求，也是建立有效的水市场机制、促进水资源优化利用的政治经济学前提。水权制度建设及其初始水权分配，固然追求更高的资源配置效率，但是因为水资源是基础性的生活和生产资源，水权分配首先应该强调坚守公正公平的原则，以体现对基本人权和法律秩序的尊重。这也是水权分配可行性的基础，是政策实践的现实需要。

（2）有效性原则

水资源的优化配置与高效利用是建立健全水权制度体系的主要目标之一。由于水资源的社会属性，水资源的分配还应该考虑社会效益和生态效益，所以有效性原则泛指包括经济效益、社会效益和生态效益在内的总体效益尽量达到最大化。

（3）可持续性原则

水资源虽然具有可再生性并可持续利用，但是这种可再生性和可持续性不是无条件的，它依赖于水资源系统的基本平衡和水生态的基本正常。流域水量在各地区的合理分配，既要满足各个地区使用分配水量的权利基本平等、不产生异议，还要满足各地区可持续发展的要求。在水资源的开发利用过程中，以水资源的可持续利用来保证社会经济的可持续发展。

5.5.1.2 具体原则

具体原则是围绕总体原则中已经确立的基本政策目标、着眼于操作性的要求而设计的一个顺序衔接、内在关联的体系。具体原则体系必须关注发展前提下基本的社会经济结构平衡和生态持续对水权分配的要求，包括生态用水保障原则、分质授权原则、留有余量原则等；必须尊重现状用水，结合结构性要求实现水权的微观分配，包括保障基本用水原则、尊重现状用水原则等；必须确保地区、部门、用水户之间水权调整的平衡和在几个不同层面上的补偿问题的平衡，包括地域优先原则、合理补偿原则等。具体原则包括：

（1）基本用水保障原则

水资源是人类生存必不可少的物质基础，水资源使用权的分配要在生产、生活和生态用水之间进行合理的分配，如保障人的基本用水和公益型用水的权益。在绝大部分情况下，基本用水保障原则不对实际的分配方案的建立起到决定性作用，可起约束作用，但是作为分配原则，这又是非常重要的原则，因此不能忽略。

（2）生态用水保障原则

水资源的生态可持续性是社会经济用水可持续性的基础。在水资源的开发利用过程中，必须注意保护生态环境，与自然协调共存，保证流域水资源的可持续利用。所以在分配水权时，要留出一部分生态和环境水权，专门用于维护生态环境。因此黄河水权分配方案需切实维护水资源系统的基本结构，并保证最低限度的生态需水得以满足。

（3）总量控制原则

省（区）分配给各地（市、州、盟）的耗水指标之和不得超过"87分水方案"分配给该省（区）的黄河干、支流耗水总量指标。

5.5.1.3 细化原则

（1）优先保证现有合法取水户用水权益的原则

现状用水在一定程度上反映了不同地区现状经济发展的水平和需水的规模，但现状用水并不总是合理的，在流域分水过程中，要分析现状用水的合理性，去除不合理的用水部分，作为流域分水的依据之一。

（2）水权的公平为主、兼顾效率的分配原则

根据黄河流域水权细化分配的思路基本需求用水的分配以公平为主，机动用水以效率为主。

（3）严格控制黄河干流配水额度的原则

各省（区）分配的干流耗水指标原则上不能突破"87分水方案"。根据经济技术条件，将用水控制在适当的水平。判定用水是否合理需要一个标准，可采用用水定额的方法，目前水利部已布置有关省（区）开展此项工作。流域分水要根据各地区的经济发展规模和不同行业合理的用水定额核定分水量。

（4）统筹兼顾支流上中下游配水额度的原则

对于支流，尤其是跨省（区）支流，要统筹兼顾上中下游用水户的用水权益。

（5）兼顾省（区）经济建设布局对水资源需求的原则

为促进地方经济社会的协调、可持续发展，省（区）内水资源配置要兼顾其经济建设布局对水资源的需求，逐步实现水资源向高效率、高效益行业的流转。

5.5.2 黄河地表水地下水水权指标分配

根据以上指标分配原则，综合考虑现状用水、工程布局、取水许可审批水量等情况，以尊重流域发展现状为前提，统筹考虑区域发展战略布局，以2020年水平黄河流域水资源优化配置成果为基础，对黄河水资源进行统一调度、合理配置及指标管理，对黄河取水许可总量控制指标进行细化，明确提出黄河流域各地市（盟）的地表水和地下水水权分配方案，并明确黄河干流和主要支流控制指标，作为黄河一体化总量控制管理的决策依据。本书结合水资源管理需要，地表水水权指标系指耗水指标，考虑取水、退水监测；由于地下水退水相对较为复杂、监测不便，因此方案分配采用开采量指标。沿黄各省（区）水权指标分配到各地市州盟的结果见表5-23。

表5-23　各省（区）水权指标分配结果　　　（单位：亿 m³）

省（区）	地市州盟	地表水指标分配			地下水指标分配			
		干流供水	支流供水	合计	开发区	保护区	保留区	合计
青海	西宁	0.00	4.61	4.61	1.94	0.64	0	2.58
	海东	1.40	3.39	4.79	0.2	0.29	0	0.48
	海南	2.04	0.00	2.04	0.07	0.01	0	0.08
	海北	0.00	0.62	0.62	0.04	0.03	0	0.07
	黄南	0.72	0.00	0.72	0.01	0.01	0	0.02
	玉树	0.01	0.00	0.01	0	0	0	0
	果洛	0.20	0.00	0.20	0	0.04	0	0.04
	合计	4.37	8.62	12.99	2.26	1.01	0	3.26
四川	阿坝	0.00	0.25	0.25	0	0.09	0	0.09
甘肃	金昌	0.00	0.47	0.47	0	0	0	0
	武威	1.78	0.67	2.45	0	0.34	0	0.34
	甘南	0.00	0.22	0.22	0	0.23	0	0.23
	兰州	6.34	3.52	9.86	0.01	1.62	0	1.63
	临夏	0.71	1.36	2.06	0	0.23	0	0.23
	定西	0.70	3.56	4.25	0	0.75	0	0.75
	平凉	0.00	2.65	2.65	0.02	0.35	0	0.37
	天水	0.00	2.79	2.79	0.02	1.01	0	1.03

续表

省（区）	地市州盟	地表水指标分配			地下水指标分配			
		干流供水	支流供水	合计	开发区	保护区	保留区	合计
甘肃	庆阳	0.15	1.77	1.92	0.31	0.43	0	0.74
	白银	5.87	0.87	6.74	0	0.35	0	0.35
	合计	15.54	17.89	33.43	0.37	5.3	0	5.67
宁夏	银川	9.15	0.00	9.15	2.7	0	0	2.7
	石嘴山	4.28	0.00	4.28	2.26	0	0	2.26
	吴忠	8.37	0.46	8.83	0.98	0.03	0.24	1.25
	中卫	5.01	0.21	5.22	0.55	0.09	0.09	0.73
	固原	0.74	2.12	2.86	0.42	0.06	0.03	0.51
	农垦及其他	3.75	0.00	3.75	0	0	0	0
	输水损失	3.10	0.00	3.10	0	0	0	0
	合计	34.39	2.79	37.18	6.91	0.18	0.36	7.45
内蒙古	阿拉善	0.47	0.00	0.47	0.13	0	0	0.13
	鄂尔多斯	5.33	1.19	6.51	7.47	0.07	0	7.54
	巴彦淖尔	36.71	0.47	37.18	5.97	0	0	5.97
	呼和浩特	3.72	0.65	4.36	5.99	0	0	5.99
	包头	0.00	0.37	0.37	2.47	0	0	2.47
	乌兰察布	4.97	0.14	5.11	0.15	0.06	0	0.21
	乌海	0.47	0.00	0.47	1.46	0	0	1.46
	合计	51.66	2.81	54.47	23.63	0.13	0	23.77
陕西	西安	0.00	6.07	6.07	7.9	0.93	0	8.82
	铜川	0.00	0.74	0.74	0.09	0.13	0	0.22
	宝鸡	0.00	4.37	4.37	4.13	0.09	0	4.22
	咸阳	0.00	6.20	6.20	4.15	0.64	0	4.8
	渭南	4.86	3.78	8.64	5.71	0.15	0	5.87
	杨凌	0.00	0.22	0.22	0.09	0	0	0.09
	延安	0.55	1.74	2.30	0.01	0.45	0	0.46
	榆林	3.68	2.39	6.07	3.96	0.24	0.01	4.21
	商洛	0.00	0.34	0.34	0.01	0.15	0	0.16
	合计	9.08	25.86	34.94	26.05	2.78	0.02	28.85

续表

省（区）	地市州盟	地表水指标分配			地下水指标分配			
		干流供水	支流供水	合计	开发区	保护区	保留区	合计
山西	太原	4.70	1.14	5.85	1.88	0.65	0.89	3.42
	大同	2.64	0.00	2.64	0	0	0	0
	长治	0.00	0.18	0.18	0	0.05	0.01	0.07
	晋城	0.00	3.63	3.63	0.96	0.01	0.38	1.35
	朔州	2.64	0.26	2.90	0.01	0	0.08	0.1
	忻州	0.17	0.71	0.88	0.09	0.01	0.15	0.24
	吕梁	1.74	3.11	4.86	2.35	0	0.29	2.65
	晋中	0.85	1.89	2.73	2.83	0.07	0.16	3.06
	临汾	0.58	5.27	5.85	3.61	0.08	0.49	4.17
	运城	6.76	1.65	8.41	5.34	0.16	0.36	5.85
	合计	20.08	17.84	37.92	17.07	1.03	2.81	20.91
河南	三门峡	0.67	1.54	2.21	1.58	0.45	0	2.03
	洛阳	3.37	10.02	13.39	4.71	2.5	0	7.21
	济源	0.09	2.70	2.80	0.71	0.21	0	0.92
	焦作	1.44	1.25	2.69	2.28	0.05	0	2.33
	郑州	5.17	1.93	7.10	1.36	1.19	0	2.56
	安阳	0.00	0.17	0.17	1.39	0	0	1.39
	新乡	10.40	0.33	10.73	6.5	0.05	0	6.55
	濮阳	7.51	0.37	7.88	1.5	0	0	1.5
	开封	4.24	0.00	4.24	0.53	0	0	0.53
	平顶	0.00	0.69	0.69	0	0	0	0
	商丘	1.25	0.00	1.25	0	0	0	0
	许昌	0.20	0.00	0.20	0	0	0	0
	合计	34.35	18.99	53.34	20.56	4.45	0	25.01
山东	济南	5.30	0.00	5.30	1.75	1.22	0	2.97
	淄博	3.24	0.00	3.24	0	0.02	0	0.02
	泰安	0.00	2.91	2.91	5.45	0.33	0	5.77
	莱芜	0.00	0.81	0.81	1.77	0.1	0	1.87
	济宁	1.88	0.00	1.88	0	0	0	0

省（区）	地市州盟	地表水指标分配			地下水指标分配			
		干流供水	支流供水	合计	开发区	保护区	保留区	合计
山东	菏泽	9.00	0.00	9.00	0	0	0	0
	德州	10.75	0.00	10.75	0	0	0	0
	聊城	8.30	0.93	9.23	0	0	0	0
	滨州	12.25	0.00	12.25	0	0	0	0
	东营	8.53	0.00	8.53	0	0	0	0
	青岛	0.99	0.00	0.99	0	0	0	0
	烟台	0.28	0.00	0.28	0	0	0	0
	潍坊	0.28	0.00	0.28	0	0	0	0
	合计	60.79	4.65	65.44	8.96	1.66	0	10.63
河北		5	0	5	0	0	0	0
黄河流域合计		236.92	98.04	334.96	105.82	16.58	3.18	125.59

5.5.3 地表水、地下水指标管理

5.5.3.1 加强地表水和地下水指标统一管理

目前在黄河水资源管理中，出现了地表水管理不断得到加强，管理精细化程度不断提高，而地下水资源管理仍十分薄弱这样一种局面，已经影响到了流域水资源管理工作的进一步深化。同时，也不利于整体上优化配置黄河水资源，实施用水总量控制。随着社会经济发展对水资源管理要求的不断提高，加强地下水资源的管理，实施地表水和地下水的联合配置和调度，已经刻不容缓。实施地表水和地下水统一配置管理的具体措施如下。

（1）建立完善的地下水监测网络

目前流域管理机构尚未建立地下水监测站点。从全流域水资源统一管理和调度的需求分析，要尽快规划和开展地下水监测工作，在地下水开采的重点地区和三水转换比较频繁的地区建立起地下水监测站点，随时掌握全流域地下水的动态变化。

（2）制度建设与政策保障措施

建立地下水开发利用的总量控制管理制度。像地表水总量控制管理一样，对

地下水的开发利用实施总量控制，按照分配的各行政区域地下水水量指标，控制地下水利用项目的审批。

尽快划定地下水超采区、限采区和禁采区，在地下水超采区、限采区要限制开采，并逐步消减开采规模，最终达到采取平衡；在地下水禁采区要严格禁止地下水开发利用，对已有地下水开发利用工程，限期废除。

制定合理的地下水水价和水资源费标准。在地下水丰富的地区，要合理平衡地表水与地下水水价和水资源费标准，鼓励适当开发利用地下水。

5.5.3.2 加强干支流水量指标统一管理

随着流域经济的发展，黄河支流水资源利用量一直呈增长趋势，1990~2000年的支流耗水量较1956~1959年翻了一番。虽然20世纪70年代以来受缺水影响支流耗水量增速趋缓，但此时段整个黄河流域耗水的小幅增长主要集中于支流地区。随着支流水资源利用率的提高，加之缺乏有效的管理，黄河重要支流断流趋势加剧，断流的支流数量不断增加，断流历时不断延长，断流支流入黄河段不断向干流上游蔓延，当前急需实施干支流水资源统一管理。

（1）建立健全水量调度机制和体制

健全调度组织，明确调度职责，建立严格的水量调度程序，同时加强流域管理与区域管理相结合的体制，促进支流水量调度工作顺利开展。

（2）完善支流水文监测站网，加强支流径流预报

在重要支流上建立完善的水文监测站网，做到全年报汛，同时加快开发重要支流径流预报模型，预报各主要来水区来水，为做好支流水量调度提供支撑。

（3）加强基础研究，建立支流水流演进模型

为满足编制支流调度方案的需要，应利用水文学法，根据实测水情和引水资料抓紧开展调度支流（主要是进行月调度的支流，即渭河和沁河）各主要河段水流尤其是枯水演进规律的研究，确定各河段水流传播时间和水量损失，建立水流演进模型。利用水流演进模型，根据区间来水预报、区间引水计划演算各断面流量，确定省界和入黄断面流量控制指标。

（4）加强用水计量统计，落实总量控制

加强用水计量工作，按照《取水许可和水资源费征收管理条例》的要求，重要用水户用水必须有合格的计量设施，并按有关规范要求计量，提高用水计量精度，有条件的大型取用水户要逐步实现取用水户计量的自动监测。建立全面、准确、及时的用水统计和上报制度，推动用水统计工作的积极开展和规范化管理。根据《取水许可和水资源费征收管理条例》的有关规定，切实落实各级行

政区域直至用水户的总量控制，实现总量控制精细化。

5.6 小结

本章在黄河流域水资源的调查评价和水资源开发利用分析的基础上，开展了流域生态环境需水量和水资源开发利用和保护战略研究，分析了流域国民经济水资源可利用量；引入流域水资源多目标调配柔性决策理论和求解方法，建立基于水资源优化配置模型与模拟模型的耦合模型系统，获得了水资源优化调配方案；在水资源供需分析的基础上，综合考虑管理等因素提出了一套黄河流域地表水、地下水指标分配方案，开拓了流域水资源一体化精细管理的新局面。主要研究结论如下。

1）在流域水资源评价的基础上，系统地研究了黄河河道内基本生态环境需水量、断面水量控制指标以及地表水可利用量。

2）地下水水资源开发利用战略研究，针对流域地下水开发利用状况和存在问题，研究了地下水资源可持续利用的保护策略，在维护地下水生态系统良性循环的基础上，提出地下水开发的适宜规模和开发利用方案。

3）多目标、多水源优化配置理论与方法研究。首次将柔性决策理论引入到水资源调配研究，针对决策者的有限理性特征，构建柔性决策模式，建立流域水资源优化调配柔性决策模型系统并提出求解方法。

4）求解了一套优选的黄河流域水资源调配方案，通过多方案的对比论证，优选黄河流域干支流地表地下水权分配的基础方案。

5）基于一体化管理的黄河水量分配方案研究。建立黄河流域水权分配的原则，综合考虑现状用水、工程布局、取水许可审批水量等情况，编制了基于一体化管理的黄河水量分配方案。

第6章
黄河流域水权转让机制研究

6.1 国内外水权交易现状

6.1.1 国外水权交易现状

6.1.1.1 水权制度含义及分类

国外水权制度始于20世纪70年代末80年代初，在90年代达到高峰。水权一般指水资源的所有权、使用权、水产品与服务的经营权、转让权等一系列与水资源相关的权利总称。水权体制的核心是产权的明晰与确立，包括取水权利和条件、优先级别、早期对策等。国外的水权制度主要包括沿岸所有权制度、占用优先水权制度、可交易水权制度、公共水权制度、混合水权制度以及比例水权制度等。

沿岸所有权制度又称"河岸权""滨岸权"，它是伴随着沿河两岸的土地所有权而产生的，一般适用于水资源丰富的地区。占用优先权制度是在对河岸权制度缺陷弥补的基础上发展起来的，核心是"优先权"，最早占用者拥有最高级别的权利，即"时间优先，权利优先"；在枯水时期，在先的水权排斥在后的水权优先得到满足。可交易水权制度是人们为了提高水资源配置效率而建立的一种与市场经济相适应的排他性水权制度，近年来逐渐被越来越多的国家和地区所接受。公共水权制度理论是将水资源从土地中分离出来，属于代表人民的国家所有，个人和单位拥有水资源的使用权，我国目前也实行这种水权制度。随着对水资源的需求量的猛增及水危机的出现，水资源呈现向国家所有制方向发展的趋势。

纵观不同国家和地区的水权制度，主要取决于水资源管理的历史、当地水资源状况及管理导向等多方面的因素，且不少国家水权制度的地域色彩较浓。很多国家现行水法中，已基本将对水权的规定从对土地权属的规定中独立出来，且都逐渐地允许进行水权交易。

6.1.1.2　实施水权交易的国家及状况

水权交易是指水权人或用水户之间通过价格的协商，进行水的自愿性转移或交易。水权交易与政府性调配水资源的最大差异，在于前者所反映出的价格并非仅限于对用水损失以及输水成本的补偿，而是更积极地反映出被交易的水权或水量的效益及市场价值，因此既可以增强卖方转让的动力，同时又提升了买方自行节水的压力，提高了水资源的利用效率和效益，优化了水资源配置。

国外水市场包括水资源市场和水产品市场、正规水市场（主要在北美和南美）与非正规水市场（主要在南亚，通过用水户协会分配水权）、现货水交易市场、应急市场和永久性水权转让市场、水权租赁市场、地面水市场和地下水市场等多种不同的类型。

发达国家和发展中国家，都有开展水权交易的范例。目前开展水权交易的国家包括美国、澳大利亚、智利、墨西哥、秘鲁、日本等，其中美国、澳大利亚和智利水权交易制度完善，交易量较大。

（1）美国

美国水权作为私有财产，水权转让类似不动产转让，转让程序一般包括公告、州水机构或法院批准。20世纪八十年代美国西部形成水市场，目前已在互联网上进行频繁交易。水市场有公正的水权咨询服务公司作中介。在德克萨斯州，99%的水交易是从农业用水转变为非农业用水，该州的里格兰市，至1990年注册的水权中，有45%的水权是通过水权交易获得的。为了更加有效利用水资源，西部出现了水银行交易体系，将每年来水量按照水权分成若干份，以股份制形式对水权进行管理，方便了水权交易程序。

（2）澳大利亚

澳大利亚是自1983年开始实施水权交易市场以来，水权交易已在澳大利亚各州逐步推行，交易额越来越大，有关的管理体制也在不断地完善，很值得我国进行借鉴。

澳大利亚水权交易有州际间交易，也有州内交易；有永久性交易，也有临时性交易，转让期限有1年、5年和10年；有部分性的水权交易，也有全部的水权交易。目前澳大利亚水权交易市场有 29 种类型交易，大部分的水权交易发生在农户之间，也有少部分发生在农户与供水管理机构之间，其中永久性交易占少部分，大部分属于临时性交易。澳大利亚常常进行在两个灌溉期之间的水权交易。水交易的途径主要包括私人交易、水经纪人和水交易所。

澳大利亚州际间的交易必须得到两个州水权管理当局的批准，交易的限制条件包括保护环境和保证其他取水者受到的影响达到最小。流域委员会还会根据交易情况调整各州的水分配封顶线，以确保整个流域的取水量没有增加。州际间的水权交易对黄河流域今后在两个省（区）间进行水权交易提供了良好的借鉴作用。

澳大利亚州政府在水交易中起着非常重要的作用，包括提供基本的法律和法规框架，建立有效的产权和水权制度，保证水交易不会对第三方产生负面影响；建立用水和环境影响的科学与技术标准，规定环境流量；规定严格的监测制度并向社会公众发布信息；规范私营代理机构的权限。

（3）智利

智利水权制度经历了很大变迁，1855 年民法规定水属于私人所有，1967 年宪法修正案规定水资源是为公共使用的国家财产，水权不能被私人买卖。1981 年水法规定，水是公共资源，所有权归国家所有，政府负责初始水权分配，个人、企业根据法律获得水的使用权。水权像其他不动产一样，可以自由买卖、抵押、继承、交易和转让。

智利水权交易信息比较畅通，交易形式既有量小、时限短的用水户之间的租借和短期交易，也有不同用户之间的永久性交易。水权交易的价格由双方协商，水权交易不需要经过政府水资源管理部门的批准。

6.1.2　国内水权交易现状

6.1.2.1　水权及水权转换研究状况

（1）关于水权概念的主要观点

近年来我国许多专家和学者对水权水市场理论进行了广泛讨论，但在对水权的基本概念和内涵的理解上，还存在不同的看法和争议。对水权概念的界定，主要有三种观点：①水权是指水资源所有权、水资源使用权、水产品与服务经营权等与水资源有关的一组权利的总称。②水权是指水资源的使用权或者收益权，不包括水资源的所有权。③水权的概念有广义、狭义之分。广义的水权概念等同第一种观点。狭义的水权概念又分为两种对立的观点：一是认为水权不包括水资源的所有权在内，是指水资源的使用权、收益权等权利；二是认为水权应是水资源所有权的简称，理由在于对水的占有、使用、收益和处分只是水的所有权的内容，是所有权的派生权利，不应成为与所有权并列的权利。

（2）水权转换

我国现阶段水权转换工作还没有在全国范围内展开，只对有限的几个试验区进行了试验性探索与实践。从浙江省东阳市和义乌市的首例水权交易起，到目前宁夏、内蒙古黄河水权转换实践，我国水权交易的原则、程序及制度不断丰富和发展。

国内水权转换研究的内容包括水权转换的原则、费用、期限、政府及水权权属者和国家权益的保障体系等。

在我国进行水权转换的实践中，逐渐建立了水权转换的各种制度规定。2002年修订后的《中华人民共和国水法》，是我国水资源管理的法律基础和指导纲领。在《水法》中没有明确水权的概念，也没有明确水权的交易问题。2006年4月15日，国务院颁布实施的《取水许可和水资源费征收管理条例》规定：依法获得取水权的单位或者个人，在取水许可的有效期和取水限额内，经原审批机关批准，可以依法有偿转让其节约的水资源。2007年颁布的《物权法》在法律上明确了取水权的用益物权性质，同时也赋予了依法取得取水权的用水户的权利主体地位，为水权交易的进行提供了法律基础。2008年4月水利部颁布实施的《取水许可管理办法》对水权转让也做了相关规定。随着水权转换在国内各个试点的实施，水利部也发布了《关于水权转让的若干意见（征求意见稿)》。在各个试点的实践过程中，水利部、各流域管理机构和地方水资源管理机构也陆续出台了各种文件和指导意见，使得水权转换在各个环节都尽量做到有法可依。

6.1.2.2 水权交易实践状况

2000年我国提出了"水权、水价及水市场"理论，开始了利用市场机制优化配置水资源的积极探索。从浙江东阳—义乌的水权转让，到甘肃张掖市推行的"水票"流转制，以及漳河上游跨省有偿调水，再到宁夏、内蒙古的"投资节水、转让水权"，水权转让和水市场已成为科学管理、优化配置和高效使用水资源的一个重要途径。

（1）浙江省东阳—义乌水权交易

2000年11月24日，浙江省东阳市和义乌市签订了一个有偿转换水权的协议，义乌市花 2 亿元向东阳市购买约 5000 万 m³ 水资源的永久使用权。主要内容包括：①义乌市一次性出资 2 亿元购买东阳横锦水库每年 4999.9 万 m³ 水的使用权；②转让用水权后水库所有权不变，水库运行、工程维护仍由东阳市负责，义乌按当年实际供水量 0.1 元/m³ 支付综合管理费（包括水资源费）；③东阳按义乌提供的月供水计划和日供水量的要求进行供水，供水计划要做到每月基本均衡，原则上高低峰供水量在 2 倍左右。

此项水权交易是双赢之举。义乌市花 2 亿元购买水权，解除了经济发展的瓶颈，经济上也合理，购买水权成本为 4 元/m³，较自建水库低 2 元/m³ 以上。东阳市转让给义乌的水是实施节水措施得到的，成本大致 1 元/m³，转让的回报却是 4 元/m³。

东阳—义乌水权交易是我国的首例水权交易，是一次重大的改革实践，它打破了行政手段垄断水权分配的传统，证明了市场机制是水资源配置的有效手段，为我国的水权流转制度开创了先河。

（2）甘肃张掖节水型试点中的灌溉用水权交易

张掖节水型社会试点初步取得成功并探索出了许多经验。基于当地水资源承载能力，张掖市实行了严格的总量控制和定额管理。

在张掖，农民分配到水权后便可按照水权证标明的水量去水务部门购买水票。水票作为水权的载体，农民用水时，要先交水票后浇水，水过账清，公开透明。对用不完的水票，农民可通过水市场进行水权交易、出售。这种水权交易不仅促进了一定范围内水资源的总量平衡和更合理配置，也促进了节水型社会的建设。首先，通过水权交易，能激发农民树立水资源商品观念。其次，水权交易也刺激了农村经济结构调整的迅速开展和农民的节水管理意识。另外，通过水权交易有效平衡了农村用水。

张掖的水票流转是在微观层面的水权交易，强化了农民用水户节水意识，推动了农业种植结构调整，进一步丰富了我国水权交易的形式。

（3）漳河上游跨省有偿调水

漳河上游流经晋、冀、豫三省交界地区，自 20 世纪 50 年代以来，两岸群众就因争水和争滩地等问题发生纠纷。2001 年漳河上游局调整思路，以水权理论为指导，提出了跨省有偿调水。漳河上游局经过协调，4～5 月份，从山西省漳泽水库给河南省安阳县跃进渠灌区调水 1500 万 m³，进行了跨省调水的初步尝试。6 月份，从上游的 5 座大、中型水库调水 3000 万 m³ 分配给河南省红旗渠、跃进渠两个灌区及两省沿河村庄。2002 年春灌期间，又向河南省红旗渠、跃进渠灌区调水 3000 万 m³。

漳河上游的 3 次跨省调水取得了显著的社会经济效益。有效缓解了上下游的用水矛盾，预防了水事纠纷，促进了地区团结，维护了社会稳定；3 次调水灌溉耕地 3.33 万 hm²，解决了数十万人畜的用水困难，使农业增收 5000 余万元、山西的水管单位增收 140 余万元和沿河电站增收 120 余万元，实现了多赢。

漳河上游是我国跨省水权交易的初次尝试，对我国水权水市场的建立进行了有益的探索。

6.1.3 黄河水权转换实践情况

黄河流域属资源型缺水地区，水资源管理面临着两难的处境：一方面黄河水资源严重超载，河流输沙和生态环境用水已经被大量挤占；另一方面，黄河供水区需水仍呈较快增长态势，经济社会发展急需水源保障。寻求维持黄河健康生命和支撑流域经济社会发展的双赢，是黄河水资源管理必须面对和破解的课题。按照积极稳妥的原则，运用水权水市场理论，在水利部指导下，2003 年以来黄河水利委员会与宁夏、内蒙古自治区水利厅及有关当地政府共同开展了水权转换试点工作，取得了很大进展，探索了一条农业支持工业、工业反哺农业的新型经济社会发展方式，使水权转让从理论走向实践。

6.1.3.1 宁夏、内蒙古两区水权转换实施情况

按照轻重缓急、协商与自愿等原则，积极推进试点项目。自 2003 年 4 月开始，黄河水利委员会批准内蒙古达拉特发电厂四期扩建工程、鄂尔多斯电力冶金有限公司电厂一期工程、宁夏灵武电厂一期工程、宁夏大坝电厂三期扩建工程、宁东马莲台电厂 5 个项目作为黄河水权转换试点。5 个试点装机容量 7320MW，转换水量 8383 万 m³，对应出让水权的灌区涉及内蒙古黄河南岸灌区、宁夏青铜峡灌区，两个灌区共需年节水量 9833 万 m³，节水改造工程总投资为 3.26 亿元。目前，5 个水权转换试点项目全部得到国家发改委核准，其中内蒙古达拉特发电厂四期扩建工程、鄂尔多斯电力冶金有限公司电厂一期工程、宁夏灵武电厂一期工程已经完成节水工程建设；宁夏大坝电厂三期扩建工程和宁东马莲台电厂的节水工程正在抓紧建设。鄂尔多斯电力冶金有限公司电厂一期工程通过了黄河水利委员会和内蒙古水利厅组织的核验，并核发了取水许可证。

在地方经济发展的强劲需求下，稳妥扩大了试点范围。黄河水利委员会还对内蒙古的亿利烧碱 PVC 电厂、魏家峁煤电联营一期工程、宁夏灵武电厂二期工

程等 9 个水权转换项目进行了批复，对内蒙古包铝东河发电厂、宁夏鸳鸯湖电厂一期工程等 12 个水权转换项目进行了技术审查。

截至目前，已累计审批 26 个（批复 14 个、审查 12 个）水权转换项目，其中内蒙古 20 个（南岸灌区 14 个），宁夏 6 个；26 个项目合计转换水量 2.28 亿 m^3，节水工程累计节水量 2.57 亿 m^3，节水工程总投资 12.26 亿元，平均单方水工程投资 5.38 元。获得国家发改委核准或自治区核准、备案的建设项目共计 14 个，其中内蒙古 11 个（南岸灌区 9 个），宁夏 3 个；有 14 个项目已经完成了节水工程建设任务。

批复的水权转换节水改造工程总体上进展顺利，宁夏、内蒙古两区共完成水权转换节水工程衬砌 1716.705km。其中衬砌总干渠 155.424km，分干渠 36.46km，支、斗、农渠 1524.821km。建成各类渠系建筑物 31 794 座。累计完成投资 7.98 亿元，占批复总投资的 65%，完成转换水量 1.64 亿 m^3。

6.1.3.2 黄河水权转换制度构建

（1）黄河流域水权转换制度建设

2004 年 5 月 18 日，水利部印发了《关于内蒙古宁夏黄河干流水权转换试点工作的指导意见》，此后，黄河水利委员会相继出台了《黄河水权转换管理实施办法（试行）》《黄河水权转换节水工程核验办法（试行）》，对水权转换的原则、审批权限与程序、技术文件的编制要求、期限与费用、组织实施与监督管理、罚则，水权转换节水工程核验等方面做了具体规定。

1）技术审查制度。主要包括对省区水权转换总体规划审查、受让水权的建设项目水资源论证报告书审查、水权转换可行性研究报告审查、水权转换节水工程初步设计审查等。

为从宏观上科学把握水权转换的总体布局和节水工程阶段安排，借鉴澳大利亚等国家的经验，规定进行水权转换的省（区），要编制本省（区）水权转换总体规划并报黄河水利委员会审查，同时对省（区）水权转换总体规划的编制内容及编制单位的资质进行了明确规定。

对受让水权的建设项目水资源论证报告书的审查，主要是按照《建设项目水资源论证管理办法》《建设项目水资源论证导则（试行）》等有关规定进行技术审查，重点审查项目用水的合理性及其用水规模，并作为取水许可审批的技术依据。

对水权转换可行性研究报告的技术审查，主要目的是确定受让水权项目的水量指标来源、需要出让方节余的水量、节水工程的建设规模及其是否能满足需要的节水量。

2）节水效果评估制度。《黄河水权转换节水工程核验办法（试行）》规定：水权出让方应对节水工程的节水效果进行持续监测、分析和评价，并在核验通过一年后将节水工程运行一年来的节水效果监测评价报告报送黄河水利委员会和省级人民政府水行政主管部门。

3）行政审批制度。黄河水权转换的审批与黄河取水许可审批权限一致，由黄河水利委员会审批发放取水许可证的水权转换项目，其水权转换由黄河水利委员会审查批复；对于所在省（区）无余留水量指标的，其水权转换由黄河水利委员会审查批复。其他水权转换由省级人民政府水行政主管部门审查批复。

由黄河水利委员会审查批复的水权转换，规定应由省级人民政府水行政主管部门进行初审。

4）组织实施与监督管理制度。该制度明确了地方人民政府和省（区）水行政主管部门的职责。水权转换申请经审查批复后，省级人民政府水行政主管部门应组织水权转换双方正式签订水权转换协议，制定水权转换实施方案；省级人民政府水行政主管部门负责水权转换节水工程的设计审查，组织或监督节水改造工程的招投标和建设，督促水权转换资金的到位，监督资金的使用情况。

水权转换正式生效后，水权转换双方的用水管理必须遵循《取水许可和水资源费征收管理条例》及《黄河水量调度条例》。

5）水权转换节水工程核验制度。规定了节水工程核验的程序和主要内容等，如节水工程的位置、建设规模及其内容是否符合经批准的有关文件要求；抽样检查的工程结构和工程质量是否达到设计要求；量水设施是否安装，其计量精度是否符合国家规范、标准规定；节水工程影响区地下水位监测设施是否布设；节水工程运行期维护管理措施和费用是否落实、可行。

（2）宁夏、内蒙古两区水权转换制度建设

根据水权转换情况，宁夏、内蒙古两区制定了相应的水权转换实施细则、资金使用管理办法等制度，明确了各地市、各行业、干支流及主要灌区的初始水权分配指标，进一步规范水权转换工作。

6.1.3.3 黄河水权转换实施效果

（1）探索出了解决缺水地区水资源问题的途径，提高了水资源利用效益

通过实施水权转换，在取水许可总量控制的前提下，保障了新建工业项目的用水需求，解决了制约缺水地区经济社会发展的水资源问题，实现了水资源由低

附加值行业向高附加值行业的流转。根据宁夏、内蒙古两区的水权转换总体规划，到 2010 年，宁夏可转换水量 3.3 亿 m^3，可解决 37 个工业项目建设用水需求；内蒙古可转换水量 2.71 亿 m^3，可解决 37 个工业项目建设用水需求，其中鄂尔多斯市南岸灌区可转换水量 1.3 亿 m^3，可保证 14 个工业项目建设用水需求，为经济社会发展提供了水资源保障。

根据有关测算，宁夏、内蒙古单方黄河水用于工业的效益分别为 57.9 元和 83.8 元，黄河水资源利用毛效益将增加 418 亿元，扣除灌区节水工程投资后，黄河水资源利用净效益将增加 389 亿元。内蒙古黄河南岸灌区节水工程全部建成后，鄂尔多斯市 14 个受让水量的重点工业项目每年可新增工业产值 266 亿元。

（2）改善了灌区节水工程建设状况，提高了水资源利用效率

根据宁夏、内蒙古两区水权转换总体规划，到 2010 年，宁夏规划干、支斗渠衬砌长度分别为 548.7km 和 8781.4km，衬砌率分别达到 50% 和 70%，分别比 2005 年现状提高了 32.2% 和 52.4%。内蒙古黄河南岸灌区，水权转换实施前仅分干渠衬砌了 12km，水权转换实施后，干渠、分干渠、支渠、斗渠和农渠衬砌率分别达到 90%、79%、100%、94% 和 100%。

据测算，黄河南岸灌区节水改造工程建成后，其渠系水利用系数将由现状的 0.348 提高到 0.636；青铜峡河西灌区节水改造工程建成后，惠农渠渠系水利用系数将由现状的 0.514 提高到 0.565，唐徕渠渠系水利用系数将由现状的 0.487 提高到 0.548。其他灌区渠系水利用系数及渠道衬砌后灌溉水利用系数都有明显改善。

节水改造工程建设有效地提高了水资源利用效率。内蒙古鄂绒硅电联产项目衬砌的南岸灌区 42km 总干渠段，衬砌后平均每公里渗漏量降低了 51%～55%，水流平均速度提高了 25%，每年可节约水量 2173 万 m^3；青铜峡灌区唐徕渠宁夏灵武电厂项目节水改造工程，干渠衬砌段平均每公里损失量降低 46%；支斗渠平均每公里损失量降低 37%；衬砌渠道断面平均流速提高 12%～20%，干渠衬砌年减少损失量 2150 万 m^3，支斗渠年减少损失量 1398 万 m^3。

在水资源利用效率提高的同时，尚未发现节水改造工程对灌区生态系统造成不利影响，有些灌区生态系统还得到明显改善。通过对灌区实施节水改造，地下水位得到了合理调控，地下水埋深一般在 2.0～3.0m，减少了无效蒸发，减轻了土壤盐碱化。南岸灌区渠道两侧大片的积水水面已经消失，灌区土壤盐碱化情况明显好转。

（3）保障了农民合法用水权益，降低了农业生产成本

转换给工业项目的水量是灌区在输水环节中减少的损失水量，灌区田间用水量实际上并没有减少，农民的合法用水权益得到了有效保障。水权转换灌区节水工程改造后，降低了灌溉输水环节的水量损失，提高了渠系水利用系数，减少了渠首工程的引水量，农民实际支出的水费相应减少，有效减轻了农民负担。

按 2006 年现行农业水价测算，宁夏 6 个水权转换项目实施后，每年可减少农民水费支出 73 万元；内蒙古 20 个水权转换项目实施后，每年可减少农民水费支出 1090 万元。根据内蒙古黄河南岸灌区管理局对农民水费支出的对比分析，2006 年较 2005 年农民亩均水费支出减少了 10.69 元。

（4）灌区节水改造工程建设的融资渠道得到有效拓展

通过实施水权转换，水权转换的受让方对灌区节水改造工程建设进行投资，拓宽了灌区节水改造融资渠道，极大地推动了宁夏、内蒙古灌区节水改造工程的建设步伐。

根据宁夏、内蒙古两区水权转换总体规划，到 2010 水平年，宁夏、内蒙古灌区节水改造可以融资 36 亿元，其中宁夏 14 亿元，内蒙古 22 亿元。截至 2007 年年底，鄂尔多斯市南岸灌区改造工程实际融资达到 6.9 亿元，改变了长期以来依靠国家投资灌区节水工程的传统做法，走出了一条水利基础设施建设多渠道融资的新路子。

（5）控制了需水增长，保障了黄河水资源可持续利用

按照科学发展观要求，经济社会发展要谋求人与自然的和谐、坚持节水减排，实现可持续发展。长期以来为了追求经济社会的快速发展，黄河的生命主体被忽视，大量生态用水被挤占。通过实施水权转换，将农业用水有偿转换给工业，新建工业项目用水利用农业节水量，不再新增黄河用水指标，控制了黄河流域需水增长，有利于维持黄河健康生命，有利于保障黄河水资源的可持续利用。

6.1.3.4 进一步探索的方向与问题

（1）丰富水权转换形式

一是扩大水权转换的范围。近年来黄河的水权转换主要在一个省（区）内部进行，不跨地（市、盟），且实施的是农业用水向工业用水的转换，应当根据国家和省（区）内部宏观经济布局的调整方案，积极探索省内跨市的水权转换，适时启动跨市水权转换的试点；对黄河取水权指标有富裕和指标不足省

（区）之间旱涝分布不均年份省（区）之间、超黄河用水指标和指标有富裕省（区）之间应当探讨短期临时性的水权转换；还可有条件地在流域机构和省区之间适时启动水土保持水权转换试点；另外，也可探讨终端用水户间的水权转换。

二是丰富水权转换的交易方式。目前黄河流域水权转换的实施主要在政府的宏观管理下进行，还是一个准市场，交易方式单一。结合国外水权交易方式，黄河流域未来的水权交易应向水市场的方向发展，建立水权交易所，交易价格由市场决定，水权可以采取拍卖、招标或其他其认为合适的方式进行转换。

（2）进一步完善水权管理和水权转换法律法规和制度建设

水权转换应实行政府宏观调控和市场调节相结合的方法。在配置水量之后，政府要大力培育水市场，让节约下来的水量能够通过水市场进行流转，使取得水权的主体通过市场的竞争机制、价格机制合理配置水资源，弥补政府配置的不足，充分体现水资源的稀缺性和价值。为此，需要制定水权交易规则、交易价格以及水市场中所需的一系列的管理制度。

（3）深化水权转换基础研究

黄河水权转换的基础研究仍然薄弱，需要加大基础研究的投入为水权转换的可持续进行提供技术支撑。

首先，研究建立完善的水权转换监测体系，建立从信息采集、传输、处理和决策的水权监测体系。其次，关于水权转换费用构成及支付问题研究。今后需要进一步研究完善水权转换的完全成本问题，水权作为一种商品进行流转时，应该考虑一定的利润。节水改造工程和量水设施的运行维护费用有别于工程建设费用的一次性投资，是在工程的岁修和日常维护中发生的费用，水权受让方一般愿意一次性支付水权转换期内的一次性投资，对于该项费用如何支付和管理使用，仍需加强研究，进一步规范。再次，进一步开展可转换水权的范围研究，界定不同的水资源及地理条件下可转换水权的定义及范围，核算黄河不同地区的可转换水量。

在上述背景下，根据《黄河水资源管理关键技术及一体化管理机制研究》课题安排，开展"黄河流域水权转换机制研究"，旨在前期研究和试点工作取得大量经验和成果基础上，在可转换水权的实施范围以及不同形式水权转换涉及的关键技术问题、水市场的建立及运行机制、水权转换监测体系等方面进一步研究和探索，凝练出一套适用于黄河流域的水权转换机制。本书可为黄河流域水权转换有序、高效发展提供借鉴。

6.2　黄河流域可转换水权研究

6.2.1　黄河水权概念

我国《水法》规定，水资源属于国家所有，因此，目前所说的水权一般指依法对地表水、地下水所取得的使用权及相关的转让权、收益权等。

为了对水资源进行有效管理，《水法》第七条规定，国家对水资源依法实行取水许可制度和有偿使用制度，按照国务院制定的《取水许可和水资源费征收管理办法》申请取水许可证，并依照规定取水。《水法》第四十八条规定，直接从江河、湖泊或者地下取用水资源的单位和个人，应当按照国家取水许可制度和有偿使用制度的规定，向水行政主管部门或流域管理机构申请领取取水许可证，并交纳水资源费，取得取水权。

我国 2007 年颁布的《物权法》规定，国家所有或者国家所有由集体使用以及法律规定属于集体所有的自然资源，单位、个人依法可以占有、使用和收益。用益物权人行使权利，应当遵守法律有关保护和合理开发利用资源的规定。所有权人不得干涉用益物权人行使权利。同时，2007 年颁布的《物权法》在法律上明确了取水权的用益物权性质。

2006 年 4 月 15 日，国务院颁布实施的《取水许可和水资源费征收管理条例》规定：依法获得取水权的单位或者个人，在取水许可的有效期和取水限额内，经原审批机关批准，可以依法有偿转让其节约的水资源。

因此，本书所称黄河水权是指黄河取水权，所称水权转换是指黄河取水权的转换。

6.2.2　黄河初始水权体系构成

6.2.2.1　初始水权的概念及分配原则

初始水权是指在第一次分配时所取得的水资源使用权，即国家及其授权部门通过法定程序实施水量分配和取水许可制度，为某个地区或部门、用户分配的水资源使用权。初始水权的分配原则：

1）充分保障现有合法取水人用水权益，尊重以前水行政主管部门和流域管理机构对取水许可的审批，尊重现状用水。

2）考虑未来经济社会可持续发展用水需求的原则。

3）生活用水优先原则。

4）公平、公正、公开原则。

5）效率原则：促进水资源的高效利用。

6）统筹考虑干、支流用水和兼顾地下水开发利用的原则。

7）民主协商原则。

8）水资源可持续利用原则。要考虑必需的生态用水和河道输沙用水量，并预留必要的政府预留水量。

因此，初始水权是政府部门在可利用水资源范围内，保证水资源可持续发展的前提下，为获得经济社会和谐发展，第一次分配到下级行政区和用水户的基本用水量。

6.2.2.2　黄河初始水权体系构成

（1）经济社会发展用水水权

为了协调流域各省（区）之间的用水关系，保证经济社会持续、稳定、协调发展，1987年国务院批准了《黄河可供水量分配方案》，将流域可供水量分配到沿黄各省（区）。以河段耗水量作为各省（区）用水量，在流域水资源宏观控制中发挥了重要作用。依据我国现行的法律框架和水资源管理体制的分工，在一个流域内，水权的取得及流转需要经历下列步骤：先是水权在地区之间逐级分配，然后将水权落实到用水户，即用水户通过某种法定方式取得水权。黄河流域经济社会发展初始水权的分配具体可分为以下几个阶段：流域—省级、省级—市级、市级—用户级的初始水权分配。

1）流域—省级初始水权分配。为了协调黄河流域各地区、各部门的用水要求，保证经济社会稳定、协调发展，黄河水利委员会认真研究了沿黄省（区）灌溉发展规模、工业和城市用水增长以及大中型水利工程兴建的可能性，提出了《南水北调工程生效前黄河可供水量分配方案》。1987年国务院批准了这一方案，这是我国首次批准的流域—省级初始水权分配方案（表6-1），明确了流域及相关省（区）引黄用水权益，成为实施黄河水资源统一管理和调度的基本依据。该方案是流域内各省（区）经济社会发展用水的宏观控制指标，在国务院的《黄河可供水量分配方案》的批示意见中，明确要求流域内各省（区）以黄河可供水量分配指标为控制，合理安排本省的经济社会发展规模和经济发展布局。

表 6-1　南水北调工程生效前黄河可供水量分配方案（单位：亿 m³）

地区	青海	四川	甘肃	宁夏	内蒙古	陕西	山西	河南	山东	河北	天津	合计
年耗水量	14.1	0.4	30.4	40.0	58.6	38.0	43.1	55.4	70.0	20.0		370

2）省级—市级初始水权分配。随着流域经济社会的快速发展和黄河水资源管理调度水平的不断加强，为适应当前黄河水资源管理和调度的需要，迫切需要以《黄河可供水量分配方案》为基本依据，对该方案进行补充和完善。2006 年 6 月，水利部《关于开展黄河取水许可总量控制指标细化工作的批复》同意在黄河流域开展取水许可总量控制指标细化工作，并要求黄河水利委员会组织指导协调流域内有关省、自治区、直辖市开展此项工作。

2006 年 7 月黄河水利委员会《关于开展黄河取水许可总量控制指标细化工作的通知》要求流域内各省、自治区水利厅组织开展本行政区域的黄河取水许可总量控制指标细化工作。通知要求各省（区）要依据国务院 1987 年批准的"黄河可供水量分配方案"，细分到各市（地、州），并明确黄河干流、支流控制指标。其中洮河、湟水、大通河、清水河、大黑河、渭河、泾河、北洛河、汾河、伊河、洛河、沁河、大汶河等重要支流的控制指标需单列。

流域内各省（区）内部总量控制指标细化工作由省级人民政府水行政主管部门商有关市级人民政府制定，在征求黄河水利委员会意见后，报省级人民政府批准后执行。

3）市级—县级和用水户的初始水权分配。初始水权最后还要逐级分配到县级和各用水户。根据水利部"关于实施《取水许可和水资源费征收管理条例》有关工作的通知"要求，各省（区）水利厅应在省级—市级初始水权分配的基础上，将初始水权进一步分解到各县（旗）。而用水户才是水资源的真正使用者，因此需在县（旗）初始水权分配的基础上具体分解到各用水户，真正完成初始水权的分配。

（2）维持黄河自然功能用水水权

黄河不仅要保证流域内各省区的经济发展，还要维持其自然功能的良好发挥。在黄河多年平均天然河川径流总量 580 亿 m³ 中，还包括了 210 亿 m³ 的输沙用水、生态基流、河道损失等维持黄河自然功能的用水。

2007 年颁布的《黄河水量调度条例实施细则（试行）》，确定了黄河干流省际和重要控制断面预警流量以及黄河重要支流控制断面最小流量指标及保证率，这一法规形成了维持黄河自然功能用水的水权。建设黄河的生态文明对黄河水量调度提出了更高的要求，而维持黄河自然功能用水的水权分配是非常复杂的，同时其各用水组成也是相互交叉联系的，需要考虑的目标更多，范围更广，系统性更强，技术更复杂。目前还没有进一步确认维持黄河自然功能用水水权分配的用户，也没有细化每个用户具体分配指标，需要进一步研究。

综合上述分析，黄河初始水权体系构成如图 6-1 所示。

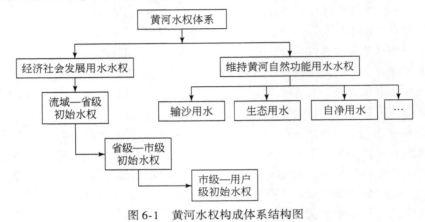

图 6-1　黄河水权构成体系结构图

6.2.3　黄河流域可转换水权的内涵

6.2.3.1　可转换水权的定义

理论上讲，只要用水户具有初始水权，取得地方水行政主管部门或者流域管理机构颁发的取水许可证，并按照有关规定及时足额缴纳水资源费，那么，该用水户就有取水权，就可以出让自己的水权。但是，结合黄河流域水资源管理的现状，实际操作过程中，取得取水权的用水户不一定都可以出让自己的水权，必须满足一定的条件才可以出让水权，因此，可转换水权是在一定条件下被允许转换的水权。一般情况下应满足以下条件。

1）用水户的实际用水量小于批准的取水许可量时，才具有出让水权资格；一个行政区包括省（自治区）、市实际用水量小于批准的经细化的初始水权时，才具备出让水权资格。

2）取得生活用水水权的用户，不具备出让水权的资格。

3）取得农业用水水权的用户，在通过节水工程将实际取用水量减少到小于批准的取水许可量以内时，才具备出让资格，出让水量要小于实际节水量。

4）取得工业用水水权的用户，通过改进用水工艺节约的用水量，具备出让资格，出让水量要小于实际节水量。

5）通过水土保持工程措施，减少的入黄泥沙量，允许实验性地置换部分输沙水量。

6.2.3.2 可转换水权的实施范围

目前宁夏、内蒙古两区水权转换项目的灌区节水工程主要节水措施是渠道衬砌。根据有关资料，喷灌、滴灌等高效节水技术可使水的利用率达到 80% 以上，是比渠道衬砌节水效果更好的节水措施。因此，可以在有条件的灌区启动水权转换现代高效集约农业节水试点，推进以喷灌、滴灌等高效节水技术为主的节水工程建设，使水权转换节水工程的节水效果更加显著。上述水权转换的思路是通过工业企业投资灌区节水改造工程建设，节约出水量出让给工业企业，具有水权转换出让方和受让方明确的特点，我们称之为灌区节水水权转换。因此，灌区节水水权转换满足可转换水权的条件。

目前，有部分省（区）超年度分水指标用水，挤占了部分维持河流自然功能的水量，客观上造成了维持河流自然功能水量向省（区）用水置换的事实。维持河流自然功能的水量严格意义上是不能进行转换，但是结合黄河的特点，黄河的突出问题之一是"沙多"，维持黄河自然功能水量中的大部分是黄河下游的输沙用水，在采取措施有效减少进入黄河下游的泥沙量的前提条件下，置换部分维持黄河自然功能的水量，在理论上是一个成立的命题，因此，有条件地在流域机构和省（区）之间进行水土保持水权转换也是成立的。

另外，省（区）之间三种形式水权转换和用户之间水权转换也满足可转换水权的条件。

（1）省（区）之间水权转换

根据 1988～2005 年《黄河水资源公报》统计，多年平均引黄耗水总量超国务院"87 分水方案"正常年份指标的有内蒙古、山东两省（区），宁夏回族自治区不少年份也超过指标。与统一调度以来的 1999～2005 年逐年分水指标相比，年均实际引黄耗水总量超年度分水指标的有青海、甘肃、宁夏、内蒙古和山东五个省（区）。在"87 分水方案"分水指标总量控制和丰增枯减的前提下，年度有剩余取水指标的省（区）通过水权转换，将剩余取水指标转让给年度没有取水指标的省（区），从而促进水资源更有效地进行配置。该种形式的水权转换称为黄河取水权指标有富裕和指标不足省（区）之间的水权转换。

黄河流域跨越干旱、半干旱和半湿润地区，西部、北部干旱，东部、南部相对湿润。全流域多年平均降水量 447.1mm，降水量最少的是流域西北部，如河套平原年降水量只有 200mm 左右。降水量小于 400mm 的干旱、半干旱区面积占流域面积的 32% 以上。当黄河流域发生旱涝分布不均情况下，有关省（区）之间进行年内短期的水权转换是必要和可行的，有利于流域上下游之间的丰枯互补，是对现行依靠行政措施、实施应急水量调度模式的补充和完善，可以充分发挥市场机制在资源配置中的功能。该种形式的水权转换称为旱涝分布不均年份的省（区）之间的水权转换。

目前流域内有些省（区）年均实际引黄耗水总量超年度分水指标，部分地挤占了维持河流基本功能水量或其他省（区）水量，客观上造成了水权权属转换的事实。但是，对于该种情况目前行政管理手段短期失效。因此，在年度水量调度结束后，应按照市场要求和超用水量，对超用水部分予以付费，进行水权转换。该种形式的水权转换称为超黄河用水指标和指标有富裕省（区）之间的水权转换。

（2）灌区节水水权转换

灌区节水水权转换的总体思路是企业投资灌区节水改造工程，节约出水量出让给工业企业。灌区节水水权转换的出让方为灌区水管单位，受让方为工业企业。

对于出让方来说，就是通过采取节水措施，节约下来的可以转让给其他用水户的那部分水量。可转换水量应具备以下条件：①对于目前已经超用黄河省际耗水水权指标的省（区），节约水量不能全部用于水权转换，要考虑偿还超用的耗水水权指标；②节约的水量必须稳定可靠，能够满足水权转换期（一般小于 25 年）内，持续产生转换水量所必需的节水量的要求；③为保护农民的合法用水利益，任何形式违背农民意愿的水权用途转变均应受到严格禁止；④可转换水量确定应充分考虑水权出让区域的生态环境用水要求，避免因水权转换对水权出让区域的生态环境造成不利影响。现阶段为了保护农民的合法用水权，将可转换水量界定为灌区工程措施节水量。

对于受让方来说，可转换水权就是受让方的需水量，即在建设项目水资源论证报告书中，经过论证并通过专家评估和水行政主管部门或者流域管理机构审批的建设项目需水量。在水资源所有权属国家所有的背景下，受让方可转换水量需具备以下条件：①可转换的水量需要符合国家的产业政策，符合省级以上发展改革委员会的核准意见中的用水要求和用水总量控制意见；②可转换水量应符合节水减污的政策要求，禁止向高耗水、重污染行业转换水量；③可转换水量必须在政府的宏观调控下进行，严禁企业以任何行为占有可转换水量，待价而沽。

（3）水土保持水权转换

水土保持水权转换的总体思路是企业投资水土流失区水土保持工程建设，实现减少入黄泥沙量，从而置换出部分黄河输沙用水量出让给工业企业。水土保持水权转换的出让方为流域机构，受让方为工业企业。

水土保持水权转换的出让方如何确定，是一个十分敏感的问题，但是，从水土保持工程对黄河治理开发作用分析，水土保持措施有利于减少入黄泥沙量；有利于加快黄土高原水土流失治理。减少入黄泥沙量从理论上讲可以置换出部分用于维持河流基本功能的生态用水水权，流域机构作为维持河流健康的代言人，应为河流生态用水水权代表国家的权属人。因此，流域机构应为水权的出让方，工业企业作为水土保持工程的出资方，应为水权的受让方。

对于出让方来说，就是通过采取水土保持工程措施，减少的入黄泥沙量，从而可以置换出的输沙水量，允许转让给其他用水户的那部分水量。水土保持水权转换可转换水量应具备以下条件：①水土保持水权转换工程必须符合黄河流域水土流失区治理的有关总体规划和专项规划；②水土保持水权转换工程必须位于黄土高原多泥沙来源区或粗泥沙集中来源区，以加快水土流失区的治理；③水土保持工程措施减少的入黄沙量必须稳定可靠，能够满足水权转换期（一般小于 25 年）内，持续产生转换水量所必需的减少入黄泥沙量的要求。

对于受让方来说，水土保持可转换水权与灌区节水可转换水量需具备同样的条件。

（4）用水户之间水权转换

在水量经过流域—省（区）—地（市）级—县级—终端用水户层级分配后，初始水权细化到终端用水户，终端用水户可以是农业用水户、城镇居民用水户以及工业企业用水户。可以鼓励各终端用水户对水权进行交易，达到节约用水、优化水资源配置的目的。

由于省（区）之间和用水户之间水权转换为短期临时性的水权转换，灵活性比较大，以下仅就灌区节水水权转换和水土保持水权转换中的关键问题进行分析。

6.2.4 水权转换的关键技术问题

6.2.4.1 灌区节水水权转换中可转换水权的计算

（1）灌区节水潜力的概念及节水措施

水权转换是水权权属者（主要是农业部门）通过采取各种节水措施，将节余的水量有偿转让给水权的受让方（主要是工业部门）。《黄河水权转换管理实施办法（试行）》明确规定，水权转换是指黄河取水权的转换。根据黄河流域目前对流域水资源的管理办法，水权权属者所拥有的黄河取水权是按照黄河流域可供水量分配方案分配给各用水户的取水许可权。由此可见，水权转换中的灌区节水量指的是采取节水措施后灌区取水量的减少量，即灌溉取水节水量。因此水权转换中的灌区节水潜力是指通过采取一系列的工程和非工程节水技术措施，灌区预期所需的灌溉水量与初始状态相比，可能减少的取水水量。

灌溉水从水源到形成作物产量一般要经过四个环节：①通过渠道或管道等输水工程将水从水源送到田间；②将田间水转化为土壤水；③经过作物的根系吸收将土壤水转化为作物水，以维持作物的正常生理活动；④通过作物复杂的生理过程，由作物水形成经济产量。在上述几个转化过程中都有可能产生水分损耗，出现灌溉水的浪费。因此，灌溉节水就是要针对上述四个环节，通过采取适宜的技术、经济、政策等方面的措施，尽可能减少灌溉水转化过程中的水分损耗，提高单方水的效益。对于灌区来说，目前采取的节水措施分为输水系统工程措施、田间工程措施、高新技术、井渠结合、农业种植结构调整、节水灌溉管理技术等六个方面。

（2）水权转换的要求

水权转换，就是将水权作为一种商品在不同用水户间进行交易，但从目前黄河流域水权转换的情况看，水权是一种特殊的商品，在交易过程中要满足一些特殊的要求。

要求之一，水权转让的成本要便于测算。

要求之二，水权转换不是一个短期行为，水权转换的时间是一个较长持续的时段，这就要求灌区采取的节水措施在水权转换期能持续稳定产生转换所需的节水量。

要求之三，根据黄河流域目前对流域水资源的管理办法，按照水量调度管理办法，灌区节约水量要考虑偿还超用的省际耗水水权指标。

（3）节水措施的节水效果分析

不同的节水措施，其实施手段不同，产生的节水效果也不同。其中灌区输水系统工程措施是通过采取调整渠系布局，对渠道进行防渗衬砌、配套等节水工程处理，改善灌区输水系统的输水状况，减少渠道的渗、漏、跑现象，使输水过程中的损失量减少，水利用效率提高，从而产生一定的节水量。从已衬砌的渠道工程运行情况看，该措施实施后，在一定时期内节水效果还是比较稳定可靠的。

田间工程节水主要是通过采取田间配套措施、田块调整、提高田间土地的平整度等措施，以减少田间水的流失量，提高田间水利用系数来实现的。田间水利用系数主要决定于田块的大小、田间土地的平整程度，而田块的大小、土地的平整程度随农民的耕作而经常变化，因而田间水利用系数不是一固定值，故田间的节水量也将是一个不稳定的量。

高新技术节水，由于投资比较高，除了在水资源极其紧缺地区，一般情况下受当地经济社会发展水平的限制难以大规模开展。

井渠结合是通过增加地下水开采量来获取节水量的，一定的节水量就必须有相应的地下水开采量作保证。但从目前灌区用水管理情况来看，当地地下水的开采还没有有效的计量和管理手段，地下水的开采量完全由农民自己决定。在相对于黄河水水价标准，开采地下水的费用较高，且黄河水引用方便，水中含有丰富的养分，比地下水更适宜灌溉的现实情况下，农民肯定以黄河水作为首选灌溉水，这样地下水开采量就难以稳定，因开采地下水产生的节水量也就不可能是一个稳定的量。

种植结构调整，虽然不需要进行固定设备设施等投资就可以达到节水的目的，但根据目前我国农业政策，土地承包到户，农民种什么主要由市场来调控，政府只能起宏观调控的作用，种植结构很难完全按照规划预测的结果执行，因此种植结构调整产生的节水量也是不稳定的。

（4）可转换水权与灌区节水潜力的关系

综合上述分析可知，灌区的节水潜力与可转换水权是不对等的（图6-2）。在灌区采取的各项节水措施中，只有采取输水系统工程措施产生的节水量较稳定，且已有一套成熟的投资估算方法，便于进行转换费用的测算。其他各项措施节水效果均具有不稳定性，投资也不易估算。因此，在目前水权转换时，暂以通

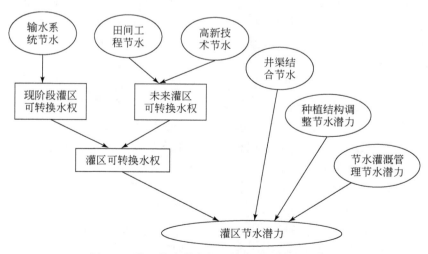

图 6-2　灌区节水潜力与可转换水权关系示意图

过输水系统工程措施产生的节水量作为水权转换的对象，而其他方面的节水量先考虑返还区域的超用水量，待以后条件逐步成熟，也可考虑将田间工程和高新技术节水纳入转换的范畴。

6.2.4.2 水土保持水权转换中可转换水量测算

（1）水土保持工程措施蓄水量测算

水土保持工程措施蓄水量的测算是确定水土保持工程可转换水量的基础，水土保持工程措施蓄水量的测算主要有水文法、成因分析法以及基础效益计算方法三种。

1）水文法。大致分为两种类型：一种是类比法；另一种是水文模型法。根据对降雨径流基本规律分析，建立计算水土保持蓄水量的降雨产流模型。水文模型主要分为两类：一类是经验性的水文统计模型；一类是水文概念性物理模型。

类比法的计算原理为邻近流域由于所处的地理环境比较接近，因此流域的降雨径流变化具有一定的相似性，以水土流失治理程度不高的流域为参证站，分析治理较好的邻近流域的径流变化情势，得出蓄水量。类比法的精度取决于类比流域实施工程措施前各个时期径流过程的相似程度。一般来说，流域越近，相似程度越高。

水文模型法蓄水量计算是在水文站实测降雨径流资料的基础上，根据相关理论，建立水土保持措施治理前流域降雨径流关系模型，然后将治理后降雨条件代入还原计算相当于治理前的产流量，再与治理后实测的径流比较，得到水土保持措施蓄水量。水文法的优点是简单易用，对同一流域使用效果较好，计算结果反映的是水土保持综合蓄水量。

2）成因分析法。又称为"水保法"。根据水土保持试验站试验资料，对治理流域按各项水土保持措施分项计算蓄水量。水土保持单项措施一般包括生物措施和工程措施，生物措施包括植树造林、人工种草治理坡地和沟谷；工程措施主要包括农田的坡改梯、修筑淤地坝和蓄水蓄沙塘堰以及实施水土保持耕作法等。同一地区的不同措施或不同地区的同一措施其蓄水作用是不同的。在用水土保持分析法计算蓄水量时，应注意选择同类地区的试验资料。

3）基础作用计算法。水文法和成因分析法两种方法在指导我国水土保持规划与效益评价中发挥了重要的作用，但也存在不足。两者均属于总量评价，不能区分各项具体的水土保持工程措施的蓄水拦沙作用。

水土保持基础作用计算可对具体的蓄水拦沙量进行分析计算。水土保持的基础作用即蓄水作用和拦沙作用。按基础作用计算蓄水拦沙量，可分为按就地入渗、就近拦蓄和减轻沟蚀三种情况计算。

就地入渗的水土保持措施，包括造林、种草和各种形式的梯田（梯地），其作用包括：增加土壤入渗，减少地表径流，减轻土壤侵蚀，解决"面蚀"问题。计算方法按两个步骤：第一步先求得减少径流与侵蚀的模数；第二步再计算减少径流与减少侵蚀的总量。

就近拦蓄措施，包括水窖、蓄水池、截水沟、沉沙地、沟头防护、谷坊、塘坝、淤地坝、小水库和引洪漫地，其作用包括拦蓄暴雨的地表径流及其携带的泥沙，在减轻水土流失的同时，还可供当地生产、生活中利用。计算中应全面研究各项措施的具体作用。对不同特点的措施，分别采取不同的计算方法，主要有典型推算法和具体量算法两种。

减轻沟蚀效益包括四个方面，按下式计算：

$$\sum \Delta G = \Delta G_1 + \Delta G_2 + \Delta G_3 + \Delta G_4 \tag{6-1}$$

式中，ΔG_1 为沟头防护工程制止沟头前进的保土量（m^3）；ΔG_2 为谷坊、淤地坝等制止沟头下切的保土量（m^3）；ΔG_3 为稳定沟坡制止沟岸扩张的保土量（m^3）；ΔG_4 为塬面、坡面水不下沟（或少下沟）以后减轻沟蚀的保土量（m^3）。

（2）水土保持水权转换可转换水量测算

1）边界条件的假定和说明。根据水土保持水权转换的总体思路，水土保持减少入黄沙量是测算水土保持水权转换可转换水量的基础。但是，黄河水沙关系复杂，如何建立水土保持减少入黄沙量和黄河下游输沙用水量之间的关系，是水土保持水权转换可转换水量测算的又一个关键的技术问题。鉴于黄河复杂的水沙关系，测算水土保持水权转换可转换水量同样是一个复杂的问题，为此，必须考虑设定一定的边界条件，以简化测算水土保持水权转换的可转换水量。边界条件的确定需要考虑以下因素：一是 1987 年国务院批准的黄河可供水量分配方案所依据的水沙条件；二是在黄河干支流无工程控制调控条件下，黄河干流主要河段的冲淤特性。

黄河初始水权形成的水沙条件。1987 年国务院批准的黄河可供水量分配方案，是全国大江大河中第一个水量分配方案，多年来在黄河水资源配置、水资源管理调度中发挥了重要的作用，并得到不断丰富和发展，逐渐形成了黄河的初始水权分配体系，在流域管理中的权威性逐渐确立。因此，水土保持水权转换的可转换水量测算，必须考虑黄河初始水权分配方案的边界条件。1987 年国务院批准的黄河可供水量分配方案依据的水沙系列是 1919 年 7 月~1975 年 8 月 56 年系列，该系列多年平均黄河河川径流量为 580 亿 m^3，其中花园口以上河川径流量为 559 亿 m^3；黄河下游多年平均来沙量为 16 亿 t，其中黄河下游淤积 4 亿~5 亿 t 泥沙。水土保持水权的可转换水量应以此作为基本依据。

黄河干流主要河段的冲淤状况。黄河干流冲积性河段主要集中在宁夏—内蒙古河段、龙门至潼关河段和黄河下游河段等三段。在黄河干流无工程调控情况下，宁夏—内蒙古河段和龙门至潼关河段大体上维持冲淤平衡状态，黄河下游是强烈淤积河段。在黄河干流龙羊峡、刘家峡、三门峡水库生效以后，宁夏—内蒙古河段由于来水过程的改变渐渐演变成为强烈淤积河段，龙门至潼关河段由于三门峡水库运行导致潼关至三门峡水库也转变成淤积性河段。鉴于此，考虑黄河可供水量分配方案制定时依据的水沙系列和来水来沙条件，制定黄河干流主要河段冲淤的边界条件如下：

龙门到潼关河段，俗称小北干流，历史上小北干流河段一直处于淤积抬升状态，但滩槽基本同步抬升，且速度缓慢。因此，为了便于计算，也可不考虑其冲淤变化情况。

潼关—三门峡河段，该河段也为峡谷河段，历史上冲淤变化比较小，在三门峡现在运用方式下，也基本保持冲淤平衡。因此，也可假定该河段处于冲淤平衡状态。

三门峡—白鹤河段也为岩基河床，千百年来河床形态变化不大，一直处于冲淤平衡状态。

综合以上分析，汛期进入黄河干流的与进入黄河下游的泥沙量基本相等，即泥沙输移比接近于 1。

2）水权转换水量测算。基于国务院"87 分水方案"的水权转换水量计算。早在 1987 年，国务院颁布了我国第一个大江大河的水量分配文件《黄河可供水量分配方案》（国办发〔1987〕61 号）。该方案规定，鉴于黄河天然径流量只有 580 亿 m^3，在南水北调工程生效前，相关省（区）可利用的黄河水量不得超过 370 亿 m^3、黄河自身用水应达 210 亿 m^3。2006 年国务院颁布的《黄河水量调度条例》（国务院 2006 年 472 号令）对此再次明确。近 20 年来，该分水方案一直是黄河水资源管理和调度的基本依据，并得到相关省（区）的一致认可。当时的"210 亿 m^3"均被解释为黄河下游输沙用水，实际执行时按汛期 7~10 月 150 亿 m^3、非汛期 50 亿 m^3、下游自然损耗 10 亿 m^3。而这 210 亿 m^3 黄河下游输沙用水对应的来沙边界条件为进入黄河下游的来沙量为 16 亿 t，其中有 4~5 亿 t 淤积在近 800km 的下游河道，输送的泥沙量为 12 亿 t。

综合以上分析可知，要将 12 亿 t 的泥沙输送入海，需要的水量为 210 亿 m^3，即要将 1 亿 t 泥沙输送入海，大约需要的水量为 150/12 = 12.5（m³/t）。

　　基于 1919 ~ 1975 年下游汛期平均来水量和来沙量的水权转换水量计算。黄河径流和泥沙年内分配集中，干流及主要支流汛期 7 ~ 10 月径流量占全年的 60%以上，来沙量占全年的 85% 以上。黄河泥沙的特点是"多来多排"，因此，进入黄河下游的泥沙，基本上都在汛期输送入海。

　　黄河水利委员会原设计院完成了 1919 年 7 月至 1975 年 6 月 56 年系列的黄河实测和天然径流量计算成果，1987 年国务院批准的《黄河可供水量分配方案》即是基于黄河天然径流量成果而编制的。为了和国务院"87 分水方案"所选径流系列对应，也选取 1919 ~ 1975 年 56 年汛期下游来水量和来沙量进行水土保持水权转换可转换水量测算。1919 ~ 1975 年 56 年系列具体成果见表 6-2。

表 6-2　黄河下游控制站汛期实测径流及实测来沙量成果表

河名	站名	汛期实测径流量/亿 m³	汛期实测输沙量/亿 t
黄河	三门峡	249.75	12.39
洛河	黑石关	21.11	0.20
沁河	小董	9.13	0.09
合计		280.00	12.68

注：汛期为 7 ~ 10 月。

　　根据 1919 ~ 1975 年 56 年系列资料统计，黄河下游汛期来水量为（三门峡、黑石关和小董三站来水量之和）280 亿 m³，进入下游的沙量为（三门峡、黑石关和小董三站输沙量之和）12.75 亿 t，因此，要将 1 亿 t 泥沙输送入海，大约需要的水量为 280/12.68 = 22.08（m³/t）。

　　基于 1919 ~ 1975 年 56 年来水相似年份来沙量的水权转换水量计算。1987 年国务院批准的《黄河可供水量分配方案》中黄河天然径流量为 580 亿 m³，其计算依据为根据 1919 ~ 1975 年 56 年系列资料统计，黄河花园口站多年平均实测年径流量为 470 亿 m³。考虑人类活动的影响，将历史上逐年的灌溉耗水量及大型水库调蓄量还原后，花园口站多年平均天然年径流量为 559 亿 m³，计入花园口以下支流金堤河、天然文岩渠、大汶河的天然年径流量 21 亿 m³，黄河流域多年平均天然径流总量为 580 亿 m³。

　　与黄河多年平均天然径流量 580 亿 m³ 对应，实测汛期进入黄河下游的径流量为 280 亿 m³，为类比分析的需要，在 1919 ~ 1975 年 56 年系列中，按照实测汛期黄河下游来水量基本接近多年平均实测值的原则，选择来水量基本相当、沙量相应的典型年，测算水土保持水权转换可转换水量。成果如表 6-3。

表6-3　汛期输送1t泥沙约需水量

年份	汛期输送1t泥沙约需水量/（m³/t）
1923	22.30
1925	21.38
1939	30.20
1948	26.95
1951	30.99
1959	11.04

上述三种方法计算的水土保持水权转换水量分别为 12.50m³/t、25.55m³/t、22.30m³/t、21.38m³/t、30.20m³/t、26.95m³/t、30.99m³/t、11.04m³/t，考虑到多沙粗沙区或粗泥沙集中来源区进入黄河干流的泥沙中粗泥沙占有一定比例，而输沙水量主要是输送进入下游的细泥沙所需的水量，因此，上述三种方法计算的水土保持水权转换水量应按一定比例进行折减，在此基础上，还应扣除水土保持水权转换工程的蓄水量。根据最终估算结果，水土保持水权转换水量大致位于 10~20m³/t，也即通过水土保持水权转换工程减少进入黄河下游1t泥沙，可转换水量 10~20m³。

需要指出的是，上述计算结果只是供流域机构参考的可转换水量范围，具体到某个水土保持水权转换项目时，应按照6.4节提出的《水土保持水权转换可行性研究报告》编制的技术要求，编制《水土保持水权转换可行性研究报告》，对水土保持水权转换水量进行详细的论证。

6.2.4.3　水权转换的期限确定

（1）灌区节水水权转换的期限

灌区节水水权转换的期限应在综合考虑我国现行法律、法规的有关规定，节水主体工程使用年限和受让方主体工程更新改造的年限，以及水市场和水资源配置的变化，兼顾供求双方利益的基础上来确定。

首先，从政策因素来考虑。《城市房地产管理法》第3条关于"国家依法实行国有土地有偿、有限期使用制度"的规定，明确了国有土地有限期使用的原则。土地使用权的出让年限一般不超过 50~70 年。同理，对国有水资源也应实行有限期使用的原则，一般亦不应超过这一最高期限的限制。水资源有限使用原则是水资源有偿使用原则的自然延伸。如果水资源使用无限期，水资源使用效益和费用就是一个未知数，水资源使用权就难以流动，水资源交易市场就难以形成。只有加入时间参数，明确水资源使用期限，才能科学计算水资源使用权转让的效益和费用，从而促进水资源使用权的流动。

根据《黄河取水许可实施细则》《取水许可和水资源费征收管理条例》，取水许可证的有效期限一般为 5 年，最长不超过 10 年。按照取水许可年限，水权交易合同只能订 10 年，换取水许可证时再续订。但对电厂来说，订 10 年合同与电厂的使用年限差距较大，操作起来比较困难。因此按照取水许可年限制定水权转换期限显然是不合适的。

另外，从工程因素来考虑。从灌区节水主体工程考虑，节水工程主要包括：渠系的防渗衬砌工程，配套建筑物，末级渠系节水工程和量水设施、设备等，其中渠系的防渗衬砌工程占有较大份额。根据《渠道防渗工程技术规范》（SL18—91）及《灌溉与排水工程设计规范》（GB50288—99），渠道不同防渗衬砌结构使用年限如表6-4。从表6-4 可以看出，不同防渗衬砌结构使用年限相差较大，范围为 5～50 年。就目前黄河流域水权转换的节水工程来看，渠系的防渗衬砌工程以埋铺式膜料、混凝土衬砌为主，使用年限基本为 20～30 年；从受让方主体工程更新改造的年限考虑，宁夏、内蒙古地区黄河流域水权转换受让方主要为电力、重化工、煤炭、新材料等工业企业，其主要工程设施运行年限为 15～25 年，满 15～25 年一般需要进行设备的全面更新。

表6-4　渠道不同防渗衬砌结构使用年限

防渗衬砌结构类别	主要原材料	使用年限
土料	黏性土、黏沙混合土	5～15
	灰土、三合土、四合土	10～25
水泥土	干硬性水泥土、塑料水泥土	8～30
砌石	干砌卵石（挂淤）、浆砌块石、浆砌料石、浆砌石板	25～40
埋铺式膜料	土料保护层、刚性保护层	20～30
沥青混凝土	现场浇筑、预制铺砌	20～30
混凝土	现场浇筑	30～50
	预制铺砌	20～30
	喷射法施工	25～35

综合考虑我国现行相关的政策法律法规的要求，节水工程设施的使用年限、工业项目主要设备更新改造，兼顾供求双方的利益，确定水权转换期限原则上不超过 25 年。水权转换期限的确定如图 6-3。

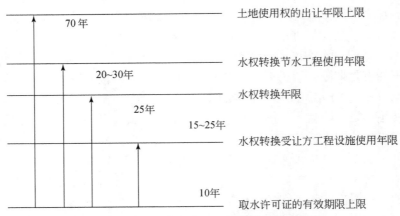

图 6-3 灌区节水水权转换期限确定示意图

水权转换期满，受让方需继续取水的，应重新办理水权转换手续；受让方不再取水的，水权返还出让方，取水许可审批机关重新调整出让方取水许可水量。水权转换期内，受让方不得擅自改变所取得水量的用途。

另外，由图 6-3 可知，水权转换实施后，即使受让方工业用水户取水许可证有效期限取上限 10 年，取水许可证的有效期也短于水权转换 25 年的期限。取水许可证有效期满后，需要重新更换取水许可证，有些工业用水户担心取水许可证不能保证一定被更换。为了避免出现上述矛盾，在受让方取水工程核验的基础上，取水许可审批机关在对工业用水户颁发取水许可证时，应给出相应的承诺或采取其他有效措施。

（2）水土保持水权转换的期限

同灌区节水水权转换，水土保持水权转换的期限要与国家、黄河治理开发的总体要求以及区域经济社会发展相适应，综合考虑水土保持措施的运行年限和受让方主体工程使用年限。因此，水土保持水权转换的期限应在综合考虑我国现行法律、法规的有关规定，水土保持措施工程使用年限和受让方主体工程更新改造的年限，兼顾供求双方利益的基础上来确定。

水土保持水权转换主要是通过对黄土高原多沙或粗泥沙集中来源区实施水土保持工程措施治理，减少进入黄河的泥沙量，进而置换部分黄河下游输沙用水量转换给工业企业，因此，水土保持水权转换期限应当兼顾工业企业主要设备的更新年限和水土保持工程措施主体工程的使用年限。水土保持工程措施主体工程为大中小型淤地坝，根据《水土保持治沟骨干工程技术规范》（SL289—2003）和《水土保持综合治理·技术规范·沟壑治理技术》（GB/T16453.3—1996）的要求，水土保持工程措施的主体工程——大中小型淤地坝的设计淤积年限为 5～30 年，其中库容小于 10 万 m³ 小型淤地坝的设计淤积年限为 5 年、库容 10 万～50 万 m³ 中型淤地坝的设计淤积年限为 10 年、库容在 50 万～100 万 m³ 的骨干淤地坝设计淤积年限为 20 年、库容在 100 万～500 万 m³ 的骨干淤地坝设计淤积年限为 30 年；根据大型火力发电厂有关技术规范，电厂主要设备更新改造年限一般为 15～25 年。

综合以上各种影响因素，确定黄河水权转换期限不超过 25 年。但是需要指出的是，水土保持工程措施的主体工程的设计淤积年限和设计标准，必须根据项目区的实际情况，结合水土保持水权转换的特殊要求，在坝系的总体布局和淤地坝的总体布置时，在现有规程规范要求的基础上适当改进，以确保水土保持工程在水权转换期限内可持续地发挥拦沙效益。

6.2.4.4 水权转换费用的构成及水权转换价格计算

《水利部关于水权转让的若干意见》规定：水权转让费的确定应考虑相关工程的建设、更新改造和运行维护，提高供水保障率的成本补偿，生态环境和第三方利益的补偿，转让年限，供水工程水价以及相关费用等多种因素，其最低限额不低于对占用的等量水源和相关工程设施进行等效替代的费用。其中，工程的运行维护费，是指新增工程的岁修及日常维护费用；工程的更新改造费用，是指当节水工程的设计使用期限短于水权转换期限时所必须增加的费用。根据该规定，并结合灌区节水水权转换和水土保持水权转换的特点，以下探讨两种形式水权转换的费用构成。

（1）灌区节水水权转换费用构成

1）节水工程建设费。节水工程建设费，是指渠系的防渗衬砌工程，配套建筑物，末级渠系节水工程，量水设施、设备等的更新改造所需支出的费用。主要包括：渠道砌护费、配套建筑物费、渠道边坡整修费、道路整修费、渠道绿化费、临时工程费、其他费用、基本预备费、监测费、试验研究费等。根据水权转换确定的节水工程改造规模，依据《灌溉与排水工程设计规范》GB50288，《节水灌溉技术规范》SL18—98，《渠道防渗工程技术规范》SL18—91，《渠系工程抗冻胀设计规范》SL23—91 及相关的投资概（估）算标准，对灌溉渠系干支渠的防渗砌护工程、配套建筑物、末级渠系节水工程、量水设施、井灌工程等新增工程费用，逐项进行典型设计和投资估算。

根据估算投资、节水量计算节约单方水投资，依据节约单方水投资及水权转换量计算节水工程建设费。计算式如下：

$$C_j = W_z C_d \tag{6-2}$$

式中，C_j 为节水工程建设费（万元）；W_z 为水权转换水量（万 m^3）；C_d 为节约单方水投资（元/m^3）。

节约单方水投资按下式计算：

$$C_d = K_g / W_j \tag{6-3}$$

式中，K_g 为估算投资（万元）；W_j 为估算节水量（万 m^3）。

2）节水工程运行维护费。节水工程的运行维护费是指工程设施在正常运行中所需支出的经常性费用。通常包括：①工程动力费，如燃料费、电费等；②工程维修费，如定期的大修费，易损设备的更新费及例行的年修、养护费等；③工程管理费，如管理机构的职工工资、行政管理费及日常的观测和科研试验费等；④其他经常性支出费用。

实施水权转换节水改造工程后，引水量、排水量、引水水质的监测显得更为重要，需配备必要的监测设备和人员，进行相关的测试和相应的试验研究工作。因此在工程运行费用中应考虑监测费用。

为了便于初步估算年运行维护费，常用总投资的百分率计算，如节水工程的年运行费用一般约为总投资的2% ~ 3%。在黄河流域水权转换费用计算中，各地应根据运行费的实际发生情况进行取值。节水工程的年运行维护费按下式计算：

$$C_n = a C_j \tag{6-4}$$

式中，C_n 为年运行维护费（万元）；a 为计算系数，取2% ~ 3%；C_j 为节水工程建设费（万元）。

水权转换期节水工程运行维护费为

$$C_y = N_z C_n \tag{6-5}$$

式中，C_y 为水权转换期运行维护费（万元）；N_z 为水权转换期限（年）。

3）节水工程更新改造费。节水工程的更新改造费用是指当节水工程的设计使用期限短于水权转换期限时所必须增加的工程更新改造费用。根据节水工程中主要水利工程的使用年限 N_s、水权转换期限 N_z 以及节水工程建设费等指标计算节水工程更新改造费。当 $N_s \geqslant N_z$ 时，节水工程的设计使用年限大于水权转换年限，此时不考虑节水工程更新改造费；当 $N_s < N_z$ 时，节水工程的设计使用年限小于水权转换年限，在水权转换期限内，节水工程已经损坏，需要更新改造，这部分费用应包括在水权转换费用中，其节水工程更新改造费计算式为

$$C_g = \frac{N_z - N_s}{N_s} C_j \tag{6-6}$$

式中，C_g 为节水工程更新改造费（万元）；N_z 为水权转换期限（年）；N_s 为水利

工程的使用年限（年）。

4）农业风险补偿费。农业风险补偿费是水权转换中对第三方权益的保护和收益减少的补偿费。根据黄河水量统一调度丰增枯减的原则，遇枯水年灌区用水相应减少，但灌区转换到工业的用水保证率必须达到95%以上，为了保证工业的正常生产用水，可能造成灌区部分农田得不到有效灌溉，使农作物减产造成损失，需给予农民一定的经济补偿。

经济补偿费用的测算，先求得多年平均工业企业多占用农业的水量，然后计算由于农业灌水量的减少引起农业灌溉效益的减少值，农业灌溉效益的减少值即为工业企业每年的风险补偿费用，再乘以水权转换年限得出风险补偿费。

工业企业挤占农业的水量可根据图6-4计算。

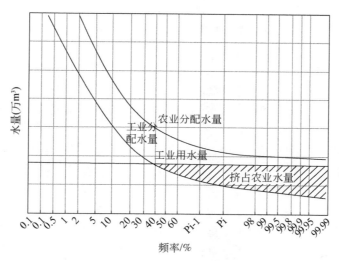

图6-4　工农业水量分配示意图

图6-4中，农业分配水量、工业分配水量为黄河不同来水频率情况下，依据水权分配指标，按照丰增枯减的原则分配的水量。在丰水年份，工业分配水量能满足用水需要，不对农业产生损害；在枯水年份，工业分配水量满足不了用水需要，要保障工业用水，就应相应减少农业用水，即工业用水挤占农业用水，挤占水量如图中所示部分。

根据上图，多年平均工业企业多占用农业用水的水量采用下式计算：

$$\overline{W} = \sum (P_i - P_{i=1})(W_i + W_{i-1})/2 \tag{6-7}$$

式中，$\overline{W}$ 为多年平均工业企业多占用农业用水的水量（万 m^3）；$(P_i - P_{i-1})$ 为相邻频率差（%）；（$W_i + W_{i-1}$）为相邻频率对应农业损失水量之和（万 m³）。

根据《灌溉与排水工程设计规范》GB50288—99，以旱作为主的干旱或水资源紧缺地区，灌溉设计保证率一般取 50% ～ 75%，工业用水保证率取 95% ～ 97%。取不同保证率 50%、75%、95%、97%，不同保证率灌区分配水量相应发生变化，计算不同保证率下相应的灌区灌溉用水量、工业企业用水量，若保持工业企业用水量不减少，则在不同保证率下，灌溉用水量将相应的减少，分段累加灌溉用水减少水量即计算出多年平均工业企业多占用农业用水的水量。

根据工业企业多占用农业用水的水量以及灌区实施节水后的灌溉定额，计算灌区农田因此而减少的灌溉面积，以当地灌与不灌每亩收入的差值为每亩年补偿金额，计算灌区年补偿费，再根据水权转换期限计算转换期内农业风险补偿费。

$$A_s = W_s / M_j \tag{6-8}$$

式中，A_s 为灌区农田减少的灌溉面积（万亩）；W_s 为工业企业多占用农业用水的水量（万 m³）；M_j 为灌区实施节水后的灌溉定额（m³/亩）。

$$C_f = N_z A_s B_c \tag{6-9}$$

式中，C_f 为水权转换期内农业风险补偿费（万元）；N_z 为水权转换期限（年）；A_s 为灌区农田减少的灌溉面积（万亩）；B_c 为灌区灌与不灌每亩收入的差值（元/亩）。

5）经济和生态补偿费。水权转换的实施，加大了灌区节水改造的力度，灌区灌溉过程中的渗漏量大大减少，使灌区对地下水的补给水量减少，会造成地下水位下降。地下水位降低过多，就有可能会对植被、湖泊、湿地等生态环境带来不利的影响。为了保护灌区绿洲生态，需增加对生态的补偿。

生态补偿是指由造成水生态破坏或由此对其他利益主体造成损害的责任主体承担修复责任或补偿责任。生态补偿包括污染环境的补偿和生态功能的补偿，即通过对损害水资源环境的行为进行收费或对保护水资源环境的行为进行补偿，以提高该行为的成本或收益，达到保护生态的目的。生态补偿的做法一方面有利于受让方获得和有计划地使用发展中必需的水资源，另一方面也使出让方在得到经济补偿的同时合理使用和分配本地资源。

补偿只是一种相对的公平，补偿标准也难以完全按实际发生的经济损失进行补偿。生态补偿的计算，可根据生态破坏损失评估，建立生态补偿标准。

目前对生态破坏的损失评估还无统一的标准和计算方法。在水权转换工作中，可按节水工程建设费乘以生态补偿系数来估算。计算式为

$$C_s = b C_j \tag{6-10}$$

式中，C_s 为水权转换期内经济和生态补偿费（万元）；b 为生态补偿系数，建议

参照工程运行费取 2% ~3% ；C_j 为节水工程建设费（万元）。

生态补偿系数主要与灌区节水改造后地下水位下降幅度有关。随着灌区节水改造的实施，灌区内部尤其是沿渠道两侧的植被将受到不同程度的影响，灌区内的水域、坑塘的水面面积将会大大减少，由此对灌区生态环境造成一定影响。灌区生态受影响的程度与地下水位关系密切，建立地下水位与灌区植被关系，通过监测地下水位估算生态的受损程度，根据生态的受损程度与不进行节水改造的生态状况比较，确定生态补偿系数，进而计算水权转换的生态补偿费。

6）其他费用。水权转换是一个庞大的系统工程，涉及或影响到许多方面的利益。有些在水权转换实施的初期，可能还表现不出来，但是随着水权转换过程的延续会逐渐显现，有些问题则已经出现。

由于进行水权转换，将通过灌区节水改造节余下来的农业用水以水权转换的方式转移到工业用水，减少了灌区的引水量和供水量，灌区管理部门的水费收入就会减少。对黄河流域灌区管理部门而言，水费是其正常运转和自身发展的主要经费来源，水费的减少对灌区的生存和发展带来困难，在水权转换中应对管理部门进行相应的补偿。

节水工程管理补偿费应包括正常年份工程管理部门水费收益损失费、水权转换监测系统运行费等。水权转换的其他费用主要为工程管理补偿费，计算式为

$$C_a = C_m + C_l \tag{6-11}$$

式中，C_a 为节水工程管理补偿费（万元）；C_m 为节水工程管理部门水费收益损失费；C_l 为水权转换监测系统运行费（万元）。

工程管理部门水费收益损失费：

$$C_m = B_s W_g \tag{6-12}$$

式中，C_m 为工程管理部门水费收益损失费；B_s 为灌区灌溉水价（元/m^3）；W_g 为灌区供水减少量（万 m^3）；

7）灌区节水水权转换总费用。根据上述分析，灌区节水水权转换总费用计算式如下：

$$C = C_j + C_y + C_g + C_f + C_s + C_a \tag{6-13}$$

式中，C 为水权转换总费用（万元）；C_j 为节水工程建设费（万元）；C_y 为节水工程水权转换期运行维护费（万元）；C_g 为节水工程更新改造费（万元）；C_f 为水权转换期内农业风险补偿费（万元）；C_s 为水权转换期内经济和生态补偿费（万元）；C_a 为工程管理补偿费（万元）。

（2）水土保持水权转换费用构成

1）水土保持工程建设费。水土保持工程建设费包括工程措施、非工程措施

| 261 |

的建设费用，工程措施包括工程措施和生物措施，工程措施主要有大中小型淤地坝、塘坝、各栅坝、坡改梯等，生物措施主要有植树造林、种草等；非工程措施包括水土保持监测、水文观测等。水土保持工程建设费用应按照有关规程规范的要求，逐项开展典型设计和投资估算。

2）水土保持工程运行维护费。水土保持工程的运行维护费通常包括：①工程动力费，如燃料费、电费等；②工程维修费，如定期的大修费，易损设备的更新费及例行的年修、养护费等；③工程管理费，如管理机构的职工工资、行政管理费及日常的观测和科研试验费等；④其他经常性支出费用。实施水土保持水权转换工程后的蓄水拦沙效果监测，是实施水土保持水权转换成败的关键，必须配备必要的监测设备和人员，进行相关的测试和相应的试验研究工作。因此在工程运行费用中应考虑监测费用。

为了便于初步估算年运行维护费，常用总投资的百分率计算，年运行费用一般约为总投资的1%左右。可以参照灌区节水水权转换方法计算。

3）水土保持工程更新改造费。水土保持工程的更新改造费用是指当水土保持工程的设计使用期限短于水权转换期限时所必须增加的工程更新改造费用。根据水土保持主体工程的设计淤积年限 N_s、水权转换期限 N_z 以及水土保持工程建设费等指标计算更新改造费。当 $N_s \geqslant N_z$ 时，水土保持工程设计淤积年限大于水权转换年限，此时不考虑更新改造费；当 $N_s < N_z$ 时，水土保持工程的设计淤积年限小于水权转换年限，在水权转换期限内，出现水毁等工程损坏，需要复建或加高加固等这部分费用应包括在水权转换费用中，其更新改造费计算式为

$$C_g = \frac{N_z - N_s}{N_s} C_j \tag{6-14}$$

式中，C_g 为水土保持工程更新改造费（万元）；N_z 为水权转换期限（年）；N_s 为水土保持工程设计淤积年限（年）。

4）水土保持工程必要经济补偿。水土保持工程作为公益性的生态修复工程，总体上，对于改善黄土高原的生态环境具有积极的作用，可以提高黄土高原地区的植被覆盖度，减少流域的洪水危害，增加可耕地面积，为当地农民的生产、生活和生态环境带来积极的影响，将会产生显著的经济效益、社会效益和生态效益。局部会影响周边的其他利益方，有必要考虑一定的经济补偿给以解决。目前，可以预见的对其他权益人的影响，可能会对淤地坝下游一定范围内的地下水水位造成影响；大中小型淤地坝的设计洪水标准一般较低，设计洪水标准最大的骨干坝设计洪水标准为50年一遇，校核洪水标准为500年一遇，一旦发生超标准洪水会对下游的基础设施和居民财产造成危害。

关于水土保持水权转换工程的必要补偿，由于存在很大的随机性和风险性，应加强水土保持工程风险评估研究，结合风险评估研究建立水土保持工程经济补偿的计算方法和标准。

5）水土保持水权转换的总费用。水土保持水权转换的费用构成如下：

$$C = C_j + C_y + C_g + C_f \qquad (6\text{-}15)$$

式中，C 为水土保持水权转换总费用（万元）；C_j 为水土保持工程建设费（万元）；C_y 为水土保持工程运行维护费（万元）；C_g 为水土保持工程更新改造费（万元）；C_f 为水权转换期内必要经济补偿（万元）。

（3）灌区节水水权转换和水土保持水权转换价格计算

灌区节水水权转换和水土保持水权转换的价格应为：水权转换总费用／（水权转换期限×年转换量）。计算式为

$$G = \frac{C}{(N_z W_n)} \qquad (6\text{-}16)$$

式中，G 水权转换价格（元/m³）；C 为水权转换总费用（万元）；N_z 为水权转换期限（年）；W_n 为年水权转换水量（万 m³）。

6.3 黄河流域水市场的建立研究

6.3.1 黄河流域水市场建设条件分析

目前黄河流域仅在宁夏、内蒙古两自治区开展了水权转换，还没有向全流域范围内扩大，还构不成水市场的规模，但是已经具备了构建黄河水市场的条件。

1）黄河流域水资源的短缺使得水市场的建立成为可能。

2）黄河流域的跨地区性使得建立流域水市场成为必要。黄河流经 9 个省（区），流域内的经济发展情况各不相同，利用水权市场使得水资源流向效益高的地区和行业是必要的。另外，黄河的跨地区性容易引起不同地区的水事纠纷，行政协调难度大、效率低，建立水权市场后可以利用市场机制协调水资源的分配，减少地区纠纷。

3）黄河流域目前水权交易的范围还很有限，难以解决流域经济社会发展和水资源紧缺的矛盾。目前黄河流域水权转换主要是农业向工业实施水权转换，水权转换的范围还存在不平衡性，应当探讨包括农业向工业水权转换、水土保持水权转换、用户间的水权转换等多种水权转换形式，缓解流域经济社会发展对水资

源的迫切需求。

4）黄河流域现有水资源的规范管理可以减少流域水市场的管理和监督成本。由于黄河流域水利设施健全，引黄灌区供水、取水有规范的监督管理，流域实行统一管理后，大大减少了水市场的运作成本，降低交易费用。

5）黄河流域初始水权分配体系已经基本建成，形成了流域—省（区）—地（市）的水权分配体系，有的地区已经将初始水权分配到了县级和用水户，为黄河水市场的建立提供了最基本的前提。

6）内蒙古、宁夏水权转换试点的实践过程中，积累了大量宝贵的经验，为黄河水市场的建立奠定了良好的基础。

6.3.2 黄河流域分级水市场的建立

6.3.2.1 建立的前提

水市场建立的软件条件：①建立比较完善的水权制度和明晰的初始水权分配体系；②水资源短缺、用水竞争激烈。在水资源比较丰富，用水矛盾不突出的地方，一般不会对水权交易产生迫切需求；③具有合法的供需主体；④具有合法的交易场所、交易渠道和供需双方可接受的交易成本；⑤具备合理的价格形成机制和配套的市场规则。

水市场建立的硬件条件：①具备基本的配水及供水工程体系；②建立较为完善的水资源和水环境监测、调控、计量系统；③建立水市场信息管理系统。

6.3.2.2 建立原则

（1）总量控制原则

黄河水权转换总的原则是不新增引黄用水指标，对各省（区）引黄规模控制的依据是国务院批准的《黄河可供水量分配方案》，故黄河水权转换必须在国务院批准的黄河可供水量分配指标内进行。随着黄河流域初始水权在省（区）、市（县）的进一步细化，各级水市场逐步具备了完善的总量控制指标。

（2）政府监管与市场调节相结合

水市场是一个"准市场"，在进行水权交易时，行政机制要在水市场建设方面和市场监管方面发挥重要作用。但也必须明确，进入水权流转阶段，应以市场机制为主。这是由于水市场的主要目的就是充分发挥市场机制配置资源的高效作用，由市场主体自由地选择和决定其市场行为。行政调控的作用主要是规范市场，而不是干涉交易行为。

（3）公开、公平、公正原则

公开，就是在披露水权转让信息、实施水权转让操作等程序时应该做到公开进行，以求水市场的透明化。公平，是指水权转让各方在进行水权转让时，应当照顾各方的利益，水权转让双方的权利、义务应该对等，兼顾供水者和用水者、上游和下游、河流两岸用水者、当代人和后代人以及其他用途用水者的利益。公正，就是水权市场中所达到的目标要公正。

6.3.2.3 市场的构架

水市场为用水户提供水权交易的平台，通过水市场作用，水资源从低效益的用户转向高效益的用户，从而提高水资源的利用效率。水权供需双方通过水市场来达成交易。根据黄河水资源特点、经济社会发展要求以及用水地组成等，结合黄河水权分配的构成体系，黄河水权转换的范围逐渐扩大，完善的黄河水权转换和水市场构建，应为三级市场。

（1）第一级水市场

第一级水市场为流域级水市场，是流域内的一级水权交易市场，主要包括两类水权交易：一类是省（区）之间水权转换；另一类是有条件的省（区）和流域机构之间的水权转换。省（区）之间水权转换包括三种形式：①黄河取水权指标有富裕和指标不足省（区）之间的水权转换；②旱涝分布不均年份的省（区）之间的水权转换；③超黄河用水指标和指标有富裕省（区）之间的水权转换。

第一级水市场可以由国务院和流域水行政主管部门负责组建，流域水行政主管部门和省（区）级水行政主管部门作为一级水市场的主体，省（区）级水行政主管部门作为省（区）级水权的权属代表，流域水行政主管部门作为维持河流自然功能水权权属代表。按照总量控制原则，实现流域内水资源的优化配置。

（2）第二级水市场

第二级水市场为省（区）级水市场，省（区）级水市场从行政区域上可以涵盖跨地市级行政区域和同一行政区域内部的水权交易；从行业上可以涵盖灌区和灌区之间、灌区和工业用水之间、灌区和城市供水之间、工业用水和工业用水之间等多行业的水权交易，实现本区域内部水资源的高效配置。

第二级水市场可以授权由省（区）级水行政主管部门负责组建，干流各取水口水权权属者和重要入黄支流的水权权属者参加。各方在省（区）级耗水水权指标的控制下，实施省（区）内部的取水水权的多用途水权转换，提高水资源利用的效率和效益。

（3）第三级水市场

三级水市场建立的基本前提是初始水权要分配到用水户。目前黄河流域的初始水权基本分到了地（市）级，地（市）级水行政主管部门应按照初始水权分配的原则，将分配到的水权指标细化到县（区）。县（区）级水行政主管部门根据分配的水资源量、人口和经济社会发展及用水定额制定各行业用水总量控制指标，并遵循水资源初始分配的原则，将总量指标逐级分配到各乡（镇）、水管处（所）、城市供水企业及其他直接从河流取用水资源的单位。对于非最终用水户的上述单位，基于服务对象的合理用水量进行汇总，申请取水许可证，取得取水权。获得取水权的上述单位，再将总量指标逐级分配到最终用水户，并向用水户核发水权证书，明晰各用水户的权利和义务。因此在初始水权细化到各个具体用水户的前提下，终端用水户可以是农业用水户、城镇居民用水户以及工业企业用水户等具有合法初始水权的用户

第三级水市场为用户级水市场，在初始水权分配到各用水户的基础上，由各用水户组建的用水者协会具体负责，终端用水户参与组成。黄河三级水市场今后主要进行的是农业用水户之间的水权转换，可以借鉴张掖的水权转换模式进行探索。

综上所述，黄河流域水市场构架如图 6-5 所示。

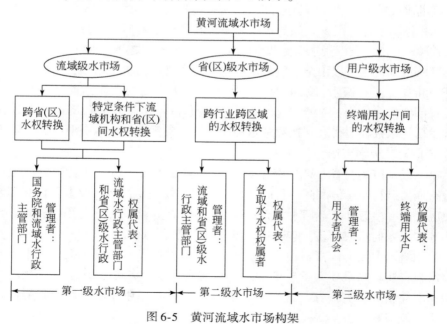

图 6-5　黄河流域水市场构架

6.3.3　水市场组织体系构成

水市场组织体系，是指水市场的组织机构、组织形式、管理机构及其相互关系，包括水市场主体、交易中介组织和市场管理者（图6-6）。

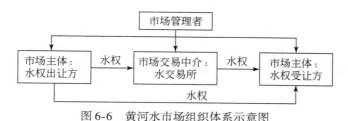

图6-6　黄河水市场组织体系示意图

6.3.3.1　水市场主体

水市场主体，是指在水市场上独立从事交换活动以实现其经济利益的市场参与者，具体指拥有水权、参与水权交易活动的水权出让方和受让方。不同级别的水市场有不同的水市场主体，在同一水市场级别内不同的水权交易类型也有不同的水市场主体。

黄河流域一级水市场中的跨省（区）水权转换，水权出让方为有剩余黄河取水指标的省（区）水行政主管部门，水权受让方为没有或超用黄河取水指标的省（区）水行政主管部门。有条件的省（区）和流域水行政主管部门水权转换中，水权出让方为流域水行政主管部门，即黄河水利委员会，受让方为省（区）水行政主管部门。二级水市场中的市场主体为各取水水权的权属者，主要为农业用水对工业用水的水权转换，水权出让方为灌区水管单位，受让方为工业企业。三级水市场中的市场主体为参与水权交易的终端用水户，对主要进行的农业用水户之间的水权转换，水市场主体为各具体的农业用水户。

6.3.3.2　市场交易中介

水权交易可以在水市场出让方和受让方之间直接进行，也可以通过市场交易中介进行。目前我国的水权交易都是以直接交易的方式进行。随着市场的逐步完善及水权交易活动的增多，必然会出现一个固定的水权交易场所，使水权能够集中、公开、高效、规范地进行交易。市场交易中介是水权交易实现的一个组织载体，对于保证水权交易规范、有序地进行起着重要的作用。

在我国，水市场还是一个"准市场"，对交易费用承受能力弱，交易量比较少，水权交易尚需政府的推动。因此，由政府出资设立市场交易中介可能更适合我国目前的国情。在水市场各种机制逐渐成熟后，政府可以通过产权转让等形式逐步退出。借鉴国内外水权交易经验，本书重点分析水银行形式的市场交易中介。

（1）水银行

从两个方面理解水银行的含义：①从"银行"上理解：一是从银行是资金汇集和储备之处所的意义上，指水权交易指标的汇集、储备之处所；二是银行是资金汇兑和借贷之中介的意义，指水的交易机制。参加交易的主体除了供需双方，还需有一个中介机构，这个机构就是水银行，它把水权交易指标从供给者手中集中起来，再出售给需求者。②从"水"上理解水银行，是指"水"是水银行的"资金"，不管水银行是指水权交易指标的储备，还是指水的租赁买卖的中介，都以"水"为运作和经营对象。

水银行业务分为两块，即自营业务和代理业务。如果水银行是由政府部门开办，大多数情况下，水银行还具有管理职能。

水银行的自营业务是以盈利为目的的水权买进卖出，即在低价时买进、高价时卖出水权以赚取水权差价而赢利的行为。不过，由于水权交易涉及范围广，影响深远，所以这项业务会受到严格限制或被禁止。水银行代理业务按代理对象分为代理政府买卖水权和代理用水户买卖水权两种。代理政府买卖水权的目的有两个，一是如同一般用水户业务一样，为了公共利益用水需求而进行的水权交易，此时，政府是水银行的客户，在参加水银行交易时，应与其他客户处于同等的地位，共同遵守水银行交易规则，订立双方可接受的交易合同；二是接受政府委托买卖水权借以调节水权市场，平衡水权供需和稳定水权价格，此时，政府把调节水权市场的职责委托给水银行。从国外水银行的运作经验看，水管部门也可以把部分管理职能委托给水银行。

水银行作为水权交易的中介机构，其主要职责包括：审核水权交易主体的资格和交易条件；依法组织水权交易，为水权交易提供服务，维护交易双方的合法权益；收集、整理、发布水权交易的各种信息；根据水权登记情况，将潜在的买方和卖方配对；保障交易的真实性、规范性和合法性，监督交易双方签订正式合约、办理付款交割手续；调解水权交易纠纷等。

（2）用水者协会

用水者协会是用水户自愿组成的、民主选举产生的管水用水的组织，属于民间社会团体性质。用水者协会是水银行的一个雏形，目前是第三级水市场的主要管理机构，而没有执行其作为水市场交易中介的职责。黄河流域的用水者协会也应具有法人资格，实行自我管理，独立核算，经济自立，是一个非营利性经济组织。其主要职责是代表各用水户的意愿制定引黄灌溉的用水计划和灌溉制度，负责与有关供水公司签订合同和协议；负责本协会内水权分配方案的初始界定；水权分配完成后，负责制定各用水户进行水权交易的规则，提供有关水资源的信息，组织用水户之间水权转让的谈判和交易，并监督交易的执行。

6.3.3.3 市场管理者

在水市场发展过程中，之所以需要加强水市场管理，首先是因为水资源配置过程中引入了市场机制，而市场机制本身又不可避免地会存在滞后性、盲目性、短期性等缺陷。为了保证国家水资源所有权的有效行使，加强对水权交易的监管是非常必要的。

在水市场中管理者主要为政府，包括水利部、流域水行政主管部门、省（区）水行政主管部门、灌区管理部门等。用水者协会作为最基层用水户的代表，也参与到市场管理中。不同级别的水权市场管理者管理不同层次的水权市场，各个层次的市场管理者在水权市场建设和运作中的作用是为了保障各个层次水权转让的有序进行，它独立于买卖双方，高于买卖双方。水权市场管理者的地位是相对来说的，在一个层次的水权市场中是管理者，在另一个层次的水权市场中就可能是以市场主体身份的参与者。

水权市场的监管至少应包括如下 3 个方面：水权交易主体的监管、交易数量的监管、交易价格的监管。

6.4 黄河流域分级水市场运行机制研究

6.4.1 黄河流域分级水市场水权转换程序

6.4.1.1 第一级水市场水权转换程序

黄河一级水市场主要包括两类水权转换，一类是省（区）之间水权转换，另一类是有条件的在省（区）和流域机构之间的水权转换。省（区）之间水权转换目前可以在以下三种情况下，发挥市场的调节功能在水资源配置中的作用，三种情况分别为：①年度黄河取水权指标有富裕和指标不足省（区）之间的水权转换；②旱涝分布不均年份的省（区）之间的水权转换；③超黄河用水指标和指标有富裕省（区）之间的水权转换。上述三种情况的区别主要表现在：第①种情况需要根据省（区）的社会经济发展对水资源需求形势分析，在年度水量统一调度前提出转换要求；第②种情况需要根据本省（区）年度实际出现干旱情况，提出具体的需水要求和水权转换要求，其转换期限仅限于应急抗旱期间，属年内临时的水权转换；第③种情况是在年度水量调度结束后，依据年度水量调度的监测数据，按照测算的省（区）实际耗水量指标，由市场要求超用水者必须对超用水予以付费的一种水权转换行为。

（1）省（区）间水权转换程序

1）水权转换主体的确定：确定水权转换的出让方与受让方。

2）水权转换要约的发出。水权转换主体向水市场发出要求水权转换的约定，并提交约定文件。不同水权转换形式有不同的约定文件。年度黄河取水权指标有富裕和指标不足省（区）之间的水权转换的约定文件为，本年度本省（区）经济社会发展对水资源的需求形势分析报告和水权转换的技术方案；旱涝分布不均年份的省（区）之间的水权转换的约定文件为，本年度本省（区）干旱情况分析报告和经济社会发展对水资源的需求形势分析报告和应急抗旱水权转换的技术方案；超黄河用水指标和指标有富裕省（区）之间的水权转换的约定文件为，本年度本省（区）实际耗水量分析报告，和超用黄河用水指标水权转换的技术方案。

3）水权转换的受理。水市场对水权转换方案按照国家有关政策法规要求，从水资源情况、技术方案的可行性等方面进行论证评估，并提出是否受理的文件。

4）水权转换双方协商。在一级水市场同意受理的情况下，需要通过一级水市场的协调，水权转换双方针对水权转换水量、水权转换期限、水权转换价格以及水权转换双方的责任、权利和义务等进行协商谈判，就此达成一致意见。

5）水权转换的文件。根据水市场受理文件及水权转换双方达成的一致意见，在水市场的组织下和一级水市场管理者的监督下，水权转换双方签订水权转换协议，明确水权转换双方的责任、权利和义务。对一级水市场省（区）间的水权转换，在协议签订时，受让方必须出具省（区）级人民政府关于水权转换费用的承诺文件，出让方必须出具省（区）级人民政府关于同意出让部分水权的文件。

6）水权转换的实施。根据水权转换协议的约定，在一级水市场管理者的监督下，水权转换双方实施水权转换。

（2）流域机构和省（区）之间水权转换程序

针对流域机构和省（区）之间可能存在的水权转换形式主要为水土保持水权转换，设定以下水权转换程序：

1）水权转换的主体。水土保持水权转换的总体思路是企业投资水土流失区水土保持工程建设，实现减少入黄泥沙量，从而置换出部分黄河输沙用水量出让给工业企业。水土保持水权转换的出让方为流域机构，受让方为工业企业。

2）水权转换要约的发出。水权转换受让方向一级水市场发出要求进行水权转换的约定，约定文件为：水土保持水权转换工程可行性研究报告和建设项目水资源论证报告书。水土保持水权转换工程可行性研究报告的主要内容应包括：拟进行水土保持水权转换的小流域拦沙量分析、可减少入黄泥沙量分析、水土保持措施减水量分析、水权转换水量分析、水权转换期限、价格及转换水权的实施方案等内容。建设项目水资源论证报告书按照水利部、原国家计划委员会（简称原国家计委）《建设项目水资源论证管理办法》编制。

3）水权转换受理。水市场对符合水土保持水权转换条件的项目按照国家有关政策法规要求，从黄河水资源状况、技术方案的可行性等方面进行论证评估，并提出是否受理的文件。其中建设项目水资源论证报告书的论证评估按水利部、原国家计委《建设项目水资源论证管理办法》和水利部《建设项目水资源论证报告书审查工作管理规定（试行）》执行。评估结束后，提出是否受理的文件，根据一级水市场监管权限，受理的项目报国家水行政主管部门和流域水行政主管部门备案。

4）水权转换的文件。根据水市场受理文件，在水市场的组织下和国务院水行政主管部门的监督下，水权转换双方签订水权转换协议，明确水权转换双方的责任、权利和义务。

5）取水许可的申请。经水市场受理的项目，受让水权的项目业主单位向具有取水权管理权限的流域水行政主管部门提出取水许可申请，流域水行政主管部门对取水许可申请进行审批。

6）水权转换实施。根据一级水市场受理意见和已审批的取水许可申请，受让水权的项目业主单位向具有管理权限的发展计划主管部门报请项目核准或审批。核准后的项目，根据水权转换协议的约定，在一级水市场管理者的监督下，水市场组织水权转换双方实施水权转换。

7）水土保持工程的验收和核验。根据水权转换实施方案，组织开展水土保持工程建设，在一级水市场管理者的监督下，由水市场组织对水土保持工程建设进行整体验收，验收通过的由国务院水行政主管部门、流域水行政主管部门、省

（区）水行政主管部门和水市场共同组织对水土保持工程的核验。与工程验收不同，水土保持工程的核验主要集中在水土保持水权转换工程实施效果的评估方面。

8）颁发或更换取水许可证。在受让方取水工程核验的基础上，由流域机构对受让方颁发取水许可证。

6.4.1.2 第二级水市场水权转换程序

第二级水市场水权转换主要集中在农业向工业水权转换，总体思路是企业投资灌区节水改造工程，节约出水量出让给工业企业。灌区节水水权转换的出让方为灌区水管单位，受让方为工业企业。根据黄河取水许可审批权限由流域水行政主管部门发放取水许可证；所在省（区）无余留水量指标的，水权转换的实施由水市场组织、流域水行政主管部门监督；其他水权转换由水市场组织、省级人民政府水行政主管部门监督。

针对上述水权转换特点，设定以下水权转换程序。

1）水权转换的主体。灌区水管单位具备水权转换出让方的基本条件，应为水权转换的出让方；工业企业具备水权转换受让方的基本条件，应为水权转换的受让方。

2）水权转换要约的发出。出让方和受让方共同向二级水市场发出要求进行水权转换的约定，约定文件为省（区）水权转换总体规划报告和农业向工业水权转换可行性研究报告、建设项目水资源论证报告书、取水许可证复印件、水权转换双方签订的意向性水权转换协议、拥有初始水权的地方人民政府出具的水权转换承诺意见及其他与水权转换有关的文件或资料。

3）水权转换的受理。二级水市场对出让方和受让方共同提出的水权转换技术文件按照国家有关政策法规要求，从技术方案的合理性、可行性等方面进行论证评估。其中建设项目水资源论证报告书的论证评估按水利部、国家计委《建设项目水资源论证管理办法》和水利部《建设项目水资源论证报告书审查工作管理规定（试行）》执行。评估结束后，提出是否受理的文件，根据二级水市场监管权限，受理的项目报流域机构或省（区）水行政主管部门备案。

4）水权转换的文件。根据水市场受理文件，在水市场的组织下和流域水行政主管部门或省（区）级水行政主管部门的监督下，水权转换双方签订水权转换协议，明确水权转换双方的责任、权利和义务。

5）取水许可的申请。受让水权的项目业主单位向具有管理权限的流域水行政主管部门会或省（区）水行政主管部门提出取水许可申请，按照取水许可审批权限，流域水行政主管部门会或省（区）水行政主管部门对取水许可申请进行审批。

6）水权转换实施。根据二级水市场受理意见和已审批的取水许可申请，受让水权的项目业主单位向具有管理权限的发展计划主管部门报请项目核准或审批。根据水权转换协议的约定，在流域水行政主管部门或省（区）水行政主管部门的监督下，水市场组织水权转换双方制定水权转换实施方案，组织开展节水工程建设。

7）节水工程的验收和核验。在流域水行政主管部门和省（区）水行政主管部门的监管下，由水市场组织对节水工程建设进行整体验收，验收通过的，由流域水行政主管部门、省（区）水行政主管部门和水市场共同组织节水工程的核验。与工程验收不同，节水工程的核验主要集中在节水效果的评估方面。

8）颁发或更换取水许可证。在受让方取水工程核验的基础上，由原取水许可审批单位对出让方的许可水量进行调整，由具有取水许可审批权限的部门对受让方颁发取水许可证。

6.4.1.3 第三级水市场水权转换的程序

三级水市场为非正规水市场，非正规水市场通常是自发形成的，政府没有过多的干预，只适合于在某一小范围内进行，交易规模较小。鉴于此，三级水市场农业用水户之间水权交易在一定程度上可简化交易程序。

1）水权转换的主体。灌溉期水权指标有富裕的农业用水户具备水权转换基本条件，出让方应为水权指标有富裕的农业用水户。灌溉期水权指标不足的农业用水户具备水权受让方基本条件，受让方应为水权指标不足的农业用水户。

2）进行水权交易登记。水权转换受让方到水市场进行水权转换登记，登记内容为灌溉期水权转换的水量要求、水权转换的价格等内容。

3）发出公告。水市场向农业用水户发出公告，寻求潜在的水权转换出让方。

4）水权转换双方协商。通过三级水市场的协调，水权转换受让方和潜在的出让方进行协商，主要协商内容有：水权转换水量、水权转化价格以及水权转换双方的责任、权利和义务。

5）水权转换的文件。水权转换双方达成一致意见后，在三级水市场管理者农民用水户协会的监督下，水权转换双方签订水权转换协议。

6）水权转换实施。根据水权转换协议的约定，在三级水市场的监督下，水权转换双方实施水权转换。

6.4.2　水权转换技术文件的编制要求

第一级水市场中，省（区）之间三种形式水权转换为短期临时性的水权转换，不需编制技术文件；流域机构和省（区）之间水土保持水权转换，需要提交的技术文件主要为水土保持水权转换可行性研究报告。第二级水市场中，水权转换形式主要为农业向工业的灌区节水水权转换，因此需要提交的技术文件为省（区）水权转换总体规划和灌区节水水权转换可行性研究报告。三级水市场交易量小，且一般为临时性的水权交易，因此不需编制技术文件。

6.4.2.1　第一级水市场水土保持水权转换可行性研究报告编制要求

根据水土保持水权转换的特点，水土保持水权转换可行性研究报告编制时应包括如下内容。

1）水权转换的必要性和可行性。

2）受让方用水需求（含用水量、用水定额、水质要求和用水过程）及合理性分析。

3）出让方现状拦沙量、入黄泥沙量、拦沙潜力、可减少入黄沙量和可减少进入黄河下游泥沙量。

4）提出水土保持规划，分析蓄水量和可转换水量。

5）转换期限及转换费用；转换期限综合考虑我国现行法律、法规有关规定，水土保持工程使用年限和受让方主体工程更新改造年限，兼顾供求双方利益的基础上确定；转换价格考虑水权转换成本、税金和合理收益，由转换双方协商确定。

6）水权转换对第三方、周边及下游水环境的影响与补偿措施。

7）用水管理、用水监测和水土保持监测。

8）水土保持工程的建设与运行管理。

9）有关协议及承诺文件。

6.4.2.2　第二级水市场省（区）水权转换总体规划报告编制要求

省（自治区、直辖市）水权转换总体规划应包括以下内容。

1）本省（自治区、直辖市）引黄用水现状及用水合理性分析。

2）规划期主要行业用水定额。

3）本省（自治区、直辖市）引黄用水节水潜力及可转换的水量分析，可转换的水量应控制在本省（自治区、直辖市）引黄用水节水潜力范围之内。

4）遵循黄河可供水量分配方案，现状引黄耗水量超过国务院分配指标的，应提出通过节水措施达到国务院分配指标的年限和逐年节水目标。

5）经批准的初始水权分配方案。

6）提出可转换水量的地区分布、受让水权建设项目的总体布局及分阶段实施安排意见。

7）明确近期水权转换的受让方和出让方及相应的转换水量。

8）水权转换的组织实施与监督管理。

6.4.2.3 第二级水市场灌区节水水权转换可行性研究报告编制要求

灌区节水水权转换可行性研究报告应包括以下内容：

1）水权转换的必要性和可行性。

2）受让方用水需求（含用水量、用水定额、水质要求和用水过程）及合理性分析。

3）出让方现状用水量、用水定额、用水合理性及节水潜力分析。

4）出让方提出灌区节水工程规划，分析节水量及可转换水量。

5）转换期限及转换费用。

6）水权转换对第三方及周边水环境的影响与补偿措施。

7）用水管理与用水监测。

8）节水改造工程的建设与运行管理。

9）有关协议及承诺文件。

6.4.3 水市场法律法规体系

法律法规体系建设主要是针对一、二级正规水市场而言的。水市场法律法规体系框架应当包括两大部分：水市场基础性法律法规，其内容主要包括与水资源分配有关的法律法规和与水权授予有关的法律法规；水市场核心法律法规，其内容主要包括与水市场建设有关的法律法规、水市场主体有关的法律法规、与水市场交易有关的法律法规、与水市场管理有关的法律法规。

水市场主体由交易主体和监管主体构成，交易主体就是水权转换主体。水市场法律法规体系的建设应当充分利用已有的法律法规并在此基础上建立。我国现行有关法律法规《水法》《物权法》《取水许可和水资源费征收管理条例》《水量分配暂行办法》《取水许可管理办法》可以满足水市场基础性法律法规的建设要求。表6-5是黄河水市场核心法律法规建设体系框架。

表 6-5　水市场核心法律法规体系建设框架

项目	主要建设内容	涉及的主要法律法规
与水市场建设有关的法律法规	水市场建设	《水市场建设指导意见》* 《水利部关于水权转让的若干意见》《关于内蒙古宁夏黄河干流水权转换试点工作的指导意见》
与水市场主体有关的法律法规	水市场主体	《水市场主体管理办法》*
与水市场交易有关的法律法规	水权转换	《民法通则》《物权法》《合同法》《招标投标法》《反垄断法》《水权转换管理办法》*
	水权转换价格	《水权转换价格管理办法》*
	水权交易中介	《公司法》《公司登记管理条例》《水权交易所管理办法》* 《水银行试行办法》*
	第三方保护及补偿	《环境保护法》《水权转换影响评估办法》* 《水权转换中第三方保护及补偿办法》*
	水权转换争议的解决	《民事诉讼法》《仲裁法》《行政复议法》《行政诉讼法》《国家赔偿法》
	水市场法律责任	《民事诉讼法》《仲裁法》《行政处罚法》《行政复议法》《行政诉讼法》《国家赔偿法》《刑法》《刑事诉讼法》
与水市场管理有关的法律法规	水市场管理主体	《水市场管理机构条例》*
	水市场危机应对	《水市场危机管理办法》* 《紧急状态法》*

＊表示需要制定的法律法规。

6.4.4　水市场管理制度体系

黄河流域水市场管理制度框架主要包括两个层次：首先是作为水市场管理主体的水市场管理机构，其内容又包括五个方面：性质、权限划分、职责、履行职责时可采取的措施、履行职责时需遵循的程序；其次是水市场管理机构对水市场主要环节的管理，包括水权转换管理、水权转换价格管理、水权转换外部防范性管理、水市场危机管理等。制度体系的构成、作用及主要建设内容如表 6-6 所示。

表6-6 水市场管理制度框架

制度体系分类	具体管理制度	制度建设的主要内容
水市场管理机构管理	水市场管理机构主体管理制度	明确水市场管理机构的性质、管理机构的权限划分
	水市场管理机构职责行使制度	明确水市场管理机构的管理职责、履行职责时可采取的措施、履行职责时需遵循的程序
水市场水权转换管理	水市场水权转换主体管理制度	规范可以进入水市场水权转换主体条件、规定各主体的地位
	水市场水权转换客体管理制度	规范可以进行水权转换的水权类型、水权所代表的水资源数量、质量、用途等
	水市场水权转换行为管理制度	规定水权转换的规则、程序、协议的签订、违约的处罚等
	水市场水权转换价格管理制度	水权转换价格的核定程序、核定标准等价格管理和控制制度
	水市场交易中介管理制度	规范水市场交易中介机构的性质、地位、中介行为、中介程序等规范
水市场外部防范性管理	第三方保护及补偿制度	界定水市场水权转换的补偿主体、补偿对象、补偿标准、明确补偿方式及监督实施等内容
	水市场秩序管理制度	防止出现扰乱市场的行为，规定禁止从事的行为
	水市场公共利益管理制度	保护国家作为所有权人的利益和社会公共利益
	水市场水权转换评价制度	水权转换的社会影响、经济影响和环境影响进行评价时的制度约束
水市场危机管理	水市场紧急状态管理制度	紧急状态下公共利益的管理、紧急状态下对私法利益的干涉等。
	水市场政府紧急权制度	明确水市场政府紧急权的运行程序，包括政府紧急权的启动条件、紧急权的主体、紧急权的权利、紧急权的行使及紧急权的终止等

6.5 黄河流域水权转换监测体系建设

6.5.1 水权转换监测体系建设的必要性和意义

水权转换监测是实践水权理论和建立水权制度不可缺少和不可逾越的基础性工作。水权作为实现水的功能和效益的一种权利，它是以水量这种物质载体而得以实现的，流域分水方案的落实、用水管理、水资源有偿使用、水权水市场的形成等都需要掌握大量的基础数据。因此，水权转换监测是实施水权转换的重要基础保障。

水权转换监测体系在水权转换中发挥的重要作用主要有以下几方面：一是落实黄河干流水资源总量控制原则的需要，总量控制必须要有系统的监测体系为其提供监测数据；二是水权转换的监测体系建设是计量和监测水权流转的重要手段。水权转换的前提是具备明晰的初始水权，初始水权分配和流转，主要是通过对控制断面、取水口、分水口的水量监测来实现的；三是在水权转换的过程中，必须依靠监测体系获得的监测基础数据，对水量、水质提出客观公正的监督和评判，保证交易的公平性；四是实施水权转换后，对其他用水户是否造成影响，也需要根据监测体系提供的基础数据，作出科学、公正的判断。因此，建立完善的水权转换监测体系，是保障和推进水权转换顺利运作的必要条件，必须与水权转换工程同步建设、同步发挥效益。

6.5.2 水权转换监测体系建设内容

水权转换监测体系大体上来说，应包括水权的计量监测和水权转换实施效果监测两项基本内容，由于黄河流域分级水市场水权转换特点各异，应结合各级水市场水权转换的特点，增加相应的监测内容。

6.5.2.1 水权的计量监测

一级水市场水权转换涉及流域机构、省（区）等不同层面，客体有维持河流基本功能水权和省（区）水权，因此，水权的计量监测主要内容为：对控制性水文测站的监测，满足省（区）级水权和维持黄河自然功能水权的需要。

二级水市场水权转换的主体涉及灌区和工业企业，水权的计量监测主要内容为：灌区和工业企业水权的监测。对灌区的渠首引水口进行监测；对工业用水引水口进行监测，满足工业水权管理的需要。

三级水市场水权转换主要是斗渠以下渠系内农民用水户之间的水权转换，农毛渠农民水权的确定指标是灌溉面积，应定期或不定期地对农户的灌溉面积进行核定。

6.5.2.2 实施效果监测

由于一级水市场中省（区）之间水权转换大都是应急短期临时的转换，对其实施效果可以不进行监测。而流域机构和省（区）之间进行的水土保持水权转换，转换期限较长，在转换期限内水土保持措施的拦沙效益如何，减少入黄水沙量多少等都需要监测来实现。水土保持拦沙效益监测的主要内容包括：径流、水沙变化、拦沙坝的拦沙量、区域土壤侵蚀动态变化、典型地块林草覆盖度监测等，其中水沙变化主要是监测治理流域径流及泥沙的时空变化等，为评价项目区拦沙坝拦沙效益提供依据。水土保持措施蓄水拦沙监测内容主要包括：入黄口控制站点的入黄水沙量。

在第二级水市场中，通过对项目实施区渠系输水效率、田间灌水量、地下水动态、用水管理等内容观测与分析，摸清项目区节水效果与水资源利用效率，分析节水工程实施后，项目区供水量减少对农民利益和区域生态环境的影响，为黄河水权转换节水工程的继续实施提供基础研究支持。

第三级水市场是不正规的水市场，因此现阶段不需要对三级水市场水权转换实施效果进行监测。

6.5.2.3　水权转换工程安全运行的监测

主要在一级水市场中实施监测。省（区）之间水权转换可以依托原有的取水工程，流域机构和省（区）之间水权转换涉及新建水土保持工程，主要的工程是建设大中小型淤地坝等。在水权转换期间，这些工程有无坝体滑坡现象，超设计标准洪水时，是否出现垮坝的情况，对整体坝系的影响如何等都需要通过监测来实现。因此，水权转换工程安全运行监测的主要内容包括：坝体及其泄水建筑物安全监测和坝系安全运行监测两部分。坝体及其泄水建筑物安全监测重点是拦沙坝坝体及其泄水建筑物在运用期间有无坝体滑坡、冲刷、渗流、沉陷、裂缝等问题。坝系安全运行监测内容包括病、险坝数量，毁坏坝情况。

6.5.3　水权转换监测站网布设

6.5.3.1　水权的计量监测站网布设

（1）第一级水市场水权的计量监测站网布设

1）省际断面水权的计量监测站网布设。《黄河水量调度条例》第十八条对省际水文断面给出了明确说明：青海省、甘肃省、宁夏回族自治区、内蒙古自治区、河南省、山东省人民政府，分别负责并确保循化、下河沿、石嘴山、头道拐、高村、利津水文断面的下泄流量符合规定的控制指标；陕西省和山西省人民政府共同负责并确保潼关水文断面的下泄流量符合规定的控制指标。并在十九条规定，省际断面下泄流量以国家设立的水文站监测数据为依据。因此对于省际断面以黄河干流现有的水文基本站网布局为基础。

2）维持黄河自然功能水权的计量监测站网布设。早在1987年，国务院颁布了我国第一个大江大河的水量分配文件《黄河可供水量分配方案》（国办发〔1987〕61号）。该方案规定，鉴于黄河天然径流量只有580亿 m³，在南水北调工程生效前，相关省（区）可利用的黄河水量不得超过370亿 m³、黄河自身用水应保持利津站年平均入海水量达210亿 m³。2006年，国务院颁布的《黄河水量调度条例》（国务院2006年472号令）对此再次明确。当时的"210亿 m³"均被解释为黄河下游输沙用水，实际执行时按利津断面汛期7～10月150亿 m³、利津断面非汛期50亿 m³、下游自然损耗10亿 m³，随降水变化丰增枯减。因此对于维持黄河自然功能水权的计量监测应以利津断面为基础。

（2）第二级水市场水权的计量监测站网布设

1）地市级水权的计量监测站网布设。二级水市场农业和工业之间的水权转换从地域上来说，涵盖了省（区）跨地市的水权转换。因此，在地市际应设置断面进行水权的计量监测。

2）干流主要取水口监测站网布设。流域内干流主要取水口全部设站监测，对已布设监测站的取水口，分析冲淤变化等影响因素，进行测流断面布设校核；对于未布设监测断面的取水口，参照《水文站网规划技术导则》及其他相关规范，根据实地条件进行测流断面的布设。

3）供水系统监测站网布设。对于灌区的渠首引水口以及分干、支、斗渠的分水口门，设置多种形式的水量计量设施，实现计量到斗；对于县（区）、乡等行政区划交界处设置水权计量设施进行监测，以满足区域间总量控制的要求；对于灌区沉沙池入出口处布设测站，主要测定进出沉沙池的水量与沙量；对于工业用水引水口设置量水监测设施，满足工业水权管理的需要。

4）地下水监测站网布设。二级水市场水权转换节水措施既减少了灌区引水量，对于地表水与地下水转化频繁的引黄灌区，相应也会减少地下水的补给量。因此有必要开展地下水位监测，及时掌握地下水位变化对生态环境的影响，适时调整地下水的开发程度和补救措施，防止地下漏斗、地面沉降等问题，以免对水权转换区域生态环境造成不利影响。

应对现有监测井网进行调查的基础上，对地下水位监测井网的布局进行优化，尤其对水权转换的重点区域加大布井密度。

5）排污口监测站网布设。在二级水市场水权转换中作为水权受让方的工业项目一般均要求实现零排放，但一旦在事故状态或遇突出事件时，会对黄河水资源保护带来严重的影响。

参照《水环境监测规范》《地表水和污水监测技术规范》的有关规定，根据排污口的分布，对所有入河排污口均布设采样点进行监测。进行排污口监测时，应同步测定排污总量和主要污染物质的排放量。污染物质监测的种类应该根据工业废水、生活污水、医院污水、城市污水处理厂出厂污水和城市公共下水道污水等不同的污水类型确定。同时，各地区可根据本地区污染源的特征和水环境保护功能的划分，酌情增加某些选测项目。也可根据某些水权转换项目关于水质的特殊要求，增加某些污染源监测项目。

（3）第三级水市场水权的计量监测站网布设

1）斗口水权计量监测。三级水市场水权转换的组建者和管理者——农民用水者协会向灌区管理局购水和供水的计量断面为斗渠口闸门，故在斗渠口闸，应进行实时测量，主要目的是及时、准确的计量用水者协会供水量，以便保障水权证登记以及水费征收。监测设备和监测站点的设计和布置，应尽量做到一闸门一测点，即每一个闸门要有一个监测点（站）进行监测。由于斗渠闸门的过流量较小，且直接关系到用水者协会的水费，因此，斗渠闸门上的计量监测设备应更加精确和完善。

2）农户水权的计量监测。在农毛渠灌溉的区域，由于根据灌溉面积来确定农户的水权，因此，应定期或不定期的核定农户的灌溉面积。

6.5.3.2 实施效果监测站网布设

（1）第一级水市场水权转换实施效果监测站网布设

为了全方位对流域机构和省（区）之间水土保持水权转换项目的实施效果进行监测评价，真实、准确地反映项目的执行情况和效益发挥情况，需布设各种类型的监测站点。监测站点的主要种类有：典型骨干工程监测点、典型中型拦沙坝工程监测点、典型水型拦沙坝工程监测点、治理流域的入黄把口站及骨干工程布设的小流域卡口站、小气候观测站、林草措施监测点。上述监测站点必须进行详细的选址，并依照行业要求，进行专业的勘测设计。

（2）第二级水市场水权转换实施效果监测站网布设

1）渠道输水损失监测。第二级水市场水权转换主要形式为灌区节水水权转换，布局上应采用干、支、斗、毛、农渠和田间工程相结合的成片布局模式。采用动水法测验渠道输水损失，采用静水法进行测定校对。

2）田间灌水量监测。根据项目区作物种植状况与田块面积，选择具有代表性的农田进行测定，采用无喉道量水堰测定田间灌水量。测定内容为：进水口流量、田块面积。

3）机井运行管理监测。选择项目区典型机井进行监测，对机井运行管理方式、井渠结合灌溉方式、机井抽水量、机井水灌溉水价等进行监测与调查。

4）项目区用水管理效果监测。进行典型调查，内容包括农民用水协会建立、渠道灌溉运行维护效果测评、灌水制度、各级渠系的量水与水费收缴、项目区管理、运行、维护成本等。

5）生态环境监测布设。生态监测应结合地下水观测井的布局和生态环境保护的需要布设。监测点主要布设在地下水变化较大以及湖泊、水域等生态环境变化显著地区。生态环境监测的主要内容为结合地下水位、矿化度和 pH 的监测成果，了解作物的生长情况及植物覆盖度的变化情况等。

6.5.3.3　水土保持水权转换工程安全运行的监测站网

坝体及其泄水建筑物安全监测主要采用巡视检查的方法，巡视检查可采用现场勘察测量、调查统计或现场摄影、录像等监测方法。对工程表面，可采取直接观测或辅以简单工具、仪器等对异常现象进行检查。对工程内部、水下部位或坝基，可采用挖深坑（或槽）、探井、钻孔取样或向孔内注水等实验、投放化学试剂、水下摄影的特殊方法进行检查。坝系安全运行监测应于每年汛后进行一次，发现重点险情、异常现象等应立即采取应急措施，并提交简要报告，上报主管部门。

6.6　小结

6.6.1　主要研究结论

（1）对黄河流域可转换水权进行了研究

对黄河水权的概念进行了界定，构建了黄河流域初始水权体系，在此基础上提出黄河流域可转换水权的定义、内涵及其实施范围。针对黄河流域的跨地区性、农业用水效率低及"水少沙多"的特点，提出黄河流域未来可转换水权的实施范围包括省区之间水权转换、灌区节水水权转换、水土保持水权转换和农业用水户之间水权转换，并对灌区节水水权转换和水土保持水权转换所涉及的灌区节水潜力、灌区节水可转换水量、水土保持可转换水量、期限、费用等关键问题进行了研究。

（2）提出黄河流域水权转换三级水市场的建立构架和组织体系

黄河流域水市场可分为三级，一级水市场为流域级水市场，包括省（区）之间水权转换和水土保持水权转换两种形式，省（区）之间水权转换又可分为黄河取水权指标有富裕和指标不足省（区）之间的水权转换、旱涝分布不均年份的省（区）之间的水权转换和超黄河用水指标和指标有富裕省（区）之间的水权转换。二级水市场为省（区）级水市场，主要形式为灌区节水水权转换、三级水市场为用户级水市场，主要形式为农民用水户之间水权转换。每一级水市场的组织结构都包括水权转换主体、水市场管理者、水市场交易中介。一级水市场水权转换主体为流域水行政主管部门和省（区）水行政主管部门，水市场管理者为流域水行政主管部门，水市场交易中介可以借鉴水银行的形式。二级水市场主体为干流各取水口水权权属者和重要入黄支流的水权权属者，水市场管理者为流域水行政主管部门和省（区）水行政主管部门，水市场交易中介借鉴水银行的形式。三级水市场主体为拥有黄河取水水权的农民用水户，水市场管理者为灌区管理部门，水市场交易中介为农民用水者协会。

（3）设计了黄河流域水市场运行机制

从各级水市场水权转换程序、水权转换有关技术文件的编制要求、法律法规体系建设以及管理制度体系建设等方面设计了黄河流域水市场运行机制。一、二级水市场为正规水市场，水权转换有关技术文件主要包括水权转换可行性研究报告与水权转换总体规划报告。法律法规体系建设主要是针对一、二级正规水市场而言的，建设内容主要包括与水市场建设有关的法律法规、与水市场主体有关的法律法规、与水市场水权转换有关的法律法规和与水市场管理有关的法律法规，应当充分利用已有的法律法规，在此基础上建立。一、二、三级水市场运行管理制度体系主要包括两个层次：首先是对作为水市场管理主体的水市场管理机构的管理，其次是水市场管理机构对水市场主要环节的管理。

（4）提出了黄河流域水权转换监测体系建设

从监测内容和监测站网布设两方面构建了水权转换监测体系。监测内容包括水权计量监测、实施效果监测以及水权转换工程安全运行监测。水权转换监测站网布设应充分依托现有监测站网，并根据各级水市场特殊需求进行布置，归纳起来，有以下几类：省（区）水权监测站网、维持黄河自然功能水权监测站网、地市（区、盟）监测站网、干流主要取水口监测站网、供水系统监测站网、地下水监测站网、农户水权监测站网。

6.6.2　建议

水权转换是一种新型的水资源配置方法，是破解水资源制约当地经济社会发展的新途径，它在调整水资源的供需矛盾、提高用水效率、促使水资源从低效益用途向高效益用途转移、增加水利投入等方面具有积极的意义。通过本研究，对黄河流域水权转换又有了许多新的认识，需要今后进行探讨和研究，主要包括：

（1）拦截黄河流域粗泥沙集中来源区泥沙置换黄河下游部分输沙水量可行性探讨

黄河流域粗泥沙集中来源区面积为 1.88 万 km²，该面积占黄河中游多沙粗沙区面积的 23.9%，年产沙量为 4.08 亿 t，占多沙粗沙区年产沙总量的 34.5%，产生 $d \geq 0.05$mm 和 $d \geq 0.10$mm 的粗泥沙量分别为 1.52 亿 t 和 0.61 亿 t，占多沙粗沙区相应输沙量的 47.6% 和 68.5%，该区是名副其实的产粗泥沙"大户"。该地区泥沙对黄河下游危害极大，因此，粗泥沙集中来源区治理是黄河治理的根本措施。尽管目前在黄土高原七省（区）靠国家投资已经开展了200多条小流域坝系建设，但泥沙治理速度相对较慢。如何借鉴水土保持水权转换的思路，将粗泥沙集中来源区治理和能源化工基地建设的用水问题有机结合起来，实现粗泥沙集中来源区治理的同时，解决能源基地建设用水问题具有重要的现实意义。拦截黄河流域粗泥沙集中来源区泥沙置换黄河下游部分输沙水量涉及工程技术、建设管理体制和机制、投融资体制和机制等多方面的问题，需要开展进一步的研究，以深入探讨其可行性和相关政策、技术等问题。

（2）黄河流域水权转换补偿机制研究

水权转换是一个庞大的系统工程，会涉及或影响到许多方的利益，因此，需要针对不同的水权转换类型，对受影响的相关利益方进行识别，确定被影响对象的影响程度，定量估算造成的损失，并提出补偿方案建议。

在水权转换补偿机制研究的基础上，如何将补偿机制运用到流域管理中，从强化流域管理的经济手段出发，确定合理的流域补偿机制，协调流域机构与地方政府、地方政府与地方政府、地方政府和用水户等各利益方之间的关系，从而达到有效提高流域管理效能的目的，这也是今后流域管理的一个研究方向，也需要开展专题研究。

第 7 章
黄河水资源一体化管理机制研究

7.1　水资源一体化管理的内涵和经验

7.1.1　水资源一体化管理的提出和内涵

水资源管理（water resources management）是为了水资源的可持续利用所采取的促进水资源节约、保护和合理利用的行政措施。世界银行将水资源管理归结为一系列水资源相关领域（如水电、供水与供水设施，灌溉与排水等）一体化管理；联合国教科文组织（UNESCO）国际水文计划工作组 1996 年将"可持续水资源管理"定义为支撑从现在到未来社会及其福利需求，而不破坏他们赖以生存的水文循环及生态系统完整性的水的管理和使用。

国际上于 20 世纪 80 年代开始提倡水资源的一体化管理（integrated water resource management，IWRM），于 1992 年在都柏林召开的"水和环境"国际会议上正式提出，同年在联合国环境与发展大会通过的《21 世纪议程》中得到确认，并在此后的一系列重要国际会议上得到重申、完善和推进。IWRM 翻译成中文又称"水资源综合管理""水资源的统一管理""水资源的集成管理"等，不同的说法又有不同的含义。水资源一体化管理提出的目的在于改革以往局部、分散和脱节的供给驱动管理模式，统筹考虑流域经济社会发展与生态保护要求并纳入国家社会经济框架内综合决策，采取需求驱动管理模式，实现可持续发展目标。

水资源的一体化管理有以下两方面的内涵。一方面是从管理机制上看，改变水资源的条块分割管理方式，从"多龙管水"向"一龙治水"转变。长期以来，由于我国法律对水资源管理部门规定不具体、含糊不清,形成"多龙治水"局面:水资源开发、利用、保护分属多个部门,权责不清,扯皮严重,执法主体混乱;百姓对"多龙治水"意见大,水行政主管部门执法权威大打折扣,对水行政执法管理抵触情绪大,难以实现依法行政。流域机构应是流域水资源一体化管理的组织机构,是流域管理行政体制中的一部分。另一方面从管理的方式看来,以流域为单元,将流域上下游、左右岸、干流与支流,水质与水量、地表水与地下水,水资源开发、利用、治理、配置、节约与保护等等作为一个完整的系统,以水资源可持续利用、人与自然和谐相处为核心理念,统筹考虑水资源的各项功能和用途所进行的管理。

流域水资源的合理开发和综合利用,关系到人类发展的切身利益。以河流流域为一个单元,按流域进行管理是各国经过长期摸索最终采取的有效方式。世界发达国家积累了各具特色的水资源一体化管理的经验,为我们的研究提供了深刻的启示。

7.1.2 水资源一体化管理的国际经验

美国是世界上流域管理较为成功的国家之一,其中田纳西河流域(Tennessee valley)管理作为依法保证流域水资源开发和保护的成功典范,被各国争相效仿。田纳西河流域管理始于 20 世纪 30 年代,当时的田纳西河流域由于长期缺乏治理,是美国最贫穷落后的地区之一。为了对田纳西河流域内的自然资源进行全面的综合开发与管理,1933 年美国国会通过了《田纳西河流域管理局法》,依据该法成立了田纳西河流域管理局(简称 TVA)。根据 TVA 法案,TVA 的管理由具有政府权力的机构——TVA 董事会和具有咨询性质的机构——地区资源管理理事会实现。董事会由 3 名成员组成,行使 TVA 的一切权力。到目前田纳西河流域已经在航运、防洪、发电、水质、娱乐和土地利用六个方面实现了统一开发和管理。地区资源管理委员会是根据 TVA 法和联邦咨询委员会法建立的,目的是提供咨询性意见,促进地方参与流域管理。田纳西河流域治理形式虽然取得了成功,但这种形式自 20 世纪 30 年代首次在美国出现至今,仍然是美国唯一的例子。这是因为田纳西河流域管理局包揽了当地的主要经济领域,成了河流流域所在各州中的一个经济上独立的王国。在美国其他流域包括科罗拉多河、萨克拉门托河的水资源管理也是水资源一体化管理模式。

法国非常重视流域水资源的一体化管理,管理范围广泛全面,非常强调多方参与,以增强其民主化、科学性与透明度,同时还充分考虑流域生态系统的平衡。历史上，法国曾实行以省为基础的水资源管理模式。随着工业化和城市化的发展，水资源需求快速增长，同时伴随而来的水污染也不断加剧。针对这种情况，法国在 1964 年颁布了新《水法》，对水资源管理体制进行了改革，建立了以流域为基础的水资源管理体制。目前实行的是 1992 年颁布的《水法》，其管理原则是按流域划分管理单元和以经济杠杆为主要手段，并确定水资源综合管理的主要机构是流域委员会和水管理局。流域委员会与流域水管局的关系是咨询与制约的关系，流域委员会是流域水资源管理问题的立法和咨询机构，流域水管理局是流域委员会的执行机构。水资源工程计划如不能得到流域委员会的批准，将不能付诸实施。流域委员会对水管局的政策及流域规划提出咨询意见，由水管局局长负责实施。

与美国和法国不同，澳大利亚的水资源管理按照行政区管理为主，大体上分为联邦、州和地方三级，但基本上以州为主，地域与区域相结合，社会与民间组织参与管理。成立于 1963 年的水资源理事会是水资源管理的最高组织，由联邦、州和北部地方的部长组成，联邦国家开发部长任主席。理事会负责制定全国水资源评价规划，研究全国性的关于水的重大课题计划，制定全国水资源管理办法、协议，制定全国饮用水标准，安排和组织有关水的各种会议和学术研究。澳大利亚各州对水资源管理拥有自治权，各州都有自己的水法及水资源委员会或类似的机构。澳大利亚最大的流域墨累—达令河流域（Murray-Darlin Basin），同时也是世界上最大的流域之一，该流域管理是从 1863 年的墨尔本会议开始，到 1987 年 10 月缔结了墨累—达令流域协定，设立了墨累—达令流域管理委员会，组建了流域常设委员会。墨累—达令流域的水资源管理是一个不断发展的过程，体现了经济社会发展以及水资源状况的变化对加强流域管理的客观要求。

流域水资源综合管理也引起了世界上许多流域的重视，世界其他国家也都对水资源的一体化管理十分重视。例如英国根据 1973 年水资源法案（Water Act），1974 年基于流域边界把英格兰和威尔士划分为十个区域水资源管理局进行综合和多目标管理。在阿根廷，一些小的用水户协会合并成大的用水户协会，使其发挥经济规模和专业管理的优势，使供水系统的输水效率提高了 10%，而管理费用却下降了。国际河流如非洲乍得、尼日尔、尼日利亚、喀麦隆等国交界处的奥兰治—瓦尔河流域（Orange-Vaal Basin）和乍得湖流域（Lake Chad Basin），发源于阿尔卑斯山，贯彻西欧的瑞士、法国、德国、卢森堡和荷兰的莱茵河流域（River Rhine Basin）等等，也注意并开始进行水资源综合管理。

国外流域管理的成功经验对我国流域管理尤其是流域管理机构的建设有很多启示。流域的边界是自然生成的，与人为划分的行政区域的边界并不一定相重合。首先要尊重流域的自然属性，流域的上下游、干支流、左右岸都是相互关联和影响的，要想真正治理好流域，必须在尊重流域自然属性的基础上，将流域当成一个系统的、多功能的整体来进行管理。然后，流域管理的实施必须以法律作为保障，世界各国的经验表明，只有将流域管理置于法制的基础上，流域管理的各项措施才能得到切实的贯彻执行，达到流域管理的目的。最后，在建立强大的、处于流域管理体制核心地位的流域管理机构的同时，协调和完善流域统一管理和行政区域管理相结合的管理体制。

7.1.3　我国的水资源一体化管理

新中国成立以来，水利部是全国水行政主管部门，但是我国水资源管理体制在相当长的一段时间内采用的是分级分部门各行其责的分管形式，对水资源的保护和开发拥有管理权的部门包括水利、环保、电力、农业、城建、地质矿产、林业、水产、交通等，农田水利由农业部主管，水力发电由燃料工业部主管，内河航运由交通部主管，城市供水由建设部主管。

由于"多龙治水"的局面影响到水资源的综合开发与利用效益，1988年，第一部《水法》颁布实施，明确了"统一管理与分级、分部门管理相结合"的水资源管理体制，我国水资源的统一管理迈出了重要的一步，真正步入法制化轨道。同年国务院在水利电力部的基础上组建水利部，明确水利部作为国务院的水行政主管部门，负责全国水资源统一管理工作，各省（自治区、直辖市）也明确了水利部门是省级政府的水行政主管部门。1994年国务院再次明确水利部是国务院主管水行政的职能部门。同时明确要逐步建立起水利部、流域机构和地方水行政主管部门分层次、分级管理的水行政管理体制。

2002年新《水法》明确规定，把我国的水资源管理体制由原来的"国家对水资源实行统一管理与分级、分部门管理相结合的制度"，修订为"国家对水资源实行流域管理与区域管理相结合的体制"，各级水行政主管部门"负责水资源的统一管理和监督工作"，有关部门"按照职责分工，负责水资源的开发、利用、节约和保护的有关工作"。新《水法》修订并重新颁布，明确了流域机构的法律地位和管理职能，标志着我国的流域管理正式纳入了法制化、规范化的轨道。在借鉴国外水务管理经验的基础上，逐步开展了城市水务管理体制改革，取得了明显的成效，水资源管理开始从过去的"多龙管水"向"一龙管水、多龙治水"转变。

我国在流域管理和行政区域管理两个层面的水资源管理都取得了巨大进步，但是前进的道路上仍然存在一些需要消除的障碍。首先，在区域与流域关系方面，存在着区域水行政主管部门和流域管理机构的上级主管部门不同以及所代表的利益主体不同。由于流域管理机构的职责和权威是自上而下授予的，主要代表流域全局利益，缺乏对区域利益的兼容，存在着区域对其权威的认同问题。第二，在部门关系方面，存在着水资源分割管理问题。由于我国长期对水资源实行统一管理与分级、分部门管理相结合的制度，导致管理部门与开发利用部门相互关系不明确、职责不清晰，严重制约了水资源的可持续利用和经济社会的可持续发展。最后，在区域间关系方面，存在着作用关系不规范的问题。一方面，区域对水资源开发利用和管理的决策是各自分散的，它的职能和权限是由区域政府赋予的，只对区域政府负责，缺乏统筹安排。区域间的关系，特别是上下游、左右岸的关系，必然会随着资源利用和管理的强化而变得紧张。

7.2 黄河水资源管理与调度现状及存在问题

7.2.1 黄河水资源管理的主要任务

黄河流域水资源管理的主要任务包括水文资料的整编、水资源调查评价、水资源规划和中长期供求计划、水资源分配、水量调度、水资源开发利用的管理、节水管理和水资源保护 8 个方面。

（1）水文资料的整编、汇编

水文资料整编和汇编是适时掌握水情动态和研究水资源长期变化规律的重要手段。黄河水文资料汇编的范围为黄河干支流的水文测站资料，其中包括黄河水利委员会管理的水文站和省（区）管理的水文站。目前汇编的重点是按照水利部发布的《关于公开提供公益性水文资料的通知》，与有关省（区）进行协作，补充整理黄河水文资料。水文资料整编包括单站水文资料整编、支流水文资料整编和全河水文资料整编。整编的目的是通过河段水量平衡，消除水文报汛资料存在的误差，准确反映黄河来水量。水文资料整编、汇编是一项长期工作，实行年度水文资料整编、汇编，已形成制度并有具体的规程和规范。同时为加强水文资料时效性，应加快实测径流的还原工作，在下一年度尽快对上一年度实测水文资料进行还原，满足黄河水资源管理的需要。

（2）水资源调查评价

开展黄河水资源调查评价，目的是研究黄河流域水资源量的多少、时空分布特点及其变化规律，为黄河流域水资源合理开发利用及科学管理提供依据。1983

年按照全国统一部署，开展了第一次黄河水资源评价。随着时间的推移，资料的积累，气候及流域下垫面条件的变化（如全球变暖和人类活动影响等），科学技术的发展以及人们对自然规律的认识和研究水平的不断提高，需要不断对上次评价的结果进行分析论证，采用先进技术对部分或全流域进行水资源评价。2002年3月原国家计委、水利部会同有关部门联合部署了第二次全国水资源综合规划编制工作，制定全国、流域和各省（自治区、直辖市）以及重要城市的水资源综合规划。本次规划针对黄河流域水沙关系不协调的特性和黄河流域供需矛盾突出的特点，在对黄河流域水资源量系统评价和一致性处理的基础上，重点分析了黄河流域的水资源承载能力和水环境承载能力、节水潜力和节水措施，提出了黄河流域未来的用水模式和需水量预测，进行了水资源的合理配置，提出了重大水资源配置工程的布局和实施意见，分析了水资源配置对饮水安全、城镇供水安全、能源基地供水安全、农业供水安全和生态环境用水安全的保障程度和对策，提出了水资源可持续利用的制度建设和规划实施保障措施，进行了规划实施效果分析和环境影响分析。经过5年的努力工作，在全国水资源综合规划技术工作组的指导下，在各省（区）水资源综合规划工作组的配合下和黄河流域（片）水资源综合规划领导小组的领导下，黄河流域水资源综合规划编制工作已基本完成。

（3）水资源规划和中长期供求计划

为合理开发利用黄河水资源，使流域内及下游沿黄地区国民经济有关部门在特定的时间和地点有理想的数量和质量的水资源，就需要在水资源调查评价的基础上，进行黄河水资源规划。黄河水资源规划是黄河开发治理规划的重要组成部分，通过编制水资源规划，可以将国民经济有关部门对黄河水资源的要求统一考虑在规划之中，解决上下游、左右岸、省（区）之间、部门之间以及城乡之间的用水矛盾，做到统筹兼顾、综合利用，使有限的黄河水资源发挥最大的经济效益、环境效益和社会效益。编制黄河水资源规划是黄河水利委员会的一项重要工作，除按要求会同有关部门外，还要承担大量的前期工作和成果审查、报批等工作。

在规划的基础上结合流域内及下游沿黄地区人口社会环境的发展，进行黄河水资源供需预测，分层次制定黄河水中长期供求计划。黄河水利委员会除会同有关部门制定黄河水中长期供求计划外，还要指导流域内地方水中长期供求计划的制订工作。

（4）水资源分配

经济社会的发展和对水资源的需求是一个动态过程，水资源的配置应与经济社会各部门的要求相适应，因此，开展黄河水资源科学、合理的配置是一项长期的基础性工作。1987 年国务院颁布的《黄河可供水量分配方案》是南水北调工程生效前黄河多年平均来水情况下的分水指标，因此，一方面需要将《黄河可供水量分配方案》分配给各省区的耗水指标细化到市、县行政区域。另一方面，黄河水资源减少，同时我国已决定分期实施南水北调东、中、西线工程，工程生效后，我国水资源配置将形成"四横（长江、黄河、淮河、海河）三纵（南水北调东、中、西线）"联合调配的格局，黄河水资源的配置将会出现重大变化，需要适时调整黄河可供水量分配方案。

（5）干流和支流水量调度

开展黄河水量调度工作，是实现黄河水资源优化配置、促进计划用水的重要手段。随着黄河水量调度工作的深入，从时段上要由非汛期扩展到全年，并要处理好水量调度和防洪、防凌的衔接；从调度区间上要由现在的两个河段扩展到整个干流；干支流重要控制性水库要由黄河水利委员会统一调度；对黄河下游尤其是省际交叉河段的引水将实现远程自动监测；加强水质监测和采取用水安全保障措施。在黄河流域或某河段出现特别严重旱情，沿河城乡生活和重要工业用水出现极度缺水情况时，黄河水利委员会在报经国务院批准后确定全河或部分河段进入水量非常调度时期，届时将对全河干支流及控制性水库（含湖泊）的水量实施统一调度。为实现这一目标，黄河水量调度的主要任务如下。

一是严格执行 1987 年国务院分水方案，按照原国家计委、水利部 1998 年颁布的《黄河水量年度分配及干流水量调度方案》《黄河水量调度管理办法》，保证一定的汛期输沙水量和非汛期基流等生态环境用水，根据汛末水库蓄水、预测来水和省（区）申报用水计划，制订年度分水和干流水量实时调度预案，明确各省（区）年度分水指标，并依据实际来水和降雨情况，实时修正。

二是建立干流省（区）际监测断面、骨干水库和重要取水口监控网络，完善地下水监测网络，驻测、巡测、巡查，监控运行，监督省（区）和骨干水库执行水量调度方案的情况，实施断面流量和用水总量双控制。

三是设立全河水量总调度中心，负责全河水量统一调度。直接监控调度上中下游重要取水口。

四是建立省（区）水量调度中心，执行总调度中心指令，负责将本省（区）年度水量指标分配到各取水口并上报总调度中心。

五是加强水量调度监督管理，严格水量调度纪律，对违规操作的给予处罚；造成严重后果的，依法追究有关人员的法律责任。

（6）黄河水资源开发利用的管理

黄河水资源开发利用管理的主要内容是严格规范水利工程的建设，特别是新增耗用黄河水资源的水利工程的建设。对于新建水利工程要严格按照《黄河治理开发规划》所规划的工程及其建设方案和基本建设项目审批程序，进行审批。需要增加耗水量的，要首先取得水量指标并按照取水许可管理规定进行取水许可申请，经审查同意后方可开工建设。

同时，已建取水工程要严格按照经审批的年度用水计划进行取水，干流控制性水利枢纽和支流重要的水库要按照黄河水量调度的要求控制蓄泄水量。

（7）节水管理

随着黄河水资源供需矛盾的日益加剧，节水管理已成为黄河水资源管理的一项重要内容。目前流域节水管理的重点是尽快测算和制定不同行业的用水定额，为实施定额管理打下基础。定额管理的主要内容是将用水定额作为核定新建取水工程水量指标和审批年度用水计划的重要依据。节水管理的另一项重要工作是研究制定促进节水的有关政策，如水价政策、奖惩措施等。第三是节水规划和节水工程的管理。黄河水利委员会按照流域节水规划和年度节水计划，督促和指导流域各省（区）开展节水工作。省（区）各级水行政主管部门也要加强对节水工作的组织实施和监督、指导，强化对节水资金和节水工程的管理。第四是进行节水的社会宣传，提高公众的节水意识和鼓励公众参与节水工作。

（8）水资源保护

黄河水资源保护是黄河水资源管理的一项主要内容，主要表现在对水质的保护和对地下水开采的控制。需要开展以下几方面工作：组织编制黄河流域水资源保护规划和行政区域的水资源保护规划；开展水功能区划分，确定省（区）河段水环境容量，规定污染物入河排放总量指标；建立干支流省（区）界断面、重点入河排污口的水质监控网站，对各省（区）污染物入河总量进行监测和控制；实行入河排污许可制度，按规定做到达标排污，实现黄河"水质不超标"。

7.2.2 黄河水资源管理与调度现状

7.2.2.1 黄河水资源管理现状

（1）建立了流域初始水权分配体系

20世纪80年代初，黄河流域水资源供需矛盾凸现，省际、部门间用水矛盾尖锐，黄河下游断流日趋频繁。黄河水利委员会以1980年为基准年，开展了《黄河水资源开发利用预测》研究，提出了南水北调生效前黄河可供水量分配方案。1987年国务院批准了该黄河可供水量分配方案（表7-1，以下简称87分水方案），该方案采用的黄河天然径流量为 580 亿 m³，将 370 亿 m³ 的黄河可供水量分配给流域内 9 省（区）及相邻缺水的河北省、天津市，并分配给河道内输沙等生态用水 210 亿 m³。使黄河成为我国大江大河首个进行全河水量分配的河流，建立了流域初始水权分配体系。该分水方案分配各省（区）的水量指标，是指正常来水年份各省（区）可以获得的最大引黄耗水指标，该指标包含了干、支流在内的总的引黄耗水量。

表 7-1 南水北调工程生效前黄河可供水量分配方案

地区	青海	四川	甘肃	宁夏	内蒙古	陕西	山西	河南	山东	河北天津	合计
年耗水量/亿 m³	14.1	0.4	30.4	40.0	58.6	38.0	43.1	55.4	70.0	20.0	370

尽管国务院批准的分水方案非常宏观，但水量分配方案编制过程中，也分河段、分地区、分干支流进行了地表水的微观分配。其细化的配水方案在目前黄河水资源管理与调度中具有重要的指导意义。

（2）加强了取水许可总量控制管理和指标细化工作

根据国务院《取水许可制度实施办法》和水利部的授权，黄河水利委员会于 1994 年开始全面启动取水许可制度，对黄河干流及重要跨省（区）支流实行取水许可全额或限额管理，并按照国务院批准的《黄河可供水量分配方案》，对沿黄各省（区）的黄河取水实行总量控制。严格控制各省区许可水量不超过总量控制指标，对总量控制的重点省（区）和河段，一方面通过建设项目水资源论证和定额管理，科学核定新增取水项目的取水规模；另一方面，对无余留水量指标的省（区），要求新增取水项目必须通过水权转换获得引黄取水指标。

按照总量控制的原则，黄河水利委员会先后于 2000 年和 2005 年集中进行了二次换发证工作。为防止各省区取水失控，加强了取水许可总量控制的动态管理，利用第二次换发证的契机，对实际用水长期达不到许可水量指标的取水工程，核减了许可水量；对超指标用水的，按照用水定额合理核定许可水量，共核减水量 17.6 亿 m³，同时针对一些省（区）虽然引黄用水总量没有超国务院分水指标，但干流或支流用水增加迅速的现实，在取水许可管理中开始实施干流与支流用水的双控制。第二次换发证，黄河水利委员会共发放取水许可证 371 套，许可水量 267.7 亿 m³。其中地表水 334 套（水量 267 亿 m³），地下水 37 套（水量 0.7 亿 m³）。黄河水利委员会发证的地表水取水工程，约可控制全部引黄耗水量的 57%，其中可控制干流耗用水的 75% 左右；由黄河水利委员会发证的地下水取水工程，其开采量尚不足流域地下水开采量的 1%。

取水许可制度实施以来，目前几乎所有的引黄取用水户都已领取了取水许可证，明确了水权指标。因此，流域层面和取用水户层面已经有了相对完善的总量控制指标体系，但在行政区域层面还比较薄弱。2006 年 4 月 15 日，《取水许可和水资源费征收管理条例》颁布实施后，为有效贯彻落实其规定的总量控制管理，推进节水型社会建设，经水利部批复同意，黄河水利委员会于 2006 年 7 月正式启动了黄河取水许可总量控制指标细化工作，即将国务院分配各省（区）的黄河耗水总量指标细化到各地（盟、市）和干支流。2008 年初，黄河水利委员会已编制完成黄河取水许可总量控制指标细化技术方案，已印发流域内有关省区要求参照制定本省区指标细化方案，并要求上报黄河水利委员会审核后由省区人民政府颁布实施。截至目前，黄河水利委员会已审核通过甘肃省、青海省、河南省指标细化方案，其中青海省、河南省、宁夏回族自治区的黄河取水许可总量控制指标细化方案已分别由其省（区）人民政府颁布实施；陕西省指标细化方案已上报省人民政府待批。

（3）初步建立了水权流转机制

黄河流域属资源型缺水地区，随着沿黄地区经济社会快速发展，水资源管理面临着两难的处境：一方面随着流域及相关地区的经济发展，水资源供需矛盾日益尖锐，工农业用水和人民生活用水的急剧增长，已使黄河有限的水资源不堪重负。据统计，青海、甘肃、宁夏、内蒙古和山东 5 个省（区）平均耗水量均已超过年度分水指标，其中宁夏、内蒙古、山东三省（区）已无新增取水许可指标。另一方面，沿黄地区在黄河水资源利用问题上又普遍存在着惊人的浪费现象，尤其在农业用水中表现最为明显，不少地区仍然大水漫灌，渠系不配套，且年久失修，绝大部分没有衬砌，渠系水利用系数较低，如宁蒙自流引水灌区的渠系水利用系数仅为 0.4，即 60% 的水量都被浪费了，农业用水具有较大的节水潜力。

为实现以水资源的可持续利用支持地方经济社会的可持续发展，本着积极稳妥的原则，运用水权水市场理论，在水利部指导下，2003 年以来黄河水利委员会与宁夏、内蒙古自治区水利厅及当地政府共同开展了水权转换试点工作。由新建工业项目的业主单位出资进行灌区节水改造工程建设，将渠道输水过程中渗漏损失的水量节下来，有偿转换给新建工业项目。2004 年 6 月黄河水利委员会制定了《黄河水权转换管理实施办法（试行）》，初步建立了有黄河特色的水权转换制度。2005 年黄河水利委员会批复了宁夏、内蒙古两区编制的水权转换总体规划。根据规划，到 2015 年，宁夏、内蒙古两区引黄灌区渠系水利用系数将分别由现状的 0.44 和 0.42 提高到 0.58 和 0.62，两区不再超用黄河水量。2010 年宁夏、内蒙古两区农业采取工程节水措施后，可向工业转换水量分别为 3.3 亿 m³

和 2.71 亿 m³。

截至 2016 年，黄河水利委员会已累计审批宁夏、内蒙古自治区 26 个水权转换项目，其中内蒙古 20 个（其中南岸灌区 14 个），宁夏 6 个，合计转换水量 2.28 亿 m³，节水工程累计节水量 2.57 亿 m³，节水工程总投资 12.26 亿元，平均单方水工程投资 5.38 元。宁夏、内蒙古两区共完成水权转换节水衬砌工程 1716.705km，累计完成投资 7.98 亿元，占批复总投资的 65%，完成转换水量 1.64 亿 m³。

黄河南岸引黄灌区在实施一期水权转换节水工程完成 1.3 亿 m³ 水量指标转换之后，缺水问题仍然是后继工业项目的主要制约因素。为推进黄河水量转换二期工程建设，2009 年黄河水利委员会审查批复了《鄂尔多斯市引黄灌区水权转换暨西安高效节水工程规划》，要求以实现该地区农业现代化为目标，大力推进高效节水设施农业，逐步形成较大规模的"企业基地+农户"的生产模式，最终实现传统农业向市场化、产业化、规模化和集约化的现代农业的根本转变。

经过近几年的水权转换试点，初步构建了黄河水权转换管理体系和水权流转机制，在用水总量不增加的情况下，探索了一条农业支持工业、工业反哺农业的新型经济社会发展方式，改善了灌区节水工程建设状况，提高了水资源利用效率。

（4）初步形成了监督管理制度

为加强对取水许可的宏观调控，促进合理取水和节约用水，制定了取水许可监督管理制度，建立了年度水量分配方案和年度取水计划制度，明确了取水单位或个人的义务，明晰了监督管理机关以及监督管理机关的职责与权力，加强了对执法部门的监督。目前黄河流域取水许可管理方面已形成了流域机构、省、市、县由上到下的四级监督管理体系。

7.2.2.2 黄河水量统一调度现状

（1）黄河水量调度的依据和原则

黄河属于资源型缺水河流，加之天然径流量呈逐渐减少趋势，而耗水量却大幅度增加，导致下游频繁断流。黄河下游经常性断流始于 1972 年，1972~1999 年的 28 年中，黄河下游利津站有 22 年发生断流，累计断流 1092 天。尤其是 20 世纪 90 年代，年年出现断流，1997 年断流最为严重，利津站断流 226 天，断流长度达 704km，占下游河段总长度的 90%。

为缓解黄河流域水资源供需矛盾和黄河下游频繁断流的严峻形势，经国务院批准，从 1999 年 3 月开始正式实施黄河水量统一调度。当时，黄河水量调度主要依据 1987 年国务院批准的《黄河可供水量分配方案》和 1998 年原国家计委、水利部联合颁布的《黄河水量调度管理办法》，调度期为非汛期，即从当年 11 月至次年 6 月；调度范围为黄河干流刘家峡水库以下河段。黄河水量统一调度的首要目标是确保黄河不断流；其次是落实国务院"87 分水方案"，统筹上中下游用水，促进各省（区）、各部门公平用水。

2006 年 8 月 1 日《黄河水量调度条例》（简称《条例》）颁布实施后，根据《条例》要求，黄河水量调度期由非汛期延长至全年，即从当年 7 月至次年 6 月；调度范围由刘家峡以下干流河段扩展至全干流和重要支流，涉及的行政区包括流域内的青海、四川、甘肃、宁夏、内蒙古、陕西、山西、河南、山东和流域外的河北、天津 11 省（区、市）。

黄河水量调度实行总量控制，计划配水，分级管理、分级负责。总的调度原则是：国家统一分配水量，流量断面控制，省（区）负责用水配水，重要取水口和骨干水库统一调度。调度方式实行年度水量调度计划与月、旬水量调度方案和实时调度指令相结合的方式。

黄河水量调度计划、调度方案和调度指令的执行，实行地方人民政府行政首长负责制和黄河水利委员会及其所属机构以及水库主管部门或者单位主要领导负责制。

国务院水行政主管部门和国务院发展改革主管部门负责组织、协调、监督、指导黄河水量调度工作；黄河水利委员会负责黄河水量调度的组织实施和监督检查工作；有关县级以上地方人民政府水行政主管部门和黄河水利委员会所属管理机构，负责所辖范围内黄河水量调度的实施和监督检查工作。

黄河干、支流年度和月用水计划建议和水库运行计划建议，由 11 省（区、市）人民政府水行政主管部门和河南、山东黄河河务局以及水库管理单位，按照调度管理权限和规定的时间向黄河水利委员会申报。年度水量调度计划由黄河水利委员会同 11 省（区、市）人民政府水行政主管部门和河南、山东黄河河务局以及水库管理单位制订，报国务院水行政主管部门批准并下达，同时抄送国务院发展改革主管部门。黄河水利委员会根据经批准的年度水量调度计划和申报的月用水计划建议、水库运行计划建议，制订并下达月水量调度方案；用水高峰期，根据需要制订并下达旬水量调度方案和实时调度指令。

（2）黄河支流水量调度管理现状

黄河流域支流众多，集水面积大于 1000 万 km² 的支流有 76 条，其中上游有 42 条，中游有 31 条，下游有 3 条。按照来水量大、耗水量大、跨省支流、水资源供需矛盾突出以及用水集中等原则，选出近期实施调度的九条支流为：洮河、湟水、清水河、大黑河、渭河、汾河、伊洛河、沁河、大汶河等 9 条。9 条支流中，清水河和大黑河分别是宁夏和内蒙古用水比较集中的支流；其他 7 条支流年平均耗水量均大于 1 亿 m³，年平均天然径流量均大于 10 亿 m³，且湟水、渭河、伊洛河、沁河为跨省支流。9 条支流集水总面积约为 30 万 km²，占黄河流域面积（75.3 万 km²）40%；20 世纪 90 年代 9 条支流平均地表水耗水量为 63.59 亿 m³，占黄河流域支流地表水耗水总量的 87%；9 条支流多年平均天然径流量为 262.5 亿 m³，占黄河流域多年平均天然径流量的 49%。

开展重要支流水量统一调度有利于缓解支流上下游、左右岸的用水矛盾，遏制支流断流加剧局面，并逐步实现重要支流不断流，维持重要支流健康生命。按照《黄河水量调度条例》和《取水许可和水资源费征收管理条例》要求，考虑支流水资源及其利用情况，经研究分析，确定对选取的 9 条支流采取三种调度管理模式：

第一类：支流用水总量控制。主要指清水河和大黑河。清水河和大黑河分别是宁夏和内蒙古境内用水量大且集中的支流，这两条支流年来水量和用水量都不大，对这两条支流只进行用水总量管理，制定用水计划，定期进行用水统计，核算每年的用水总量。

第二类：省（区）用水总量控制，尽量减缓断流。采用此类管理模式的包括洮河、湟水、汾河、伊洛河、大汶河 5 条支流，其中湟水跨青海和甘肃两省，其他 4 条支流基本不跨省。对这 5 条支流实行用水总量管理和省界及入黄断面最小流量管理，一方面核算其每年用水总量，掌握逐月用水过程，同时对省界和入黄断面制定最小流量指标和相应保证率，以达到减缓支流断流、保证中下游河段供水及生态安全、保障入黄水量的目的。

第三类：省（区）用水总量控制，逐步开展非汛期月水量调度。渭河和沁河采用此类管理模式。这两条支流均为跨省支流，且水资源利用问题突出。渭河是黄河最大的支流，跨甘肃、宁夏、陕西三省（区），沁河跨山西、河南两省。对这两条支流实施非汛期月水量调度，即除进行用水计划管理、保证省（区）界和入黄最小流量及保证率外，还实施非汛期月调度，发布月调度方案，确定逐月有关省（区）各河段分水指标和省界、入黄及重要水文断面流量控制指标。考虑到渭河支流北洛河和沁河支流丹河来水及用水情况，暂不对其调度。

对施行断面流量管理的洮河、湟水、渭河、汾河、伊洛河、沁河、大汶河 7 条支流，选取控制性水文站，采用 7Q 法、Tennant 法、月保证率方法、频率分析法、典型年法五种方法计算选取的控制性水文断面的最小流量指标及其保证率，综合分析计算结果并参考有关规划，确定各站最小流量指标及其保证率，见表 7-2。

表 7-2　重要支流各控制断面最小流量指标及保证率

河流	水文断面	集水面积/万 km²	多年平均天然径流量/亿 m³	最小流量指标/(m³/s)	保证率/%
洮河	红旗（入黄站）	2.50	48.26	27	95
湟水	连城（省界站）	1.39	28.10	9	95
	享堂（入黄站）	1.51	28.95	10	95
	民和（入黄站）	1.53	20.64	8	95
汾河	河津（入黄站）	3.87	18.47	1	80
伊洛河	黑石关（入黄站）	1.86	28.33	4	95
大汶河	戴村坝（入黄站）	0.83	11.81	1	80
渭河	北道（省界站）	2.49	14.13	2	90
	雨落坪（省界站）	1.9	4.69	2	90
	杨家坪（省界站）	1.41	7.79	2	90
	华县（入黄站）	10.65	80.93	12	90
沁河	润城（省界站）	0.73	6.72	1	95
	五龙口（控制站）	0.92	10.62	3	80
	武陟（入黄站）	1.29	13.00	1	50

（3）黄河水量调度的效果

黄河干流从 1999 年 3 月黄河水利委员会发出第一份调度指令，已完成十个年度的黄河水量统一调度和水资源统一管理。十个年度中，除 2003 ~ 2004 年、2005 ~ 2006 年两个年度来水达到正常来水水平外，其他年度来水均偏枯，1999 ~ 2007 年平均天然径流量为 430 亿 m³，较常年偏枯 23%。其中，2001 年来水 323 亿 m³，较常年偏枯 42%；2002 年来水 300 亿 m³，较常年偏枯 46%，这两年来水量均低于断流最为严重的 1997 年，特别是 2003 年 1 月至 7 月，来水仅为多年同期的五成，是有实测资料以来的最小值。

实施统一调度以来，实现了 1999 年 8 月份以来连续十年黄河不断流，从根本上扭转了连年断流的局面，取得了显著的社会、生态和经济效果。社会效果方面，统一调度统筹地区用水，协调上下游、左右岸用水矛盾，促进了节约用水，超耗水量较多的省（区）用水量都明显减少。根据水资源公报，主要用水大户山东省、内蒙古自治区引黄耗水量比调度前分别减少了约 16 亿 m³ 和 3.3 亿 m³。有效化解了地区间的用水矛盾，促进了社会安定，水资源利用效率显著提高。据测算，黄河流域万元 GDP 用水量由 1990 年的 1672m³ 降至 2006 年的 354m³，农田实灌定额由 1990 年的 514m³ 降至 2006 年的 420m³，减少了 94m³；生态效果方面，黄河连续十年不断流，遏制了流域生态恶化的趋势。据统计，统一调度以来与 20 世纪 90 年代相比，利津年均入海水量增加了约 6 亿 m³，非汛期入海水量增加了 19 亿 m³，其中在下游鱼类洄游、繁殖及幼苗生长关键期的 3 ~ 6 月份增加了 22 亿 m³。由于源源不断的淡水补给，遏制了三角洲淡水湿地生态系统的恶化，并逐步加以改善，生物多样性明显提高。1990 年，保护区有鸟类 187 种，其中国家一级重点保护鸟类 5 种，数量 200 万只。现已增加至 296 种，其中国家一级重点保护鸟类 10 种，数量 600 万只。据《中国海洋公报》显示，黄河口生态系统 2006 年前为不健康，2006 年已恢复至亚健康；经济效果方面，统一调度提高了供水安全保障程度，支撑 GDP 快速、稳定增长，有力支持了国家西部大开发和中部地区崛起战略的实施。据中国水科院和清华大学估算，统一调度 10 年内，使黄河流域及相关地区增加国内生产总值（GDP）3504 亿元，增加粮食产量 3719 万 t。

黄河支流水量调度，一方面在管理体制与机制建设取得显著进展，通过两个年度的调度，黄河水利委员会与省、市水行政主管部门进行了广泛的协商沟通；明晰了流域机构和地方水行政主管部门在支流调度管理中的职责和权限；建立了水量调度的工作程序和沟通协商机制，各省（区）水利厅逐步明确了支流水量调度管理部门。另一方面支流计划用水管理得到加强，有效缓解了支流上下游用水矛盾；促进了各级管理部门加强支流用水管理，加强用水计量设施的安装和统计工作，对支流用水规律的认识得到加强；首次获取了 9 条支流逐月引耗水资料，初步掌握了这些支流的用水规模和特点；对实施月调度的渭河、沁河进行了全面调研，基本了解了两条支流的水资源利用和管理状况；有效处理了渭河、沁河等支流多起小流量事件，各控制水文站小流量出现天数均未超过规定的时间。

7.2.3 黄河水资源管理与调度存在的问题

7.2.3.1 支流水资源管理薄弱

黄河水利委员会从 2006 ~ 2007 年度开始实施黄河重要支流水量调度。由于调度时间短，支流水资源调度管理中还存在支流水资源管理基础薄弱、地方水行政主管部门管理机制和管理程序不健全、用水测量设施不全和落后、水流演进规律及径流预报等基础研究滞后问题，影响了黄河干支流水量一体化管理的有效实施。

7.2.3.2 地下水管理薄弱

地下水管理是黄河水资源管理的重要组成部分，然而由于地下水的复杂性，目前黄河流域地下水管理还很薄弱，部分地区超采严重。

一是地下水尚未分配，对地下水开发利用进行总量控制缺乏依据；二是近年来地下水开采一直呈上升趋势。1980 年以来黄河流域地下水开采量增加迅猛，局部地区超采严重，从整体看黄河流域地下水开发利用程度已经到了很高的水平。地下水的过度开采，一方面造成部分地区地下水位持续下降，形成大范围地下水降落漏斗，产生一系列地质环境灾害；另一方面改变了区域产汇流规律，袭夺了黄河地表径流，造成黄河径流的减少。

7.2.3.3 生产用水挤占生态用水现象仍较严重

实施黄河水量统一调度以来，虽然实现了连续近九年不断流，但是由于水资源紧缺，生活用水、工农业生产用水、生态环境用水协调难度大，经常出现工农业生产用水挤占生态环境用水的现象。生态用水指标难以满足，用水高峰期河道基流较小，尤其是刚实施统一调度的 3～4 年，由于调度手段薄弱，来水严重偏枯，经常面临断流威胁。例如，2000 年 4 月 25 日利津断面流量为 $2.5\,\mathrm{m^3/s}$，2003 年，利津断面近 200 天流量在 $50\,\mathrm{m^3/s}$ 以下；2001 年 7 月 22 日，潼关断面流量一度降至 $0.95\,\mathrm{m^3/s}$；2003 年头道拐断面 48 天流量在 $100\,\mathrm{m^3/s}$ 以下，7 月 1 日一度降至 $15\,\mathrm{m^3/s}$。尽管从水文学概念上没有断流，但是仍处于功能性断流状态，难以维持黄河健康生命。据统计，20 世纪 90 年代，利津断面实测年径流量平均为 120 亿 $\mathrm{m^3}$，比 50 年代平均减少 360 亿 $\mathrm{m^3}$，其中 1997 年利津断面实测径流量仅有 18.6 亿 $\mathrm{m^3}$。1991～2000 年黄河流域生态用水平均被挤占 60.6 亿 $\mathrm{m^3}$。

7.2.3.4 取用水户监控能力弱

2002 年以来，作为"数字黄河"的一期工程，开始建设黄河水量调度管理系统，2005 年全部建成并在水量调度工作中全面投入应用，大幅提升了应急反应能力和决策水平。但是，该系统对水资源的监控范围仅限于黄河下游。

目前，黄河上中游和支流部分引水口门取用水计量设施设备不健全或计量不准、有的缺乏计量设施在线监测，造成取用水信息统计不全，精度低，或者获取的时效性差，总量控制管理任务重、难度大，满足不了水资源管理与调度工作需要。

7.2.3.5　水量水质尚未实现一体化管理

目前，水量调度实行河段耗水总量和断面下泄流量双指标控制原则。对水质管理方面，由于入河污染物控制属于环保部门，水利部门职能主要限于断面以及入黄排污口水质监测，所以无法对各河段入黄污染物总量以及主要断面水质标准提出指标控制，调度中还不能考虑水功能区对水量的要求，导致部分河段污染严重，影响了供水安全。受水质监测薄弱和水利部门职能所限，不能够对入河污染物浓度进行预估，不能够根据水量大小和各河段水功能区标准提出省界断面水质标准和各河段污染限排量，也不能动态提出各河段达到水功能区水质标准控制断面应保持的流量指标。因此，还未实现水量水质一体化调度管理。

7.3　黄河水资源管理与调度体制现状及存在问题

7.3.1　体制现状

黄河水资源实行流域管理与行政区域管理相结合、统一管理与分级管理相结合的管理体制。这一体制的特点是强调流域的整体性，以流域为单元实施水资源的统一规划、统一分配、统一调度、统一管理，同时发挥行政区域作用，区域资源管理服从流域水资源统一管理。

经过多年实践，黄河流域机构与行政区域逐步建立起一套较为完整的水资源管理与调度组织体系。2006 年《取水许可和水资源费征收管理条例》和《黄河水量调度条例》相继颁布实施，进一步明确了流域机构、地方水行政主管部门和水库主管部门或者单位等的事权划分，黄河水资源管理与调度体制进一步健全。

黄河水资源管理与调度经过多年实践，已经形成了较为完整的覆盖流域各省（区）、骨干水利枢纽管理单位的组织管理体系（图 7-1），在七大江河中，黄河水利委员会是唯一担负全河水资源统一管理、水量统一调度、直接管理下游河道及引水工程等任务的流域机构，实行了流域与区域结合，分级管理，分级负责的工作方式。

目前涉及黄河水资源管理与调度的主要机构有水利部、流域内各省（区）地方人民政府水行政主管部门、水库主管部门或单位、黄河水利委员会及其所属管理机构。各机构职责分工如下。

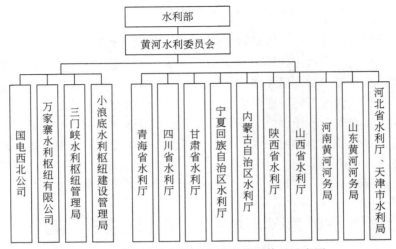

图 7-1   黄河水资源管理与调度管理体系示意图

水利部负责全国水资源的统一管理和监督工作，负责组织、协调、监督、指导黄河水资源管理和水量调度工作。

黄河水利委员会负责所管辖范围内法律、行政法规规定的和水利部授予的水资源管理和监督职责，负责黄河水量调度的组织实施和监督检查工作。黄河水利委员会所属管理机构负责所辖范围内黄河水资源监督管理工作，并负责所辖范围内黄河水量调度的实施和监督检查工作。黄河水利委员会专门设置了水资源管理与调度部门为水资源管理与调度局，黄河水利委员会二级单位河南、山东黄河河务局相应也设立了水资源管理与调度处。

县级以上地方人民政府水行政主管部门负责本行政区域内水资源的统一管理和监督工作；负责所辖范围内黄河水量调度的实施和监督检查工作。各省政府水行政主管部门即各省（区）水利厅均设置了水资源管理处，专门负责水资源管理与调度工作。

水库主管部门或单位负责实施所辖水库的水量调度，并按照水量调度指令做好发电计划的安排。

7.3.2   存在问题

目前，黄河水资源管理与调度体制总体上说相对较完善，尤其是省（区）级以上，都有专职部门，但是基层水调队伍还不完善。例如，黄河水利委员会河南、山东黄河河务局下属的许多地市级和县级河务局没有设置水资源管理与调度科，将水资源管理与调度职能要么放在防汛部门，要么放在供水部门，这种情况山东河务局尤为突出，由于基层水资源管理力量薄弱，影响了水资源管理与调度工作的顺利开展。对于地方水行政主管部门，地市级以下也存在水资源管理与调度队伍不完善的情况。

7.4　黄河水资源管理与调度法规制度现状及存在问题

7.4.1　现有法规制度

7.4.1.1　国家层面

2002 年 10 月 1 日开始施行的新《水法》规定国家对水资源依法实行取水许可制度和有偿使用制度；并提出国家对水资源实行流域管理与行政区域管理相结合的管理体制。国务院水行政主管部门负责全国水资源的统一管理和监督工作，国务院水行政主管部门在国家确定的重要江河、湖泊设立的流域管理机构（简称流域管理机构），在所管辖的范围内行使法律、行政法规规定的和国务院水行政主管部门授予的水资源管理和监督职责，县级以上地方人民政府水行政主管部门按照规定的权限，负责本行政区域内水资源的统一管理和监督工作。新《水法》还对水资源规划、水资源开发利用、水资源保护及水资源配置和节约使用做出规定。

国务院颁布于 1993 年 9 月 1 日开始施行的《取水许可制度实施办法》，对取水许可申请做了明确要求。

为了缓解黄河流域水资源供需矛盾和黄河下游断流形势，根据《水法》的有关规定和国务院的要求，原国家计委、水利部会同有关部门、地方制定了《黄河可供水量年度分配及干流水量调度方案》和《黄河水量调度管理办法》，于1998 年 12 月颁布实施。规定了黄河水量调度的范围、原则、方案编制要求及有关各方职责。

国务院颁布于 2006 年 4 月 15 日开始施行的《取水许可和水资源费征收管理条例》，规定了取水的申请和受理程序、取水许可的审查决定、水资源费的征收和使用管理以及监督管理和法律责任等。

国务院颁布于 2006 年 8 月 1 日开始施行的《黄河水量调度条例》，规定了黄河水量调度的目的、原则、范围、水量分配方案制定程序和原则、水量调度有关各方的责任、应急水量调度的分类以及应采取的措施、水量调度的监督检查和水量调度方案的法律地位等。

7.4.1.2 水利部层面

水利部颁布了取水许可管理办法、水量分配暂行办法、入河排污口监督管理办法、建设项目水资源论证管理办法等规章，确立了水行政主管部门实施水资源统一管理的职能，建立了水资源开发、利用、节约、保护和管理的制度框架体系。

为促进水资源优化配置和可持续利用，保障建设项目的合理用水要求，2002年，水利部和国家计委颁布了《建设项目水资源论证管理办法》（水利部令第15号），确立了建设项目水资源论证制度。规定对于直接从江河、湖泊或地下取水并需申请取水许可证的新建、改建、扩建的建设项目，建设项目业主单位应当按照本办法的规定进行建设项目水资源论证，编制建设项目水资源论证报告书。建设项目水资源论证报告书的审查意见是审批取水许可申请的技术依据。同时对建设项目水资源论证报告书的主要内容、审查等做了明确规定。

为加强入河排污口监督管理，保护水资源，保障防洪和工程设施安全，促进水资源的可持续利用，2004年水利部出台了《入河排污口监督管理办法》，对入河排污口设置的审批分别从申请、审查到决定等各个环节做出了规定，包括排污口设置的审批部门、提出申请的阶段、对申请文件的要求、论证报告的内容、论证单位资质要求、受理程序、审查程序、审查重点、审查决定内容和特殊情况下排污量的调整等，还规定了对已设排污口实行登记制度、饮用水水源保护区内已设排污口的管理制度以及监督检查制度等。

目前，我国在水资源管理上已经全面实施了取水许可制度，基本上实现了在取用水环节对社会用水的管理。但是，由于长期以来缺乏对行政区域用水总量的管理和监控，导致一些行政区域之间对水资源进行竞争性开发利用，并由此造成了用水秩序混乱、用水浪费、地下水超采、区域间水事矛盾以及河道断流和水环境恶化等一系列问题。根据《取水许可和水资源费征收管理条例》有关规定，制定了《水量分配暂行办法》，规范了跨省、自治区、直辖市的水量分配和省、自治区、直辖市以下其他跨行政区域的水量分配程序，包括水量分配方案制订及调整的程序、水量分配的原则、水量分配方案的内容、水量监测要求等。

为加强取水许可管理，根据《水法》和《取水许可和水资源费征收管理条例》，2008年4月9日水利部颁布实施了《取水许可管理办法》，进一步规范了取水许可的申请和受理、取水许可审查和决定、取水许可证的发放和公告、取水许可的监督管理等程序。该办法紧密结合水资源管理工作实际，与相关的水管理制度做了很好的衔接，具有很强的操作性。

7.4.1.3　黄河水利委员会层面

根据国家和水利部有关法律法规，黄河水利委员会先后出台了《黄河取水许可实施细则》、《黄河取水许可总量控制管理办法》、《黄河用水统计规定》、《黄河流域建设项目水资源论证管理暂行办法》等规章制度。这些规章制度对黄河取水许可的管理方式、管理范围、审批权限和程序、取水许可申请、监督管理、总量控制原则、用水统计上报程序、建设项目水资源论证审查方式程序等进行了规定。

为优化配置黄河水资源，引导黄河水资源向高效益、高效率方向转移，以黄河水资源的可持续利用支撑经济社会的可持续发展，从 2003 年 4 月起，黄河水利委员会在宁夏、内蒙古两自治区开展了黄河水权转换试点工作，相继制定了《黄河水权转换管理实施办法（试行）》和《黄河水权转换节水工程核验办法（试行）》等规范性文件，初步建成了包括黄河水权明晰制度、技术评估与审查制度、市场交易与行政审批制度、水权转换的组织实施与监督管理制度、水权转换价格及补偿制度等在内黄河水权转换管理体系。

这些规章制度的实施，为有效开展黄河水资源管理工作提供了重要依据。

7.4.2　存在问题

近年来，随着立法进程的加快，从大的方面，关于水资源管理与调度有关法律法规和制度已基本完备，但是在执行过程中尚存在以下问题。

7.4.2.1　节水管理制度不健全

农业用水是黄河的用水大户，由于管理粗放、种植结构不合理、灌区工程配套差，灌溉水利用系数仅在 0.4 左右。大中城市工业用水重复利用率只有 40% ~ 60%。黄河供水区 2000 年万元 GDP 用水量 674m³，相当于淮河、海河、辽河流域的 1.5 ~ 2.0 倍，黄河流域用水效率仍然偏低。目前流域机构在节水建设方面的职责尚不明确，加之没有强制性节水规范，节水管理机制也不健全，一定程度上影响节水效率。

7.4.2.2　部分法律法规配套制度不完善

明晰初始水权是建设节水型社会的首要管理制度。黄河可供水量分配方案可以看作是黄河流域的初始水权分配方案，只分配到了省（区）一级，需要进一步细化到市级和县级、干支流。2007年水利部就提出"争取用两年时间初步建立覆盖流域、省、市、县各级的取水许可总量控制指标体系"，但部分省区对此项工作重视不够，工作进展缓慢。《取水许可和水资源费征收管理条例》、《水量分配暂行办法》等法律规章出台后，流域机构和地方配套制度尚不完善或不健全。

黄河流域水权转换工作只在内蒙古、宁夏进行了试点，其他缺水省区尚未开展，需进一步推广。另外水权转换节水效果的计量、监测、监督设施和评估机制还不十分完善，水权转让的初级市场尚未起步。

7.4.2.3 流域管理与区域管理相结合的机制不健全

《水法》明确规定水资源管理施行流域管理与区域管理相结合的机制。虽然许多法律法规都明确了流域机构和地方水行政主管部门的责任划分，但是，在水量与水质、供水与退水、节水与保护等关键环节，仍存在水资源管理职能交叉、关系不顺、可操作性差等问题。尤其是实施支流水量调度管理后，流域机构与地方政府结合的面进一步扩大，如何建立有效的分工合作机制，量化确定各方事权，如何进一步提高地方政府水行政主管部门配合流域机构做好水资源管理工作的积极性等是当前需要着力解决的问题。

7.4.2.4 存在法律法规执行不到位现象

虽然目前水资源管理与调度法律法规基本完备，但是经常出现法律法规执行不到位的现象，表现出流域机构履行职责能力较弱。

一是表现在取水许可统计上报制度未全面落实，越权发证现象依然存在。目前，省区取水许可审批发证情况上报工作执行不到位，仍未按规定及时上报流域机构，报送的省区实际引黄用水资料和取水许可审批发证资料也存在严重失真现象。同时地方越权审查建设项目水资源论证报告书、越权发证等现象依然存在，严重影响了黄河取水许可管理工作的有序开展。

二是随着近年煤炭价格上涨，火电成本提高，各电力公司为节省成本，加大水电发电量，导致电调服从水调的原则难以执行，影响了有限水资源的统筹调配。

三是部分时段水调指令执行打折扣。在用水高峰期，水资源供需矛盾突出，部分省（区）仍存在超计划用水现象。

7.4.2.5 公众参与机制不健全

黄河水资源管理与调度涉及各省（区）农业用水管理部门、工业用水管理部门、城乡生活用水管理部门、环保部门、枢纽管理单位、电力部门等。目前，缺少一个利益相关者共同参与的平台和参与机制。黄河水利委员会组织召开水量调度会议时，参加单位主要由地方水利厅和河南、山东黄河河务局（主管农业用水）以及水利枢纽管理单位，其他地方管理部门均没有参加，在一定程度上影响水量调度方案的全面执行。

7.5 黄河水资源一体化管理制度与机制研究

7.5.1 宏观管理方面

7.5.1.1 健全流域管理与区域管理相结合机制

为加强黄河水资源的统一管理与调度，促进黄河水资源的节约与合理开发，维护黄河健康生命，必须根据黄河水资源利用与管理的实际，建立权威高效的水资源统一管理体制，进一步加强黄河水资源的统一规划、统一管理、统一调度，保障区域间、上下游、左右岸及行业间的用水公平和协调发展，以水资源的可持续利用支持经济社会的可持续发展。进一步完善流域管理与行政区域管理相结合的水资源管理体制，合理划分水资源管理流域管理与行政区域管理的事权和职责范围，建立各方参与、民主协商、共同决策、分工负责的流域议事机制和高效的执行机制。

进一步加强流域机构对流域水资源统一管理的职能，提高流域机构的权威，同时加强行政区域内部对水资源的管理与监督，建立流域与行政区域水资源管理的协调协商协作管理机制，实行最严格的水资源管理制度。

完善取水许可计划、用水管理和用水统计上报规定，实现流域与行政区域取水许可资料共享。强化用水总量控制与定额管理，建立完善分级总量控制指标体系，加强流域与行政区域取水许可分级总量控制管理。省区要积极开展行业用水定额编制，建立流域水资源定额管理指标体系。加强行政区域内涉水行政事务的综合管理，建立"一龙管水、合力治水"的管理体制，实现对水资源全方位、全领域、全过程的统一管理，积极推进水务一体化管理体制改革。

7.5.1.2 建立黄河流域水资源管理利益相关者公共监督和参与机制

建立公共监督机制首先要建立和完善黄河水资源管理与调度公共信息平台，为社会公众了解信息、参与讨论、提出意见建议、举报违法行为等提供便利条件；充分运用各种现代传媒，大力宣传有关黄河水资源管理与调度的政策法规，介绍人民治黄的重大活动和取得的成就，提出流域管理中存在的问题和对策，使社会公众更加了解黄河、关心黄河、爱护黄河的同时，接受社会监督。

建立黄河流域水资源管理利益相关者公共参与机制，就是要构建一个水量调度利益相关者共同参与的平台。定期召集有关各方参与水量调度会商。黄河水利委员会可以向有关各方通报水情、供水形势、水质状况以及下一时段调度意见，同时还可以向用水户宣传有关法律法规及计划用水、节约用水和强化污水处理等观念；各用水户可以提出下阶段用水需求、存在的困难和问题等，枢纽管理单位可提出发电需求。决策者和各利益相关者在一起充分讨论沟通，可增进理解，加强合作，有利于调度方案更符合实际，提高执行力。

在省（区）层面也应建立地方水行政主管部门、电力部门、农业部门、工业部门、环保部门以及基层用水户等利益相关者在内的参与协商平台，及时协商解决省辖区内水量调度有关问题。省级决策者根据本省（区）分水指标以及污染物限排量和省际断面应该保持的流量指标与水质标准，确定每月各用水部门用水指标，各入黄污染源（包括农业灌溉退水、工业排污、及城乡生活排污等）排污指标，并制订对超用水或超量排污的惩罚机制，环保部门负责排污口的监测和监督。若出现紧急情况，可适时召开会议，对有关问题作出处理意见，并及时上报黄河水利委员会。

7.5.2 水资源配置方面

7.5.2.1 健全地表水水权分配体系

通过编制《黄河流域水资源综合规划》，研究黄河水与外调水、地表水与地下水、黄河干流与支流水资源配置方案，在此基础上，进一步完善黄河流域水权分配体系，协调好生活、生产、生态用水的关系。根据黄河水资源供需形势发展、管理的需要以及水权制度建设的要求，推动省区内部进一步逐级明晰水权，将水权细化分配到市、县级行政区，有条件的地区要分配到灌域、灌区，甚至分到用水户，逐步建立覆盖流域和省、市、县三级行政区域的取水许可总量控制指标体系。

建立取水许可管理和水量调度有机结合机制。一方面要通过取水许可审批控制引黄取水规模,确保总量不超指标,并通过取水许可监督管理确保用水户按照批准的用水计划取水。另一方面,要根据水利部批准的年度水量分配和调度方案,通过水量调度将分配给各省区、各河段的年、月、旬用水指标层层分解,落实到具体用水户,使取水许可计划用水管理真正落到了实处,做到了计划指标明确,责任落实到位。加强流域与行政区域取水许可分级总量控制管理,明确流域机构和地方水行政主管部门在取水许可总量控制中的职责和权限,有效协调流域与区域在取水许可总量控制管理中的关系。

7.5.2.2 加强地下水管理

按照《水法》和国务院 460 号令规定,结合黄河流域地下水开发利用现状和存在问题,要抓紧制定实施地下水开发总量控制计划,实施最严格管理制度,遏制地下水过度开发。确定地下水管理控制水位和开采控制总量两个指标,实施控制管理。争取建立超采量计入地表耗水量制度,划定地下水开采区,逐步加强流域地下水的管理。

建立地下水总量控制指标体系。地下水分配应以采补平衡、浅层水为主、地表水与地下水统一分配为原则,合理确定地下水的开采规模。要在地下水开发利用程度较高的地区,如汾渭地区,控制地下水开采规模,划定地下水的禁采区和限采区;在地下水较丰富的宁蒙灌区和下游引黄灌区,要鼓励合理开发利用地下水。根据黄河流域地下水的特点,将地下水分配给各省区、市、县行政区域,建立完善的地下水总量控制指标体系,制定地下水总量控制管理制度。

实行地下水超采区治理规划制度和严格的地下水取水许可管理。根据不同地区地下水资源供给、生态环境保护、生态环境安全保障三大功能,划分地下水功能区,统筹规划地下水的开发、利用、保护布局,合理配置地下水资源。省级人民政府水行政主管部门编制的地下水超采区治理规划,需经流域管理机构审核。流域管理机构应组织编制跨省区的地下水超采区治理规划,划定跨省区地下水禁采区、限采区、超采区。在地下水超采区、限采区要限制开采,并逐步消减开采规模,最终达到采取平衡。禁止开采区内应严格禁止工业、农业和服务业新建、改建、扩建的建设项目取用地下水;已建地下水取水工程应结合地表水等替代水源工程建设,限期废除。限制开采区内新建、改建、扩建的建设项目,按照《建设项目水资源论证管理办法》,进行严格的水资源论证,避免高耗水建设项目取用地下水;限制开采区内已有的地下水取水工程,要根据水源替代工程建设情况、水资源条件、节水潜力，逐步削减取水量。

实行地表水与地下水的统一配置和调度。优先利用地表水，严格限制开采地下水，充分利用其他水源（拦蓄雨水、污水处理回用、海咸水利用等），同时采取地下水水价和水资源费标准等其他宏观调控手段，促进水资源合理配置，逐步控制地下水超采。流域管理机构对地表水和地下水的配置和调度管理要有所区别，对于河川径流的分配和调度要做到精细化，并具体组织实施干流和重要跨省（区）支流省际断面水量的调度和监督。对于地下水则主要从宏观把握地下水的动态和采补平衡，预估年度可以动用的地下水资源量，在此基础上，合理分配和调度河川径流。地方水行政主管部门则具体组织实施地下水和分配额度内地表水的联合配水和调度运行，做到地表水和地下水的相互调剂，在地下水相对丰富的地区，要开展井渠双灌。省级水行政主管部门需要将地表水和地下水联合配水计划或方案报流域管理机构，以便流域管理机构更合理有效地配置全流域水资源。对于大量开采傍河地下水袭夺地表径流的水资源开发行为，要按照地表水、地下水统一管理的原则科学核定其总体开发目标。

建立完善的地下水监测网络和监督管理体系。根据工作需要，流域管理机构需要尽快规划和开展地下水监测工作，在地下水开采的重点地区和三水转换比较频繁的地区建立起地下水监测站点，建立流域与区域地下水信息共享机制，随时掌握全流域地下水的动态变化。

7.5.2.3　完善水权流转制度

实施水权转换是解决水资源短缺地区工业发展用水的有效途径。宁夏、内蒙古两区已开展五年的黄河水权转换试点证明，水权转换方向正确、措施可行。但由于水权转换仍处于起步阶段，法规制度仍不健全，运行机制尚不完善，水权交易的市场没有真正形成，还需要进一步加强研究，在实践中不断完善。

应在总结经验的基础上，继续推进流域水权转换制度建设，做好以下工作：

一是进一步规范水权转换行为，完善水权转换的资格审定、审批程序、公告制度、补偿机制、实时监测体系以及市场监管等规定，提高水资源的利用效率和效益。

二是建立健全节水工程运行维护经费保障制度。进一步完善对已批复的水权转换试点项目的监督管理，建立节水工程运行维护经费保障制度，落实节水工程运行维护费用，健全节水工程管理运行管理，形成良性运行机制，确保真正实现节水目标。

三是建立总量控制和分级控制相结合的约束机制。进一步明晰各级水权，加强总量控制与取水许可的管理，建立总量控制和分级控制相结合的约束机制。

四是建立现代高效集约农业节水水权转换机制。要引导有条件的灌区推行设施农业，通过调整种植结构，推进以喷灌、滴灌等高效节水技术为主的水权转换节水工程建设，逐步形成"龙头企业+农户"的生产模式。

五是建立健全水权转换监测监控系统建设机制。应加强引水口监测系统建设，做到引水有记录，超用水要惩罚，切实起到监控作用，同时进一步完善水权转换灌区内的地下水动态监测和节水效果监测系统。

六是建立完善政府监管和市场交易相结合的黄河水权流转程序。应扩大水权转换实施范围，逐步推行省内跨市的水权转换，在全流域推行水权转换制度，建立完善的政府监管和市场交易相结合的黄河水权流转机制和水权交易市场，促进黄河水资源的优化配置和合理利用，推进流域节水型社会建设。

7.5.2.4 健全取水户监管制度

年度水量分配方案和年度取水计划是年度取水总量控制的依据。流域机构应根据批准的水量分配方案，结合实际用水情况、行业用水定额及下一年度来水预测等情况，制定年度水量分配方案和年度取水计划。各行政区域要按照流域机构制定的年度用水计划制定本行政区域的年度取水计划，实行行政区域总量控制管理，严格用水户计划用水，加强取水计量的监督，健全取水许可监督检查制度，强化层级监督机制，对取水行为进行有效监管。对超过取水总量控制指标的，一律不再审批新增取水。

建立严格的用水统计上报制度和用水指标考评指标体系，健全用水计量系统，取水单位或个人必须依照国家技术标准安装计量设施，保证计量设施正常运行，并按照规定填报取水统计表。尤其是企业要定期进行水平衡测试，严格控制用水。水资源管理部门要强化对取用水户的后续监督管理，建立用水考评机制和奖惩制度，严格执行超定额用水累进加价制度。特别是对重要行业要建立用水指标考评指标体系，促使企业节水技术改造，提高水的重复利用率。

7.5.3 水资源节约与保护

7.5.3.1 建立节水管理机制

为解决黄河水资源供需矛盾，必须建立与区域水资源承载能力相适应的节水激励机制，全面推进节水。要加强供水管理向需水管理的转变，在水资源规划、配置、节约和保护等各个环节都要体现需水管理的理念，提高水资源的效率和效益，走内涵式发展道路。

加强用水定额管理。在总量控制的基础上，加强用水定额管理，限制高耗水项目和产业的发展，积极推动省区开展用水定额编制，结合国家行业用水标准，建立黄河流域水资源定额管理体系，明确定额管理的红线，从流域管理层面发布黄河流域用水定额指导意见，为实施定额管理提供科学依据。在建设项目水资源论证、取水许可审批等黄河流域水资源管理工作中，要以黄河流域用水定额标准指标体系作为核定用水量依据，特别是对新建高耗水、重污染项目用水指标必须严格核定。强化节水考核管理，用水户用水效率低于最低要求的，要依据定额依法核减取水量；用水产品和工艺不符合节水要求的，要限制生产取用水。强化节水"三同时"管理，建立健全节水产品市场准入制度。逐步建立和实施工业项目用水、节水评估和审核制度，健全节水责任制和绩效考核制，实行严格的问责制，严格考核监督，做到层层有责任，逐级抓落实。

实行严格的水资源管理制度，严格执行水资源规划、建设项目水资源论证、取水许可、水量调度、计划用水制度，保证总量控制与定额管理的实现。将节水与用水户的经济利益紧密结合起来，实行超用水加价制度，发挥水价对节约用水的经济杠杆调节作用，建立健全水权水市场，鼓励农户自建、自管节水工程。建立和完善节水农业技术推广和咨询服务体系、农业高效用水监测与评估体系、农业用水水价体系、农业节水政策与法规体系。政府要加大投入，全面推广、普及节水新技术，发展节水型产业，重点抓好高用水行业节水技术改造；优化用水结构，制定有利于节水的奖惩措施，通过财政补助、减免有关事业性收费等政策，鼓励和支持节水技术改造和废水回用，促进我国工业企业节流减污。

7.5.3.2 水量和水质一体化管理机制研究

实施黄河水量和水质统一调度管理可先从黄河干流开始。在发布黄河水量调度年度计划的同时，根据当年水量情况制定并发布《黄河干流河段入河污染物总量年度限排预案》，确定各河段污染物限排总量和各省际断面应达到的水质标准，各省（区）根据限排预案制定本区域内各排污口污染物限排方案，确保省际断面水质达标，实现真正意义上的水量水质联合调度。同样，在发布逐月水量调度方案时，也应发布逐月各河段污染物限排总量和各断面应达到的水质标准。

水量水质统一调度，关键要加强污染物监测和预报。目前，黄河流域水质监测从监测频次到监测站点均满足不了水量水质统一调度的需要；同时受水利部门在水资源保护方面的职能所限，即使黄河水利委员会提出污染物限排意见，执行力度也较弱。

7.5.4 水资源调度方面

7.5.4.1 制定《黄河水量调度条例实施细则（试行)》

为进一步增强《黄河水量调度条例》的可操作性、规范黄河水量调度工作中有关各方的行为和事权划分，加强黄河水量调度量化管理，黄河水利委员会根据国务院 2006 年 8 月 1 日施行的《黄河水量调度条例》编写了《黄河水量调度条例实施细则（试行)》（简称《细则》)，2007 年 11 月 20 日已由水利部颁布实施。

《细则》分析研究近年来黄河水量调度的实际情况，对重要水库和省界水文断面流量控制指标和执行标准做出了明确规定，量化了执行精度；提出了黄河支流水量调度管理模式，明晰了流域机构与地方政府水行政主管部门的责权划分；明确了县级以上人民政府及其水行政主管部门、黄河水利委员会及其所属管理机构以及水库主管部门或者单位水量调度责任人报送制度，并要求制定水量调度工作责任制；要求建立水量调度政务公开制度，每年两次，向全社会公告水量调度执行情况。《细则》还对用水计划建议申报和用水统计报送时间、水量调度方案下达时间、使用计划外用水指标办理程序、黄河干流省际和重要控制断面预警流量、黄河重要支流控制断面最小流量指标及保证率等方面作出了具体规定。

《细则》的颁布实施，将使黄河水量调度的法律手段更加健全，对协调上下游、左右岸用水矛盾，建立和谐流域、推进全社会计划用水、以水资源可持续利用支撑流域经济社会可持续发展起到积极的作用。

7.5.4.2 健全黄河支流水量调度管理机制

（1）制定枯水期分水机制

对实施月水量调度的渭河和沁河，制定枯水期分水机制，保证枯水期河道一定的基流，保证入黄流量指标。

（2）完善支流水文监测站网，加强支流径流预报

在重要支流上建立完善的水文监测站网，做到全年报汛，同时加快开发重要支流径流预报模型，预报各主要来水区来水，为做好支流水量调度提供支撑。

（3）加强基础研究，建立支流水流演进模型

为满足编制支流调度方案的需要，应利用水文学法，根据实测水情和引水资

料抓紧开展调度支流（主要是进行月调度的支流，即渭河和沁河）各主要河段水流尤其是枯水演进规律的研究，确定各河段水流传播时间和水量损失，建立水流演进模型。利用水流演进模型，根据区间来水预报、区间引水计划演算各断面流量，确定省界和入黄断面流量控制指标。

（4）加强用水计量统计，落实总量控制

加强用水计量工作，按照《取水许可和水资源费征收管理条例》的要求，重要用水户用水必须有合格的计量设施，并按有关规范要求计量，提高用水计量精度，有条件的大型取用水户要逐步实现取用水户计量的自动监测。建立全面、准确、及时的用水统计和上报制度，推动用水统计工作的积极开展和规范化管理。根据《取水许可和水资源费征收管理条例》的有关规定，切实落实各级行政区域直至用水户的总量控制，实现总量控制精细化。

7.5.4.3 建立流域抗旱制度和机制

为适应黄河流域抗旱工作需要，增强干旱风险意识，落实抗旱减灾措施，完善应急管理机制，提高抗旱工作的计划性、主动性和应变能力，减轻旱灾影响和损失，保障流域经济发展和社会稳定，根据黄河流域的旱灾特点和流域机构的抗旱职责，编制了《黄河流域抗旱预案（试行）》。该预案建立了黄河流域抗旱组织指挥体系，明确各方职责；建立黄河流域旱情信息监测、处理、上报和发布机制，掌握旱情及发展动态；建立黄河流域旱情紧急情况和黄河水量调度突发事件的判别标准和应对措施，确保黄河不断流，保障黄河流域供水安全；建立黄河水利委员会及省（区）、枢纽管理单位防旱对策，加强制度建设，规范流域抗旱工作的程序、机制。

流域抗旱预案的干旱预警指标及等级划分，主要参考以下两种方法：一是流域发生干旱，干支流来水减少，不能满足流域正常用水需求或有可能发生断流，可采用某一控制断面的流量为指标划分预警等级。二是可采用流域时段预测可供水量与同期流域正常用水量（包括生态用水）的差值（或百分比）为指标划分预警等级。流域抗旱预案要考虑江河湖库遭受污染等突发事件情况下的应急调度措施。

根据黄河流域特点，黄河流域旱情紧急和突发事件考虑分为以下三大类：一是省（区）发生区域干旱和城市供水危机；二是可供水量不满足正常需求；三是干支流关键断面预测或已发生预警流量。根据事件的严重程度和影响范围，对各类事件进行预警分级。

《黄河流域抗旱预案（试行）》重点解决流域旱情紧急情况下的应对问题，主要包括应对流域或局部发生的严重干旱、省际或者重要控制断面流量降至预警流量、水库运行故障、重大水污染事故等应急情况。

7.5.4.4 完善黄河水量调度突发事件应急管理机制

原《黄河水量调度突发事件应急处置规定》于 2003 年 5 月 22 日印发实施，5 年来，在有效应对黄河水量调度突发事件，维护黄河水量调度秩序等方面发挥了重要的作用。据统计，依据该规定，已成功处置小流量突发事件 21 次，初步建立起了水量调度应急管理机制。

此次修订主要是顺应黄河水量调度新形势的需要，紧密结合水量调度的生产实际，对原规定中与新颁布的法规、规范性文件不相符的部分以及在实际工作中不易操作的部分进行了全面修订：一是依据《黄河水量调度条例》，将规定的适用范围从干流延伸至支流，并在应急处置措施上与《黄河流域抗旱预案（试行）》不同预警等级响应措施相对应；二是根据近年突发事件出现的规律和趋势，对突发事件分类进行了调整。增加了支流小流量突发事件，以及近年调度中频繁出现的因保障电网安全等公共利益的需要，紧急调整水库泄流或河道引退水指标的突发事件，删除了原规定中引水口门、枢纽突然遭受人为干扰、发生机械故障的突发事件，以及已有专门规定的重大水污染突发事件；三是充分体现《黄河水量调度条例》确立的分级管理分级负责的原则，有区别地规定了干、支流出现突发事件时有关各方的职责，其中支流出现突发事件将主要由地方水行政主管部门负责处置；四是根据实际需要，优化和调整了断面水文测验的频次和要求，对支流测验频次规定了一定的幅度，既考虑与《黄河流域抗旱预案（试行）》的衔接，又有一定的灵活性。

《黄河水量调度突发事件应急处置规定》的修订，不仅解决了原规定与现有法律法规和规定不协调的问题，而且进一步完善了黄河水量调度制度建设，使 2003 年初步建立起的黄河水量调度应急机制更加完备。它既是对《黄河水量调度条例》规定的应急调度的进一步完善，也是《黄河流域抗旱预案（试行）》的配套制度规定，对进一步规范黄河水量调度具有重要意义。

经过修订的《黄河水量调度突发事件应急处置规定》的正式发布实施，标志着《黄河水量调度制度条例》配套制度建设已全面完成。

7.6 黄河水资源一体化管理机制支持系统研究

黄河水资源一体化管理机制的支持系统，包括法律、经济、技术和内部支持系统几部分。

7.6.1 法律支持系统

国外流域管理的一项成功经验，是把流域管理的法制建设作为流域管理的基础和前提。通过法制，将流域管理机构的性质、职责、组织、运作程序等固定下来，以求得流域管理目标的实现。为此，一些国家在对流域管理进行立法时，往往针对不同河流的不同情况，进行单独立法。建立完善的水法规体系，是我国社会主义民主法制建设和社会主义市场经济的必然要求，法律手段具有评价、规范、调整、引导等功能，通过建立黄河水资源管理的法律支持系统，可以规范参与流域治理开发活动的不同主体的权利、义务，调整其间的利益关系，并规范、引导其行为向流域开发目标的最优化发展。就目前而言，主要是建立必要的水资源管理秩序，增强管理系统的稳定性，有效调节各种管理因素之间的关系，不断促进管理系统自身的发展。因此，新型的黄河水资源管理体制的有效运作，必须有完善的法制建设作保障。

建立和完善黄河水法规体系，适从根本上解决黄河水资源管理中的突出问题。一是要明确流域管理在国家水资源管理体制中的地位，建立以黄河流域为单元、事权清晰的黄河流域管理与区域管理相结合的黄河流域水资源管理体制。二是要明确黄河管理委员会和黄河水利委员会的组成原则、性质、职能和法律地位。三是建立健全黄河水资源开发利用和保护方面必要的法律制度。

完善黄河流域管理法规体系是一个长期过程，需要突出重点，有计划、分层次、分步骤组织实施。一是通过《水法》修改，把流域机构的地位、性质、职能确定下来，为黄河流域管理和黄河流域管理立法提供依据；二是加快《黄河法》立法进程，建立适合黄河水资源管理特点的法律制度，从根本上解决黄河水资源管理中存在的问题。

通过建立完善的黄河流域水法规体系，使流域管理真正做到有法可依，将黄河流域水资源的开发、利用、管理和保护纳入法制化轨道，最终实现依法治水、依法管水的黄河水资源管理战略目标。

7.6.2 经济支持系统

7.6.2.1 统一征收黄河水资源费

统一征收黄河水资源费是黄河水资源国家所有权的具体体现，是实现黄河水资源优化配置，促进计划用水、节约用水的重要经济手段。《水法》颁布后，黄河流域部分省（区）不同程度地开展了水资源费的征收工作，但各地规定的水资源费标准一般都是初步的、低水平的，征收范围也是局部的，黄河水资源在许多地方尤其是干流上仍然是无偿使用，黄河水资源管理缺乏经济调控机制，急需由国家制定统一的黄河水资源费征收管理办法，用经济杠杆调控黄河水资源配置。

在制定黄河水资源费征收标准时，应当遵循以下原则：一是促进黄河水资源的合理开发、利用、节约和保护；二是与当地水资源条件和经济社会发展相适应，充分考虑地区间经济社会发展状况的差异，分河段制定不同的征收标准；三是统筹地表水和地下水的合理开发利用，防止地下水过量超采，应对地表水、地下水制定不同的水资源费征收标准；四是充分考虑不同产业和行业的差别，分类确定不同产业和不同行业用水的水资源费征收标准。使黄河水资源费的征收既有利于调控和缓解黄河水资源的供需矛盾，有效遏制用水浪费现象；又要有利于促进沿黄省（区）经济社会的可持续发展。

7.6.2.2 实行科学合理的水价政策

我国现行水利工程供水水价管理体系的基础是 1985 年国务院颁发的《水利工程水费核订、计收和管理办法》，水价核定是在有计划的商品经济体制下的低成本核算，供水水价作为事业性收费，没有体现供水的商品属性，且缺乏灵活的调整机制。严重制约着供水管理单位的改革和发展，也不利于水资源的优化配置，提高人们计划用水、节约用水意识。

因此，应按照国家《水利产业政策》，科学确定黄河水价构成，重新核定农业、工业和生活用水价格，尽快逐步到位，并建立调整机制。特别是对于本地区工农业生产有重大影响的引黄供水价格，包括黄河下游引黄渠首水价，应进行提高和调整，尽快达到成本水平。努力建立起科学的黄河水价管理体系，推广分类水价、季节水价、浮动水价等形式，加强用水的计划管理，对超计划或超定额用水实行累进加价。

7.6.2.3 培育和发展黄河流域水市场

在计划经济时期，黄河水资源分配是一种指令配置模式，主要是通过计划手段来配置水资源，资源配置效率很低，且缺乏对利益主体的约束，导致用水方式粗放，浪费严重，加剧了水资源的供需矛盾。在黄河水资源日益稀缺、市场经济深入发展的新形势下，要实现水资源的优化配置，就要在节水的基础上促进黄河水资源从低效益的用途向高效益的用途转移。要达到此目的，就必须按照市场经济体制的要求，培育和发展水市场，以价格制度和保障市场运作的法律制度为基础，建立合理的黄河水资源分配和市场交易经济管理模式。对黄河水资源的分配过程实际上是资源占有和使用利益的调整过程，因此，要确保政府和黄河水利委员会在市场管理和利益调节过程中的宏观调控作用，实行政府调控下的市场运作。同时要在公平原则的基础上，通过各利益主体的广泛参与，建立全流域用水民主协商机制，以此来保障黄河流域水市场的健康发展，实现黄河水资源的有效管理和优化配置。

7.6.2.4 开征黄河水资源污染补偿费

黄河水资源总量紧缺，随着黄河流域社会的迅速发展，废污水排放量与日俱增，使原本有限的黄河水资源又不断受到污染，进一步加剧了黄河水资源危机。为解决黄河水污染问题，依据不同时段河道水体水环境容量的承载能力，以入河污染物总量控制为核心，编制《黄河流域水资源保护规划》，在《规划》指导下，建立入河排污许可制度和总量控制制度。按照国家规定排放标准及入河污染物总量控制指标，根据国家《水利产业政策》关于建立保护水资源、恢复生态环境的经济补偿机制的规定，应当制定并出台《黄河水资源污染补偿费征收办法》。对造成水质下降、水域功能破坏、地下水位下降、地面沉降等不利于黄河水资源可持续利用的按规定征收保护黄河水资源和恢复生态环境的补偿费。从而促使用水单位主动进行废污水治理，缓解水资源供求之间日益突出的矛盾。同时，征收的水资源污染补偿费，也可以用于黄河水资源的监测和保护，防止生态环境恶化，有效保护水资源。

7.6.3 技术支持系统

7.6.3.1 建立和完善黄河水资源监测网络

黄河水资源监测包括黄河干支流水量监测和重要取退水口的取水、退水监测，是获取黄河水资源信息资料的基础工作。

为适应目前黄河水资源统一管理和调度的需要，为黄河水资源的统一管理和调度提供准确可靠的水情和用水信息，必须建立和完善黄河水资源监测网络，解决现状水资源监测特别是在取、退水监测方面的问题。一是部分干流省际和重要河段控制断面水文测站等级较低，测量精度和频次不能满足水量调度要求；二是取退水口监测站网不完善，控制差。上游部分取水口没有设站观测；下游 200 多处引黄涵闸、虹吸、泵站，具有引水观测资料的也仅 80 多处；三是用水监测数据采集、传输手段落后，不能满足用水的动态管理和适时监控。

因此，首先要加强干流省际断面和重要河段控制断面的监测，提高非汛期测报精度。对唐乃亥、兰州、下河沿、石嘴山、巴彦高勒、头道拐、龙门、潼关、小浪底、花园口、高村、孙口、泺口、利津等 14 处省际断面和重要河段水量控制断面进行水资源监测的技术改造，提高下河沿等省际控制断面的水文测站等级，配备完善的设施设备，增加测次和报汛段次。其次，对用水集中的刘家峡至头道拐河段和下游三门峡以下调度河段的取水口要逐步安装先进的量水设施，上游河段由取水许可监督管理机关按照《取水许可监督管理办法》规定，要求取水许可持证人在规定的期限内安装量水设施，并保证量水设施的正常运行。下游由黄河水利委员会直接管理的涵、闸，要逐步安装自动量水设施，并实现远程自动监测。

7.6.3.2 建立先进的黄河水信息系统

黄河水资源统一管理的基础信息，是地表水、地下水的水量、水质以及重要引水工程和排污口门的监测资料等，目前，各项基础资料的实时性和准确性还不能满足黄河水资源统一管理的要求，在信息采集手段、仪器设备和信息传输方面还存在许多问题。长期径流预报、水环境分析和预报、多目标水量动态调度等技术研究工作薄弱。而水利系统与黄河流域各省（区）尚未建立计算机联网，无法实现信息的快速传递与共享。黄河水资源统一管理是一个复杂的系统工程，单靠手工方式是根本不可能实现的，必须采用现代化的手段，应用 3S 技术、计算机网络、现代通信技术、人工智能等现代信息技术，建立一套"实用、可靠、先进、高效"的全流域水信息采集、传输、分析、处理和服务系统，通过防汛指挥系统、水质信息系统和水资源实时监控系统的建设，提高信息采集、传输、分析的时效性和科学性，逐步实现水信息测报自动化、信息传输与处理网络化、水管理调度程序化，实现黄河防洪科学指挥调度和水资源实时调度，为黄河水资源统一管理提供基础保障。

7.6.3.3 建立黄河水资源管理决策支持系统

在黄河水资源监测系统和信息处理系统的基础上，建立黄河水资源管理决策支持系统，该系统由年度分水方案决策支持系统、水量调度决策支持系统、水质预警预测系统等组成。主要是在多年来黄河水资源管理经验和研究成果的基础上进行开发，实现对全河水量、水质进行适时的监视和查询，能以图、文、声、像等方式，提供水雨情、水质信息、引用水信息和旱情信息，以及有关的背景资料、历史资料等。为年度分水方案编制、水量调度方案编制和水质控制管理提供决策依据。

7.6.4 内部支持系统

7.6.4.1 黄河水利委员会能力建设

黄河水利委员会作为国家水行政主管部门的组成部分，行使统一管理黄河水资源的职责，其主要任务是对黄河水资源的开发利用和保护实施统一的规划、协调、监督、控制，既具有决策层面上的规划指导职能，又具有执行层面上的监督管理职能。因此，在国家赋予其足够权力的同时，还应该加大自身改革力度，按照政、事、企分开的原则，积极调整水利产业结构，逐步实现行政单位高效化、事业单位社会化、企业单位市场化。切实转变工作职能，加强自身的能力建设，尤其要加强黄河水行政管理方面的能力建设，对各级机关承担水行政管理职能的部门，按照精简、高效的原则，核定职能，健全机构，定编定岗，实行公务员制度。积极引进科技拔尖人才，加大高素质、高新技术人才的培养力度，尽快建立起一支数量充足、门类齐全、素质优良的治黄科技拔尖人才队伍和干部管理队伍；继续加强内部管理，完善管理规章制度，在明确各部门职责的同时，加强相互间的合作，依靠科技进步，不断提高信息化管理水平。通过信息技术、高新技术和科学管理等现代化手段，提高黄河水资源管理水平。

7.6.4.2 黄河水利执法体系建设

水政监察队伍作为水行政主管部门行使行政执法权的代表，在依法行政、依法治水工作中，担负着重要任务。水政监察队伍建设分黄河水利委员会水政监察队伍和地方水政监察队伍建设两部分，其中黄河水利委员会水政监察队伍负责维持省际河段和直管河段的水事秩序，地方各级水政监察队伍负责维持本辖区管理范围内的水事秩序。从总体上看，黄河水利执法体系建设还不能适应水利改革与发展的需要，与全面推进依法行政、依法治水的要求还有很大差距。需要进一步加强水政监察规范化建设，强化执法监督，严肃执法纪律，规范执法行为。加快黄河水利执法装备建设进度，提高执法办案效率。加大队伍培训力度，不断提高水利执法人员的政治、业务素质和执法水平。以廉洁、勤政、务实、高效为目标，努力建立一支政治强、作风硬、业务精的黄河水利执法队伍。按照"有法必依，执法必严，违法必究"的原则，保证各项法律法规正确地贯彻实施，通过法制来调整各地区、各部门以及上下游、左右岸在水资源开发利用过程中的矛盾关系，以强有力的法律手段保障和引导黄河水资源开发利用和管理工作有序、稳定地进行，促进黄河流域经济社会的可持续发展。

7.7 河流代言人和流域生态水权代理人研究

7.7.1 流域机构是河流代言人

7.7.1.1 河流代言人的内涵

（1）河流代言人是河流的监护人和代理人

现代社会，由于人类不合理开发水资源，河流的健康状况都受到了不同程度的损害。水旱灾害频繁发生、河流断流、湖泊湿地萎缩甚至消失、水污染严重、地下水位持续下降、生态环境严重恶化，直接威胁到人类自身的生存与发展。在人与河流的长期博弈中，随着科学技术的进步和生产力水平的迅猛发展，人类已经从弱势地位转变为强势地位。如果把民法的适用范围从人与人的关系扩展到人与自然的关系，河流代言人就是河流的监护人和法定代理人，这是落实科学发展观、坚持人与自然和谐相处、人与河流协调发展的必然要求，也是人类遵循生态伦理、建设生态文明的具体体现。

（2）河流代言人是国家利益的代表

水资源是属于国家所有的公共资源，国家的整体利益至高无上，流域内的各种区域利益、部门利益、行业利益都必须服从于国家的整理利益。所以，河流代言人应当成为国家利益的代表，认真贯彻执行国家的法律法规和相关政策，正确处理国家利益与本流域利益的关系，使河流在维护国家整体利益的前提下，更好地服务于本流域全体人民的利益。

（3）河流代言人是流域人民的整体利益和长远利益的代表

河流具有灌溉、供水、发电、航运、旅游、水产等多种服务功能，大的流域通常涉及多个省级行政区，涉及不同区域间的利益关系，同时还涉及上下游、干支流、左右岸之间的利益关系，不同部门、不同行业之间的利益关系，局部利益与全局利益的关系，眼前利益与长远利益的关系，人与河流协调发展的关系等等。所以，河流代言人必须以科学发展观为指导，以构建和谐流域、和谐社会为核心，妥善协调各种复杂的利益关系，促进人与河流协调发展和区域间、部门间、行业间的协调发展，维护好全流域的整体利益和长远利益。

7.7.1.2 流域机构作为河流代言人的定位

（1）法律定位

我国宪法规定，土地、水流、森林、草原、矿藏等重要自然资源属于国家所有（法律规定属集体所有的除外），依据宪法制定的水法也明确规定，水资源属于国家所有。因此，加强对自然资源和生态环境的管理，是国家行使社会管理和公共服务职能的重要内容之一。为了依法加强和规范国家对资源环境的管理，我国从 20 世纪 80 年代以来先后制定了《森林法》《草原法》《渔业法》《矿产资源法》《土地管理法》《环境保护法》《水法》《水土保持法》《水污染防治法》等涉及资源环境管理的法律，使资源环境管理的各项工作基本上做到了有法可依。目前，这些法律大部分已经修订或正在修订，修订的重点是遵照科学发展观的要求，进一步完善资源环境管理和加强资源环境保护，将建设资源节约、环境友好型社会作为一项基本国策。

2002 年，《水法》修订后重新颁布，进一步明确了我国实行统一管理与区域管理相结合的水资源管理体制，并在重要的江河湖泊设立流域管理机构，定位为国务院水行政主管部门的派出机构，根据国家授权在全流域行使水资源统一管理和监督的职权，这就从法律上明确了流域机构在流域内统一管理水资源的特定地位，这是流域机构担当河流代言人的必要条件。

同时，由于河流的连续性、流域水循环系统的整体性和流域边界与行政区边界的不一致性，通常会造成流域与区域的互相分割，即行政区边界（人为划分）可能会造成流域的分割，而流域边界（自然形成）又可能造成某些行政区的分割，所以协调流域与区域的关系，显得十分重要。我国的行政体制是以省级政府、地市级政府、县市级政府为实体的，不可能建立以流域为单元的行政实体，所以流域机构就是唯一的流域整体利益的维护者和流域与省级区域之间的协调者，这是流域机构担当河流代言人的充分条件。

（2）职能定位

流域机构虽然不是一级政府实体，但法律已明确了它在流域管理中的地位和职责。国务院三定方案中进一步细化了它的管理职能，涉及水资源的开发、利用、治理、配置、节约、保护等各个领域，任务艰巨而又繁重。特别是在洪涝灾害、水资源短缺、水污染、生态环境恶化等水问题不断加剧的情况下，保护水资源、治理水污染和水土流失、维护河流健康生命、保障水资源可持续利用就显得尤为重要。2002 年，时任水利部部长汪恕诚在珠江流域水利委员会干部大会上明确提出，流域机构要把维护河流健康生命作为流域水利工作的制高点，流域机构要当好河流的代言人。2005 年 10 月，在河南省郑州市举办的第二届国际黄河论坛上，来自 60 多个国家（地区）和 20 多个国际组织的代表一致通过了《黄河宣言》，宣言提出：我们有责任有义务行动起来，以理智、果敢和坚韧的信心，来维持母亲河的健康。我们有责任与义务，作为河流的代言人，正视以往对河流的伤害，以科学发展观统领全局，系统编制流域经济社会发展综合规划。尊重河流、善待河流、保护河流。

（3）业绩定位

近几年来，我国主要江河湖泊的流域机构深入贯彻落实科学发展观，切实更新观念转变思路，按照建设资源节约、环境友好型社会和构建社会主义和谐社会的要求，坚持人与自然和谐相处，人与河流协调发展，区域间协调发展和可持续发展的理念，重新修编流域综合规划，把修复和维护河流健康生命、让河流永葆青春、永续利用放在流域管理工作的突出位置，采取了一系列新的举措并已初见成效。

近十几年来我国流域管理工作改革与发展的进程充分表明，由于流域机构不同于地方政府实体，因此能够较好地超脱区域利益和部门利益的局限，以维护国家利益、流域整体利益和长远利益为己任，以维护河流健康生命为前提，为流域内各区域、各部门、各行业更好地发挥综合利用效益。同时，经过多年的努力，流域机构已经培养造就了一支高素质、多门类的人才队伍，建立了全流域水资源信息系统和水量、水质监测网络体系，建立了加强流域管理的政策法规体系和民主协商机制，积累了运用法律、行政、经济和工程技术等手段宏观调控水资源、统一分配和统一调度水资源的丰富经验，切实加强了流域生态环境保护和修复工作，并取得显著的成效，其作用是任何一个区域或部门所无法替代的，流域机构有资格、有能力、有条件当好河流的代言人。

7.7.2　流域机构是河流生态水权的代理人

7.7.2.1　生态水权的基本概念

（1）生态需水

广义的生态需水是指特定生态单元为维持其生态功能良性循环而对水的需

求，主要包括水量、水质以及需水过程。在需水总量中，包括降水、土壤水、地表水和地下水。

狭义的生态需水则指生态系统对水资源的需求，即对地表水和地下水的需求，不包括天然降水以及由降水转化的土壤水。这里所讨论的生态需水，就是狭义的生态需水概念。

对于河流生态系统而言，生态需水主要指河道内（含湖泊，湿地，地下含水层）对水量、水质和流量过程的需求。

（2）生态水权

生态水权是指生态系统满足生态需水或者获得适宜的生态用水的权利。河流生态用水是指河流生态系统满足河道内生态需水或者获得适宜的水量、水质和流量过程的权利。生态水权的确立，是人类建设生态文明的历史性进步，是贯彻科学发展观，人与自然和谐相处，尊重河流，保护河流，人水和谐的具体体现。

水是维系生态系统的基本要素，维系河流生态系统的命脉，保障生态水权就是保障生态系统的安全。

7.7.2.2 流域机构是河流生态水权的代理人

由于我国尚处在社会主义初级阶段，社会经济发展水平特别是生态文明建设水平相对较低，全社会环境意识亟待增强，生态水权的真正确立还需要法律的支持和社会的认同。但是，生态水权不同于生活水权、农业水权、工业水权等国民经济领域的水权，不具有明确的水权利主体。河流生态水权连同河流本身，都属于公共资源的范畴，在法律上属于国家所有，在地域上属于全流域所有，但是在管理体制不完善、管理手段不到位的时候，公共资源往往会变成"无主的、免费的"资源而受到侵占。维持河流健康生命关键在于保障河流的生态水权，必须要有一个河流利益主体的代表者，来表达河流对生态用水的诉求，促成生态水权的确立并持有、维护和行使这一权利。流域机构作为河流的代言人，其主要职责之一就是维护河流的健康，而对于河流来说，生态水权是带有根本性和全局性的利益，所以流域机构理所当然地应成为河流生态水权的代理人。

7.7.3 黄河水利委员会当好黄河代言人和生态水权代理人的对策

开展人民治黄60多年来，尽管已经在兴水利除水害，保黄河安澜，保供水安全等方面取得了举世瞩目的成就，但黄河的水资源短缺、水土流失严重、生态环境恶化等问题仍十分突出，维护黄河健康生命依然任重道远。

2006 年是人民治黄 60 年，胡锦涛同志专门做出重要批示：黄河是中华民族的母亲河，黄河的治理事关我国现代化建设全局。必须认真贯彻落实科学发展观，坚持人与自然和谐相处，全面规划，统筹兼顾，标本兼治，综合治理，加强统一管理和统一调度，进一步把黄河的事情办好，让黄河更好地造福中华民族。

中央领导同志的重要批示，指明了今后治黄工作的目标和使命，也为流域机构当好河流代言人指明了努力的方向。流域机构要不负党和人民重托，在法律、行政、经济、技术等方面采取多种保障措施，完成所担当的使命。

7.7.3.1　法律法规支持

在已有涉水法律法规的基础上，进一步完善有关流域管理的法规体系，尽快出台专门针对黄河流域的《黄河法》或适用于主要江河流域的《流域管理法》，为依法治水、进一步加强流域管理提供法律依据。

1）明确流域管理的目标、原则及主要任务。

2）明确流域机构的性质、组织形式、职能配置与工作规则。

3）明确流域管理与区域管理的定位与事权划分。

4）明确河流生态水权及其保障措施，明确流域机构作为河流代言人和生态水权代理人的定位。

5）明确和细化违反流域管理法规的责任追究与处罚办法等。

7.7.3.2　管理体制保障

在认真总结国际、国内经验的基础上，尽快理顺流域管理体制，为加强流域管理提供组织保障。

1）建立由流域内各省级行政区负责人及重要的利益相关者代表组成的流域委员会，形成权威、统一、高效的流域管理决策指挥机构。

2）制定流域管理章程，明确重大事项议事决策程序、投票表决制及协商与仲裁机制。各省级行政区在流域重大事项表决中的投票权重，应根据其在流域内的人口、灌溉面积、经济总量等因素合理确定。

3）在国家授权流域机构统一分配、统一调度水资源的基础上，进一步明确流域机构对黄河干流及其主要支流上具有重要调控作用的水工程（水库、电站、水闸、渠首、泵站等）进行统一调控、统一监管的权限。

4）建立省界断面水量、水质行政首长负责制，明确责任追究及处罚办法。

7.7.3.3 科学技术支撑

科学技术是第一生产力，也是科学治水、实现流域管理现代化的强大推动力，必须进一步加大投入，通过科技创新来开创人民治黄的新局面。

1）以科学发展观为统领，重新修编流域综合规划及相关的专项规划，并把维持河流健康生命作为长远规划的主要目标。

2）加强有关河流健康的理论研究，建立和完善维护河流健康的目标、标准、指标体系、诊断方法及河流健康修复技术。

3）在建设模型黄河、数字黄河的基础上，进一步完善流域水资源与水生态环境信息系统，完善水量、水质、水土流失监测网络体系，提高数据收集、数据传输、数据处理的现代化水平。

4）加强人才培训，建设一支门类齐全、精通专业、勤奋敬业的高素质干部队伍，为加强流域管理提供人力资源支持。

7.7.3.4 社会公众参与

社会公众参与，是人民治黄的光荣传统，是团结治水、建设和谐流域、构建社会主义和谐社会的必然要求，也是流域机构顺利履行职责的社会基础，应进一步调动公众参与的积极性，扩大公众参与的广度和深度，动员全社会的力量，多方合作，齐力协心，把黄河的事情办得更好。

1）当好全流域整体利益和长远利益的代表，公平合理地处理好各种利益关系，使流域机构取信于民，取信于社会。

2）建立和完善公共信息平台，为社会公众了解信息、参与讨论、提出意见建议、举报违法行为等提供便利条件。

3）建立黄河健康状况定期公布制度和损害黄河健康的重大事件（如严重水污染事故、重大人为水土流失事件、严重侵占生态用水事件等）的通报制度及跟踪调查制度，动员社会公众参与黄河健康的保护与监督。

4）充分运用各种现代传媒，大力宣传有关治理黄河、保护黄河的政策法规，介绍人民治黄的重大活动和取得的成就，提出流域管理中存在的问题和对策，使社会公众更加了解黄河、关心黄河、爱护黄河。

7.8 小结

本章论述了黄河水资源管理的主要内容；分析了黄河水资源管理与调度的现

状及存在问题；提出黄河水资源管理体制现状及现有的法律法规和制度；依据上述分析从宏观管理、水资源配置、水资源节约与保护、水量调度管理四个方面研究黄河水资源—体化管理机制。宏观管理方面包括健全流域管理与区域管理相结合机制，建立以黄河水利委员会为黄河代言人和生态水权代理人的河流域水资源管理利益相关者公共监督和参与机制。水资源配置方面包括健全水权分配体系、加强地下水管理、完善水权流转制度、健全取水户监管制度，水资源节约与保护方面包括建立节水管理机制。水量水质—体化管理机制。水量调度管理方面包括制定《黄河水量调度条例》配套政策、完善支流水量调度制度和机制、建立流域抗旱制度和机制、完善黄河水量调度应急管理机制；提出黄河水资源—体化管理机制的四个支持系统，即法律支持系统，经济支持系统，技术支持系统，内部支持系统；最后从我国的法律法规、流域自然特点及管理体制、科学技术支撑等角度论述了流域机构作为流域代言人和生态水权代理人的必然性、必要性以及可行性，流域机构作为流域代言人和生态水权代理人是实现流域水资源—体化管理，适应科学发展观要求，建立"资源节约、环境友好型"社会的必然要求。

第 8 章

总结与建议

8.1 主要技术成果

本研究紧密围绕黄河流域水资源管理面临的关键问题，认真总结和研究黄河水资源管理中的科学问题，取得了一些成果并应用于黄河水资源管理与调度生产实践。概括起来，取得的主要技术成果包括以下几个方面。

8.1.1 黄河重点耗水支流用水监测与评价方法及成果

有效监测和正确评价用水情况是科学指导流域水资源配置和调度管理的基础。用水评价的核心是流域耗水量评价。目前黄河流域支流用水统计分析资料存在精度差的问题，既影响到支流水资源的调度管理，同时也影响了干流水资源调度与流域水资源的一体化管理。

首先对重点耗水支流及其典型灌区与典型城市的历史用水情况调查，摸清了现状用水情况及用水监测情况，分析了现状用水评价及监测中存在的主要问题。然后，提出了基于流域水循环机制的用耗水评价方法，并以黄河流域重点支流渭河、汾河、湟水作为重点研究区，提出了支流用耗水评价成果。同时，针对传统用水监测中的不足，立足于流域二元水循环系统演化过程，对黄河流域重点支流提出了一套立体多维用水监测体系设计方案，对人工水循环全过程以及与用水密切相关的自然水循环过程进行全面监测，为支流水资源统一管理和调度科学决策提供重要基础信息支撑。研究成果表明：

1）渭河流域近年平均地表水消耗量为 21.3 亿 m^3，较 20 世纪 50 年代、60 年代增加了 1.7 倍；汾河流域多年来变化不大；湟水流域 50 年代、60 年代地表水消耗量大致在 4 亿 m³ 左右，近年达到了 9.3 亿 m³，增加了近 1.4 倍。三支流地下水消耗量 2005 年分别达到了 19.7 亿 m³、13 亿 m³ 和 1.8 亿 m³，较 1980 年分别增长了 70%、73% 和 3.5 倍。三支流水资源总消耗量 2005 年分别达到了 41.7 亿 m³、19.7 亿 m³ 和 10.2 亿 m³，分别较 1980 年增长了 19%、基本持平和增长了 48%。

2）分析了传统用水评价的不足，提出了基于流域水循环全过程的用水评价方法，即从流域二元水循环全过程的角度着眼，对用水过程与自然水循环过程进行统一评价、对地表水和地下水用水进行统一评价的方法。按照新的用水评价方法，湟水地表水用水统计结果基本符合实际情况，渭河偏小 10% ~ 20%，汾河偏小 11% 左右。不过，汾河地下水过量开采导致河川径流量减少了 3.50 亿 m³ 左右，若将这部分水量纳入地表水实际消耗量，目前汾河地表水消耗量统计分析资料较实际消耗量将更加偏小。

3）造成渭河和汾河用水统计结果与实际用水存在差异的原因主要有河川来水和引退水口门监测中存在的问题、河段自然消耗等非用水消耗量不好计量、农作物实际蒸腾量计算方法等方面。在分析黄河重点支流用水监测中存在的问题基础上，提出了基于水循环全过程的用水监测体系设计原则、思路和框架，并对黄河重点支流水循环全过程的用水监测体系制度建设提出了建议。

8.1.2 黄河重点支流水循环模拟与水资源演变规律

以黄河流域二元水循环模型作为模拟平台，对黄河流域三个重点支流渭河、汾河、湟水的水循环系统进行了模拟，在此基础上分析了三个重点支流的水资源演变规律。通过分析水循环对气候变化和人类活动主要影响因素的响应，发现过去几十年来，降水的减少无论对广义水资源抑或狭义水资源的衰减都起到重要作用；而下垫面的变化、水保措施及人类用水都会导致地表水资源量减少、降水直接利用量的增加，地下水的开发利用导致不重复地下水资源量增加。

研究结果表明，在"自然-人工"二元驱动力作用下，过去几十年来，三个重点支流水资源发生巨大变化，主要表现为五个方面：①水循环的水平方向水分通量（如地表与地下径流、河道流量等）减少，而水循环的垂向水分通量（如蒸发、入渗及地下水补给等）加大；②径流性狭义水资源减少，为生态环境直接利用的雨水（土壤水）资源量增加，广义水资源总体略有增加；③径流性狭义水资源中，地表水资源及河川天然径流量减少，不重复的地下水资源增加；④由于上游山丘区生态系统和经济系统直接利用的水量增加，下游平原区能为国民经济和生态环境利用的水量减少；⑤随着全球气候变化和人类活动加剧，这种状况还在继续。

8.1.3 支流水资源调度方法与渭河水资源调度模型系统

以流域二元水循环理论为指导，研究了支流水资源调度方法，构建了基于流域二元水循环机制的水资源优化调度模型并应用于渭河流域。

针对渭河流域水循环特点和水资源调度需求，开发了包括来水预报模块、需水预报模块、水资源调度模块、河道径流演进模块在内的渭河流域调度模型。经检验模型精度满足调度要求。

按照"预测—评价—调度—反馈"的模式，设计开发了渭河流域水资源调度系统。调度输出结果主要包括5部分：①整个渭河流域各行政区的供需比与分水比；②不同统计分区的供需平衡结果；③不同统计分区的耗水量；④不同水库的水量平衡；⑤不同节点的水量平衡。统计分区主要包括5个：①全渭河流域；②渭河流域所有行政分区；③渭河流域所有水资源三级区；④渭河流域所有灌区；⑤渭河流域所有计算单元。统计分区的水量平衡项主要包括：①各类需水过程及每类需水对应的多水源供水过程；②各类水源供水过程及每类水源对应的需水过程；③各类需水的缺水过程。

目前，模型系统初步应用于渭河水资源调度实践，用于制定渭河流域水资源月、年调度方案，取得了初步的效果，为黄河重点支流水资源调度提供了支撑工具和示范。

8.1.4 黄河流域节水型社会建设目标与措施

在大量调查分析的基础上，分析了黄河流域节水技术水准和节水型社会建设存在的问题，提出了黄河流域节水型社会建设的总体目标和分期目标；研究了黄河流域经济社会发展布局方案，提出了适合黄河流域不同区域的农业节水措施组合模式、工业及城镇生活节水措施以及主要节水措施的节水潜力分析成果；在对现状典型年各行业各省（区）实际用水定额和各省（区）编制的"用水定额"进行分析的基础上，提出了主要行业用水定额的推荐值；以陕西省泾惠渠灌区、宁夏青铜峡灌区和内蒙古河套灌区为例，分析了典型区地表水地下水联合运用的节水效果，提出了地表水地下水联合运用节水方案。主要研究结论包括：

1）节水潜力内涵与评价方法。根据对国内外节水研究进展的分析，目前节水潜力评价主要针对毛节水潜力，评价方法以定额法为主，但认识上正逐渐从传统节水潜力向净节水潜力或资源型节水潜力转变。

2）节水型社会建设目标。到 2030 年，农业灌溉水利用系数由现状的 0.49 提高到 0.59，农田灌溉定额由现状的 420m³/亩降到 361m³/亩；万元工业增加值取水量由现状的 104m³ 降到 30m³，工业用水重复利用率由现状的 61.3% 提高到 79.8%；城镇供水管网漏失率下降至 10.9%。通过节水型社会建设，再考虑南水北调西线工程调水，2030 年黄河流域可望基本实现水资源的供需平衡。

3）节水型社会建设的工程措施和非工程措施。工程措施包括：在工业节水方面，限制工业高耗水项目、淘汰高耗水工艺和设备，通过节水技术改造推广先进节水技术和工艺；在城镇生活节水方面，改造供水体系和改善城市供水管网降低城镇供水管网漏失率，推广应用节水型用水器具；在农业节水方面，强化渠系工程配套与渠系防渗、低压管道输水、田间节水灌溉等措施。非工程措施主要有：加强用水定额管理，强化计划用水、用水监测与评估，提高用水管理水平；对废污水排放征收污水处理费，实现污染物总量控制，促使企业再生水循环利用；重视田间农艺节水措施，建立和完善节水农业技术推广服务体系；完善水价体系以及节水政策与法规体系等。经估算，需要节水投资 717.9 亿元。

4）通过节水型社会建设，将显著提高流域水资源利用效率，一定程度上缓解流域缺水形势，但由于黄河流域资源性严重缺水，节水型社会建设还不能从根本上解决流域的长远缺水问题，还需要流域外调水来协助解决。

8.1.5 黄河流域干支流地表水权和地下水权分配

在黄河流域水资源的调查评价的基础上，开展了流域演变趋势研究，流域供水、用水、耗水、排水规律分析以及流域水资源需求预测研究，基于水资源开发利用和保护规划，提出流域水资源合理开发战略；基于流域水循环过程，建立水资源优化配置模型与模拟模型耦合的模型系统，引入流域水资源多目标调配柔性决策理论和求解方法，获得了水资源调度和管理优化方案；在水资源供需分析的基础上，综合考虑管理等因素提出了一套黄河流域地表水、地下水指标分配方案，为实现流域水资源一体化管理创造了条件。主要研究结论包括：

1）基于 1956～2000 年 45 年水文系列，黄河流域现状下垫面条件下天然河川径流量 534.8 亿 m³（利津断面），2020 水平年 524.8 亿 m³，2030 水平年 519.8 亿 m³；流域总用水量从 1980 年的 342.9 亿 m³ 增加到 2005 年的 405.1 亿 m³，其中仅有农田灌溉用水占总用水量的比例呈减少趋势，其余各部门用水量占总用水量的比例基本呈增加趋势。

2）根据各种用水（节水）模式下的需水方案的比选分析，推荐"强化节水模式"下的需水预测成果为推荐方案：黄河流域多年平均河道外总需水量由基准年的 485.79 亿 m³，增加到 2030 年的 547.33 亿 m³。该方案水资源利用效率总体达到同期国际较先进水平，基本保障了河流和地下水生态系统的用水要求，并退还了现状国民经济挤占的生态环境用水量。

3）在维护地下水生态系统良性循环的基础上，提出地下水开发的适宜规模：2020 年黄河流域规划开采浅层地下水 125.6 亿 m³，其中开发区规划开采量 105.8 亿 m³，保护区规划开采量 16.6 亿 m³，保留区规划开采量 3.2 亿 m³；2030 年黄河流域规划开采浅层地下水 130.5 亿 m³，其中开发区规划开采量占总开采量的 85.1%，保护区规划开采量占总开采量的 12.8%，保留区规划开采量占总开采量的 2.0%。

4）综合考虑现状用水、工程布局、取水许可审批水量等情况，提出了基于一体化管理的 2020 水平年和 2030 水平年黄河水量分配方案，并将地表水和地下水水量指标分配到各地市州盟。2020 水平年，在没有跨流域调水工程增加可利用水量的情况下属于缺水配置，虽然居民生活用水可得到满足，但干支流主要断面下泄水量不能完全满足河道内生态环境需水，工业缺水率为 2.9%。

8.1.6 黄河流域水权转换机制

对水权、初始水权的定义进行了界定，构建了黄河流域初始水权体系，在此基础上提出黄河流域可转换水权的定义和必须满足的基础条件。针对黄河流域农业用水效率低及"水少沙多"的特点，提出黄河流域未来可转换水权的实施范围包括灌区节水水权转换、水土保持水权转换，并对两种水权转换所涉及的灌区节水潜力、灌区节水可转换水量、水土保持可转换水量、期限、费用等关键问题进行了研究。主要研究结论包括：

1）黄河流域仅在宁夏、内蒙古两区开展了水权转换示范（试点），还没有向全流域范围内扩大，还构不成水市场的规模，但是已经具备了构建黄河水市场的条件。黄河流域水资源短缺，流域内的经济发展情况各不相同，利用水权市场使得水资源流向效益高的地区和行业是必要的。但黄河流域水权转换主要是农业向工业实施水权转换，水权转换的范围还存在不平衡性，应当探讨包括农业向工业水权转换、水土保持水权转换、用户间的水权转换等多种水权转换形式，缓解流域经济社会发展对水资源的迫切需求。

2）黄河流域水市场可分为三级。一级水市场为流域级水市场，包括省（区）之间水权转换和水土保持水权转换两种形式，省（区）之间水权转换又可分为黄河取水权指标有富裕和指标不足省（区）之间的水权转换、旱涝分布不均年份的省（区）之间的水权转换。二级水市场为省（区）级水市场，主要形式为灌区节水水权转换。三级水市场为用户级水市场。

3）从各级水市场水权转换程序、水权转换有关技术档案的编制要求、法律法规体系建设以及运行管理制度体系建设等方面设计了黄河流域水市场运行机制。

4）从监测内容、监测站网布设两方面构建了水权转换监测体系。监测内容包括水权计量监测、实施效果监测以及水权转换工程安全运行监测。水权转换监测站网布设应充分依托现有监测站网，并根据各级水市场特殊需求进行布置。

8.1.7 黄河一体化管理机制

在论述黄河水资源管理的主要内容、分析黄河水资源管理与调度的现状及存在问题、黄河水资源管理体制与法律法规现状及存在问题的基础上，从宏观管理、水资源配置、水资源节约与保护、水量调度管理四个方面研究了黄河水资源一体化管理机制。主要研究结论包括：

1）黄河水资源突出的特点和尖锐的供需矛盾，决定了对黄河水资源必须实行一体化管理。

2）确定了近期黄河支流水资源调度管理的目标，并针对不同支流和不同地区的特点确定了三类调度管理模式：①支流用水总量控制（清水河和大黑河），②省（区）用水总量控制（洮河、湟水、汾河、伊洛河、大汶河5条支流），③省（区）用水总量控制，实施非汛期月水量调度（渭河和沁河）。

3）为更好地贯彻落实《黄河水量调度条例》，研究制定了包括《黄河水量调度实施细则（试行）》、《黄河流域抗旱预案（试行）》、《黄河水量调度突发事件应急处置规定（修订）》在内的配套政策，均颁布实施。

4）提出了黄河水资源一体化管理机制的四个支持系统，即法律支持系统，经济支持系统，技术支持系统，内部支持系统。

5）从必然性、必要性以及可行性等角度研究和论证了流域机构作为流域代言人和生态水权代理人是实现流域水资源一体化管理，适应科学发展观要求，建立"资源节约、环境友好型"社会的必然要求。

8.1.8　基础数据与信息平台

采用 GIS 等现代数据信息技术，将收集到的水文气象、下垫面、社会经济、用水、水利工程、水土保持等信息进行集成，构建了黄河流域和重点支流水循环及水资源信息平台，为开展支流水资源演变规律研究及水资源调度研究提供了基础信息平台。

8.2　创新总结

8.2.1　基于流域水循环的支流用水评价方法及监测体系框架

1）针对基于"引排差"的传统用水评价中的不足以及目前支流耗水情况不清的问题，提出了基于流域水循环全过程的用水评价方法，即体现两个统一评价的评价方法：用水过程与自然水循环过程统一评价、地表水和地下水用水统一评价，并在渭河、汾河、湟水三条重点耗水支流得到应用，初步弄清了三条重点耗水支流用耗水现状。

2）根据目前支流用水监测中存在的问题，提出了基于水循环全过程的重点支流三维立体用耗水监测体系整体框架。该体系包括：以水文站网为主体的流域地表水监测系统，以地下水监测井为主体的地下水监测系统，以遥感反演结合地面校验为主要手段的流域 ET 监测系统，以渠道和排水沟量水设施为主体的灌区"取水—输水—用水—排水"监测体系，以完善的用水计量设施为主体的城市用水监测体系，以逐渐完善的计量到户设施为主体的农村生活和农村工业用水监测体系。

8.2.2　支流水循环模拟与水资源调度模型系统

（1）支流水循环模拟

在已有二元模型的基础上，针对重点支流的水系、下垫面特征以及水资源分配特征，对二元模型进行了修改和完善，提高了黄河流域重点支流模拟精度。模拟了 2005 年现状年的水循环状况，分析了三个重点支流的水资源演变规律。

（2）支流水资源调度模型系统

1）开发了基于开源优化软件包 Lp_Solve 的大规划优化模型求解平台，该平台的开发，使得优化模型可以脱离开昂贵的商业优化软件独立运行，方便了水资源优化调配模型的开发，及相应模型系统的推广与应用。

2）开发了通用水资源优化调配模型，在该模型中利用数学规划的思想描述了水资源系统中常见的一些对象及其伴随的过程，并利用具有自主知识产权的优化模型求解平台来求解该通用模型。

3）开发了预报面降雨与水库/水文站径流过程的来水预报模型，为渭河流域水资源调度系统提供降水径流及墒情分析的相关数据，也保证了调度系统的高效性和实用性。

4）开发了预报各个计算单元的各部门需水的需水预报模型，对于占渭河流域用水量最大比例的农业模型的构建中，选择流域内 9 种典型作物，充分考虑区域气象要素、降水、地下水的入渗、潜水蒸发构建土壤墒情模型、利用 Penman-Monteith 模型计算长系列典型作物参考需水量的基础上，实现不同降水保证率条件下各计算单元的需水量。

5）建立基于运动波与动力波的河道径流演进模型，并成功应用于渭河干流和几个重要支流。

6）集成以上核心子模型和辅助模型，开发了基于 RCP 的渭河水资源调度模型系统。

8.2.3　节水型社会建设目标与措施

在分析黄河流域节水技术水准和节水型社会建设存在问题的基础上，研究了黄河流域经济社会发展布局方案，提出了适合黄河流域不同区域的农业节水措施组合模式、工业及城镇生活节水措施以及主要节水措施的节水潜力分析成果，提出了黄河流域节水型社会建设的总体目标、分期目标和主要措施，并分析了节水型社会建设对缓解黄河流域水资源紧缺形势的作用。

8.2.4　干支流地表水地下水水权分配

1）首次将柔性决策理论引入到水资源调配研究，建立流域水资源优化调配柔性决策模型系统并提出求解方法，并综合考虑现状用水、工程布局、取水许可审批水量等情况，提出了基于一体化管理的 2020 水平年和 2030 水平年黄河水量分配方案。

2）以 2020 年水平黄河流域水资源优化配置成果为基础，对黄河取水许可总量控制指标进行细化，提出了黄河流域各地市（盟）的地表水和地下水水权指标分配方案，并明确黄河干流和主要支流的供水控制指标，作为黄河一体化总量控制管理的决策依据。

8.2.5　水权转让机制

系统提出了黄河流域水权转换三级水市场的建立构架和组织体系；从各级水市场水权转换程序、水权转换有关技术文件的编制要求、法律法规体系建设以及管理制度体系建设等方面设计了黄河流域水市场运行机制；从监测内容、监测站网布设两方面构建了水权转换监测体系。

8.2.6　一体化管理机制

从宏观管理、水资源配置、水资源节约与保护、水量调度管理四个方面开展了黄河水资源一体化管理机制研究，制定了《黄河水量调度条例实施细则（试行)》并由水利部颁布实施，完善了支流水量调度制度和机制、流域抗旱制度和机制、黄河水量调度应急管理机制，提出了黄河水资源一体化管理机制的法律、经济、技术和机构能力四个支持系统。

8.2.7　微观技术与宏观政策研究的综合集成

以流域水循环理论为基础、以支撑黄河水量调度管理为主线，综合集成了流域水循环模拟与调控等微观技术和节水型社会建设、水权分配及水权转让及一体化管理机制等宏观政策研究成果。

8.3　深化研究建议

随着理论研究和黄河水资源管理实践的不断深入，以及区域经济、社会和生态建设对水资源管理实践需求，本研究今后尚需进一步深化。建议重点围绕如下内容展开。

8.3.1　重点支流水资源调度与水信息自动监测

渭河流域水资源调度模型系统的完善及其在其他重点支流的推广应用。受时间等因素限制，本次构建的渭河流域水资源调度模型系统还只是基于模型和数据库的初级产品，既需要在调度实践中不断完善，又需要与 GIS 系统相结合增强产品的可视化和通用化性能，并在沁河、湟水和汾河等其他重点支流推广应用。

同时，水信息自动监测与传输系统是搞好支流水资源调度的一项重要基础工作。目前渭河、沁河等各重点耗水支流的水信息自动监测基础十分薄弱，急需加强，包括水信息自动监测体系的规划设计和建设。

8.3.2　黄河流域上中游节水型社会建设关键技术研究

节水型社会建设是一项复杂的系统工程，需要一系列理论和技术体系支撑，特别是在黄河流域上中游地区。主要包括：①黄河流域上中游节水型社会建设进展形势评估与对策分析。通过跟踪调查，对流域上中游节水型社会建设进展情况进行评估分析，提出节水型社会建设取得的主要经验和存在问题，并结合问题提出进一步推进节水型社会建设的对策措施。②节水型社会建设关键技术研究。通过对国内外节水领域研究成果和进展的综合分析，结合流域上中游节水社会建设的特点，提出节水潜力内涵与节水量评价方法、宁蒙灌区水资源供用耗排机理、主要节水措施节水效果评价、与节水型社会建设要求相适应的政策管理体系建设、节水型社会建设融资保障体系等方面的研究成果，为流域上中游节水型社会建设提供技术支撑。

8.3.3　水权分配细化及水权转换补偿机制研究

1）基于水权三要素（取水、耗水、排水）细化黄河流域支流地表水和地下水水权分配成果。支流水权分配是一项十分复杂的工作，本次研究取得的成果实施起来尚需大量的细化工作，特别是耗水和排水指标的细化工作。

2）水权转换是一种新型的水资源配置方法，是破解水资源制约当地经济社会发展瓶颈的新途径，它在调整水资源的供需矛盾、提高用水效率、促使水资源从低效益用途向高效益用途转移、增加水利投入等方面具有积极的意义。以下两项内容今后需要重点研究：①粗泥沙集中来源区水沙资源综合利用研究。黄河流域粗泥沙集中来源区 1.88 万 km²，该地区泥沙对黄河下游危害极大，因此，粗泥沙集中来源区治理是黄河治理的根本措施。尽管目前在黄土高原 7 省（区）依靠国家投资已经开展了 200 多条小流域坝系建设，但泥沙治理速度相对较慢。如何借鉴水土保持水权转换的思路，将粗泥沙集中来源区治理和能源化工基地建设的用水问题有机结合起来，实现粗泥沙集中来源区治理的同时，解决能源基地建设用水问题具有重要的现实意义。粗泥沙集中来源区水沙资源综合利用涉及工程技术、建设管理体制和机制、投融资体制和机制等多方面的问题，需要开展进一步的研究。②黄河流域水权转换补偿机制研究。水权转换是一个庞大的系统工程，会涉及或影响到许多方的利益，因此，需要针对不同的水权转换类型，对受影响的相关利益方进行识别，确定被影响对象的影响程度，定量估算造成的损失，并提出补偿方案建议。

参 考 文 献

安新代. 2007. 黄河水资源管理调度现状与展望. 中国水利, (13): 16-19.

安新代. 2007-07-19. 黄河支流水资源管理与调度. 黄河报, 第一版.

安新代, 殷会娟. 2007. 国内外水权交易现状及黄河水权转换特点. 中国水利, (19): 35-37.

巴金福, 祁万明, 汪青春, 等. 2000. 黄河上游降水时空分布特征及变化趋势. 青海电力, (1): 9-12.

白玉岭. 2007. 鄂尔多斯市水权转换与节水型社会建设. 中国水利, (19): 45-46.

包为民, 胡金虎. 2000. 黄河上游径流资源及其可能变化趋势分析. 水土保持通报, 20 (2): 15-18.

卜建民, 王世杰, 林年丰. 2004. 半干旱地区霍林河流域径流演变及其影响机制研究. 干旱区资源与环境, 18 (4): 105-108.

伯拉斯. 1983. 水资源科学分配. 北京: 中国水利水电出版社: 36-42.

曹丽菁, 余锦华, 葛朝霞. 2004. 华北地区大气水分气候变化及其对水资源的影响. 河海大学学报 (自然科学版), 32 (5): 504-507.

岑国平, 沈晋, 范荣生. 1996. 城市暴雨径流计算模型的建立和检验. 西安理工大学学报, 12 (3): 184-190, 225.

常学向, 赵爱芬, 王金叶. 2002. 祁连山林区大气降水特征与森林对降水的截留作用. 高原气象, 21 (3): 274-280.

常云昆. 2001. 黄河断流与黄河水权制度研究. 北京: 中国社会科学出版社.

陈家琦, 王浩. 1996. 水资源学概论. 北京: 中国水利水电出版社.

陈家琦, 王浩, 杨小柳. 2002. 水资源学. 北京: 科学出版社: 11-13, 52-67.

陈剑池, 金蓉玲, 管光明. 1999. 气候变化对南水北调中线工程可调水量的影响. 人民长江, 30 (3): 9-16, 50.

陈洁, 许长新. 2005. 智利水法对中国水权交易制度的借鉴. 人民黄河, (12): 47-48.

陈晓宏, 陈泽宏. 2000. 洪水特征的时间变异性识别. 中山大学学报 (自然科学版), 39 (1): 96-100.

陈效国. 2007. 黄河流域水资源演变的多维临界调控模式. 郑州: 黄河水利出版社: 1-13.

陈志恺. 2002. 21 世纪中国水资源持续开发利用问题. 中国工程科学, 2 (3): 7-11.

陈祖铭, 任守贤. 1994a. FCHM 结构与融雪模型——森林流域水文模型研究之一. 四川水力发电, (1): 11-15, 96.

陈祖铭, 任守贤. 1994b. 模型参数确定与计算实例——森林流域水文模型研究之三. 四川水力发电, (3): 56-62.

陈祖铭, 任守贤. 1994c. 枝叶截蓄与蒸散发模型及界面水分效应——森林流域水文模型研究之二. 四川水力发电, (2): 21-27.

程海云, 葛守西, 闵要武. 1999. 人类活动对长江洪水影响初析. 人民长江, 30 (2): 38-40.

崔建远. 2002. 水权转让的法律分析. 清华大学学报哲学社会科学版, (5): 40-50.

崔远来, 白宪台, 刘毓川, 等. 1996. 北京城市雨洪系统产流模型研究. 北京水利, (6): 42-44, 49.

戴长雷, 迟宝明. 2005. 地下水监测研究进展. 水土保持研究, 12 (2): 86-88.

戴明英, 闫蕾, 张厚军. 2002. 无定河水沙变化的分析研究//汪岗, 范昭. 黄河水沙变化研究 (第一卷下册). 郑州: 黄河水利出版社: 666.

邓惠平, 刘厚风, 祝廷成. 1999. 松嫩草地40余年气温、降水变化及其若干影响研究. 地理科学, 19 (3): 220-224.

邓慧平. 2001. 气候与土地利用变化对水文水资源的影响研究. 地球科学进展, 16 (3): 436-441.

邓慧平, 刘厚风. 2000. 全球气候变化对松嫩草地水热生态因子的影响. 生态学报, 20 (6): 958-963.

邓慧平, 唐来华. 1998. 沱江流域水文对气候变化的响应. 地理学报, 51 (1): 42-47.

邓慧平, 张翼. 1996. 可用于气候变化研究的日流量随机模拟方法探讨. 地理学报, 51 (增刊): 151-160.

邓慧平, 李爱贞, 刘厚风, 等. 2000. 气候波动对莱州湾地区水资源及极端旱涝事件的影响. 地理科学, 20 (1): 56-60.

丁晶, 邓育人. 1988. 随机水文学. 成都: 成都科技大学出版社.

丁琳霞. 2000. 黄土区水土保持对小流域水环境效应的影响. 杨凌: 中国科学院水利部水土保持研究所硕士学位论文.

端润生, 冉崇辉, 童正则. 2001. 俄罗斯的水权与用水管理. 水利发展研究, (3): 28-30.

方向京, 孟广涛, 郎南军, 等. 2001. 滇中高原山地人工群落径流规律的研究. 水土保持学报, 15 (1): 66-68, 84.

冯尚友. 1990. 多目标决策理论方法与应用. 武汉: 华中理工大学出版社: 3-35.

傅春, 胡振鹏. 2000. 国内外水权研究的若干进展. 中国水利, (6): 40-42.

高峰, 刘毓氜, 雷声隆. 1997. 北京市城区洪水预报模型研究. 海河水利, (5): 15-18.

高歌, 李维京, 张强. 2000. 华北地区气候变化对水资源的影响及2003年水资源预评估. 气象, 29 (8): 26-30.

高甲荣. 1998. 秦岭林区锐齿栎林水文效应的研究. 北京林业大学学报, 20 (6): 31-35.

高军省, 姚崇仁. 1998. 节水灌溉对区域水资源系统的影响浅析. 西北水资源与水工程, 9 (4): 27-30, 35.

高鹏, 刘亚东, 朱永秋. 1997. 刺槐林地及其采伐迹地产流特征的研究. 辽宁城乡环境科技, 17 (3): 65-67.

高奇. 2001. 系统科学概论. 济南: 山东大学出版社.

戈锋. 2007. 内蒙古以水权转换促进节水型社会建设. 中国水利, (19): 43-44.

葛贵. 2005. 张掖市建设节水型社会中确定水权的实践探索. 水利规划与设计, (4): 8-9.

巩合德, 王开运. 2003. 森林水文生态效应及在川西亚高山针叶林群落中的研究. 世界科技研究与发展, 25 (5): 41-46.

顾文书. 2002. 黄河水沙变化及其影响的综合分析报告//汪岗, 范昭. 黄河水沙变化研究 (第一卷). 郑州: 黄河水利出版社.

郭生练, 刘春蓁. 1997. 大尺度水文模型及其与气候模型的联结耦合研究. 水利学报, (7): 37-41, 65.

国家气候中心. 2008. 中国地区气候变化预估数据集 Version 1. 0 使用说明.

何进知, 李舒宝, 蒋永奎. 2001. 森林植被对流域产汇流的影响分析. 水力发电学报, (1): 69-72.

胡继连, 葛颜祥. 2004. 黄河水资源的分配模式与协调机制. 管理世界, (8): 43-52.

胡汝骥, 马虹, 樊自立等. 2002. 近期新疆湖泊变化所示的气候趋势. 干旱区资源与环境, 16 (1): 20-27.

胡振鹏, 傅春, 王先甲. 2003. 水资源产权配置与管理. 北京: 科学出版社.

黄秉维. 1982. 森林对环境作用的几个问题. 中国水利, 4 (1): 1-7.

黄秉维. 1996. 论地球系统科学与可持续发展战略基础. 地理学报, 51 (4): 350-354.

黄河勘测规划设计有限公司. 2007. 黄河流域 (片) "十一五" 节水型社会建设规划.

黄河勘测规划设计有限公司. 2008. 黄河流域 (片) 水资源综合规划.

黄河流域初始水权分配及水权交易制度研究课题组. 2005. 黄河流域初始水权分配及水权交易制度研究.

黄河水利委员会. 1998-2007. 黄河流域水资源公报. 郑州: 黄河水利出版社.

黄河水利委员会. 2002. 黄河水资源管理调度及灌溉节水潜力研究. "九五" 国家重点科技攻关项目.

黄河水利委员会. 2004. 黄河水权转换管理实施办法 (试行). 水利部黄河水利委员会黄水调 (2004) 18 号文件, (6).

黄河水利委员会. 2005. 渭河流域近期重点治理规划.

黄河水利委员会. 2006. 水资源管理与调度局等. 黄河重要支流水量统一调度方案研究.

黄河水利委员会. 2008a. 黄河水权转换制度构建及实践. 郑州: 黄河水利出版社.

黄河水利委员会. 2008b. 黄河流域水资源综合规划报告. 郑州: 黄河水利委员会.

黄河水量调度管理局 (筹). 2001. 黄河水资源统一管理体制和水量统一调度研究.

黄河水文水资源科学研究所, 黄委水资源管理与调度局. 2005. 南水北调西线第一期工程调水和黄河水资源统一管理调度研究.

黄明斌, 康绍忠, 李玉山. 1999. 黄土高原沟壑区森林和草地小流域水文行为的比较研究. 自然资源学报, 14 (3): 226-231.

黄明斌, 杨新民, 李玉山. 2001. 黄土区渭北旱塬苹果基地对区域水循环的影响. 地理学报, 56 (1): 7-13.

黄明斌, 杨新民, 李玉山. 2003. 黄土高原生物利用性土壤干层的水文生态效应研究. 中国生态农业学报，11（3）：113-116.

黄强，畅建霞. 2007. 水资源系统多维临界调控的理论与方法. 郑州：中国水利水电出版社：53-56.

黄锡生. 2005. 水权制度研究. 北京：科学出版社.

黄贤金，陈志刚，周寅康，等. 2002. 水市场运行机制的国际比较及其对我国的启示. 国土资源，（6）：18-21.

黄晓荣，张新海，彭少明，等. 2007. 黄河流域水资源规划关键技术理论与实践. 郑州：黄河水利出版社：12-38.

惠养瑜，冀文慧，同新奇，等. 2002. 无定河流域水沙变化及其发展趋势预测研究//汪岗，范昭. 黄河水沙变化研究（第一卷下册）. 郑州：黄河水利出版社.

霍尔 M J. 1988. 城市水文学. 詹道江译. 南京：河海大学出版社.

吉好地咨询（北京）有限公司. 2006. 黄河流域水权水市场制度研究——澳大利亚水权水交易经验借鉴.

贾仰文，王浩. 2003. 分布式流域水文模拟研究进展及未来展望. 水科学进展，14（增刊）：118-123.

贾仰文，王浩，倪广恒，等. 2005a. 分布式流域水文模型原理与实践. 北京：中国水利水电出版社（水科学前沿学术丛书）：196-236.

贾仰文，王浩，王建华，等. 2005b. 黄河流域分布式水文模型开发和验证. 自然资源学报，20（2）：300-308.

贾仰文，王浩，仇亚琴，等. 2006a. 基于流域水循环模型的广义水资源评价（Ⅰ）. 水利学报，37（9）：1051-1055.

贾仰文，王浩，仇亚琴，等. 2006b. 基于流域水循环模型的广义水资源评价（Ⅱ）. 水利学报，37（10）：1181-1187.

江涛，陈永勤，陈俊令. 2000. 未来气候变化对我国水文水资源影响的研究. 中山大学学报（自然科学版），39，增刊（2）：151-157.

姜丙洲，章博，李恩宽. 2007. 内蒙古水权转换试点区监测效果分析. 中国水利，（19）：47-48.

姜文来. 2000. 水权及其作用探讨. 中国水利，（12）：13-14.

蒋剑勇，方守湖. 2003. 水权管理的国际比较与思考. 水利发展研究，3（7）：18-21.

蒋晓辉，刘昌明，黄强. 2003. 黄河上中游天然径流多时间尺度变化及动因分析. 自然资源学报，18（2）：142-147.

焦爱花，杨高升. 2001. 中国水市场的运作模型研究. 水利水电科技进展，21（4）：37-40.

金小麒，巫启新. 2000. 板桥河小流域防护林体系的水文效应研究. 福建林业科技，27（4）：6-9.

靳贤福，任志谋，张琦. 2001. 水资源存在问题及其对策. 甘肃农业，（1）：20-22.

景可，申元村. 2000. 黄土高原水土保持对未来地表水资源影响研究. 中国水土保持，（1）：

12-14.

敬正书. 2002. 关于解决漳河上游水事问题的调查报告. 中国水利, (5): 7-10.

康玲玲, 李皓冰, 李清杰, 等. 2001. 干暖化对黄河上游宁蒙灌区灌溉耗水量影响初析. 西北水资源与水工程, 12 (3): 1-5.

可素娟, 王玲, 董雪娜. 1997. 黄河流域降水变化规律分析. 人民黄河, (7): 18-22.

雷孝章, 王金锡, 赵文谦. 2000. 森林对降雨径流的调蓄转换规律研究. 四川林业科技, 21 (2): 7-12.

李长兴. 1998. 城市水文的研究现状与发展趋势. 人民珠江, (4): 9-12.

李春梅, 高素华. 2002. 我国北方干旱半干旱地区水资源演变规律及其供需状况评价. 水土保持学报, 16 (2): 68-71.

李代鑫, 叶寿仁. 2001. 澳大利亚的水资源管理及水权交易. 中国水利, (6): 41-44.

李栋梁, 张佳丽, 全建瑞, 等. 1998. 黄河上游径流量演变特征及成因研究. 水科学进展, 9 (1): 22-28.

李国英. 黄河水权转换的探索与实践. 2007. 中国水利, (19): 30-31.

李劲, 黄大荣. 2008. 基于粗糙神经网络的交通优化控制模型. 计算机工程与应用, 44 (19): 215-219.

李晶. 2008. 中国水权. 北京: 知识产权出版社.

李晶, 等. 2003. 水权与水价—国外经验研究与中国改革方向探讨. 北京: 中国发展出版社.

李秀彬. 1996. 全球环境变化研究的核心领域——土地利用覆被变化的国际研究动向. 地理学报, 51 (6): 553-557.

李玉山. 1997. 黄土高原治理开发与黄河断流的关系. 水土保持通报, 17 (6): 41-45.

林家彬. 2002. 日本水资源管理体系考察及借鉴. 水资源保护, (3): 55-59.

林涛. 2004. 水权及其转让制度初探. 中国水利, (10): 42-44.

林学钰, 王金生, 等. 2006. 黄河流域地下水资源及其可更新能力研究. 郑州: 黄河水利出版社.

刘斌, 冉大川, 罗全华, 等. 2002. 北洛河流域水土保持措施减水减沙作用分析//汪岗, 范昭. 黄河水沙变化研究 (第二卷). 郑州: 黄河水利出版社: 462-493.

刘昌明, 陈志恺. 2001. 中国水资源现状和供需发展趋势分析. 北京: 中国水利水电出版社: 20-26.

刘昌明, 钟骏襄. 1978. 黄土高原森林对年径流影响的初步分析. 地理学报, 33 (2): 112-126.

刘春蓁. 1997. 气候变化对我国水文水资源的可能影响. 水科学进展, 8 (3): 220-225.

刘慧平, 祝廷成. 1998. 全球气候变化对松嫩草原土壤水分和生产力影响的研究. 草地学报, 6 (2): 147-152.

刘纪根, 雷廷武, 夏卫生, 等. 2001. 施加 PAM 的坡地降雨入渗过程及其模型研究. 水土保持学报, 15 (3): 51-54.

刘培哲. 2003. 可持续发展概念与中国 21 世纪议程. 来自科学技术前沿的报告. 北京：科学技术出版社.

刘新仁, 余晓珍. 1993. 运用概念性流域水文模型分析气候对土壤水的影响. 水文，(6)：1-7.

栾兆擎, 邓伟. 2003. 三江平原人类活动的水文效应. 水土保持通报, 23 (5)：11-14.

罗健, 张行南, 王文. 2000. 树篱条件下的流水网及其对径流过程影响研究. 河海大学学报, 28 (3)：20-25.

马建华, 管华. 2003. 系统科学及其在地理学中的应用. 北京：科学出版社.

孟广涛, 郎南军, 方向京, 等. 2001. 滇中华山松人工林的水文特征及水量平衡. 林业科学研究, 14 (1)：78-84.

穆兴民, 王飞, 李靖, 等. 2004. 水土保持措施对河川径流影响的评价方法研究进展. 水土保持通报, 24 (3)：73-78.

内蒙古水利厅. 2004. 内蒙古自治区黄河水权转换总体规划.

宁夏水利厅. 2004. 宁夏回族自治区黄河水权转换总体规划.

宁夏水利厅. 2006. 宁夏引黄灌区水权转换价格研究.

欧松, 欧润贵, 钟永德. 1995. 应用地理信息系统综合研究森林水文作用. 中南林业调查规划, 54 (4)：51-55.

裴丽萍. 2001a. 水权制度初论. 中国法学，(2)：90-101.

裴丽萍. 2001b. 水资源市场配置法律制度研究——一个以水资源利用为中心的水权制度构想. 北京：法律出版社.

齐寅峰. 1989. 多属性决策引论. 北京：兵器工业出版社.

钱意颖, 程秀文. 2002. 泾、洛、渭河的水沙变化及发展趋势预测//汪岗, 范昭. 黄河水沙变化研究（第一卷）. 郑州：黄河水利出版社：128-141.

秦毅苏, 等. 1997. 黄河流域地下水资源合理开发利用. 郑州：黄河水利出版社.

仇亚琴, 王水生, 贾仰文, 等. 2006a. 汾河流域水土保持措施水文水资源效应初析. 自然资源学报, 21 (1)：24-30.

仇亚琴, 周祖昊, 贾仰文, 等. 2006b. 三川河流域水资源演变个例研究. 水科学进展, 17 (6)：865-872.

邱新法, 刘昌明, 曾燕. 2003. 黄河流域近 40 年蒸发皿蒸发量的气候变化特征. 自然资源学报, 18 (4)：437-442.

冉大川. 1998. 泾河流域人类活动对地表径流量的影响分析. 西北水资源与水工程, 9 (1)：32-36.

冉大川, 刘斌, 罗全华, 等, 2002. 泾河流域水土保持措施减水减沙作用分析//汪岗, 范昭. 黄河水沙变化研究（第二卷）. 郑州：黄河水利出版社：494-530.

冉茂玉. 2000. 论城市化的水文效应. 四川师范大学学报（自然科学版), 23 (4)：436-439.

任光耀, 成雁翔, 杨志安. 1998. 干旱系统演化探索. 西安：陕西科学技术出版社.

任建华，李万寿，张婕. 2002. 黑河干流中游地区耗水量变化的历史分析. 干旱区研究，19（1）：18-22.

任立良，张炜，李春红. 2001. 中国北方地区人类活动对地表水资源的影响研究. 河海大学学报，29（4）：13-18.

阮伏水，周伏建. 1996. 花岗岩不同土地利用类型坡地产流和入渗特征. 土壤侵蚀与水土保持学报，2（3）：1-7.

单以红. 2007. 水权市场建设与运作研究. 南京：河海大学博士学位论文.

邵改群. 2001. 山西煤矿开采对地下水资源影响评价. 中国煤田地质，13（1）：41-43.

沈振荣，汪林，于福亮，等. 2000. 节水新概念—真实节水的研究与应用. 北京：中国水利水电出版社.

水利部. 2006. 2006 年 7 月至 2007 年 6 月黄河可供耗水量年度分配及非汛期水量调度计划（水资源〔2006〕518 号），11.

水利部黄河水沙变化研究基金会. 2002. 黄河水沙变化及其影响的综合分析报告//汪岗，范昭. 黄河水沙变化研究（第二卷）. 郑州：黄河水利出版社.

水利部经济调节司，水利部发展研究中心. 2001. 关于浙江"东阳—义乌"水权转让的调研报告. 中国水利报，第 2 版.

水利部政策法规司，水法研究会. 2002. 中华人民共和国水法讲话. 北京：中国水利水电出版社.

宋孝玉，李永杰，陈洪松. 1998. 黄土沟壑区不同下垫面条件农田降雨入渗及产流规律野外试验研究. 干旱地区农业研究，16（4）：65-72.

苏茂林. 2007. 黄河水权转换制度体系建设. 中国水利，（19）：32-34.

孙广生，裴勇. 2004. 黄河水资源统一管理与调度的实践与展望. 人民黄河，（5）：25-27.

孙广生，乔西现，孙寿松. 2001. 黄河水资源管理. 郑州：黄河水利出版社.

孙仕军，丁跃元，曹波，等. 2002. 平原井灌区土壤水库调蓄能力分析. 自然资源学报，17（1）：42-47.

索丽生. 2001. 我国可持续发展水资源战略. 学会月刊，（11）：15-16.

汤立群，陈国祥. 1995. 水利水保措施对黄土地区产流模式的影响研究. 人民黄河，（1）：19-22.

汪岗，范昭. 2002. 黄河水沙变化研究（第二卷）. 郑州：黄河水利出版社.

汪恕诚. 1999. 实现工程水利到资源水利的转变　做好面向 21 世纪中国水利这篇大文章. 水利经济，（4）：93-98.

汪恕诚. 2000. 水权和水市场——实现水资源优化配置的经济手段. 中国水利，（11）：6-9.

汪恕诚. 2001. 水权和水市场. 水电能源科学，（3）：1-5.

汪雅梅. 2007. 水资源短缺地区水市场调控模式研究与实证. 西安：西安理工大学硕士学位论文.

王根绪，程国栋. 1998. 近 50a 来黑河流域水文及生态环境的变化. 中国沙漠，18（3）：

233-238.

王国安, 李文家. 2002. 水文设计成果合理性评价. 郑州：黄河水利出版社.

王国庆, 王云漳, 尚长昆. 2000. 气候变化对黄河水资源的影响. 人民黄河, 22 (9)：40-41, 45.

王国庆, 贾西安, 陈江南. 2001a. 人类活动对水文序列的显著影响干扰点分析——以黄河中游无定河流域为例. 西北水资源与水工程, 12 (3)：13-15.

王国庆, 王云漳, 史忠海, 等. 2001b. 黄河流域水资源未来变化趋势分析. 地理科学, 21 (5)：396-400.

王国胜, 洪惜英, 王礼先. 1995. 密云水库上游油松等林分调节水分效应的研究. 北京林业大学学报, 17 (2)：21-26.

王浩, 杨小柳. 1998. 中国水资源态势分析与预测——中国农业水危机对策研究. 北京：中国农业科技出版社.

王浩, 秦大庸, 王建华. 2001. 多尺度区域水循环过程模拟进展与二元水循环模式的研究//刘昌明, 陈效国. 黄河流域水资源演化规律与可再生性维持机理. 郑州：黄河水利出版社.

王浩, 王建华, 秦大庸, 等. 2002. 现代水资源评价及水资源学学科体系研究. 地球科学进展, 17 (1)：12-17.

王浩, 贾仰文, 王建华, 等. 2005a. 人类活动影响下的黄河流域水资源演变规律初探. 自然资源学报, 20 (2)：157-162.

王浩, 杨爱民, 周祖昊, 等. 2005b. 基于分布式水文模型的水土保持水文水资源效应研究. 中国水土保持科学, 3 (4)：6-10.

王浩, 王建华, 贾仰文. 2006. 现代环境下的流域水资源评价方法研究. 水文, 26 (3)：18-21.

王宏, 马勇, 赵俊侠, 等. 2002. 渭河流域水土保持措施减水减沙作用分析//汪岗, 范昭. 黄河水沙变化研究 (第二卷). 郑州：黄河水利出版社.

王礼先, 张志强. 1998. 森林植被变化的水文生态效应研究进展. 世界林业研究, 11 (6)：14-23.

王凌. 2001. 智能优化算法及其应用. 北京：清华大学出版社.

王玉明, 张学成, 王玲, 等. 2002. 黄河流域 20 世纪 90 年代天然径流量变化分析. 人民黄河, (3)：9-11.

王政发. 1998. 黄河中上游水文周期分析. 西北水电, (2)：1-5.

魏世孝, 周献中. 1998. 多属性决策理论方法及其在 C3I 系统中的应用. 北京：国防工业出版社.

魏晓妹, 赵颖娣. 2000. 关中灌区农业水资源调控问题研究. 干旱地区农业研究, 18 (3)：117-122.

翁文斌, 蔡喜明, 史慧斌, 等. 1995. 宏观经济水资源规划多目标决策分析方法及应用. 水利学报, (2)：1-11.

吴洪相. 2007. 推进水权转换, 为宁夏发展提供水资源支撑. 中国水利, (19): 41-42.

吴钦孝, 刘向东, 赵鸿雁. 1994. 森林集水区水文效应的研究. 人民黄河, (12): 25-27, 60.

席家治. 1996. 黄河水资源. 郑州: 黄河水利出版社.

夏军, 谈戈. 2002. 全球变化与水文科学新的进展与挑战. 资源科学, 24 (3): 1-7.

向成华, 蒋俊明, 陈祖铭. 1999. 平通河流域的森林水文效应. 南京林业大学学报, 23 (3): 79-82.

邢大韦, 张卫, 王百群. 1994. 神府—东胜矿区采煤对水资源影响的初步评价. 水土保持研究, 1 (4): 92-99.

徐国志, 顾基发, 车宏安. 2000. 系统科学. 上海: 上海教育出版社.

徐建华, 牛玉国. 2000. 水利水保工程对黄河中游多沙粗沙区径流泥沙影响研究. 郑州: 黄河水利出版社.

徐学选, 刘江华, 高鹏, 等. 2003. 黄土丘陵区植被的土壤水文效应. 西北植物学报, 23 (8): 1347-1351.

许新宜, 王浩. 1997. 华北地区宏观经济水资源规划理论与方法. 郑州: 黄河水利出版社.

闫平凡, 张长水. 2000. 人工神经网络与模拟进化计算. 北京: 清华大学出版社.

闫晓春. 2004. 澳大利亚的水权制度. 东北水利水电, 22 (242): 61-62.

杨少林, 孟菁玲. 2004. 澳大利亚水权制度的发展及其启示. 水利发展研究, (8): 52-55.

杨士弘. 1997. 城市生态环境学. 北京: 科学出版社.

杨士坤, 牛富. 2004. 实践水权水市场理论, 积极探索解决漳河水事纠纷的新途径. 海河水利, (2): 14-18.

杨士荣, 戴少辉, 王英凯. 1997. 山西省大中型水库年径流变化趋势分析. 山西水利科技, (3): 37-42.

杨位钦, 顾岚. 1986. 时间序列分析与动态数据建模. 北京: 北京工业学院出版社.

杨向辉, 陈洪转, 郑垂勇. 2006. 我国水市场的构架及运作模式探讨. 人民黄河, (2): 43-44.

杨志峰, 李春晖. 2004. 黄河流域天然径流量突变性与周期性特征. 山地学报, 22 (2): 140-146.

于福亮, 等. 2002. 用水定额研究. 水利部重大项目水利与国民经济发展研究专题.

于静洁, 刘昌明. 1989. 森林水文学研究综述. 地理研究, 8 (1): 88-98.

于澎涛. 2000. 分布式水文模型在森林水文学中的应用. 林业科学研究, 13 (4): 431-438.

袁东良, 王铁民, 邢芳. 2007. 宁夏、内蒙古水权转换总体规划. 中国水利, (19): 38-40.

袁飞, 谢正辉, 任立良, 等. 2005. 气候变化对海河流域水文特性的影响. 水利学报, 36 (3): 274-278.

袁艺, 史培军. 2001. 土地利用对流域降雨—径流关系的影响——SCS 模型在深圳市的应用. 北京师范大学学报 (自然科学版), 37 (1): 131-136.

詹道江, 叶守泽. 2000. 工程水文学. 北京: 中国水利水电出版社.

张斌，张桃林，赵其国. 1999. 干旱季节不同耕作制度下作物—红壤水势关系及其对干旱胁迫响应. 土壤学报，36（1）：101-110.

张斌，丁献文，张桃林，等. 2001. 干旱季节不同耕作制度下红壤—作物—大气连续体水流阻力变化规律. 土壤学报，38（1）：17-24.

张建云. 1998. 气候异常对水资源影响评估中的关键性技术研究. 水文，（S1）：12-14.

张建云，田玉英. 1991. 用改进的非线性水量平衡模型研究气候变化对径流的影响. 水科学进展，2（2）：120-126.

张建云，章四龙，朱传保. 1996. 气候变化与流域径流模拟. 水科学进展，7（增刊）：54-59.

张平. 2005. 国外水权制度对我国水资源优化配置的启示. 人民长江，（8）：13-14.

张仁田，鞠茂森. 2002. 国内外水权交易漫谈. 人民黄河，（1）：34-36.

张仁田，童利忠. 2002. 水权、水权分配与水权交易体制的初步研究. 水利发展研究，（5）：13-17.

张少文，丁晶. 2004. 基于小波的黄河上游天然年径流变化特性分析. 四川大学学报（工程科学版），36（3）：32-37.

张胜利，于一鸣. 1994. 水土保持减水减沙效益计算方法. 北京：中国环境科学出版社.

张胜利，李倬，赵文林. 1998. 黄河中游多沙粗沙区水沙变化原因及发展趋势. 郑州：黄河水利出版社.

张士锋，贾绍凤. 2001. 降水不均匀性对黄河天然径流量的影响. 地理科学进展，20（4）：355-363.

张士锋，贾绍凤，刘昌明，等. 2004. 黄河源区水循环变化规律及其影响. 中国科学 E 辑：技术科学，34（增刊 I）：117-125.

张侠，赵德义. 2004. 水土保持研究综述. 地质技术经济管理，26（3）：26-30.

张学成，匡键，井涌. 2003. 20 世纪 90 年代渭河入黄水量锐减成因初步分析. 水文，23（3）：43-45.

张学成，刘昌明，李丹颖. 2005. 黄河流域地表水耗损分析. 地理学报，60（1）：79-86.

张学成，潘启民，等. 2006. 黄河流域水资源调查评价. 郑州：黄河水利出版社.

张云刚. 2000. 略论水资源配置中的几个问题. 甘肃水利水电技术，（6）：73-79.

张志强，王礼先，余新晓，等. 2001. 森林植被影响径流形成机制研究进展. 自然资源学报，16（1）：79-84.

赵鸿雁，吴钦孝，刘国彬. 2001. 森林流域水文及水沙效应研究进展. 西北林学院学报，16（4）：82-87.

赵鸿雁，吴钦孝，刘国彬. 2002. 山杨林的水文生态效应研究. 植物生态学报，26（4）：497-500.

郑玲. 2005. 对"东阳—义乌水权交易"的再认识. 水利发展研究，（2）：10-13.

中国科学院地理研究所. 1999. 陆地系统科学与地理综合. 黄秉维院士学术思想研讨会文集.

北京：科学出版社.

中国水利水电科学研究院. 1999. 宁夏水资源优化配置与可持续利用战略研究.

中国水利水电科学研究院. 2001. 南水北调工程节水规划要点.

钟玉秀, 刘洪先, 杨柠, 等. 2003. 张掖市节水型社会建设试点的经验和启示. 水利发展研究,（7）：45-49.

周祖昊, 贾仰文, 王浩, 等. 2006. 大尺度流域基于站点的降雨时空展布. 水文, 26（1）：6-11.

周祖昊, 仇亚琴, 贾仰文, 等. 2008. 变化环境下渭河流域水资源演变规律分析. 水文, 29（1）：21-25.

朱厚华, 秦大庸, 周祖昊, 等. 2004. 黄河流域降雨时间演变规律分析. 中国自然资源学会2004 年学术年会论文集, 516-523.

朱晓园, 张学成. 1999. 黄河水资源变化研究. 郑州：黄河水利出版社：23-25, 48-51.

祝志勇, 季永华. 2001. 我国森林水文研究现状及发展趋势概述. 江苏林业科技, 28（2）：42-45.

David R M. 2002. 水文学手册. 张建云, 李纪生等译. 北京：科学出版社：3-17.

John R, Teerink M N. 2000. 美国日本水权水价水分配. 刘斌, 高建恩, 王仰仁译. 天津：天津科学技术出版社.

Anderson M G. 1985. Hydrological Forecasting. New York：John Wiley & Sons.

Arinll N W. 1992. Factors controlling the effects of climate change：on river flow regimes in a humid temperature environment. Journal of Hydrology, 132：321-342.

Arnell N W. 1999. Climate change and global water resources. Global Environmental Change, 9：31-49.

Atanassov K. 1986. Intuitionistic fuzzy sets. Fuzzy Sets and Systems, 20（1）：87-96.

Atanassov K. 1992. More on intuitionistic fuzzy sets. Fuzzy Sets and Systems, 75（1）：37-45.

Becker L C. 1977. Property Rights：Philosophic Foundations. London：Routledge and K. Paul.

Benioff R, Guill S, Lee J. 1996. Vulnerability and adaptation assessments. Dordrecht, The Netherlands：Kluwer Academic Publishers.

Bonell M. 1993. Progress in the understanding of runoff generation dynamics in forests. Journal of Hydrology, 150：217-275.

Bosch J M, Hewlett J D. 1982. A review of catchment experiments to determine the effect of vegetation changes on water yield and evapotranspiration. Journal of Hydrology, 55：3-23.

Broka R J, Rolf G L, Arnold L E. 1982. First-year effects of clearcutting on oak-hichory watershed on water yield. Water Resources Bulletin, 18（1）：139-145.

Buckley J, Hayashi Y. 1994. Can approximate reasoning be consistent fuzzy sets and systems. Fuzzy Sets and Systems, 65（1）：13-18.

Bustine H, Burillo P. 1996. Vague sets are intuitionistic fuzzy sets. Fuzzy Sets and Systems, 17

（9）：148-157.

Challen R. 2000. Institution, Transaction Costs, and Environmental Policy: Institutional Reform for Water Resources. Northampton: Edward Elgar.

Changnon S A. 1983. Trends in floods and related climate conditions in Illinois. Climatic Change, 5: 341-363.

Chanjong, V, Haimes Y Y. 1997. Multi-objective Decision Making Theory and Methodology. New York: North Holland: 10-19.

Chen J Q, Xia J. 1994. Facing the challenge: barriers to sustainable water resources development in China. Hydrological Science Journal, 44 (4): 507-516.

Chen Z, Ren S. 1991. Studies on the utility of forest hydrology using a catchment model. Delft: IAHS.

Chow V T, Maidment D R, Mays L W. 1988. Applied hydrology. New York: McGraw-Hill Book Company.

Colosimo C, Mendicino G. 1996. GIS for distributed rainfall-runoff modeling//Singh V P, Fiorentino M. Geographical Information Systems in Hydrology. Netherlands: Kluwer Academic Publishers: 195-235.

Crase L O R L, Dollery B. 2000. Water market as a vehicle for water reform: the case of New South Wales. The Australia Journal of Agricultural and Resource Economics, 44 (2): 229-321.

David C M, Kenneth D F. 1997. Water resources planning and climate change assessment methods. Climatic Change, 37 (1): 25-40.

Doulamis A D, Doulamis N D, Kollias S D. 2003. An adaptable neural network model for recursive nonlinear traffic prediction and modeling of MPEG video sources. IEEE Trans on Neural Network, 14 (1): 150-166.

Dracup J A, Kendau D R. 1990. Floods and droughts //Waggoner P. Climate Change and US Water Resources. New York: John Wiley and Sons.

Dunn S M, McAlister E, Ferrier R C. 1998. Development and application of a distributed catchment-scale hydrological model for the River Ythan, N E Scotland. Hydrological Processes, 12: 401-416.

Fahey Y, Rowe L K. 1992. Land Use Impacts. Waters of New Zealand. New Zealand: New Zealand Hydrological Society.

Flaschka I M, Stockton C W, Boggess W R. 1987. Climatic variation and surface water resources in the great basin region. Water Resources Bulletin, 23: 47-57.

Frederic K D. 1993. Climate change impacts on water resources and possible responses in the MINK region. Climatic Change, 24: 83-115.

Geoff K. 1998. Integration of forest ecosystem and climatic models with a hydrologic model. Journal of the American Water Resources Association, 34 (4): 743-753.

Gleick P H. 1986. Methods for evaluating the regional hydrologic impacts of global climatic change.

J. of Hydrology, 88: 99-116.

Gleick P H. 1987. The development and testing of a water balance model for climatic impact assessment, modeling the Sacramento. Basic Water Resources Research, 23 (6): 1049-1061.

Hadi D, Morgan M G. 1993. Integrated assessment of climate change. Science, 259: 1813-1932.

Howe C W, Schurmeier D R, Shaw W D. 1986. Innovative approaches to water allocation: the potential for water market. Water Resources Research, (22): 439-445.

Hu X H, Cercone N. 1996. Mining knowledge rules from databases: a rough set approach. Proc of 12th International Conference on Data Engineering.

IAHS. 2001. Abstract Volume of a New Hydrology for a Thirsty Planet. Maastricht, Netherlands: IAHS.

IGBP, WCRD & IHDP. 2001. Abstract Volume of Challenge of a Changing Earth. Amsterdam, Netherlands: IGBP, WCRD & IHDP.

Jia Y, Wang H, Zhou Z, et al. 2006. Development of the WEP-L Distributed Hydrological Model and dynamic assessment of water resources in the Yellow River. Journal of Hydrology, (331): 606-629.

Jones J A, Grant G E. 1996. Peak flow responses to clear-cutting and roads in small and large basins, Western Cascades, Oregon. Water Resources Research, 32 (4): 959-974.

Karl T R, Riebsame W E. 1989. The impact of decadal fluctuations in mean precipitation and temperature on runoff: sensitivity study over the United States. Climatic Change, 15: 423-447.

Kenneth D F, David C M. 1997. Climate change and water resources. Climatic Change, 37: 7-23.

Keppler E T, Ziemer R R. 1990. Logging effects on streamflow: water yield and summer low flows at caspar creek in Northwestern California. Water Resources Research, 26 (7): 1669-1679.

Krasorskia I, Gottschalk L. 1993. Frequency of extremes and its relation to climate fluctuations. Nordic Hydrology, 24 (1): 1-12.

Langbein W B. 1949. Annual runoff in the United States. US Geological Survey Circular 5. Washington D. C. : US Dept. of the Interior.

Mackay D S, Band L E. 1997. Forest ecosystem processes at the watershed scale: dynamic coupling of distributed hydrology and canopy growth. Hydrological Processes, 11: 1197-1217.

Mark R, Hans B. 1994. Markets in tradable water rights: potential for efficiency gains in developing-country irrigation. World development, 22, (11): 72-78.

Mccabe G J, Wolock D M. 1992. Sensitivity of irrigation demand in a humid-temperature region to hypothetical change. Water Resources Bulletin, 28 (3): 535-543.

Merot P, Bruneau P. 1993. Sensitivity of bocage landscapes to surface runoff: application of the Kirkby index. Hydrology Process, 7: 167-176.

Mimikou M A, Baltas E, Varanou E, et al. 2000. Regional impacts of climate change on water resources quantity and quality indicators. Journal of Hydrology, 234 (1): 95-109.

Mollestad T, Skowron A. 1996. A rough set framework for data mining of prepositional default rules. Proc of 9th International symposium on foundations of intelligent systems. Zakopane: ISMIS: 448-457.

Pawk Z. 1998. Rough set theory and its applications to data analysis. Cybernetics and Systems, 29: 661-668.

Remec J, Schaake J C. 1982. Sensitivity of water resource systems to climate variations. Hydrological Sciences Journal, 27: 327-343.

Schaake J. 1990. From climate to flow //Waggoner P E. Climate Change and US Water Resources. New York: John Wiley and Sons: 177-206.

Shugart H H. 1980. Forest succession models. Bioscience, 30: 308-313.

Smith K. 1993. Recent hydroclimatic fluctuations and their effects on water resources in Illinois. Climatic Change, 23 (2): 249-269.

StanleyA C, Misganaw D. 1996. Detection of changes in streamflow and floods resulting from climate fluctuations and land use-drainage changes. Climatic Change, 32: 411-421.

Stednick J D. 1996. Monitoring the effects of timber harvest on annual water yield. J. Hydrol, 176: 79-95.

Stockton C W, Boggess W R. 1979. Geohydrological Implication of Climate Change on Water Resource Development. Fort Belvoir, Va: US Army Coastal Engineering Research Center.

Sun Ge, Riekerk H, Comerford N B. 1998. Modeling the forest hydrology of wetland-upland ecosystems in Florida. Journal of the American Water Resources Association, 34 (4): 827-840.

Thornihwaite G W. 1949. A approach toward a rational classification of climate. Geographical Review, 38: 55-94.

Trawick P. 2003. Against the privatization of water: an indigenous model for improving existing laws and successfully governing the commons. World Development, 31 (6): 977-996.

Turner II B L. 1995. Land use and land cover change. IGBP Report (35), 21-25.

US National Academy of Sciences Climate. 1977. Climatic Change and Water Supply. Washington D. C.: National Academy Press.

Walmsley J J. 1995. Market forces and the management of water for the environment. Water SA, 21 (1): 43-50.

Wetton P H. 1993. Implications of climate change due to the enhanced green house effect on floods and droughts in Australia. Climatic Change, 25: 289-317.

Whitehead P G, Robinson M. 1993. Experimental basin studies- an international and historical perspective of forest impacts. J. Hydrol. , 145: 217-230.

Zadeh L A. 1965. Fuzzy set. Information and Control, 8 (2): 338-358.

Zadeh L A. 1973. Outline of a new approach to the analysis of complex systems and decision processes. IEEE. Trans. Systems Man Cybernet, (3): 28-44.

Zhang Y, Xu X, Wu X. 1993. Using SCCM model to assess the impacts of climate change on water balance in the Huanghuaihai Plain //Zhang Y. Climate Change and Its Impacts. Beijing: Meteorological Press.

Zhu Y, Yu Y. 1988. Parameters for evaluation water circulation environment. Hydrological Processes, 2: 285.